U0287392

页岩钒钼低碳分离精制

樊　涌　张一敏　宋建勋　何季麟　党　杰　吕学伟　著

科学出版社

北　京

内 容 简 介

本书系统介绍了我国特色的战略性多金属钒页岩在钒钼低碳分离精制过程的理论和技术依据，内容包括由作者团队研发的高选择精深分馏提纯、熔盐电解精炼净化、生物质功能化改性吸附、尾渣碳氮吸储综合利用等革新式前沿技术的新理论、新方法和新应用。重点归纳这些新质生产力耦合联动形成的新一代页岩高效清洁生产创新工艺原型，同时也可供解决原生矿藏、污水废液、化工危废、城市矿产等诸多含稀贵金属一二次资源回收利用的共性关键问题借鉴。

本书适用于矿物加工、化学化工、金属冶炼、环境生态及材料制造等工程技术领域的科研和技术人员参考阅读，也可作为高等院校矿业、冶金、材料、环境类专业的本科生、研究生的参考书。

图书在版编目（CIP）数据

页岩钒钼低碳分离精制 / 樊涌等著. -- 北京：科学出版社，2025.1.
ISBN 978-7-03-080491-4

Ⅰ. TF841

中国国家版本馆CIP数据核字第20242NF923号

责任编辑：刘翠娜 李亚佩 / 责任校对：王萌萌
责任印制：师艳茹 / 封面设计：赫 健

科学出版社 出版

北京东黄城根北街 16 号
邮政编码：100717
http://www.sciencep.com

北京中科印刷有限公司印刷
科学出版社发行 各地新华书店经销

*

2025 年 1 月第 一 版 开本：787×1092 1/16
2025 年 1 月第一次印刷 印张：19 3/4
字数：450 000
定价：180.00 元
（如有印装质量问题，我社负责调换）

前　言

　　我国特色的战略性多金属钒页岩矿产资源广泛聚集分布于长江流域，储量居世界第一，钒、钼等稀有金属元素紧密共伴生，其中钒储量达 1.18 亿 t，占全球 70%；钼储量达 5000 万 t，应用潜力巨大。从极复杂、极难处理的钒页岩矿产资源中，采用清洁的化学冶金分离技术生产高纯钒、钼及系列高端产品，是国内外矿冶领域学科研究的前沿和国际竞争焦点。欧美日等发达国家和地区十分重视对钒、钼等战略性稀有金属元素的高效提取和清洁利用，均将其列入本国和地区的"关键矿物清单"，明确了其对新兴产业和国防军工等行业具有不可替代的作用和地位，从国家战略、法律法规、企业自主等层面均强调新技术研发与迭代。

　　依托于长期技术积淀以及国家政策导向，国外企业在绿色工艺、清洁生产、产品生态设计等方面具有一定的优势，在多金属矿产资源的综合利用、新一代钒钼等多种稀有金属分离提纯、高纯和系列高端产品制造等领域处于领跑态势。美国 Vanadium（钒业）公司近年多次并购壮大，在美国制造业衰退的背景下仍保持迅猛的发展势头，自主研发的低品位风化型含钒页岩矿产资源酸浸萃取提钒技术，可以生产多种高纯钒氧化物和化学品；比利时 Umicore（优美科）公司是欧洲最大的化学冶金新材料制造企业之一，自主研发了新式气化捕集—雾化制粉—浸出净化短流程综合提取稀贵金属工艺；日本 Dowa（同和）公司是日本近年发展势头强劲的有色冶金与材料制造企业，自主研发了熔融态气化捕集—湿法净化短流程综合提取稀贵金属工艺；它们的综合成本与效率与我国同类型企业相比均属于领跑竞技状态。俄罗斯 Evraz（耶弗拉兹）集团是世界钒市场占有率 23% 的龙头企业，从事钒矿的开采与金属钒的生产，以粗钒为原料熔盐电解精炼，生产出纯度 99.2% 的金属钒，采用自主研发的真空悬浮区域熔炼精炼，金属钒纯度达到 99.9%。德国 TLS Technik GmbH & Co. Spezialpulver KG 公司拥有超过 25 年的高纯金属粉末生产经验，采用自主研发的电极感应熔炼气体雾化法获得了高纯度钒及其合金，是高纯度钒及其合金金属粉末领域领先的国际公司。

　　"十五"以来，我国多金属钒页岩资源开发逐渐淘汰了粗放型重污染钠盐焙烧技术，升级为集约型全湿法技术，基本形成双循环法、一步法等工业生产体系。在国家高技术研究发展计划（863 计划）、国家科技支撑计划、国家重点研发计划等项目支持下，武汉科技大学、郑州大学、重庆大学、矿冶科技集团有限公司、中国科学院过程工程研究所等一批国内高校和院所建立了钒页岩矿物资源的清洁分离工艺体系、钛钒组元高效分离、钒矿浸出及铜钼矿浮选以及高纯钒钼电化学提取技术等多样化的具有自主知识产权的技术与装备，迅速缩小了与国际顶尖技术水平的差距，产业化水平持续提高，目前已形成了较完整的技术、装备体系，全行业钒回收率平均提高到 75%～80%。与此同时我们必须注意到，因钒页岩特殊的矿物禀赋，主体流程中普遍存在组分的无序释放、工艺流程长、有机药剂耗量大、金属精准分离难、综合成本居高不下等瓶颈问题，仅依靠现有技术改良对整体流程体系效率与成本的优化贡献已达到阈值。在国外相关企业已在前期开发并部分投入运营了新一代的清洁生产工艺流程，表现出优秀的成本和效率优势背景，探索基于全产业链的革新式前沿技术和新质生产力，成为一项我国亟须开展的工作，形成行业绿色升级替代体系，推动我国多金属钒页岩资源开发向新兴产业跨越发展。

面向"十五五"，开展新一代战略性钒页岩多金属综合分离提纯前沿技术探索具有重大意义，行业发展目标包括提高整体钒回收率至85%以上、突破高端制造深加工适配、建立更完善的产业链体系、优化环保措施及工艺流程、推动全产业低碳绿色发展等，进一步形成国际领先的综合分离提纯主体工艺创新方案，加快技术集成、落地与示范，促进产业链代际升级。

本书瞄准电化学储能、武器装备、生物医疗、靶材料等高端应用的基材制造国际领跑技术前沿，详尽介绍由作者团队自主开发的高选择精深分馏提纯技术、熔盐电解精炼净化技术、生物质功能化改性吸附技术、尾渣碳氮吸储综合利用技术的新理论、新方法和新应用。这些产业技术的耦合联动有望形成新一代页岩清洁生产创新工艺流程原型，打造多金属梯级回收纯化净化的短流程工业生产线，实现精细化高值化产品高效清洁生产。此技术路线系统性强、适应性广，技术原型还可拓展处理包括原生矿藏、污水废液、冶炼排渣、化工危废、电子垃圾等诸多含稀贵金属一二次资源，对促进现有色技术产业融合亦具有重要意义。

全书共8章，分别由樊涌、张一敏（第1、2、3、6、8章）、宋建勋、何季麟（第4、5章）、党杰、吕学伟（第7章）完成；最后由樊涌统稿。全书层次清晰，内容全面丰富，归纳总结了页岩钒钼综合分离提纯技术的最新成果，系统阐述了新理论、新方法、新应用的基本工艺过程与发展方向，具有较高的学术价值，期望为科技工作者开展相关研究和技术开发提供参考。本书撰写过程中参考了大量文献资料与最新发布的成果，并将重要参考资料列于每章最后，在此对相关文献作者表示衷心感谢。

特别感谢国家重点研发计划（2021YFC2901600）、国家自然科学基金（52374274）以及湖北省科技计划（2024EHA009）的支持。

奉献此书，以飨读者。尽管在成书过程中力图完美无误，但仍有顾此失彼之感，另受知识、水平限制，书中疏漏之处敬请谅解，恳请批评、指正与赐教。

作　者

2024 年 10 月

目　　录

第 1 章　战略性页岩开发利用概述

1.1　钒钼资源概况

1.1.1　钒元素特性及用途

钒是一种重要的过渡金属元素，原子序数 23，位于第 4 周期ⅤB 族，在自然界中几乎不存在单质的金属钒，其分布极其分散。图 1-1 展示的是钒的基础特性。金属单质的钒呈银灰色，具有良好的可塑性和延展性，常温下钒的化学性质稳定，不会与空气中的氧气直接反应。但在高温下，能与大部分的非金属元素生成化合物，如 VCl_4、VN、VC 及钒的氧化物[1]。钒是一种典型的变价金属，钒原子的电子结构为 $3d^34s^2$，之所以钒能够呈现+2、+3、+4 和+5 价态就是因为钒原子的电子结构的次外层和最外层的五个价电子都可以参与成键[2]。钒的化合物种类较多，如钒氧化物、钒卤化物、钒酸盐等，其中，具有代表性的钒氧化物包括三氧化二钒（V_2O_3）、二氧化钒（VO_2）、五氧化二钒（V_2O_5）。

图 1-1　钒的基础特性

V_2O_3 是一种黑色的钒氧化物结晶粉末，密度 $4.87g/cm^3$，熔点 2243K，属于六方晶系，V—O 间距为 1.96～2.06Å，具有较为丰富的通道结构，可为其他离子提供嵌入位点。V_2O_3

具有较强的还原性，常温下在潮湿的空气中会缓慢氧化成 VO_2，加热后可以和 O_2、Cl_2 等氧化气体剧烈燃烧生成四价钒产物。作为碱性氧化物，V_2O_3 难溶于碱和水，可在酸性溶液中和酸根离子结合形成相应的钒盐[3]。在自然界中，V_2O_3 在酸性条件下生成的 $[V(H_2O)_6]^{3+}$ 会和有机物配位形成稳定的络合物，这是降低钒在土壤中生物毒性和环境污染的主要方法。

VO_2 是一种深蓝色粉末，分子量为 82.94，密度为 $4.260g/cm^3$，熔点为 1818K，不溶于水。VO_2 具有 VO_2（A）、VO_2（B）、VO_2（R）、VO_2（M）等多种同分异构体结构，在 341K 发生相变，由 VO_2（R）转变为 VO_2（M），发生相变时，光学、电学性能也发生突变：①低于 341K 时为四方金红石结构，可见光和红外光透过率较高，高于 341K 时为单斜结构，红外光的透过率大大降低，反射和吸收大部分红外光。②电阻率随着温度变化大幅度发生变化，低温时为半导体不导电状态，高温时为金属导电状态，相变前后电阻率的突变范围为 2～5 个数量级[4]。因此 VO_2 在 341K 附近表现出半导体到金属的一级相变，具有随温度变化而变化的"智能"特性，在智能窗、超级电容器、光学器件有广泛的应用潜能。

V_2O_5 是钒最重要的氧化物，是制取许多钒化合物的最基本原料，其可直接作为制备硫酸中的催化剂和化工工业中设备的缓蚀剂。V_2O_5 无味、无嗅，具有毒性，熔点约为 943K，密度为 $3.357g/cm^3$，在水中的溶解度不大，质量浓度约为 0.07g/L，溶于水呈微黄色。它有两种形态：无定形态和结晶态。无定形态是一种橙黄色或砖红色的粉末，随制备方法和条件的不同而不同，钒酸铵分解得到的 V_2O_5 一般是无定形态；结晶态的 V_2O_5 呈紫红色，这种 V_2O_5 主要是通过加热使其熔化成液相，再冷却凝固结晶形成，熔融冷却时，结晶热很高，会因灼热而发光，结晶为正交晶系的针状晶体[5]。V_2O_5 是一种两性氧化物，既可溶于强碱，也可溶于强酸，且其在水中呈弱酸性。V_2O_5 晶体具有层状结构，晶格中钒原子位于发生畸变的四棱锥体中间，与周围五个氧原子形成五个 V—O 键。晶格中存在氧原子的三种作用：氧钒基氧原子 O（1）仅与一个钒原子配位；桥梁氧 O（2）和 O（3）分别与两个和三个钒原子配位。

钒被称为"现代工业的味精"，因具有质地坚硬、无磁性、延展性好、不易氧化、耐腐蚀性强等特点，而被广泛用于钢铁冶金、航空航天、国防军工等领域。图 1-2 为钒在各应用领域的占比，约 91% 的钒用于钢铁领域的合金钢，约 4% 用于钛合金等有色合金，约 3% 用于化工，约 2% 用于储能等其他领域[6]。

在钢铁领域，钒被用作冶炼合金钢的添加剂，其在钢中起到细化晶粒和沉淀强化的作用。优质的含钒合金钢在铁路、汽车、输油气管道、航空航天、建筑等众多领域发挥着重要作用，且其需求量在逐年大幅增加[7]。利用加钒对钢材进行微合金化，既能极大地提升产品的强度、韧性、耐高温性、抗腐蚀性，又可以节约钢材消耗量。相较于普通热轧钢筋，含钒钢筋在连铸、加工等方面具备抗震性能优良、屈强比高、屈服强度波动范围小、延伸率高、弯曲性能好、低时效、易焊接等特性[8]。利用钒微合金化将钢筋强度由 400MPa 提升到 500MPa，理论上可节约 15%～20% 的钢筋消耗量。平均每年可节约 1.1 亿 t 以上标准煤消耗、可减少 3.7 亿 t 以上二氧化碳排放，这对于推动钢铁行业碳达峰及降碳具有积极作用。

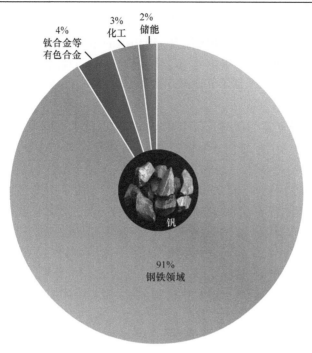

图 1-2　钒在各应用领域的占比

在合金材料领域，钒起到优化合金晶体结构的作用，它能够提高合金的强度、塑性、高温稳定性等性能，主要用于钛基合金、铜镍基合金、核反应堆、超导材料等领域。在喷气式发动机和火箭的重要耐高温结构材料中用到了钒钛铝合金，在核反应堆的重要结构材料中用到了含钒钛铬合金[9]。在北美，生产每吨钢大约消耗 0.08kg 的钒；在日本和欧洲，生产每吨钢大约消耗 0.06kg 的钒；在中国，生产每吨钢大约消耗 0.035kg 的钒。每年有 8%～10%的金属钒用于生产钛合金，主要是先生产出钒铝合金，再将其作为添加剂用于钒钛铝合金的生产，其具有密度低、比强度高、抗腐蚀性好、工艺性能好等优异的综合性能，可用于制造飞机发动机的风扇叶片、压力机盘和承压件等。

在化工领域，钒是生产高纯五氧化二钒、钒酸钠、偏钒酸铵及钒酸钾等化工产品的原料，也是生产干燥剂、着色剂、显影剂的原料。五氧化二钒可用于制备含钒催化剂，广泛用于硫酸工业、合成乙丙橡胶、制备丙酸酐、制备马来酸酐等领域。氧化钒具有各种颜色，在玻璃和陶瓷工业中可作为着色剂，获得红、绿、蓝、黄、琥珀等各种丰富的颜色，可用于制作具有半导体特性和紫外线防护的玻璃，在摄影和电影工业中用作显影剂、感光剂和着色剂。铕激活的钒酸钇用于彩电显像管。掺钕钒酸钇晶体是一种重要的激光基质晶体，主要用于光隔离器、偏振光器件和环形器等。二氧化钒薄膜材料在光电开关、光全息、电子扫描激光器、温度敏感半导体器件以及光存储等方面有广泛的应用[10]。

在新能源领域，全钒氧化还原液流电池是一种高效储能和高效输出装置。钒电池储能系统由正负电极、电解液储液罐、离子交换膜组件等几部分构成。通过电解液中钒离子的价态变化产生电流流动，循环使用次数可达 5000～10000 次，是锂电池的 10 倍以上[11]。钒电池功率大、容量大、效率高、寿命长、响应速率快、可瞬间充电、安全性高、成本低，已成为可再生能源储能、电网调峰、备用电源等领域的首选技术之一，同时其具有能量利用率高、使用寿命长、充放电速率快等优点。钒电池的结构采用 V^{5+}/V^{4+} 作为正极，V^{3+}/V^{2+} 作为负极，隔膜将正负极分开。钒电池充放电的原理为不同价态钒离子的氧化还原反应。近些年，我国对钒电池的发展非常重视，众多科研机构开展了对钒电池的相关研究，并取得了实质性的突破。

在医学领域，人体必需的微量元素中就有钒的存在，主要集中于脂肪组织、肝、肾、甲状腺、骨组织等部位中。钒能阻止胆固醇在身体内蓄积、降低血糖、参与制造红细胞等。此外，钒能防止过热疲劳中暑，促进骨骼和牙齿的生长，有助于恢复正常的脂肪代谢，防止心脏病发作，有助于维持神经和肌肉的正常功能等[12]。钒的化合物具有降糖作用，还能改善心肌功能，对于治疗高血压、肾肿大、白内障有一定的疗效，我国现有糖尿病患者人数仍在不断攀升，具有降糖效果的含钒药物将有广阔的市场前景。

此外，在环保领域，用钒处理一些发电厂中由矿物燃料产生的含有氮氧化物的有毒废水，煤气中的二氧化硫气体也能被钒清除。在光学领域，氧化钒可以改善水银灯的灯光颜色；加入氧化钒制作的眼镜，可以避免来自紫外线对眼睛的伤害；氧化钒还可用于望远镜等仪器镜片的制作[13]。

1.1.2　钼元素特性及用途

钼是一种银白色的稀有过渡金属元素，质地硬且坚韧，原子序数为42，位于第5周期ⅥB族，原子量为95.95，密度为 10.28g/cm³。图 1-3 展示了钼的基础特性。在化合物中，钼可以以多种价态存在，如 0、+2、+3、+4、+5、+6 价，常见的价态为+5 和+6 价。在二氧化碳、氨气和氮气中，温度直至约 1373K 钼仍具有相当的惰性，在更高的温度下，金属钼除能够与含碳气体，如碳氢化合物和一氧化碳发生碳化反应外，还会与氨气和氮气发生反应生成金属氮化物薄膜[14]。钼在 673K 的空气气氛下开始轻微氧化，当温度高于 873K 后钼迅速被氧化成三氧化钼（MoO_3），生成的三氧化钼在这一温度下会出现升华。在室温条件下，钼几乎不与非氧化性酸（盐酸和稀硫酸）和碱反应，但随着温度升高，钼在酸碱溶液中的抗腐蚀性逐渐下降。在有氧化剂的条件下，钼能够迅速被酸碱腐蚀。

钼与氧能生成一系列的氧化物，如 Mo_4O_{11}、$Mo_{17}O_{47}$、Mo_5O_{14}、Mo_8O_{23} 等，最稳定的为 MoO_2 和 MoO_3。钼的各种氧化物中最重要的两种为 MoO_2 和 MoO_3，其中 MoO_3 为酸性氧化物，其余皆为碱性。MoO_2 含钼 74.99%，纯 MoO_2 呈暗灰色、深褐色粉末状。MoO_2 可溶于水，易溶于盐酸及硝酸，但不溶于氨水等碱液。在空气、水蒸气或氧气中继续加热 MoO_2，它将被进一步氧化，直至全部生成 Mo_2O_5。固态 MoO_2 在真空中加热到 1793～1993K，会产生部分升华而不分解出氧，其余大部分则被分解成气体 MoO_3 和固态 Mo。MoO_3 又称为酸酐，具有很弱的酸性，可以与碱或者某些强酸（如硝酸、硫酸和盐酸）发生化学反应，因此它具备两性化合物的性质。MoO_3 与强酸（特别是硫酸）反应时，形成 MoO_2^{2+} 和 MoO_4^{4+} 复合阳离子，这些离子本身又能形成可溶性盐，碱熔体、碱的水溶液和氨均能与 MoO_3 快速反应后形成钼酸盐。熔融态 MoO_3 在比较低的温度下具有显著的蒸气压，粗 MoO_3 可在空气中氧化焙烧辉钼矿（MoS_2）制取，之后若升高温度即可通过升华–冷凝法对粗产物进行提纯净化。在升华过程中，合理控制温度范围，则与之共生的杂质或不具有挥发性（如硅、铁酸盐）或不能冷凝而被除去。除此之外，MoO_3 是钼冶金中最重要的中间体，是生产钼金属的中间化合物，773K 以上可用氢气还原 MoO_3 制取金属钼粉[15]。钼的化合物大都是直接或间接地以 MoO_3 为原料制得的，大部分钼基制品也是以 MoO_3 为主要原料制取的。钼及其化合物发生强烈氧化反应后，得到的最终产物总是 MoO_3。

图 1-3　钼的基础特性

钼酸是一种钼的含氧无机酸，氧化性较弱，分子式是 H_2MoO_4 或 $MoO_3 \cdot H_2O$。纯的钼酸呈白色或略带黄色的块状或粉末，微溶于水，在水中呈胶体态，溶于碱液、氨水或氢氧化铵溶液。由钼酸铵与浓硝酸作用可得一水合钼酸（$H_2MoO_4 \cdot H_2O$），黄色柱状，单斜晶系，难溶于水。MoO_3 溶于水后可与水按不同比例组成一系列同多酸，$nMoO_3 \cdot mH_2O$，其中 $n \geqslant m$。另外还有一些钼的杂多酸。钼酸盐是无机功能材料中两个重要家族之一，在所有钼酸盐中，铵盐、碱金属盐、镁盐和铊盐溶于水，其他均不溶于水。在水溶液中，钼酸盐可被还原。钼酸盐的晶体中含有分立的 MoO 四面体结构的离子，其中碱金属盐中是规则的四面体，其他一些盐中是畸变的四面体。钼酸盐在溶液中也是以四面体离子存在。在微酸性溶液中，钼酸盐可聚合成多种同多酸盐。钼酸铵则是钼酸盐中最常见且应用最广泛的一种，是最重要的钼酸盐，也是最重要的钼化合物之一，它是由铵阳离子与各类同多钼酸根阴离子组成的一种盐类。其中生产 MoO_3 常见的有二钼酸铵、七钼酸铵、四钼酸铵[16]。钼酸铵不仅可以用来生产化学纯 MoO_3，而且它还广泛用作生产各类钼化学品，如光学装置、化学传感器、特种玻璃等，其中八钼酸铵有难溶于水的特点，常用于制备高效环境友好型阻燃抑烟材料，应用范围仍在不断拓展。

钼及其合金在冶金工业、军事工业、化学工业、机械工业、电子电气和农业生产等重要部门有着广泛的应用和良好前景，成为国民经济中一种重要的原料和不能替代的战略物质[17]。全世界对钼需求量正在逐年增高，欧美日等发达国家和地区的需求比例较高。近年来，我国从钼开采、冶炼到加工都得到了飞速进步，图1-4为钼的各应用领域占比，其中合金钢和不锈钢是钼的主要应用领域。

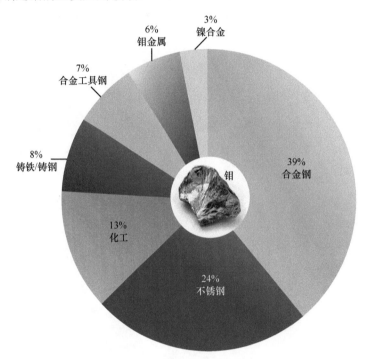

图 1-4　钼的各应用领域占比

在冶金工业，钼作为钢的合金化元素，它可以使钢的晶体结构更加均匀。钼的加入能提高钢的硬度、强度、抗蠕动性，尤其是钢的高温强度和韧性，还可以提高钢的耐腐蚀性和耐磨性，能有效地改善钢的焊接性、耐热性和淬透性等[18]。钼在炼钢过程中不会发生氧化，是一种形成碳化物的良好元素，可单独使用也可与其他合金元素共同使用，制造出不同类型的特殊钢（不锈钢、工具钢、高速钢和合金钢等）。钼也可作为铸铁的合金添加剂，它有助于铸铁完全珠光体基体的形成，能增强铸铁的韧性和强度，可以使大型铸件组织的均匀性得到很大的提高，还可以提高热处理铸件的可淬性，因此，钼的需求量最大的是炼钢工业。在有色冶金行业中，钼的主要应用领域为制作钼基合金及特种性能的有色金属合金材料，钼锆钛合金、钼钨合金和钼铜合金等均为常用的钼基合金。

在军事工业，因为钼合金有极好的耐高温和机械性能，所以它在军事工业中具有极其重要的作用。在航空器发动机的火焰导向器和燃烧室，宇航器液体火箭发动机的喉管、喷嘴和阀门，火箭弹的喷口，重返飞行器的端头，卫星和飞船的蒙皮、船翼及导向片和保护涂层材料方面均有应用。钼具有高声速和高密度特点，可以制造破甲弹的药型罩。导弹的空气舵、高温连接件则全由钼铜合金制作而成。用金属钼网做成人造卫星天线，因为它的热膨胀系数低和导热性能好，在太阳光强辐射作用下能够表现出优秀的尺寸稳定性，可以使其完美抛物的外形不会改变，并且比石墨复合天线质量更轻[19]。钼对核燃料有一定稳定作用，能抵抗液体金属的腐蚀，可以用来制作核聚变反应堆中转换器铠装元件的保护片，在核工业中用于核燃料处理的舟皿大部分是由钼及其合金制成的钼舟。

在化学工业，钼在化工领域的消耗量仅次于钢铁领域，并且仍在逐渐增加。一方面，钼具有良好的耐酸、耐腐蚀性能，使得钼在石油化工领域被用于制作真空管、热交换器、油罐内衬等材料；另一方面，处于过渡族的钼及其化合物（硫化钼、碳化钼、氮化钼、氧化钼和七钼酸铵等）可以作为石油化工和化学工业中的催化剂和催化剂的活化剂，常用于加氢脱硫、加氢脱氮、烃类异构化、石油加氢精制、合成氨和有机裂解等反应[20]。钼的化合物在催化电解水制氢领域也有着极大的应用前景，尤其是碳化钼和磷化钼，综合考虑成本及催化效率具有替代铂的潜力。

在机械工业，钼以金属和合金的形式用来制作高温环境下使用的机械或设施、器具的结构部件或功能性部件。二硫化钼和有机钼化合物可以制成性能良好的固体润滑剂，它能在很多特殊环境和恶劣条件下正常工作[21]，在燃气轮机、金属轧轮、模具、齿轮及宇航器械上广泛应用。

在电子电气，钼与玻璃的热膨胀系数极其相近，又具有良好的导电和高温性能[22]，因此它的应用十分广泛，可用作电子管中栅极和阳极支撑材料，超大型集成电路中金属氧化物半导体栅极，高清晰度电视机显像管的阳极支架，功率晶体管隔热屏和硅整流器的基板和散热片等。

在农业生产，钼是作物正常生长所必需的微量元素之一。钼在作物体内主要参与硝酸还原作用及豆科作物的固氮作用，作物缺钼会导致生长缓慢、株枝矮小、叶片生长黄斑，严重缺钼会导致作物产量降低，所以钼通常被作为微量元素添加在化肥中，钼的化合物也被用于生产化肥。钼酸钠、钼酸铵、三氧化钼、经过煅烧后的辉钼矿以及含钼的工业废料都可用作化肥[23]。随着农业生产的高速发展，人们认识到钼肥对于豆科作物、禾本科作物（水稻、麦类等作物）有着明显的增产作用，对甘蓝、白菜等蔬菜作物的良好生长也起着至关重要的作用，因此可以把它广泛地应用在农业生产上。

1.1.3　世界含钒资源概况

钒在地球上分布广泛，在地壳中的质量分数约为 0.02%。钒资源广泛赋存于钒钛磁铁矿、钒页岩、含铀砂岩、铝土矿、磷块岩矿等 65 多种含钒矿物中，但其中只有钒钛磁铁矿、钒页岩、钒铀矿、钒云母、钒铅矿、铀矿石、铝黏土矿等少数几种矿物具有开采价值。由于钒的成矿条件极为复杂，虽然含钒矿物的种类繁多，但具备工业开采价值的矿物却很少[24]。图 1-5 和图 1-6 分别为世界钒储量和产量分布，全球钒资源主要蕴藏在中国、俄罗斯、南非、瑞典、加拿大等的钒钛磁铁矿，中国、澳大利亚、俄罗斯、美国等的钒页岩，澳大利亚、加拿大、委内瑞拉和中东的油类伴生矿，以及美国的铀矿石和铝黏土矿中。含钒资源储量虽多，但是 99%主要分布于少数的国家，中国储量是世界第一。同时整个世界钒工业也主要存在于中国、俄罗斯、南非和巴西等国家，这些国家几乎供应了所有国家的钒需求。

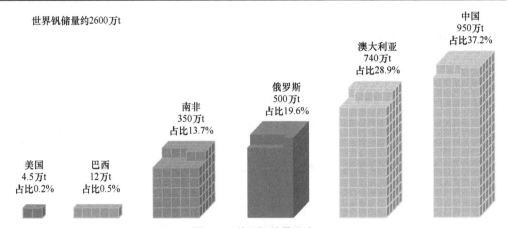

图 1-5 世界钒储量分布

数据来源：Mineral Commodity Summaries 2023［M］. U.S. Geological Survey，2023

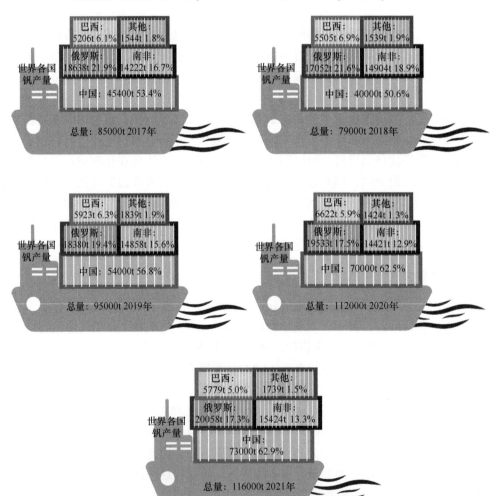

图 1-6 世界钒产量分布

数据来源：World Mineral Production 2017－2021［M］. British Geological Survey，2023

依据钒资源储量及目前的技术水平，可以用来提钒的主要原料有以下几种。

1. 钒钛磁铁矿

钒钛磁铁矿主要由钒、钛和铁组成，同时还伴生许多有用元素，如铜、铬、镍、钴、硫等，绝大部分的钒和含铁矿物以类质同象的形式赋存于磁铁矿中，是一种典型的多金属复合矿，具有很高的开采利用价值。钒钛磁铁矿中的钒主要以尖晶石的形式存在，其质量分数一般为 0.1%～3%。主要资源国为俄罗斯、南非、中国、瑞典、加拿大等，远景储量可达 400 亿 t 以上。除此之外，巴西、智利、委内瑞拉、纳米比亚、埃及、阿联酋、斯里兰卡、马来西亚、印度尼西亚等国家均探明有钒钛磁铁矿的分布[25]。俄罗斯拥有全球约 60%的钒钛磁铁矿，矿物组成多样，以磁铁矿和钙钛矿为主，开采产率低，有 40 多个矿床，主要分布在西乌拉尔（Western Urals）地区、科拉半岛（Kola Peninsula）、西伯利亚（Siberia）及其远东地区；其中比较典型的高钛型矿床矿石成分为 TFe 28.8%、TiO_2 8%、V_2O_5 0.36%～0.45%、Al_2O_3 8%～12%、MgO 2.5%～3.5%、SiO_2 29%～37%。南非亿吨级钒钛磁铁矿矿床有五个，主要分布在德兰士瓦（Transvaal）东部地区的布什维尔德（Bushveld）矿区和马波茨（Marpoltz）矿山，该钒钛磁铁矿的特点是钛铁矿含量较少，钛主要以固溶体形式存在于钛磁铁矿中，钒则赋存于钛铁晶石中；矿石成分为 TFe 53%～57%、TiO_2 12%～15%、V_2O_5 1.4%～1.9%、Al_2O_3 2.5%～3.5%、SiO_2 1.0%～1.8%。钒钛磁铁矿在我国主要分布于四川、陕西、河北、安徽、湖南、广西、湖北、甘肃等省份，总储量约为 100 亿 t。

2. 钒页岩

钒页岩又被称为石煤，其常见的物理性质为硬度和密度大，表面呈暗灰色和黑灰色，由陆屑物、低等菌类或藻类生物经腐泥化作用和煤化作用长期转变而成，属于腐泥无烟煤类。钒页岩的主要特点为碳氢含量低、热值低、灰分含量高、着火点高、外观与石灰岩类似、组分复杂和不易完全燃烧等。通常，高碳页岩呈亮黑色，杂质较少，密度在 1.7～2.2g/cm³。低碳页岩为暗淡的灰色，杂质多，密度为 2.2～2.8g/cm³。按热值的高低可将页岩分为低热值页岩（Q=3200～4800kJ/kg）、中热值页岩（Q=4800～12000kJ/kg）和高热值页岩（Q>12000kJ/kg）。从燃烧反应动力学的角度来说，因其热值不高，含碳量低（8%～12%）、含硫量高（2%～5%）及灰分高（65%～80%）等特点而并未把它归为煤炭类矿物，但是其含有多种有价金属元素，如钒、铝、钼、铜、铀等，所以此多金属的共生矿具有很高的开发利用价值[26]。美国、俄罗斯、澳大利亚等国家也存在大量的钒页岩，但在工业上对钒页岩开采与利用的并不多。钒页岩广泛分布于我国的湖南、湖北、浙江、贵州等 20 多个省份，不同地区的钒页岩的钒品位高低不一致，主产区包括陕西、安徽、湖北、湖南、浙江、江西、贵州 7 省份，合理高效开采钒页岩对我国钒领域的发展具有重要意义。

3. 钒铀矿

钒铀矿分子式为 KO·2UO_3·V_2O_5·3H_2O，铀平均质量分数约为 0.2%，钒质量分数为 0.7%～1.5%。钒铀矿中钒常与铀伴生，故钒铀矿也是一种重要的含钒矿石资源。钒钾铀矿常为含钒铀的隐晶质集合体，脉石矿物以砂岩、石灰岩和页岩为主，主要产于沉积岩

风化区，具有放射性[27]。美国科罗拉多（Colorado）高原钒钾铀矿是世界上的主要钒矿之
一，分布在科罗拉多（Colorado）州及新墨西哥（New Mexico）州等。钒铀矿是美国主要
钒生产来源，该矿以生产铀为主，副产品为钒，矿石中的主要矿物为钒云母，含3%的钒。
美国联合碳化物（Union Carbide）公司、肯尼科特（Kennecott）公司和阿特拉斯（Atlas）
公司将钒云母加盐焙烧后，经酸浸或者碱浸，再通过离子交换或者萃取法回收铀和钒。在
我国，钒铀矿主要分布在甘肃、江西等省份，矿床中通常包括钒钾铀矿、钒钙铀矿等次生
矿物，矿石中的钒质量分数较高，最高可达到9.23%。

4. 铝土岩型钒矿

铝土岩型钒矿是一种新发现的钒矿床类型，矿石主要赋矿岩性为铝土岩、铝质黏土岩，
矿体钒品位在0.56%～2.72%，主要矿物组成包括黏土矿物、石英、方解石、黄铁矿等，
目前对其可选性研究还处于起步阶段[28]。铝土岩型钒矿在用拜耳法生产氧化铝过程中，有
30%～40%的钒溶解进入氯酸钠溶液中，在冷却结晶后得到含钒7%～15%的原料，同时还
有磷、铁、砷等部分元素以钠盐形式溶解。将溶液中钒富集到一定的质量浓度（1～25g/L），
使溶液中钒、磷、铁呈钠盐淤泥析出，该淤泥中钒质量分数为6%～20%，可作为二次回
收钒的原料。

5. 二次钒资源

钒再生主要是指从含钒废杂物料中回收钒的冶金过程。含钒废杂物料又称二次钒资
源，主要有提钛后的含钒残渣、含钒废催化剂、钒电池等。在硫酸工业、石油工业及高分
子工业的生产中，会产生大量的含钒废催化剂。全世界每年的含钒催化剂产量为90万～
110万t，钒的平均质量分数在8%，利用含钒废催化剂回收钒资源具有较好的经济效益和
环保效益。以石油工业的含钒废催化剂为例，目前普遍采用直接焙烧的方法先进行脱油和
脱碳，然后加入纯碱进行焙烧提钒，通过该方法钒的回收率可达80%以上[29]。此外，由于
钒电池的兴起，钒电解液的使用量逐步加大，但随着钒电池不断充放电，导致电解液能量
失衡、活性降低，钒电解液失效，出于资源回收利用以及环境保护的考虑，对失效钒电解
液进行处理，回收其中的钒资源。当前，由于含钒废杂物料种类繁多，对应回收钒的工艺
也不尽相同，但基本都是从传统提钒工艺的基础上发展而来。这些工艺存在成本高、回收
过程产生二次污染等缺点，因而钒回收工艺应该朝着降低回收成本、减少二次污染、提高
回收率、适合工业大规模生产的方向发展。

1.1.4　世界含钼资源概况

钼在地球上的储量较少，在地壳中的质量分数约为0.001%，世界上99%的钼资源来
源于辉钼矿。图1-7和图1-8显示的是世界钼储量和产量分布。钼矿主要分布在中国、美
国、秘鲁、智利、俄罗斯、土耳其等国家，钼矿资源分布极不平衡，以上六个国家占据了
世界钼矿储量的95%以上，其中我国的钼矿资源储量世界第一。虽然我国拥有着全球最丰
富的钼矿资源，但是与其他国家相比，我国的钼矿中富矿较少，中低品位的矿石较多，大
多数伴生有各种其他成分的矿物，分选难度较大。全球钼矿床主要有四种类型，分别为斑

岩型、斑岩-夕卡岩型、沉积岩型及夕卡岩型。其中斑岩型与斑岩-夕卡岩型矿床数量最多,一共占据了世界钼矿床的80%以上。此类矿床中辉钼矿与多种硫化铜矿物共生,而从铜钼共生矿石中提取的钼占世界钼产量的50%以上。上述四种类型的矿床在我国均存在,其中斑岩型矿床在我国的占比最大,占据已探明储量的48%。斑岩型钼矿床主要存在着伴生的辉钼矿、黄铜矿、黄铁矿等,其中钼品位很低,伴生成分复杂[30]。当前世界经济、科技发展迅速,各行各业对于钼的需求也日趋增加,因此合理高效地开发利用钼资源在推动国家建设中起着举足轻重的作用。

根据钼在自然界赋存的形式,目前已经发现的含钼矿物有 20 多种,主要有辉钼矿(MoS_2)、钼铅矿($PbMoO_4$)、钼酸钙矿($CaMoO_4$)、钼酸铁矿[$Fe_2(MO_4)_3 \cdot 8H_2O$]、锡砷硫钒铜钼矿[$(Cu, Fe, Sn, Zn, Mo)_4 \cdot (S, Te, As, Pb)_3$]、钨钼酸铅矿($3PbWO_4 \cdot PbMoO_4$)、钼铋矿($Bi_2O_3 \cdot MoO_3$)等。

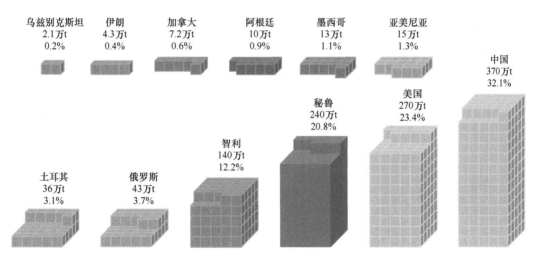

图 1-7 世界钼储量分布

数据来源:Mineral Commodity Summaries 2023[M]. U.S. Geological Survey,2023

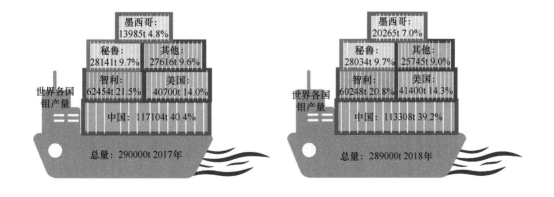

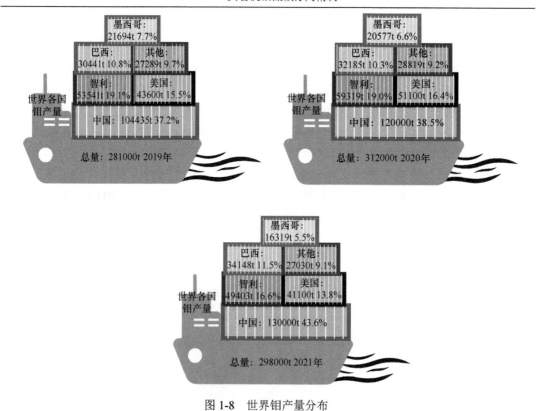

图 1-8　世界钼产量分布

数据来源：World Mineral Production 2017－2021［M］. British Geological Survey，2023

1. 辉钼矿

辉钼矿占世界钼矿开采总量的 98% 以上，一般为灰色，具有金属光泽，呈鳞片状，密度多在 4.7～5.0g/cm³。辉钼矿中钼以 MoS_2 形式存在，理论 Mo 质量分数为 60%，S 质量分数为 40%，由于离子半径、离子电荷相近，辉钼矿中通常含有 V、Fe、Cu、Re 和 W 等杂质元素。辉钼矿晶体结构中每个 Mo 周围有 6 个 S，晶胞内钼离子配位数为 6。晶体结构中两层 S^{2-} 夹一层 Mo^{4+} 形成牢固的层，形成一个三方柱配位结构层，以三方柱配位结构层为基础按一定规律相叠加组成辉钼矿。辉钼矿晶体内存在多种类型的化合键：在同一 S 面网层中，相邻硫离子间以共价键联系，S—S 键键长 0.241nm；同一 Mo 面网层内，相邻钼离子间以金属键联系，Mo—Mo 键键长 0.315nm；同一三方柱配位结构层内相邻 Mo 与 S 之间由离子键联系，Mo—S 键键长为 0.154nm。相邻 S 面网层之间的相邻硫离子由分子键联系，以范德瓦耳斯力键合，S—S 键键长 0.308nm[31]。根据辉钼矿伴生矿物的类型，辉钼矿分为原生单一辉钼矿和硫化铜钼矿。单一辉钼矿中钼的品位多在 0.1%～0.2%，由于组成简单，这种辉钼矿硬度小，可浮选性好，易于制备辉钼矿精矿。硫化铜钼矿是铜钼伴生的硫化矿，其中铜品位较高，伴生的辉钼矿品位仅为 0.01%～0.03%，在分选过程中，以铜矿为主产品，辉钼矿为副产品，据统计世界钼总产量的 40% 来自这种铜钼矿的副产品回收。不论是单一原生辉钼矿还是硫化铜钼矿都因为矿物中钼含量较低而无法直接工业化提取。因此，开采得到的钼矿需经过破碎，浮选富集其中的钼，才能得到工业用钼精矿。

2. 钼钙矿

钼钙矿多是辉钼矿的次生矿物，少数以原生矿物产出，其中钼以 $CaMoO_4$ 形式存在，理论含 MoO_3 和 CaO 分别为 72% 和 28%，密度多在 $4.3\sim4.5g/cm^3$。钼钙矿见于钼矿床的氧化带中，是方解石和辉钼矿在氧化条件下反应生成的次生矿物，可以作为原生钼矿床的找矿标志。钼钙矿属于四方晶系，晶体呈细小四方双锥状，或以辉钼矿片晶形的假象存在，有时形成土状集合体。由于 W 和 Mo 原子半径相近，容易发生类质同象，形成白钨矿-钼钙矿固溶体连续系列[32]。这种矿物储量少，多存在于复杂、多金属伴生矿（如镍钼矿）中，但与辉钼矿相比，这种矿物较易溶于酸碱溶液，易于工业化处理。此外，多数二次资源中，钼是以钼酸钙形式存在。

3. 钼铅矿

钼铅矿化学式为 $PbMoO_4$，理论上 PbO 占比 60.8%，MoO_3 占比 39.2%，铅可以被钙或者稀土元素代替，而钼可以用铀、钨、钒替代从而形成相应变种。矿物中还因含有少量的 CaO、CuO、MgO 和 WO_3 等成分而呈现红色、橙色、灰色和白色，也被称为彩钼铅矿。钼铅矿属于中级晶族中的四方晶系，也叫正方晶系，单行为四方双锥，有时呈现伪八面体或正方柱，晶体结构与白钨矿（$CaWO_4$）相似，但比白钨矿更薄，更扁平。表面呈现出钻石般的或树脂般的色泽；断口为亚贝壳状，并带有松脂光泽；吸收光谱不明显，没有发光性，但作为碳族元素构成的矿物，透明的钼铅矿具有较高的折射和色散能力。钼铅矿脆性较高，莫氏硬度为 $2.75\sim3$，分子量为 367.14，密度为 $6.5\sim7.0g/cm^3$，熔点高至 1338K[33]。钼铅矿作为一种次生矿物，全球产出量低，多发现于铅钼矿床氧化带周围，一般为中小矿床，在我国的贵州、湖南、陕西、云南、新疆等地均发现了钼铅矿矿床的存在。世界上钼铅矿产地有美国、阿尔及利亚、纳米比亚、摩洛哥、墨西哥、澳大利亚、奥地利、刚果等地。其中美国亚利桑那（Arizona）州红云矿（Red Cloud Mine）一直闻名于世，所产钼铅矿晶体较大，颜色多为红色、橙色，形态优美，常被磨成刻面宝石出售或作为优质矿物晶体标本珍藏。此外，我国新疆库鲁克塔格山脉，若羌、吐鲁番、库尔勒的交汇处产出的钼铅矿多呈红色片状晶簇，品质不输红云矿。

4. 钼酸铁矿

钼酸铁矿颜色为黄色，呈大小约 2mm 的纤维状或结节状产出，其中钼以 $Fe_2(MO_4)_3 \cdot 8H_2O$ 形式存在。钼酸铁矿属于斜方晶系，可存在于热液脉的氧化部位或覆盖在受氧化的斑岩型含钼矿床断裂面表面，常与辉钼矿、黄铁矿、黄铜矿、针铁矿、褐铁矿、黄钾铁矾等共生，在风化的钼矿床中针铁矿、黄钾铁矾等次生矿物也会吸附钼酸根，因此钼酸铁矿和钼富集的次生矿物可以作为辉钼矿的找矿标志之一，也可以指示土壤和环境中钼污染情况[34]。我国的金堆城、石家湾等地区有部分矿床为此类次生钼矿。此类矿床量少，富集度不高，不具有工业开采意义，通常是找原生辉钼矿的重要标志。

随着钼行业的不断发展，钼原料消耗越来越大，可采资源越来越少，为了保护环境、提高钼资源利用率，发达国家早已开始关注钼再生资源特别是含钼废催化剂的利用价值，如美国从废催化剂中回收的钼已达 4000t，占总供给量的 30% 左右。此外，钼再生资源中钼的含量通常高于钼矿石，从中提取钼及其他金属的成本低于从矿石中提取，能源消耗也比较低，废气排放量也小，因而钼的回收利用成了钼行业的关注点。目前，钼的二次资源主要有两个来源：一是钼冶金过程中产生的含钼废渣、废液等，二是钼金属制品生产过程中产生的废料和用过的含钼化学制品或者材料。每年有近 11 万 t 钼被回收利用，约占钼总消费量的 1/4，由此可见，回收利用的钼资源已经成为钼供应链上的重要部分。预测到 2030 年，这一比例将会达到 35%左右[35]。由于含钼废杂物料品种繁多，再生方法各异，常以火法为主，湿法为辅，如升华法、锌熔法、氧化焙烧酸浸出法、碳酸钠焙烧浸出法和碱浸出法。

1.1.5　我国钒钼资源概述

我国钒资源主要有两大类：一是钒钛磁铁矿型，主要集中分布在四川攀西与河北承德地区，矿床规模巨大；二是钒页岩矿，主要分布于南秦岭一带的页岩层及含碳岩系中。钒钛磁铁矿以铁、钛为主，并伴生有多种有价元素如钒、铬、镍等。由于钒分散分布，无法通过物理方法来获取分离钒，故只能依附钢铁流程，使钒进入铁水，制得钒渣，通过后续的焙烧—浸出工艺制得钒的氧化物，从而获得各种钒制品。钒页岩的分布极其广泛，江苏、浙江、安徽、湖北、湖南、陕西、广西、贵州、四川等地均有钒页岩的分布。钒页岩伴随很多的杂质元素，钒品位一般较低，但由于页岩的矿藏量大，钒页岩中的钒约占我国总钒资源量的 87%，远远超过钒钛磁铁矿中钒的储量[36]。图 1-9 显示全国各省份钒矿产量分布，钒的消费量呈现与钒产量同步上升的趋势，随着钒产量的不断扩大，钒的消费量也逐年提高。目前绝大多数的钒产量都用于钢铁工业，随着我国钢铁工业从钢铁大国向钢铁强国的转变，以及国内外市场对高性能钢材需求的不断扩大，作为钢的重要合金添加剂，再加之钒在航空航天、国防军工、核聚变核裂变、大规模储能等领域的应用不断增长，钒的需求量大幅增加。

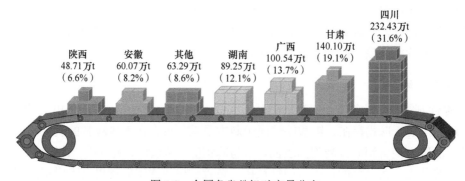

图 1-9　全国各省份钒矿产量分布

数据来源：2022 年全国矿产资源储量统计表[M]. 北京：自然资源部，2023

我国是世界上钼储量最大的国家，我国钼产量也最大。含钼矿物在自然界中多达 30 多种，辉钼矿、钼铅矿和硫钼矿是其中价值较高的矿物，其中辉钼矿是主要的开采矿物类型。钼是我国六大金属资源之一，主要分布在东秦岭–大别成矿带、兴–蒙成矿带、长江中下游成矿带、华南成矿带、青藏成矿带和天山–北山成矿带六个成矿带，形成于燕山期、加里东期、海西期、印支期和喜马拉雅期[37]。全国大多数钼资源分布在河南、陕西、吉林、山东、河北五省，如河南栾川、吉林大黑山和陕西金堆城等特大型钼矿，黄山、撒岔沟门和青田等中小型钼矿。我国钼矿石品位偏低，其伴生有益成分多，因此具有很高的经济价值，这些矿石中钼形态主要是硫化矿[38]。图 1-10 显示全国各省份钼矿产量分布，河南、内蒙古、西藏、黑龙江是钼生产大省份。

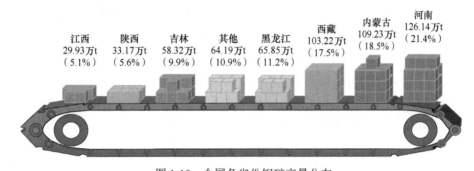

图 1-10　全国各省份钼矿产量分布

数据来源：2022 年全国矿产资源储量统计表[M]. 北京：自然资源部，2023

1.2　页岩资源概况

1.2.1　页岩资源储量及分布

页岩大部分形成于早寒武纪，通常赋存于比中泥盆纪还往前的古老地层中。近年来页岩依旧没有被全面开采利用，是非常具有潜在价值的含钒矿物资源。在我国，钒页岩遍布多个省份，资源尤为丰富，是我国含钒矿物的优势资源之一。我国钒页岩资源储量占世界储量的 90% 以上，国外仅欧美和非洲等少数地区拥有该类型钒资源。全国探明钒页岩储量达到 618.8 亿 t，占我国钒总储量的 87%，约是我国钒钛磁铁矿中钒储量的 7 倍[39]。尽管我国钒页岩储量丰富，但钒品位低，具有贫、细、杂化的特点。由于各地钒页岩成矿条件不同，钒页岩钒品位相差较大，范围为 0.13%～2%。依照现有的提钒工艺和成本，一般认为，具有利用价值的钒页岩，其品位需要超过 0.8%。我国钒页岩的钒平均品位主要分布在0.1%～1.0%，所占比例为 94%。钒平均品位大于 1.0% 的钒页岩仅为 2.8%，高于工业界品位 0.5% 的钒页岩仅占 47.6%，而在高品位的矿山中也总夹杂着低品位的矿层或矿带[40]。

钒页岩是一种混合矿物，其矿物组成复杂，种类繁多，通常包含石英、云母、长石、碳质、石膏、黄铁矿和赤铁矿等矿物。我国钒页岩主要有原生型和氧化型两种矿物。原生型钒页岩碳品位较高，钒主要以三价钒形式存在，且以类质同象形式取代铝氧二八面体中的三价铝而赋存于云母和伊利石等硅酸盐矿物晶格中。我国大部分钒页岩均为原生型矿物，其提取难度极大，开发利用程度较低。经长期风化或熔岩侵蚀，原生型钒页岩中的V^{3+} 易氧化为 V^{4+} 和 V^{5+}，从而形成氧化型钒页岩[41]。相对于原生型钒页岩，氧化型钒页岩更易提取，但其资源储量较少。总体而言，我国钒页岩具有钒品位低、矿物组成复杂、原生型矿物多和提取难度大等特点。

1.2.2　页岩中钒钼禀赋特性

典型原生型钒页岩主要呈碳质、钙质或粉砂质泥岩，矿物结晶较差，嵌布粒度普遍偏细。主要成分为硅质，大多以隐晶质形式存在，微量呈球粒状，少量重结晶成微晶石英或集合体；其次为碳质、铁质混生，呈凝块状、絮状、条带状、微细粒渲染状，有机质和碳质在黑色页岩中呈不定形分散分布；铁质多以黄铁矿为主，呈微细的自形—他形晶体或草莓状集合体形式零星分散在黏土矿物中；而云母类矿物，多呈微鳞片状，少许变晶成细条片状白云母，大部分沿着片理方向平行排列，常嵌布于石英和长石中，较大云母片集合体脉宽 30～45μm，与石英共生，较小云母片集合体的脉宽一般为 2～10μm，多呈细脉状沿长石颗粒边缘处分布；另有少量呈隐晶质的泥质，混染碳质、铁质，呈黑褐色。含煤构造的成矿可能发生在泥炭堆积期、有机质成岩期或后生期[42]。各种金属以矿物的形式提供给沉积盆地，这些矿物可由水和风来运输，或以离子形式存在于地表水和地下水中，并可由下而上进入泥炭或煤中，从而导致金属的赋存方式多种多样。钒页岩在成岩作用中，有些含钒有机配合物与石油一起从碳质岩中转移出来，但在难处理的有机质或黏土矿物中仍保留了大量的钒。在变质作用中，富含有机质、硅质和磷质的腐泥质经过堆积固化，还原环境下随着岩石中的碳向石墨演化，钒被纳入铝硅酸盐矿物中。钒页岩中钒的主要载体矿物为铝硅酸盐和碳质物，但不同地区钒页岩矿石性质有所差异。

对湖北某地钒页岩综合研究表明，主要矿物为石英，占 37.7%，其次是云母和碳质物，分别占 19.5%和 12.5%，而方解石占 8.5%，高岭石占 8.2%，铁矿物主要为褐铁矿、黄铁矿，共占 6.4%，此外有少量的长石、重晶石、磷灰石、绿泥石、闪锌矿、黄铜矿等，矿石中的钒主要赋存在云母类矿物和碳质物中，占比分别为 61.5%和 21.8%，其余分布在石英等难溶硅酸盐中。对湖南西部钒页岩的矿物组成和特点进行分析，主要矿物有伊利石、石英、有机碳及少量的藻类化石，伊利石占 60%～80%，石英占 3%～5%或更高，有机碳占 8%～10%，另有极少量的绢云母、白云母、白云石、磷灰石、方解石及黄铁矿等。对贵州某地钒页岩矿床进行工艺矿物学分析，表明矿石中含钒矿物为钒云母、含钒绢云母和褐铁矿，占 14%左右；同时还含有大量碳质，主要包括渲染于石英砂屑和云母中的微细有机碳和少量的石墨，脉石矿物为大量硅质，主要包括碳质浸染的粉砂质石英和结晶良好的次生石英，并含有生物沉积形成的磷灰石、绿铁矿、羟磷铝石等[43]。对湘西北地区钒矿的成矿地质特征进行分析，发现主要含钒矿物为硅质碳质页岩，矿物成分主要为石英和碳泥质，含有少量云母碎片、方解石和褐铁矿等，互层产出的脉石带碳质硅质岩主要矿物成分为石英，并有少量石英粉砂、石英脉和方解石脉。对陕西某地黏土型钒矿石进行研究，显示钒主要赋存于云母类矿物，如黑云母、绢云母、绿泥石和少量含钒黝帘石和褐铁矿中，占总钒的 88.25%，独立矿物只有微量的水钒铀矿，仅占总钒的 0.03%，分布在其他矿物中的钒占总钒的 11.75%。有研究发现湖北某地含钒矿石主要由含钒云母胶结物、次生和微粒石英碎屑、碳质等组成，含钒矿物包括含碳钒云母、纤维状钒云母、少量片状钒云母和钙钒榴石等硅酸盐矿物，含钒褐铁矿等氧化物，钒钡铜矿、羟钒铜矿和水钒铁矿等氢氧化物；金属硫化矿物以黄铁矿为主，包含微量的闪锌矿、硫砷镍矿和辉钼矿等；脉石矿物主要有含碳质的石英和少量的长石、磷灰石、透闪石等；微量矿物为重晶石、锐钛矿、独居石、磷钇矿等[44]。从各个地区钒页岩的矿石性质可以看出，矿物组成复杂多样，含钒矿物也有很大区别，而铝硅酸盐矿物在各个地区都是主要的钒矿物，特别是云母类矿物。但是云母类矿物的结构有着巨大的差异，例如白云母和金云母不仅在八面体中心原子上存在差异，同时整个八面体层构型也有所不同，白云母八面体层属于二八面体网状结构，而金云母八面体层属于三八面体平面结构。此外，云母结构中也存在不同原子取代位置：层间、四面体、八面体，不同取代位置直接决定了钒原子在矿物结构中的稳固程度[45]。

钒具有 V^+、V^{2+}、V^{4+} 和 V^{5+}，其中最为稳定的氧化态为 V^{2+}、V^{4+} 和 V^{5+}。钒在页岩中主要以 V^{2+}、V^{4+} 和 V^{5+} 赋存，钒页岩形成环境决定了其价态及比例，我国不同地区典型钒页岩中钒均以 V^{2+} 为主要赋存价态，其次为 V^{4+}，除了浙江鸬鸟粉状样外，其他地区钒页岩基本不存在 V^{5+}，这主要是因为钒页岩长期存在于地表下的还原环境，只有暴露于地表的钒页岩在长久的自然淋滤和风化作用下，低价钒逐步氧化为高价钒，使得钒页岩含有 V^{4+} 和 V^{5+}。

钒在矿物结构中的准确取代位置对于钒释放的微观机理解释具有重要意义。有研究发现钒页岩中 K-Al-V 体系相关性好，说明原矿中 V 主要与富含 K、Al 的矿物共生，存在于铝硅酸盐矿物中，并占总钒的 88.2%[46]。由于钒页岩的矿物组成复杂，碳质含量高，浸染交织严重，同时目标矿物含钒云母的嵌布粒度细且分布不均匀，难以得到有效富集，其结晶度较差，故通过直观的实验和检测手段来确定钒原子的准确位置难度较大，导致进一步判断钒原子在晶格中的取代情况受到限制。

页岩中伴生有钒、钼、镍等有价金属元素，其中钼常以辉钼矿的形式存在于页岩矿物中，由于各地的地质情况不同，页岩含钼品位也不同。湘西某页岩钼品位 2.17%～4.56%，而贵州某页岩矿钼品位高达 7%，含钼矿物主要为辉钼矿。湖南某地的页岩矿样含钼 3.32%，其中的钼主要以硫化钼形式赋存黄铁矿、石英等矿物中[47]。不同地区页岩中含钼品位相差较大，同一地区含钼品位也有差异。目前对于页岩中的钼研究较少，钼在矿物中的赋存状态研究较浅。钼既为环境有害元素又属于稀有金属元素，而页岩在外界堆存会产生钼的渗透浸出，产生危害，加之当前富钼矿的开采导致富矿资源越来越少，低品位矿石资源渐渐被开发使用，页岩是同时含有钒、钼的矿石资源，从页岩中提钒、钼具有广阔的前景。

1.3　页岩开发现状

1.3.1　多金属强化浸出技术

钒页岩提钒工艺的选择取决于矿石中钒的赋存状态，如果钒页岩中的钒主要以吸附态存在，则可选用直接酸浸或碱浸的工艺。如果钒页岩中的钒主要以类质同象形式存在于硅酸盐矿物晶格中，那么对于此类矿石，必须首先破坏硅酸盐矿物的晶体结构，方法有高温焙烧、强酸浸出等。大部分钒页岩中的钒都是以 V^{3+} 存在于晶格中，直接酸浸很难浸出，因此目前一般的工艺是通过焙烧破坏钒矿物的晶格结构，同时将 V^{3+} 氧化成 V^{4+} 或 V^{5+}，生成酸溶或水溶性的钒酸盐，再通过酸浸或水浸的方式回收钒[48]。

1. 钠化焙烧—水浸工艺

钠化焙烧—水浸工艺属于传统提钒工艺，其流程如图 1-11 所示，主要通过在页岩中添加以 NaCl 为主的钠盐作为焙烧添加剂进行氧化—钠化焙烧，生成可溶性的钒酸钠盐来提钒。我国页岩提钒生产和研究是从 20 世纪 60 年代初开始的，开发出了氯化钠焙烧—水浸—酸沉粗钒—碱溶铵盐沉钒—热解脱氨制得精钒的工艺流程。该工艺为我国页岩提钒最早采用的工艺，主要技术指标为：焙烧转化率低于 53%，水浸回收率 88%～93%，水解沉粗钒 V_2O_5 回收率 92%～96%，精制回收率 90%～93%，钒总回收率低于 45%[49]。该工艺虽具有工艺流程简单、投资少等特点，但钠盐焙烧带来的环境问题一直是影响这类工艺继续应用的障碍。

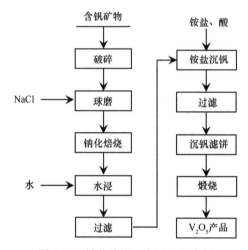

图 1-11　钠化焙烧—水浸工艺流程

2. 钙化焙烧—稀酸浸出工艺

钙化焙烧—稀酸浸出工艺，其流程如图 1-12 所示，是通过添加 CaO 进行钙化焙烧，生成不溶于水的钒酸钙，再通过稀酸将钒酸钙溶解。在钙化焙烧—碳酸盐浸出提钒工艺中，焙烧添加剂为石灰石、生石灰等钙盐。其主要的工艺流程是将磨细的含钒页岩加入适量的石灰石或生石灰，搅拌均匀后制粒，然后在回转窑或竖炉中焙烧。焙烧温度以及 Ca、V 的摩尔比将决定生成何种钒酸钙盐，最后焙烧样用碳酸盐或碳酸氢盐溶液浸出，使难溶的 $Ca(VO_3)_2$ 转化为溶解度更小的 $CaCO_3$，从而使钒发生再溶解。当铵盐浓度很低并且浸出温度保持在 342K 以上时，不会生成偏钒酸铵沉淀。将浸出时生成的 $CaCO_3$ 沉淀与浸出液分离，采用加 NH_4Cl 生成偏钒酸铵沉淀的方式回收浸出液中的钒。实际上，因为钒酸钙可以溶解于酸性溶液中，因此采用酸浸的方式也可以浸出焙烧样中的钒[50]。钙化焙烧的优点是不消耗钠盐，不产生 Cl_2、HCl 等有害气体，仅产生 CO_2 和少量的 SO_2 气体。并且在焙烧过程中，CaO 能够将页岩中的黄铁矿氧化产生 SO_2，起到固硫的作用。

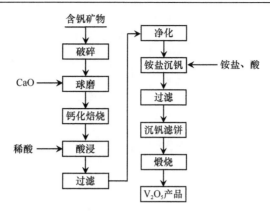

图 1-12　钙化焙烧—稀酸浸出工艺流程

为进一步提升该工艺浸出率，在单添加剂钙化焙烧工艺的基础上，开发了基于多种以 $CaCO_3$ 或 CaO 为主的复合钙盐添加剂的焙烧酸浸提钒工艺。有研究以湖北钒页岩为原料，选取 CaO、CaF_2 组成复合添加剂，在添加 6% 的 CaO 及 4% 的 CaF_2、焙烧温度 1123K、焙烧时间 90min 的条件下焙烧，焙烧熟料按照液固比 3∶1（mL/g）加入体积分数 20% 的硫酸、368K 浸出 2h，钒浸出率可达 92%。CaF_2 参与了化学反应，添加剂加入后云母结构在焙烧过程中被有效地破坏，为钒的解离提供了基础；CaO 对 V_2O_5 有很好的亲和力，焙烧可以促进钒酸钙的生成，有利于钒的浸出[51]。由此可见，钙化焙烧—稀酸浸出工艺是一种对环境较为友好的提钒工艺，解决了提钒过程存在的大气污染问题。然而，该工艺对焙烧原料的选择性很强，对高钙钒页岩矿提钒效果较好，对其他低钙钒矿石存在钒回收率偏低、酸耗量大、钒浸出液除杂难度较高等问题，生产成本高于传统工艺。

3. 无盐焙烧—酸浸工艺

无盐焙烧—酸浸工艺，其流程如图 1-13 所示，不添加 NaCl，不会产生烟气污染，改水浸为酸浸以强化浸出。由于采用酸浸，浸出杂质较多，需在沉钒前净化除杂。当硫酸浓度较低时，浸出杂质较少，酸浸和净化可以一步完成。不加入任何添加剂，直接借助空气中的氧气进行氧化焙烧，也可采用辅助通氧的方式进行强化焙烧。工艺过程中，直接在氧化气氛下通过高温将含钒物相结构破坏，使 V^{3+} 转变为 V^{4+} 或者 V^{5+}，进而采取酸浸或碱浸方式对焙烧熟料进行提钒。有研究表明当焙烧温度 1123K，浸出温度 368K，硫酸浓度 20% 时，钒浸出率可达到 91%。此外有研究通过对钒渣进行无盐焙烧、NaOH 浸出焙烧后的钒渣，最终也可以实现钒的高效提取[52]。无盐焙烧—酸浸工艺，无须添加剂的加入，从而降低了污染性气体的排放和生产成本。但是在后续的湿法浸出步骤，所需的酸液或碱液浓度较高，且浸出时间更长，对湿法设备的要求也更为苛刻。此外，在浸出环节也会导致较多的杂质离子进入富钒母液中，这也使得后续杂质离子的净化处理变得更加复杂。

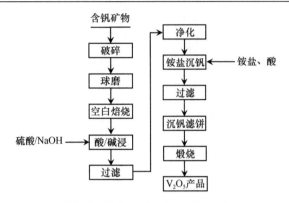

图 1-13　无盐焙烧—酸浸工艺流程

4. 复合添加剂焙烧—浸出工艺

传统钠化焙烧—水浸工艺由于工艺条件简单、浸出液杂质离子种类少且含量低、钒的富集作业简单，因而在一定时期内得到广泛的应用，但由于其添加的 NaCl 量大，在焙烧过程产生的烟气污染过高，导致其应用受到限制。无盐焙烧—酸浸工艺和钙化焙烧—稀酸浸出工艺虽然可大幅度减少污染性气体的排放，但对原矿选择性强，只适用于原矿中大部分钒以游离态或高价态形式存在的钒页岩。直接酸浸提钒工艺不需要焙烧，能耗低且无污染性气体排放，但存在浸出过程酸耗量高以及后续酸浸液处理难度大等问题。因此，针对上述工艺存在的问题，提出复合添加剂焙烧—浸出工艺，以期在降低对矿石选择性的同时减少污染性气体的排放。有研究对湖南怀化钒页岩采用复合添加剂焙烧—浸出工艺提钒，通过使用以 CaO 与 $BaSO_4$ 按质量比 1∶1 配成的复合添加剂，在复合添加剂用量 6%、焙烧温度 1073K、焙烧时间 3h、硫酸用量 3%、浸出时间 3h、浸出温度 333K 和液固比 3∶1 的条件下，钒浸出率达 86%。提钒过程中产生的烟气污染较小，对环境相对友好[53]。复合添加剂焙烧—浸出工艺采用低氯化钠或者无氯化钠组分的复合钠盐添加剂，利用了钒酸钠溶解度较大的特征，且可降低焙烧时产生的废气污染程度，因而提高了钒页岩中钒的转化率及浸出率。

5. 直接酸浸工艺

焙烧浸出工艺是目前比较成熟的提钒工艺，但是焙烧往往存在能耗高、废气排放大、转浸率低等不足，随着经济技术的发展，传统提钒技术逐渐难以适应当前低碳、环保、经济的发展趋势，绿色清洁提钒技术已经成为我国钒资源开发利用的重大需求。相较于传统的焙烧浸出工艺，直接酸浸工艺取消了高温焙烧的工序，具有作业环境好、流程简单等优势，是重要的提钒发展方向。直接酸浸工艺是一种清洁、环境友好型且能耗低的工艺，其原理是在一定的温度和酸度条件下，直接通过酸来破坏含钒矿物的晶体结构，钒释放出来后被酸溶解。能够直接酸浸的含钒页岩，其中的钒主要为 V^{4+}，可以在较低的酸度下直接浸出，硫酸的耗量一般在矿石量的 20% 以内。而当矿石中的钒为 V^{3+} 低价态时，若采用直接酸浸工艺则需要用高浓度的硫酸在 368K 以上的温度下长时间浸出，硫酸的耗量达到矿石的 40% 以上，有时甚至高达 90%。固液分离后的酸浸液经预处理，再萃取、反萃，之后将反萃液中的钒氧化为五价后进行沉钒[54]。用硫酸直接浸出，避免了钠化焙烧中的大气污染。但直接酸浸通常需要使用强酸浸出，会导致浸出选择性差，由于酸溶性物质较多，许多杂质元素均会溶解，为后续除杂净化带来困难。

6. 直接碱浸工艺

某些经风化后的页岩存在部分的五价钒，这类含钒矿可以采用直接碱浸工艺提钒。直接碱浸工艺适合处理碱性脉石（铁、钙、镁等）含量较高的页岩矿，其工艺过程为：页岩制粒焙烧—常压或加压碱浸—净化—离子交换—铵盐沉钒—偏钒酸铵煅烧，最后制得五氧化二钒产品。直接碱浸虽然工艺简单，但对矿石的选择性太强，钒的浸出率也较低。相较于酸浸提钒，碱浸提钒的方式对设备的耐腐蚀性要求较低，然而，钒在碱性介质中的浸出效率受多方面因素影响，如温度、氧化剂和碱性介质等[55]。

常压碱浸过程氢氧化钠的耗量为原矿质量的 5%～6%。碱浸液中 SiO_2 浓度高达 35～40g/L，是 V_2O_5 浓度的 2～3 倍。V 与 Si 在溶液中易形成杂多酸，采用离子交换或溶剂萃取都无法将二者分离，故碱浸液要先水解除硅，再经离子交换或溶剂萃取富集钒。目前水解脱硅产生的白炭黑难以达到商业标准，不能作为最终产品销售，导致页岩焙烧后常压碱浸提钒工艺生产成本偏高。加压碱浸过程中溶液中的硅易与铝形成铝硅酸钠沉淀析出，从而使得浸出液中钒硅质量比升至 0.65，浸出过程碱的消耗量降至原矿质量的 3%～4%[56]。尽管常压、加压碱浸都能将页岩中的钒元素浸出，但页岩氧化焙烧的温度区间窄，温度过低无法打开含钒云母晶格，温度过高则导致硅质矿物烧结，且只有预先将 V^{3+} 氧化成 V^{5+} 后钒元素才会碱浸时进入溶液。因页岩是含碳矿物，焙烧过程温度和气氛均难以控制，很难控制钒元素的氧化率，因此，实现页岩碱浸提钒工艺的工业化生产仍需加强。

1.3.2　酸浸液富集净化技术

钒页岩钒品位较低，矿物组成复杂，因此钒页岩酸浸液钒浓度也较低，且各种伴生矿物随着酸浸过程而溶解，导致酸浸液杂质离子种类多、浓度高、酸度强。总体而言，钒页岩酸浸液属于低钒、高酸和多杂的复杂溶液。不同地区的钒页岩矿石性质不同，所获得的酸浸液性质也不同。通常，钒页岩酸浸液中钒以 V^{5+}、V^{4+} 或两种价态共存形式存在。钒的赋存状态受溶液 pH 影响较大，对于以 V^{5+} 为主的酸浸液，钒的赋存状态复杂，在强酸性条件下主要以 VO_2^+ 阳离子形式存在，当 pH 为 2 附近时以 V_2O_5 形式存在，当 pH 为 3～6 时以不同的十钒酸根阴离子形式存在。对于以 V^{4+} 为主的酸浸液，钒在酸性条件下主要以 VO_2^+ 形式存在[57]。因此，钒页岩酸浸液的净化富集需根据钒及杂质离子的溶液化学性质及赋存状态选择合理工艺。

1. 离子交换法

离子交换法是一种环境友好和高效的净化富集方法，其流程如图 1-14 所示，其原理是采用离子交换树脂与钒页岩酸浸液进行离子交换，使酸浸液中的目的离子与树脂中同电荷离子发生离子交换反应，目的离子进入树脂中，而杂质元素仍保留在溶液中，然后对树脂进行解析，获得富钒液，从而实现目的离子与杂质离子的有效分离。根据树脂官能团的不同，离子交换树脂主要有阳离子交换树脂和阴离子交换树脂，在钒页岩酸浸液净化富集时需根据钒离子赋存状态而选择不同的树脂。离子交换法的原理是利用树脂表面的官能团选择性吸附目标离子，与溶剂萃取中萃取剂的作用相似。

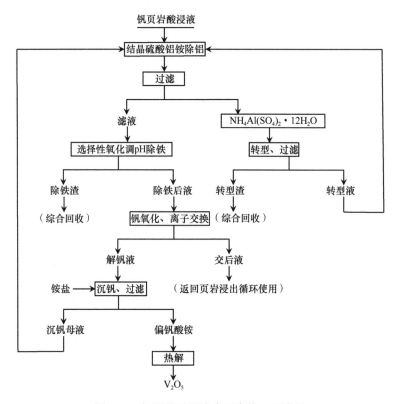

图 1-14　钒页岩酸浸液离子交换工艺流程

对于钒页岩酸浸液（pH=4），经处理后溶液中的钒为 V^{5+}，酸浸液的 pH 为 2～4，此时酸浸液中的钒以 $H_2V_{10}O_{28}^{4-}$、$HV_{10}O_{28}^{5-}$ 和 $V_{10}O_{28}^{6-}$ 形式存在，采用离子交换树脂 D314，其有效基团为—$N(CH_3)_2$，选择性吸附钒阴离子，接触时间为 60min 时，其吸附量可达 280mg/mL，钒的总回收率高达 98.6%，终产品 V_2O_5 的纯度在 99%以上。离子交换树脂 ZGA414 也用于吸附钒页岩酸浸液中的钒，在树脂吸附之前，通过向钒页岩酸浸液中添加 $NaClO_3$ 将 V^{4+}氧化成 V^{5+}，因为该树脂对 V^{4+} 几乎不具有吸附作用。当酸浸液的 pH 为 1.5～2.5 时，钒主要以 $H_2V_{10}O_{28}^{4-}$ 形式存在，树脂对钒的吸附率高达 98.9%。尽管离子交换法可以较好地实现酸浸液中钒的净化富集，但该方法同时也存在一些局限性：酸浸液需调节溶液初始 pH，使溶液中钒的赋存状态适宜树脂吸附特性，然而由于硫酸酸浸液酸度较高，在调节 pH 过程中需消耗大量的石灰，药剂成本高，且中和过程中会产生大量以硫酸钙为主的中和渣，处理难度大，同时还会造成钒的夹带损失。离子交换树脂吸附能力有限，对于杂质离子种类多的钒页岩酸浸液，高浓度 Fe^{3+} 和 Al^{3+}易堵塞树脂，造成钒的吸附效率低。酸浸液中 Fe^{3+}易与树脂的交换基团络合，形成稳定络合物，使树脂出现"中毒"现象，不利于再生[58]。因此，离子交换法更适用于离子浓度低、需进一步深度处理的溶液，而对于酸度高、杂质离子种类多和浓度高的酸浸液不适宜采用离子交换法。

2. 溶剂萃取法

溶剂萃取法是含钒溶液净化富集中应用最多且最成熟的方法,其流程如图 1-15 所示,具有富集比高、钒和杂质离子分离效果好、萃取剂可回收再生和环保等优点。溶剂萃取法主要采用选择性萃取剂将钒从溶液中转移至有机相中,而杂质离子仍保留在萃余液中,从而实现钒与杂质离子的富集与分离。萃取剂根据自身官能团电荷的不同,可分为阴离子萃取剂、阳离子萃取剂、中性萃取剂和螯合萃取剂。溶剂萃取法净化富集机理根据不同的萃取剂的特点主要包括阳离子交换、阴离子交换和离子缔合机理。然而,由于硫酸酸浸液酸度较高,pH 通常为 0 左右,且存在大量 Fe^{3+}、Fe^{2+} 和 Al^{3+} 等杂质离子,为了适应萃取剂特性,通常需对酸浸液进行氧化或还原和调节 pH 的预处理[59]。

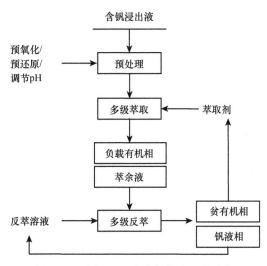

图 1-15　含钒浸出液溶剂萃取工艺流程

(1)阴离子萃取剂。阴离子萃取剂主要包括叔胺、仲胺、伯胺和季铵盐类萃取剂,其中常用的胺类萃取剂主要有 N235(叔胺)、N1923(伯胺)和三辛胺(叔胺)等,常用的季铵盐类萃取剂主要为 N263[60]。当溶液中的钒主要以阴离子形式存在时,应优先采用阴离子萃取剂萃取,其萃取机理是阴离子萃取剂中的阴离子官能团与溶液中的目的离子发生阴离子交换反应。采用胺类萃取剂萃取时通常需对其进行质子化,进而在萃取时可实现阴离子交换机制。然而,对于季铵盐因其自身拥有阴离子官能团,在溶剂萃取时无须质子化,可直接用于钒的溶剂萃取。采用阴离子萃取剂通常萃取溶液中的五价钒离子,这是由于胺类萃取剂 N235 既可以离子缔合形式萃取 VO_2^+,也可以阴离子交换形式萃取十钒酸根阴离子,但胺类萃取剂通常需对其质子化才能达到最佳萃取效果。季铵盐 N263 作为一种离子液体,具有萃取速率快、萃取能力强、萃取 pH 范围广和不需要质子化预处理等优点。N263 可在酸性、碱性和中性条件下均可萃取以阴离子形式存在的钒(包括 V^{5+} 和 V^{4+}),其萃取机理为 N263 中的 Cl^- 与目的离子发生阴离子交换反应。

（2）阳离子萃取剂。常用的阳离子萃取剂主要为膦酸类萃取剂，包括 D2EHPA（P204）、EHEHPA（P507）和 Cyanex272 等，这类萃取剂也称为酸性萃取剂，在溶剂萃取时发生阳离子交换反应[59]。有研究采用 EHEHPA 萃取法对废催化剂酸浸液中钒和钼进行分离，首先将酸浸液初始 pH 调节至 2.0，然后以 15% EHEHPA 为萃取剂，在相比 O/A=1∶1 和萃取时间 10min 条件下，三级逆流萃取实现了钒和钼的共萃，其萃取机理均为阳离子交换反应。负载有机相首先用硫酸反萃钒，再用氨水反萃钼，实现了钒和钼的分级反萃分离。阳离子萃取剂适宜萃取以阳离子形式存在的钒，且以四价钒的萃取效果更佳。因此，在钒页岩酸浸液净化富集时，通常需对五价钒溶液进行还原预处理，使 V^{5+} 还原为 V^{4+}，Fe^{3+} 还原为 Fe^{2+}，从而使钒与杂质离子达到最佳的分离效果，其萃取机理通常为阳离子交换机制。

（3）中性萃取剂。中性萃取剂主要以磷酸三丁酯（TBP）应用最为广泛，也有甲基膦酸二异混和酯（P-311）、甲基膦酸二异戊酯（DAMP）和丁基膦酸二丁酯（DBBP）等萃取剂[61]。TBP 大多数情况下是作为有机磷酸萃取体系的改质剂加入以改善相分离，对 V^{4+} 或 V^{5+} 没有协萃作用。但 TBP 在盐酸体系中可以萃取 V^{5+}，对 V^{4+} 却基本不萃取。盐酸浓度较低时萃取过程易产生第三相，浓度过高会将 V^{5+} 还原为 V^{4+}，只有在浓度适中时可以较好地萃取 V^{5+}，TBP 萃取机制为中性络合，溶液中的盐酸和水分子会被同时萃取。盐酸体系中 TBP 萃取 V^{5+} 的机理为 VO_2^+ 中钒酰基与 TBP 中磷酰基通过 H_3O^+ 或 H_2O 形成氢键而被萃取，但该萃合物结构不稳定，久置会分解。采用中性萃取剂萃取钒主要适用于盐酸体系，且以 V^{5+} 为主，其萃取机理为离子缔合机制。目前，页岩工业中酸浸所采用的酸通常为硫酸，采用盐酸的比较少，且所用的酸浓度不可太高。

（4）螯合萃取剂。螯合萃取剂主要是通过萃取剂分子与目的元素发生螯合作用，从而实现目的元素与杂质离子的分离与富集。这是一类针对性较强的萃取剂，在分析化学和无机化学中应用广泛，萃取过程中螯合萃取剂与金属阳离子形成配位键和共价键的基团，即生成具有螯环的螯合分子来实现萃取，一般可分为羟肟类、酚类等。螯合萃取剂专一性较强，能与钒离子生成配位化合物。钒萃取分离螯合萃取剂有 LIX63、Mextral973H、LIX860-I[62]。有研究用 LIX63 从初始 pH 为 1.2～6 的硫酸盐溶液中对钒萃取分离，当初始 pH 为 1.2～2.5 时钒的萃取率在 98%以上，当 pH 从 2.5 增至 3.7，钒的萃取率大幅降低，从 98%下降至 20%，随着 pH 进一步增加，萃取率又再次增加，其原因可能是萃取机理的改变，当 pH<2.5，溶液中的钒以 VO^{2+} 形式存在；当 pH>3.7，钒以 $V_{10}O_{27}(OH)^{5-}$ 形式存在，使得 LIX63 对钒的萃取从阳离子交换萃取（pH<2.5）变为溶剂化萃取（pH>3.7）。螯合萃取剂虽然在萃取冶金中选择性高、专一性强，可以针对某些具体待萃物质，但相比其他萃取剂来说价格较高。

3. 生物质吸附提取法

吸附法是利用吸附剂对溶液中的 V^{5+} 进行吸附而去除溶液中的 V^{5+} 的方法。由于固体表面的分子作用力在吸附初期处于一种不平衡或不饱和的状态，进而将与其他相接触液体的溶质吸引到其表面上，使其分子力最终达到平衡。通过这种作用力，使被吸附物质在固体表面进行浓缩，称为吸附。吸附法具有操作简单、成本低廉、材料来源广泛、去除率高以及环境友好等特点，并且可以再生循环使用。使用吸附法处理含钒溶液时，吸附剂的选择至关重要。其中生物质吸附剂材料的来源十分广泛，包括在农业生产中的各种废料和副产物，如稻壳、果壳、秸秆和其他农产品的边角料等。生物质吸附剂具有无毒、低成本、原料丰富、工艺简单、环保可降解等优点[63]。有研究用水葫芦根粉吸附 V^{5+}，在 pH 为 2.5，吸附剂用量为 25mg，温度为 298K，钒溶液体积为 20mL，浓度为 900mg/L，吸附时间为 5h 条件下最大吸附量达到 85.27mg/g（去除率为 9%），当改变 V^{5+} 浓度为 100mg/L，pH 为 7，吸附剂用量为 100mg，其他条件不变时，V^{5+} 的最大去除率达到 28%（吸附量为 6.99mg/g）。有研究使用二（2-乙基己基）磷酸酯和磷酸三丁酯浸渍白杨木屑，碳化后制得生物质吸附剂，用于对 V^{4+} 吸附研究。在初始 V^{4+} 溶液浓度为 1.1g/L、pH 为 1.6、固液比为 1∶20（g/mL）条件下，对 V^{4+} 的吸附率为 98%，使用 25% 的硫酸溶液作为解吸剂，钒的解吸率高达 98%。

1.3.3　钒氯化精馏提取技术

钒氯化精馏提取技术一般流程分为初级原料氯化、三氯氧钒分离纯化、高纯产品制备，其流程如图 1-16 所示。三氯氧钒与常见杂质硅、铝、铁、钾、钠、钙等的氯化物沸点相差很大，通过控制氧氯分压可以得到高纯三氯氧钒，后续可直接制备高纯五氧化二钒[64]。因此，该技术从净化除杂原理上具备较大的优势，能很好地满足新兴行业对高纯五氧化二钒

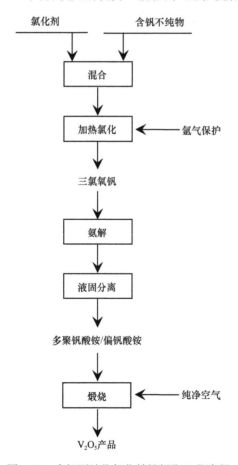

图 1-16　含钒不纯物氯化精馏提取工艺流程

的需求,具有良好的发展前景。该领域研究热点包括含杂钒初级原料与氯化剂适用性探索、氯化过程反应热动力学理论、近终端传质分离与纯化。近些年来,随着高纯五氧化二钒需求量的增加和应用领域的拓宽,氯化提钒技术取得了积极进展。目前氯化提钒研究的钒原料主要为工业级五氧化二钒和钒渣,针对钒钛磁铁矿、钒页岩、含钒废催化剂、金矿等的氯化研究也偶有报道。通过氯化气体与氯化烟气换热,适量配加空气使部分碳粉燃烧实现热量平衡供给、温度调控、控压精馏等操作,提高了氯化反应效率和选择性,实现了氯化过程的温度调控和杂质氯化物的综合处理。

早期实验室小型氯化精馏探索研究多选用氯气作为氯化剂,有研究选用氯气氯化红钒,反应温度 673K,经蒸馏除杂收集到三氯氧钒中间体,后氨解沉钒并煅烧制得高纯五氧化二钒。此外,国外研究者相继探索了使用氯气氯化含钒废催化剂的反应过程,在碳存在的情况下氯化反应温度均需要在 1073K 以上。武汉科技大学张一敏教授团队提出氯气氯化脱碳含钒页岩的方法,脱碳含钒页岩在 1073～1273K 条件下氯化焙烧,分段冷凝收集得到含钒氯化物,之后将含钒氯化物溶于水或稀酸中配制为含钒溶液,再经过沉钒煅烧过程得到五氧化二钒。中国科学院过程工程研究所选用流态化低温氯化方法,氯化温度 573～773K,并配加碳粉,将五氧化二钒转化为三氯氧钒,然后经过精馏提纯、铵盐沉钒、气相水解、气相氨解、流态化煅烧得到高纯五氧化二钒,或者通过等离子体氧化技术直接得到高纯五氧化二钒[65]。选用有毒且腐蚀性强的氯气作为氯化剂虽然具有原料适应性强、产品质量稳定且产品纯度高、废水少等优点。但得到的三氯氧钒产品并不纯净,需要进一步地精馏纯化,况且还将面临污染重、能耗高、对设备要求高、生产成本高等诸多问题。

与此同时,以四氯化碳、氯化铁、氯化铝等为氯化剂的氯化过程研究也贡献了多维度的技术视角。热力学研究查明配碳能显著降低氯化反应活化能从而降低初始氯化温度,通过合理地控制氧势和氯势、调节反应温度,可获得目标产物三氯氧钒。当化学反应为控制步骤时,四氯化碳作为氯化剂的氯化反应比氯气作为氯化剂更容易发生,但反应过程中产生低价钒副产物的同时还会伴随着二氧化碳和光气的生成。东北大学团队提出以氯化铁和氯化亚铁为氯化剂,氯化焙烧后的钒钛磁铁矿,从热力学上分析实现钒、钛、铁的分离,并在反应温度为 873～1273K 时做了探索实验[66]。中国科学院过程工程研究所有团队研究了氯化铝与五氧化二钒反应制备三氯氧钒的方法,反应温度仅为 433K,且三氯氧钒产品中无四氯化碳。北京科技大学有团队研究了钒渣各有价元素在 $AlCl_3$-NaCl-KCl 熔盐体系中的氯化反应,在 473～1073K 的反应温度下,能够实现钛、锰的分离以及制备铁钒铬合金[67]。

对于复杂多元耦合体系氯化提钒的工作,尤其在应用非氯气氯化剂方面,多聚焦于氯化精馏反应的可行性基础研究上,对于最佳的工艺路线、新式设备适配以及反应机理及传质分离机制等并未进行充分探索,尚待进一步完善。

氯化精馏提纯金属,可从本质上改善和提高传质分离效果,已成为研究热点。卤族元素化合物,特别是氯化物作为添加剂,具有组分精准分离、不产生氨氮废水、流程简单、原料适应性强、能耗低、绿色友好等特点。与此同时,氯化精馏提取技术目前已应用于有色、稀有、稀土等多种金属的分离,且已被初步证实对页岩钒的分离存在一定的效果与潜力,具有较好的应用前景[68]。然而,页岩高硅铝多杂耦合体系钒提取过程中,氯化精馏机理及传质分离机制不明确所造成的适用条件、控制范围和传质分离效果的不确定性，是该项技术落地应用前亟须突破的瓶颈问题。鉴于此，在本质上改善钒转价传质分离纯化效果，对于持续突破和推广"熔融改质氯化精馏"为一体的新一代页岩综合分离提纯前沿技术，具有重要的现实意义，是一种必然的发展趋势。

1.3.4 钒精炼纯化制造技术

1. 金属热还原纯化法

1）铝热还原纯化法

铝热还原纯化法制取金属钒通常采用 V_2O_5 或 V_2O_3 两种原料。铝还原 V_2O_5 的还原反应总反应式：$3V_2O_5+10Al{=\!=}6V+5Al_2O_3$。此种反应的焓变为每 6mol 的 V 为−3735kJ，属于高放热反应。另外，V、Al_2O_3 的熔点分别为 2183K、2323K，相对较低，有利于形成熔渣及金属钒锭。但当铝过量时，会形成 Al-V 合金，使脱出铝的难度加大。铝还原 V_2O_3 的还原反应总反应式：$V_2O_3+2Al{=\!=}2V+Al_2O_3$。该反应放热量较低，达不到渣熔化的温度，故只能制取粒状产品，而且铝热还原纯化法的渣不溶于水，故不适于用浸出法处理。变通的方法为加入助熔剂等使渣熔化，冷却后便于与金属钒锭分离[69]。有研究采用二步法用铝还原 V_2O_5 制取钒。第一步制取 Al-V 合金，第二步再精炼制取高纯钒。采用 Al_2O_3 钢罐衬，抽真空充氩气，用燃气炉外源加热至 1023K，点燃反应，反应迅速，冷却后分离渣与合金，合金再用 HNO_3 溶液浸洗，然后粉碎成 6mm 的块。

2）钙热还原纯化法

将低价钒氧化物和氯化钙均匀混合得到混合料，冷压成块料或者加水进行造球成型，然后干燥得到成型混合物料；按成型混合物料质量的 1.5~3 倍在反应器底部加入金属钙，金属钙上层设置成型混合物料，然后冷态抽真空，炉内压力为 10^{-2}~10Pa，以 5~15K/min 升温至 1173~1473K，反应 2~36h，反应结束后在室温下自然冷却，得到块状物料；将得到的块状物料破碎，盐酸浸洗，然后过滤、水洗、醇洗，真空干燥得到含氢化钒的金属钒粉；最后将得到含氢化钒的金属钒粉，在压力小于 10^{-2}Pa、温度为 873~2273K 下进行真空烧结或熔炼脱氢处理得到金属钒块。本方法工艺流程较短，能耗较低，总反应式为 $V_2O_5+Ca{=\!=}2V+5CaO$。反应一旦开始，便会立即引发系统的钙热还原反应[70]。有研究首先在助溶剂 $CaCl_2$ 或 CaI_2 存在的条件下，采用钙热还原 V_2O_5 法成功获得金属钒小颗粒，虽然此法还原反应放热少，可以控制操作，但是获得的金属钒因杂质含量较高造成材质偏硬，不利于机械加工，从而限制产品的应用前景。有研究考虑采用金属热还原法在含 $CaCl_2$ 熔盐介质中还原难熔金属氧化物，目前已成功获得单质金属纳米粉末。

3）镁热还原纯化法

理论上，镁可以同时作为钒氧化物和钒氯化物的还原剂制取金属钒。但是由于氧化产物 MgO 的熔点较高为 3098K，反应中若使 MgO 熔化，在此温度下，金属镁（沸点为 1363K）将大量挥发，若防止挥发，则需密闭高压，难度较大，钒氧化物的镁热还原纯化法难以实现。因此，含钒氯化物的镁热还原制取金属钒在实际生产中得到应用。镁热还原纯化法还原含钒氯化物制取金属钒，一般来说原料有 VCl_4、VCl_3、VCl_2 三种[71]。有研究用 VCl_2 作为原料，用镁还原制取金属钒，装置改用纯钒坩埚，将还原、蒸馏置于同一真空炉内完成，纯钒坩埚内放入 VCl_2，加入无定形镁片，过量 40%～50%，抽真空充 He，加热至 793～843K 点燃反应，反应放热，温度可以升高 100K，再加热升至 1173K，2h 后反应完全。冷却至室温，取出后再倒置放入炉内，加热至 1223K，抽真空，蒸馏 16h，部分 Mg、$MgCl_2$ 会滴至下部的收集槽，蒸出的气体在夹层中冷凝。结束后冷却，用干燥的空气吹扫海绵钒，回收率大于 95%，部分可达 98%以上，如果控制得好，纯度可达 99.8%。镁热还原纯化法尽管产品回收率、纯度等指标都好，设备也可行，但实际应用得不多。

2. 非金属热还原技术

1）氢热还原技术

氢热还原技术是指以氢气作为还原剂，在高压反应釜中，于一定的温度与氢气压力下，将溶液或浆液中的高价金属离子直接还原为金属单质或低价金属氧化物的过程。这是湿法冶金领域中一种重要的从溶液中直接还原制备金属粉末的方法。由于氢气是一种清洁性气体，在沉淀过程中不会造成污染，氢热还原技术被公认为是一种环境友好型沉淀工艺。由于高压氢还原是一种气、液、固三相的反应过程，且氧化还原反应是一种放热反应，这使得在测量动力学数据时较为困难，目前对于高压氢还原的动力学研究还比较匮乏，不同金属甚至同一金属的不同溶液组成的高压氢还原反应的机理也不尽相同，尚无统一的动力学模型可以用来揭示其反应机理。

有研究将环境友好的氢热还原技术引入到页岩提钒的沉钒工序，开发了一种新型的绿色沉钒工艺，氢热还原技术的实质是利用氢气还原的特性，在高压条件下控制反应条件，将富钒液中的五价钒还原成四价或三价而析出。当无催化剂介入时，富钒液初始 pH 为 4.0、反应温度为 473K、氢气分压为 4MPa、沉钒率大于 99%，制备出纯相 NaV_2O_5 单晶产品；在有催化剂氯化钯的介入下，当富钒液初始 pH 为 6.0、反应温度为 523K、氢气分压为 4MPa、氯化钯加入量为 10mg/L，此时沉钒率为 99%，并制备出纯度为 99.8%的 V_2O_3 产品[72]。氢热还原技术引入到沉钒领域，避免了传统铵盐沉钒工艺所带来的氨氮废水及废气的排放，其工艺更加环保、清洁。但是，由于富钒液的性质差异较大，其反应过程十分复杂。此外，催化剂氯化钯价格昂贵，很难从沉钒产品中回收，工业实际应用困难。

2）碳热还原技术

钒氧化物碳热还原技术工艺流程如图 1-17 所示。有研究表明只有当温度在 1973K 以上时，碳热还原钒氧化物在热力学上才是可行的。同时，当高于 1973K 时，与钒氧化物比较，CO 是最稳定的，但是碳与钒的亲和力很强，新生的钒极易与碳结合生成 VC 或 V_2C[70]。有研究使用 V_2O_3、VC 为原料，置于坩埚，装入感应炉，抽真空至 0.05Pa，1723K 下保温 8h，再抽真空至 0.01Pa，1773K 下保温 9h，烧结的 V-O-C 块，再进一步用电阻炉处理，加热至 1923K，抽真空至 0.002Pa，加入 VC 调组分，再加热至 1948K，抽真空至 0.005Pa，最后得延展钒。

3）硅热还原技术

硅热还原时，在高温下用硅还原钒氧化物的自由能变化是正值，说明在酸性介质中用硅还原钒的低价氧化物是不可能的。由于热量不足，反应进行得很缓慢且不完全，为了加速反应必须外加热源。一般硅热还原冶炼钒铁是将 V_2O_5 铸片在铁合金电弧炉内用硅铁冶炼成钒铁。此外，这些氧化物与二氧化硅进行反应后生成硅酸钒，钒自硅酸钒中再还原就更为困难。因此炉料中配加生石灰氧化钙，原因在于它与二氧化硅反应生成稳定的硅酸钙，防止生成硅酸钒；降低炉渣的熔点和黏度，改善炉渣的性能，优化冶炼条件；在有氧化钙的情况下，提高炉渣的碱度，改善还原的热力学条件，从而使热力学反应的可能性更大[73]。有研究报道了一种通过硅热还原钒氧化物和熔融盐电解精炼工艺相结合制备高纯金属钒的方法，该方法首先在真空状态和 1873～1973K 温度条件下，将钒的氧化物 V_2O_5 或 V_2O_3 用硅或硅和碳的混合物进行还原得到粗金属钒，再将这种含钒 89.5%、含硅 4%、含氧 1.3% 的粗金属钒在 LiCl-KCl-VCl 组成的熔融盐电解质中进行精炼，最终得到纯度大于 99.5% 的金属钒。但硅还原低价钒氧化物的能力在高温下不如碳，为避免增碳，生产过程中在还原初期用硅作为还原剂，后期用铝作为还原剂。

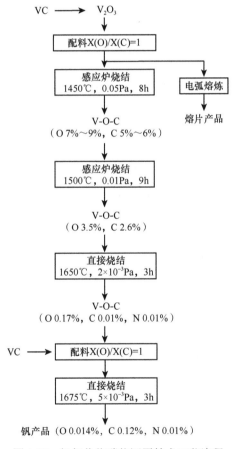

图 1-17　钒氧化物碳热还原技术工艺流程

3. 熔盐电解纯化技术

由于难熔金属具有极高的熔点，基于铝电解技术熔盐电解制备难熔金属的方法难以实现工业化应用。稀有难熔金属在电解后以固体颗粒的形式弥散在电解质中，影响了电解质的性能，渣金分离困难，且产物不易收集。另外，由于难熔金属都属于过渡族金属，具有多种价态。多价态离子在电解过程存在歧化反应，造成电解效率较低。熔盐电解法在提取金属时，由直流电源直接提供电子，这与热还原法有本质的不同。由于电解过程中不引入异种还原剂，因此可以减少产品中过量还原剂的分离步骤。同时，它具有对环境无污染、电解参数可控等诸多优点。传统熔盐电解法是将含有钒离子或离子团的盐添加到电解质中，通过调节电解电位，在阴极沉积金属的方法，钒源通常采用 VCl_3 或 $NaVO_3$[74]。

熔盐电脱氧技术则是针对金属氧化物进行直接电化学还原的工艺，由于钒离子的多种价态和电解质离子与钒离子的配位行为，钒离子存在形式复杂，进而对电解产物及电流效率产生影响。电极材料也是电解工艺关注的热点，采用液态阴极替代传统惰性阴极是促进钒离子阴极沉积的有效方法。因此，目前可以在共晶的 LiCl-KCl 熔盐中加入 VCl_3 作为钒源，利用不同的瞬态电化学分析技术研究钒离子的还原步骤。同时，根据不同电化学测试的结果，对钒离子的传质过程动力学进行研究，如计算扩散系数，判断反应可逆性，探明速率控制步骤等。在阴极上进行不同电位下的计时电流测试，判断不同价态的钒离子在电极表面的形核结晶过程。然后对电解产物进行表征，研究电解电位对产物的影响[75]。有研究采用熔盐电解法制备出了高纯金属钒，该方法将微波流化床技术与熔盐电脱氧技术相结合，以五氧化二钒为原料制备金属钒。该工艺首先利用微波流化床加热效率高、升温迅速、气固接触等特点，采用氢气或一氧化碳为还原气，于 873～923K 下将低熔点五氧化二钒（熔点 963K）短时间直接还原为三氧化二钒。三氧化二钒具有较高的熔点，可直接经过成型烧结工序制备成为氧化物阴极。氧化物阴极与氯化钙熔盐或氯化钙与氯化钠混合熔盐进行电脱氧，电解后的阴极用超声波粉碎，然后经水洗、酸洗、乙醇洗以除杂，最终得到纯度99%以上的金属钒，电流效率保持在 70%以上，微波加热设备能量利用率在 80%以上，电解能耗在 10～13（kW·h）/kg[76]。

4. 碘化物热分解技术

碘化物热分解技术的基本原理是在真空密闭环境中，粗金属钒与单质碘在低温区发生合成反应，生成挥发性二碘化钒，二碘化钒扩散至高温区后，在高温区发生分解反应，生成纯金属钒和单质碘，纯金属钒沉积在高温区，单质碘则返回低温区重新参与低温区合成反应。有研究用热分解碘化物来制备可塑性金属钒，把粗钒和碘混合放在石英管内，抽真空后密封，加热至 1073～1273K，生成挥发性碘化钒，并借助反应产生的压力将二碘化钒传输到附近炽热的钨丝上，二碘化钒扩散到高温区后，在钨丝上发生热分解而析出金属钒，而碘再与粗钒反应生成碘化钒，沉积在高温区的元素碘返回低温区，再次参与低温区的合成反应。碘化物热分解技术精炼提纯的金属具有下列特性：能在较低温度下形成较易挥发的碘化物，这些碘化物能在低于金属熔点的温度下分解，金属在炽热丝上的沉积速率比其蒸发速率大得多。钛、锆、铪是满足上述要求的典型金属，而那些不与碘作用的杂质，包括原料金属的氧化物、氮化物、碳化物、不形成挥发性碘化物的杂质以及在操作温度下其碘化物不在炽热表面上分解的杂质，都可以通过碘化精炼的方法除去，所得碘蒸气返回后继续粗金属精炼。有研究开发了一种直接的工序，碘化钒通过热灯丝，释放出的碘从系统中除去，粗钒在 1173K 下与碘蒸气反应生成碘化物，当碘化物在 1673K 下反应完成后发生热分解,得到高纯钒金属[77]。有研究通过将含有还原性碳的银用碘化物进行精炼,得到纯度高的钒,碘化银热分解精炼钒的最佳炉料反应温度为 1123K,碘化钒热分解温度为1573K,碘化物热分解的杂质主要来源于粗钒,同时设备的结构材料也是其来源之一,通过碘化物热分解法可以有效地除去非金属杂质,成功制备纯度为 99.9%的钒金属,提纯后除铁和铬含量与原含量相同外,其他杂质净化效果显著。

碘化物热分解技术对非金属杂质碳、氧、氮的去除效果很好,金属回收率高,无污染。但是该工艺也存在一定的缺陷。碘化物热分解技术虽然效果优良,但对设备的耐碘蒸气腐蚀性和气密性要求较高,不能连续运行,故适用于小批量高纯金属制品。碘化物处理可以显著减少钒中的大部分金属杂质,在常见的间隙杂质中几乎可以消除氮,而大大减少氧和碳。它的主要净化作用在于,非金属杂质碳、氧、氮在低温区不与碘反应从而与钒分离,一旦有杂质生成,碘化物也不会在高温区被分解。

5. 固态电迁移纯化法

固态电迁移纯化法是指在直流电场作用下,金属中的杂质会发生迁移,尤其是在金属熔点附近具有较高的迁移率,由于各杂质元素的有效电荷和扩散系数有所差异,故各元素的迁移方向及迁移率也不同。提高电流密度,增大提纯比,尽可能增加金属棒的长度是提高电传输精炼程度的重要手段;而电传输速率和扩散系数是决定提纯效果的基本参数。使用高真空设备和高纯惰性气体,提高处理时间和温度,能够提高金属的提纯能力,也有助于减少环境污染。在提高温度的过程中,应该考虑金属的蒸气压和熔点。另外,通过改变待处理产品的形状,使样品的比表面积增大,这样可以获得更高的电流密度,可提高杂质的迁移性,从而提高金属的提纯能力。由于迁移方向和扩散速率不同,金属离子和杂质离子分离。经过一段时间的提纯,杂质聚集在负极的一端,高纯金属钒在正极的一端。固态电迁移纯化法生产的高纯金属钒的主要杂质碳、氧、氮的质量分数均小于 10mg/kg。间隙溶质在接近金属熔点的温度下通常具有高流动性,因此电传输适用于金属提纯。该技术已成功应用于多种金属,最适合应用于那些熔点高、蒸气压低、杂质迁移率高的金属,特别是难熔金属和活性金属以及一些稀土和锕系金属。目前最纯的钒是使用固态电迁移纯化法制备的,所有碳、氧和氮的间隙杂质质量分数低于 5mg/kg[78]。固态电迁移纯化法所用的设备比较简单,能够有效除去稀土金属中有效电荷为负的间隙型杂质,如气体杂质和非金属杂质,对金属杂质也有较好的去除效果。但是该方法具有提纯周期长、产率低、能耗高等缺点。

6. 电子束熔炼纯化法

电子束熔炼纯化法是指在高真空下将高速电子束流的动能转换为热能作为热源来进行金属熔炼的一种真空熔炼方法。这种熔炼方法具有熔炼温度高、炉子功率和加热速率可调、产品质量好的特点,但也存在金属回收率较低、比电耗较大、需在高真空状态下进行熔炼等问题。金属钒粉通过冷却等静压成型和真空烧结成钒坯条后,采用电子束熔炼对钒坯条进行提纯。目前使用横向枪进行电子束熔炼,并实现了工业化。利用电子束轰击产生的热量进行高温难熔金属熔炼及提纯的专用真空熔炼设备,通过数支电子束枪分别对原料、凝壳及结晶器照射，在熔化原料的同时，使凝壳上方的熔融金属获得充分的液态维持时间与过热度，促使原料中的各类杂质元素和夹杂物或下沉或上浮或熔化或挥发加以去除，其制备的铸锭成分均匀、纯净度高、宏观偏析小[79]。

电子束一次提纯：真空压力优于 0.05Pa、电子束熔炼功率在 150kW、进料速率 30kg/h、转锭速率 4r/min、电子束采用条状扫描、熔池熬制时间 60s；熔炼完成后进行冷却，冷却过程保持炉体真空压力优于 0.10Pa，冷却 4h 后关闭真空系统，8h 后打开电子束将一次精炼的钒锭取出，对钒锭进行表面扒皮、精整处理。电子束二次提纯：将电子束一次提纯的金属钒锭按电子束一次提纯工艺再精炼一遍，然后将制备的金属钒锭用颚式破碎机全部破碎后，用圆盘粉碎机粉碎到所需粒度，取样进行钒、铝、碳、硅、氧、氮、铁及铜等项目的分析，最后对高纯金属钒进行机械加工，处理得到高纯金属钒铸锭[80]。电子束熔炼纯化法大多是将材料完全熔化形成熔池，并长时间保持在较高的温度下进行熔炼。这种冶炼条件有利于杂质元素的去除。但熔池温度越高，基体材料的挥发损失越大。而且，杂质的去除只发生在熔池表面，熔体内部的杂质扩散到表面需要很长时间，消耗大量能量。因此，探索新的电子束熔炼方法和工艺，降低综合能耗已成为发展高效、低成本电子束熔炼技术的途径。

7. 区域熔炼纯化技术

区域熔炼是指当平衡分配系数 $K<1$ 时，凝固前端部分的溶质浓度不断降低，后端部分不断地富集，这使固溶体经区域熔炼后的前端部分因溶质减少而得到提纯，因此区域熔炼又称区域提纯。常被用于要求纯度极高的提纯，利用区域熔炼能够冶炼出工业纯金属。有研究将该技术应用于钒的提纯，采用真空悬浮区域熔炼精炼，直径 4.4mm 的钒棒在真空压力 1.333MPa、精炼熔区长度 6～10mm、熔区移动速率 57.16mm/h 条件下，经 6 个行程即可获得高纯钒，纯化效果显著。有研究采用电子束浮区熔炼钒，总杂质仅为 50mg/kg，脱氧被认为是 VO 的挥发，碳的脱除机理尚不明确，对氮影响不显著，所有金属杂质均得到有效挥发[81]。区域熔炼纯化技术成熟，工艺研究和应用领域得到广泛拓展，但仍存在以下几个方面的问题：①对原材料要求高。原料的纯度必须满足特定的要求，超过一定纯度范围的杂质对区域熔炼工艺影响较大。②金属在进行区域熔炼前要经过多次的化学提纯、真空蒸馏等，控制特定杂质的含量。对平衡分配系数接近的杂质去除效果较差。例如，Bi 中的杂质 Mg、Ca、Fe、Sb 等；In 中的杂质 Pb、Mg、Si、Al 等；Te 中的杂质 Se 等。目前主要通过增加区域熔炼次数、采用多熔区区域熔炼的手段解决这一问题，生产周期长、能耗高。③生产效率低，成本高。区域熔炼需要在低熔区移动速率下进行多次熔炼，生产周期长，能耗高。高纯金属的分析检测技术发展相对滞后，目前检测技术不能实现实时在线分析，对于高纯材料物理缺陷的分析手段相对落后[82]。此外，对高纯金属物相分析技术滞后，增加了对区域熔炼过程杂质迁移机理研究的困难。区域熔炼过程中存在二次污染，不能实现在线监测，投资成本较高等问题限制了区域熔炼技术的进一步发展。对于在熔融状态下有反应活性的金属，应用悬浮区域熔炼技术提纯效果更好。连续区域熔炼技术生产效率高、二次污染小，但该技术设备复杂，操作难度高、成本高，且尚处于研发阶段，距离实际应用仍有较大差距。

1.3.5　企业运营概况及发展

目前，我国涉钒企业（含钒产品贸易、钒合金加工、钒冶炼、钒矿石开采）有 1000 多家。从业人数从几人到几千人不等。其中开展页岩提钒的企业主要分布于河南、陕西、湖北、湖南、四川、青海等地。各主要企业提钒工艺不尽相同，钒浸出率也有较大差别。

陕西五洲矿业股份有限公司长期采用酸浸—溶剂萃取—沉钒制取五氧化二钒工艺。企业规模、技术水平均处于钒矿湿法冶炼行业的高水平，该工艺目前应用于陕西山阳县多家页岩钒矿生产中，取代了传统落后的钠化焙烧工艺，具有能耗低、回收率高、生产成本低、环保效果好等优点，该工艺钒浸出率大于 90%，钒总回收率达 80% 以上[83]。河南盛锐钒业集团有限公司是中原地区大型钒生产厂家，采用钙法隧道窑焙烧—浸出提钒工艺，年产 1500t 高纯度五氧化二钒。该工艺根据页岩矿石含钙量补充 0.5%~2% 的石灰，在提高钒转化率的同时，固定矿石中的硫分，在保证经济效益的同时达到环保要求，可一次性实现焙烧转化率 90% 以上，五氧化二钒产品纯度达到 99.9%。西宁特钢肃北博伦矿业公司年产五氧化二钒 1000t，采用不预脱碳，不添加其他试剂的直接焙烧—浸出工艺焙烧含钒页岩，同时采取高效脱硅技术，使浸出液中硅减少 95% 以上，有利于后续净化和离子交换。该工艺钒浸出率大于 70%，钒总回收率大于 65%，并较好地体现了节能减排的要求[84]。

湖北省是钒冶炼大省，钒矿资源十分丰富，区位优势明显，钒页岩提钒厂家最多时达 80 余家。过去，企业长期使用钠化焙烧工艺，污染严重。近年来，由于环保压力较大，经过整顿关停，目前全省大小页岩提钒企业缩减至 20 家左右。通山腾达矿冶有限公司以原生型含钒页岩为原料，以工艺自身产生的富钒渣为催化剂，通过采用含钒页岩双循环高效氧化提钒工艺，实现低价钒的循环氧化和回收。同时，将提钒工艺产生的烟气、废水和尾渣有效处理，形成工艺所需的中间产品返回主流程在线循环，使热能利用率大于 90%，该工艺钒浸出率为 86%，总回收率大于 78%[85]。竹山中强钒业制造有限公司及郧西平凡矿业有限公司采用含钒页岩立窑焙烧—循环堆浸—复合净化塔处理废气、废水提钒工艺进行提钒，该提钒工艺属于低氯复合焙烧工艺（添加氯化钠的质量分数不超过 2%），其焙烧炉型属于机械立窑焙烧。焙烧浸出工段，焙烧温度为 1103K 左右，控制高温焙烧时间 4h 左右，浸出选用循环水浸的方式，该工艺钒浸出率约为 75%，总回收率大于 70%，同时，工艺"三废"排放满足达标要求，达到国际国内先进水平。此外，还有湖北宣恩泛得、湖南湘西双溪、江西仁天及河南淅川等钒矿企业，各企业提钒工艺钒浸出率及总回收率略低。

参 考 文 献

[1] 樊涌，张一敏. 钒及多金属城市矿产资源循环系统与技术[M]. 武汉：湖北科学技术出版社，2024.
[2] 张一敏. 钒页岩分离化学冶金[M]. 北京：科学出版社，2019.
[3] 朱军，王欢，王斌，等. 三氧化二钒的制备工艺及粉体合成研究进展[J]. 中国有色冶金，2016，45（5）：77-80.
[4] 张堃，袁新强，王丹，等. VO_2（M）粉体合成与表征[J]. 材料导报，2022，36（13）：79-83.
[5] 陈亚西，王向阳，张旭，等. 高纯五氧化二钒应用及制备概况[J]. 安徽化工，2022，48（5）：1-5.
[6] 高峰，彭清静，华骏. 钒产业技术及应用[M]. 北京：化学工业出版社，2019.
[7] 杨守志. 钒冶金[M]. 北京：冶金工业出版社，2010.

[8] 谢元林. 钒在钢中的合金化作用及应用[J]. 特钢技术, 2015, 21 (1): 1-5.

[9] 郭佳明, 梁精龙, 李慧, 等. 钛铝合金及其金属间化合物制备工艺研究进展[J]. 矿产综合利用, 2022, 3: 1-5.

[10] 朱军, 朱明明, 赵奇, 等. 高纯五氧化二钒制备及应用[J]. 中国有色冶金, 2016, 45 (3): 47-50.

[11] 杜涛, 张杰, 张爱芳, 等. 全钒氧化还原液流电池电解液的研究进展[J]. 电池, 2023, 53 (2): 223-227.

[12] 韦丹, 丁文军, 周桔, 等. 钒化合物抗糖尿病作用的研究进展[J]. 化学进展, 2009, 21 (5): 896-902.

[13] 陈东辉, 李九江, 赵备备, 等. 战略资源金属钒的绿色价值概述[J]. 世界有色金属, 2018, 20: 1-3.

[14] 马晶, 张文钲, 李枢本. 钼矿选矿[M]. 北京: 冶金工业出版社, 2008.

[15] 王发展, 李大成, 孙院军. 钼材料及其加工[M]. 北京: 冶金工业出版社, 2008.

[16] 阎建伟, 张文钲. 钼化学品导论[M]. 北京: 冶金工业出版社, 2008.

[17] 冯鹏发, 党晓明, 胡林, 等. 钼及其化合物的最新用途[J]. 中国钼业, 2015, 39 (1): 46-49.

[18] 张惠. 钼的应用及市场研究[J]. 中国钼业, 2013, 37 (2): 11-15.

[19] 王金敏, 后丽君, 马董云. 氧化钼电致变色材料与器件[J]. 无机材料学报, 2021, 36 (5): 461-470.

[20] 张文轩, 钟宏, 符剑刚, 等. 常用钼化学品的生产应用现状[J]. 稀有金属与硬质合金, 2009, 37 (1): 61-64.

[21] Nicholson E, Serles P, Wang G, et al. Low energy proton irradiation tolerance of molybdenum disulfide lubricants[J]. Applied Surface Science, 2021, 567: 150677.

[22] Shields J A, Lipetzky P. Molybdenum applications in the electronics market[J]. JOM, 2000, 52 (3): 37-39.

[23] 刘鹏, 杨玉爱. 土壤中的钼及其植物效应的研究进展[J]. 农业环境保护, 2001, 20 (4): 280-282.

[24] 李金惠, 温宗国, 宗庆彬. 中国城市矿产开发利用实践与展望[M]. 北京: 中国环境出版社, 2015.

[25] 孙艳芹, 刘小杰, 张淑会. 钒钛磁铁矿烧结特性与强化技术研究[M]. 北京: 冶金工业出版社, 2016.

[26] Zheng Q, Zhang Y, Xue N. Migration and coordination of vanadium separating from black shale involved by fluoride[J]. Separation and Purification Technology, 2021, 266: 118552.

[27] 宋金如. 铀矿石的化学分析[M]. 北京: 原子能出版社, 2006.

[28] 高振昕, 刘百宽. 中国铝土矿显微结构研究[M]. 北京: 冶金工业出版社, 2014.

[29] Lee J C, Kurniawan, Kim E Y, et al. A review on the metallurgical recycling of vanadium from slags: Towards a sustainable vanadium production[J]. Journal of Materials Research and Technology, 2021, 12: 343-364.

[30] Henckens M L C M, Driessen P P J, Worrell E. Molybdenum resources: Their depletion and safeguarding for future generations[J]. Resources, Conservation and Recycling, 2018, 134: 61-69.

[31] 付云枫. 氧压水浸法分解辉钼矿提取分离钼硫资源的应用基础研究[D]. 北京: 中国科学院大学, 2018.

[32] 张亮, 杨卉芃, 冯安生, 等. 全球钼矿资源现状及市场分析[J]. 矿产综合利用, 2019, 3: 11-16.

[33] 祝亚, 宋宝旭, 侯英, 等. 三种阴离子捕收剂对彩钼铅矿的捕收性能及可选性研究[J]. 有色金属 (选矿部分), 2022, 4: 141-146.

[34] 张照志, 王贤伟, 张剑锋, 等. 中国钼矿资源供需预测[J]. 地球学报, 2017, 38 (1): 69-76.

[35] 杨敬增. 城市矿产资源化与产业链[M]. 北京: 化学工业出版社, 2017.

[36] 张宝刚. 矿区钒的时空分布及微生物转化规律[M]. 北京: 科学出版社, 2023.

[37] 唐文龙, 付超, 李俊建, 等. 华北地区钼矿资源特征及成矿规律研究[J]. 中国地质, 2022, 49 (2): 455-471.

[38] 子骏. 铜钼金多金属矿床地质特征及成矿规律分析[J]. 中国金属通报, 2023, 3: 50-52.

[39] 陈文祥. 含钒炭质页岩提钒废渣资源化利用研究进展[J]. 湿法冶金, 2011, 30 (4): 268-271.

[40] 王晨雪. 简述国内钒资源开发利用情况[J]. 新疆有色金属, 2023, 46 (5): 19-20.

[41] 龙思思. 石煤中钒硅资源综合利用的理论与新技术研究[M]. 长沙：中南大学出版社，2013.

[42] 胡岳华，孙伟，王丽. 黑色岩系石煤钒矿和镍钼矿的选矿[M]. 长沙：中南大学出版社，2015.

[43] 惠博，陈伟，毛益林. 秦岭地区某页岩型钒矿中钒的赋存状态研究[J]. 硅酸盐通报，2020，39（6）：1882-1886.

[44] 郑秋实，张一敏，薛楠楠. 典型钒页岩钒赋存状态的密度泛函研究[J]. 稀有金属，2022，46（4）：488-496.

[45] 郑秋实，张一敏，薛楠楠，等. 钒页岩晶格特性及钒迁移配位转化机理研究[J]. 中国有色冶金，2023，52（5）：18-24.

[46] 亓选雄，叶国华，朱思琴，等. 从含钒页岩中提取五氧化二钒的研究进展[J]. 钢铁钒钛，2022，43（2）：25-34.

[47] 陈更，邵正日，王雪梅，等. 生物质与含钒页岩共热解动力学研究[J]. 可再生能源，2018，36（12）：1752-1757.

[48] 张一敏. 石煤提钒先进工艺及污染防治评价理论与方法[M]. 北京：科学出版社，2015.

[49] 张一敏. 石煤提钒[M]. 北京：科学出版社，2014.

[50] 何东升，冯其明. 石煤提钒焙烧与浸出过程机理[M]. 长沙：中南大学出版社，2016.

[51] 赵强，宁顺明，邢学永，等. 石煤钙化焙烧提钒试验研究[J]. 矿冶工程，2013，33（1）：34-38.

[52] Bai Z，Sun Y，Xu X，et al. A novel process of gradient oxidation roasting-acid leaching for vanadium extraction from stone coal[J]. Advanced Powder Technology，2024，35（1）：104296.

[53] Xiang J Y，Luo M S，Lu X，et al. Recovery of vanadium from vanadium slag by composite additive roasting–acid leaching process[J]. Journal of Iron and Steel Research International，2023，30（7）：1426-1439.

[54] Wang F，Zhang Y M，Liu T，et al. Comparison of direct acid leaching process and blank roasting acid leaching process in extracting vanadium from stone coal[J]. International Journal of Mineral Processing，2014，128：40-47.

[55] 郑琍玉，于少明，刘彬，等. 石煤提钒碱浸过程动力学研究[J]. 稀有金属，2011，35（1）：101-105.

[56] 樊青林. 页岩钒选冶工艺技术研究进展[J]. 中国钼业，2021，45（5）：36-40.

[57] 张一敏，薛楠楠，郑秋实，等. 钒页岩资源全产业链利用研究现状及发展[J]. 中国有色冶金，2023，52（5）：2-17.

[58] Chen W S，Chen Y A，Lee C H，et al. Recycling vanadium and proton-exchange membranes from waste vanadium flow batteries through ion exchange and recast methods[J]. Materials，2022，15（11）：3749.

[59] 胡艺博，叶国华，左琪，等. 石煤钒矿酸浸液提钒萃取剂的研究进展与前景[J]. 矿产综合利用，2020，1：10-15.

[60] 赖永传，杨鑫龙，孙建之，等. 石煤含氟酸浸液中 V（V）-Fe（Ⅲ）-F-H_2O 系钒铁分离热力学研究[J]. 中南大学学报，2023，54（5）：1703-1712.

[61] 贾蓝波，王玲，郭紫璇，等. 含钒溶液萃取分离富集钒的研究进展[J]. 中国有色金属学报，2022，11：3489-3504.

[62] 项新月，叶国华，朱思琴，等. 从含钒酸浸液中萃取提钒的研究进展[J]. 矿产保护与利用，2023，43（5）：170-178.

[63] Kończyk J，Kluziak K，Kołodyńska D. Adsorption of vanadium（V）ions from the aqueous solutions on different biomass-derived biochars[J]. Journal of Environmental Management，2022，313：114958.

[64] 常福增，赵备备，李兰杰，等. 钒钛磁铁矿提钒技术研究现状与展望[J]. 钢铁钒钛，2018，39（5）：71-78.

[65] Zhang Y，Hu Y，Bao S. Vanadium emission during roasting of vanadium-bearing stone coal in chlorine[J]. Minerals Engineering，2012，30：95-98.

[66] Zheng H Y，Sun Y，Lu J W，et al. Vanadium extraction from vanadium-bearing titanomagnetite by

selective chlorination using chloride wastes（FeCl$_x$）[J]. Journal of Central South University，2017，24（2）：311-317.

[67] 翟秀静. 重金属冶金学[M]. 北京：冶金工业出版社，2011.

[68] 李卓臣，杜光超，范川林，等. 氯化法制备高纯五氧化二钒技术研究进展[J]. 钢铁钒钛，2021，42（1）：8-15.

[69] 段生朝，王竹青，郭汉杰，等. 铝热法制备钒铝合金热力学及动力学研究[J]. 钢铁钒钛，2017，38（6）：47-54.

[70] 吴春亮，王宝华，陈兴，等. 熔盐中钙热还原钒酸钙制备金属钒粉[J]. 有色金属（冶炼部分），2019，6：52-54.

[71] 侯帅，田颖，李运刚. 金属钒制备方法的研究进展[J]. 稀有金属与硬质合金，2022，50（6）：22-26.

[72] Cheng J，Li H Y，Chen X M，et al. Eco-friendly chromium recovery from hazardous chromium-containing vanadium extraction tailings via low-dosage roasting[J]. Process Safety and Environmental Protection，2022，164：818-826.

[73] Tripathy P K，Juneja J M. Preparation of high purity vanadium metal by silicothermic reduction of oxides followed by electrorefining in a fused salt bath[J]. High Temperature Materials and Processes，2004，23（4）：237-246.

[74] Weng W，Wang M，Gong X，et al. Thermodynamic analysis on the direct preparation of metallic vanadium from NaVO$_3$ by molten salt electrolysis[J]. Chinese Journal of Chemical Engineering，2016，24（5）：671-676.

[75] 孔亚鹏，李斌川，陈建设，等. 氟化物熔盐中快速电脱氧制备金属钒及其机理[J]. 稀有金属材料与工程，2018，47（6）：1824-1829.

[76] Weng W，Wang M，Gong X，et al. One-step electrochemical preparation of metallic vanadium from sodium metavanadate in molten chlorides[J]. International Journal of Refractory Metals and Hard Materials，2016，55：47-53.

[77] 侯帅，田颖，李运刚. 金属钒制备方法的研究进展[J]. 稀有金属与硬质合金，2022，50（6）：22-26.

[78] Wang Z Q，Li Z A，Zhong J M，et al. Migration regularities of impurity aluminum and copper in purification of metal lanthanum by solid-state electrotransport[J]. Rare Metals，2021，40（8）：2307-2312.

[79] 谭毅，石爽. 电子束技术在冶金精炼领域中的研究现状和发展趋势[J]. 材料工程，2013，8：92-100.

[80] 王焱辉，刘奇，李方，等. 电子束熔炼法制备高纯金属钒的实验研究[J]. 稀有金属，2020，44（8）：891-896.

[81] 罗云，陈龙，王九飘，等. 区域熔炼纯化有机光电材料和高分子材料分析[J]. 云南化工，2020，47（9）：150-151.

[82] 刘文胜，刘书华，马运柱，等. 区域熔炼技术的研究现状[J]. 稀有金属与硬质合金，2013，41（1）：66-71.

[83] 包申旭，陈波，张一敏. 我国钒页岩提钒技术研究现状及前景[J]. 金属矿山，2020，10：20-33.

[84] 高安. 构建钒钛钢铁企业高机动性全面对标管理体系[J]. 冶金财会，2023，42（7）：44-46.

[85] 赵秦生，李中军. 钒冶金[M]. 长沙：中南大学出版社，2015.

第2章　高选择精深分馏提纯技术

2.1　高选择性氯化提取技术进展

2.1.1　氯化提取技术历史沿革与发展

金属氯化物通常具有较强的化学反应活性、熔沸点低和易挥发的特点,将矿石与氯化物混合或直接在含氯气氛下进行热处理,一些金属元素会以氯化物的形式挥发出来,利用这一现象对一些金属元素进行分离、富集的方法即氯化提取技术[1]。

早在 18 世纪中期人们发现金在有水分存在下易与氯气反应生成氯化金,氯化金又易溶于水,所以人们开始用氯气处理经过润湿的金矿石,现在人们称其为氯气浸出法。后来人们在研究中发现采用氯化焙烧浸出法从品位较低的铜矿中回收金属铜取得了良好的效果,并且很快将其作为综合利用黄铁矿烧渣的一种重要方法,得到工业规模的应用[2]。1786年,在匈牙利首次用氯化焙烧法处理含银矿石,后又处理冰铜、黄渣等冶金中间产物。此法是把氯化焙烧后的物料在木桶中用水浸出,用铁屑使银从溶液中置换沉淀下来,然后加汞和银生成合金而回收银,但一些盐基金属在焙烧时也被氯化,或被铁屑还原,所以得到的银合金品位低,若在焙烧时提高温度以除去这些金属,这时银也一起被挥发损失了。1843年,在德国等地发明了一种新方法,即把氯化焙烧后的矿石用饱和食盐溶液浸出,再用金属铜把氯化银置换沉淀出来。矿石中的金氯化后在低温时不会分解,所以不能和银一起从溶液中回收。1844 年使用氯化焙烧法处理铜矿石。1859 年将氯化焙烧法应用于从黄铁矿烧渣中提取铜,这就是后来的中温氯化焙烧浸出法。1862 年,德国提出用三氯化铁溶解矿石中的铜,此法适用于高硅氧化铜矿物的处理。1897 年,英国提出了用氯气处理含铅锌和其他盐基金属矿石的方法。之后氯化挥发法在 1903 年进行大规模的工业性试验。

20 世纪以来,氯化冶金的发展和应用越来越迅速。除了上述提到的金属,氯化冶金在其他金属冶金领域也有应用。在铁冶金领域,氯化铁法是一种常用的工艺,通过将铁矿石与氯化铝反应,从矿石中提取金属铁。这种方法可以用于处理含有高磷或高硫的铁矿石,从中去除杂质。在镁冶金领域中,氯化镁法是生产金属镁的常用方法。该方法通过将镁矿石(如菱镁矿)与氯气反应,生成氯化镁,然后通过电解还原氯化镁获得金属镁。随着科学技术的进步和工艺不断改进,氯化冶金在各个领域都得到了广泛的应用和发展[3]。它在提取金属、精炼过程和材料制备等方面发挥着重要作用,并为各工业部门提供了关键的冶金解决方案。不断的研究和创新将进一步推动氯化冶金的发展,以满足不断增长的需求和挑战。

2.1.2　氯化剂对提取过程的影响与应用

氯化提取技术是一种成熟的冶金工艺,可以从结构稳定的多组分复杂体系矿物中选择性分离有价金属,广泛应用于金属矿物、冶金废渣、城市固废中有价金属的提取。该工艺根据不同金属氯化物生成条件的差异,在特定的焙烧条件下,通过氯化剂将目标金属转变成金属氯化物,后续利用金属氯化物挥发性强、易溶于水、熔沸点低、氧化性强等特点将其从伴生体系中分离回收[4]。氯化提取技术利用氯化剂与金属矿物的作用生成相应的金属氯化物,从而改变目的金属的属性实现与其他组分的分离,常用的氯化剂可以分为气体氯化剂、固体氯化剂及熔融盐氯化剂。

1. 气体氯化剂

(1)Cl_2 氯化:通过焙烧,Cl_2 很容易与 Ag、Pb、Cd、Cu 等常见金属的氧化物反应,较难与 NiO、CoO 等反应,与通常认为的脉石组分如 SiO_2、MgO 等则极难反应。铁比较特殊,其高价氧化物如 Fe_2O_3、Fe_3O_4 等几乎不会被氯化,但是以 FeO 为代表的铁低价氧化物,则可以被氯化。因此,可以根据不同金属氧化物被氯化的难易程度控制氯化焙烧气氛,从而实现金属间的有效分离[5]。例如,在氧化性气氛下氯化焙烧黄铁矿烧渣,可以有效脱除烧渣中的有色金属,就是尽量使有色金属被氯化而铁不被氯化,但是要想脱除钛铁矿中的铁则根据钛的氧化物比铁的氧化物难氯化,尽量将氯化气氛控制为还原性气氛使铁以低价氧化物被氯化后挥发除去。反应温度、体系氯氧比等因素决定了金属氧化物能否被氯化,氯化反应实际进行的程度则需要通过计算实际反应的吉布斯自由能并与理论值比较来判定。

(2)HCl 氯化:反应体系内有水蒸气的氯化反应大都属于此类反应,其反应简式为 $MeO+2HCl\!=\!\!=\!MeCl_2+HO$,通常容易被 Cl_2 氯化的金属氧化物也会被 HCl 氯化,即 Ag_2O、Cu_2O、CuO、PbO 等,但随着温度升高,反应越来越难发生,即 NiO、CoO、Feo 等在高温下才能被 HCl 氯化,HCl 的氯化反应为可逆反应,反应逆向进行则为氯盐的水解反应,故氯化剂为 HCl 时,金属氧化物的氯化反应趋势与该金属的氯盐水解反应性是对立的,氯化反应趋势强的金属氧化物被氯化后也不容易再被水解,如 Ag_2O、CuO、Cu_2O、PbO 等,不利于氯化反应发生的条件反而会促进水解反应,如升高反应温度[6]。因此,对于被 HCl 氯化的难易程度一般的氧化物,为减轻其氯化焙烧时氯化产物的水解,体系中的 HCl/H_2O 以及反应温度很关键。

2. 固体氯化剂

固体氯化剂是工业上应用较多的氯化剂,包括 KCl、NaCl、$CaCl_2$ 等。当目标金属与氯的结合能力强于氯盐中的原有金属时,在一定条件下交互氯化反应是可以发生的,前提条件是需要目标金属与氯的结合能强,因而固固反应需要考虑在熔融状态下进行,这种反应通常需要较高的温度,且这种反应会加大冷却后反应物与反应器分离的难度。气体氯化剂的成本很高,并且 Cl_2 和 HCl 气体会腐蚀设备,因此,氯化焙烧过程添加固体氯化剂,不但降低了尾气处理的成本,而且可以有效节省能源[7]。使用固体氯化剂的高温氯化焙烧工艺具有工期短、成本低、挥发率高等特点,被广泛用于各种金属的分离,氯化方法不仅能适用于化学性质相近的金属分离,而且还可处理中间产品或者难处理矿石。

固体氯化剂具有很高的热稳定性,在一般焙烧温度下不会热离解。高温条件下,固体氯化剂与物料组分接触虽可产生氯化反应，但因固固接触不良，反应速率慢。高温条件下，固体氯化剂的氯化作用主要是通过其他组分使其分解产生的氯气或氯化氢气体来实现。反应物中固体氯化剂与被氯化物料发生氯化反应，可以通过三种方式实现：固体氯化剂与矿物组分直接发生交互反应；固体氯化剂受热分解产生氯气，氯气与矿物中的组分发生反应；固体氯化剂与矿物中的其他组分发生反应生成氯气后参与氯化反应。固体氯化剂与被氯化物料之间的直接交互反应，可用以下反应式表示：

$$2y\text{RCl}_x + x\text{MeO}_y = 2y\text{RO}_{x/2} + x\text{MeCl}_{2y} \tag{2-1}$$

反应式（2-1）中，固体氯化剂 RCl_x 和氧化物 MeO_y 能否发生交互氯化反应主要取决于元素 Me 和 R 对氯的结合能大小，前者大于后者，反应较难发生。如控制一定的分子比，固体氯化剂 CaCl_2 可以将纯 Cu、Pb、Zn 的氧化物氯化生成相应氯化物，但由于两者交互反应为固固反应，反应进行的动力学条件较差，较高焙烧温度下反应速率仍较慢[8]。结合生产实际，不难推断出固体氯化剂与被氯化物料之间的直接交互反应不是氯化作用的主要途径。

反应环境中在其他活性组分作用下，固体氯化剂发生离解反应生成 Cl_2 和 HCl，进而参与氯化反应，是发生氯化作用的主要方式。以常用固体氯化剂 CaCl_2 和 NaCl 为例，焙烧温度 1273K 下，在干燥空气流或氧气流作用下两者的分解量较少，若要达到两者的高分解率，必须借助反应环境中的其他组分，如 SO_2、SiO_2 等对直接分解产物 Na_2O 和 CaO 活度的弱化作用较强，两者作用下，反应机理见下式：

$$2\text{NaCl} + 1/2\text{O}_2 + \text{SO}_2 = \text{Na}_2\text{SO}_3 + \text{Cl}_2 \tag{2-2}$$

$$2\text{CaCl}_2 + \text{O}_2 + 2\text{SiO}_2 = 2\text{CaSiO}_3 + 2\text{Cl}_2 \tag{2-3}$$

体系中介入 SO_2 和 SiO_2 后，氯化生成物 Na_2O 和 CaO 分别转变为 Na_2SO_3 和 CaSiO_3，标准生成吉布斯自由能大大降低，NaCl 和 CaCl_2 的分解率得到较大程度提升。氧化气氛条件下进行的氯化焙烧过程中，NaCl 的分解属氧化分解。在温度较低条件下，促进 NaCl 分解的最有效组分是 SO_2，因此 NaCl 中温焙烧工艺中，原料中需有足够的硫。CaCl_2 一般用作高温焙烧氯化剂，为了防止在低温条件下过早分解，活性组分一般不用 SO_2，分解主要借助于 SiO_2、Fe_2O_3 和 Al_2O_3 等组分[9]。

3. 熔融盐氯化剂

熔融盐是一种高温离子熔体[10]。无机化合物的理化性质在熔融状态下会发生改变，熔融盐具有诸多不同于水溶液的性质。

（1）熔融盐是一种离子熔体，完全由阳离子和阴离子组成，阳离子主要为碱/碱土金属离子，阴离子主要为氯、硝酸根、碳酸根、硫酸根等离子。熔融盐具有良好的导热导电能力。

（2）熔融盐具有较高的热稳定性和化学稳定性，具有很宽的使用温度区间，熔融盐的使用温度可在 473～1373K 变化。

（3）在熔融盐中，阴阳离子间存在较强的库仑引力，导致熔融盐液体较难挥发，蒸气压较低，尤其是混合物熔盐表面蒸气压更低。

（4）熔融盐对许多物质具有较高的溶解能力。

熔融盐氯化剂通常是由一种或多种金属离子与氯离子组成的盐，它们在固态下具有高熔点和熔融性质，可以在高温下以熔体形式存在。熔融盐氯化剂在许多工业和化学过程中被广泛应用。它们具有良好的导电性和热稳定性，可以用作高温电解和电化学反应的介质[11]。此外，它们还可以用作氧化剂、脱水剂、催化剂和反应介质。常见的熔融盐氯化剂包括氯化钠、氯化钾、氯化钙等。这些盐在高温下熔化，并形成熔体盐。它们通常具有较低的蒸气压和较高的热稳定性，使其在高温下能够承受化学反应的要求。

2.1.3　氯化提取金属的工艺过程概述

1. 原料准备过程

为了使被处理的物料获得较大的反应能力以加速反应的进行，或者为了得到高质量的产品，原料的预处理是十分重要的环节。因此，原料的准备应该根据具体工艺流程和冶金设备而定[12]。

2. 氯化过程

在氯化冶金过程中，氯化剂与金属化合物发生氯化反应生成对应的氯化物是最基本和最关键的过程。由于不同的金属氯化物具有不同的性质，其与氯化剂发生氯化反应的难易程度也不同。因此，氯化过程对含有多种金属的复杂矿石具有选择性，从而实现金属的分离[13]。氯化过程可分为五个不同的类型：氯化焙烧、氯化离析、熔盐介质氯化、粗金属熔体氯化精炼、氯化浸出。

3. 氯化物的分离过程

氯化物分离包括两个方面的内容。一是指金属氯化物与没有被氯化的物料分离；二是指共存的金属氯化物分离。由于冶金原料的成分比较复杂，如果氯化选择性不够显著，或者为了综合利用的需要，氯化过程同时生成多种金属氯化物的情况是颇为常见的。为了便于随后金属的提取，在大多数氯化冶金工艺流程中，都有对共存的金属氯化物进行分离这一环节[14]。主要方法有：分步冷凝、精馏、选择性浸出、分步结晶、中和水解、有机溶剂萃取、离子交换。这些方法均以金属氯化物所具有的不同物理化学性质为依据。

4. 从生成的氯化物中提取金属的过程

氯化冶金的目的就是实现金属的有效分离，从而提取有价金属。因此，有效地从金属氯化物中提取金属的过程是氯化冶金十分重要的工艺步骤。具体提取方法主要有：熔盐电解、金属热还原、气体还原、水溶液电解、金属置换、歧化法[15]。采用这些方法提取金属的过程都需要相应的还原剂，也就是说氯化冶金过程中金属的提取实质就是还原剂的氯化过程。

5. 氯化剂的回收再利用过程

氯化剂通常分为气体和固体两种。常见的气体氯化剂有 Cl_2、HCl、CCl_4、光气等；常见的固体氯化剂有 $NaCl$、$CaCl_2$、$MgCl_2$、NH_4Cl 等。除了氯气外，其他的氯化剂均是氯化物，它们之所以能够使被提取的金属及其化合物氯化，是由于在一定的条件下比较容易分解[16]。除了来源广泛及价格低廉的氯化钠，如果要采用其他的氯化剂的氯化冶金工艺，为了确保经济效益，氯化剂的回收再利用是一个不可缺少的重要环节。氯化剂的回收方法因氯化剂的种类及氯化冶金工艺的不同而不同，目前应用的方法有：中和水解—浓缩法、金属氯化物氢还原吸收法和高温水解吸收法、从金属氯化物中再生回收氯气的电解法等[17]。

2.2　页岩钒氯化精馏提纯研究发展动态

本书作者团队通过前期探索逐渐形成了以"低温熔融改质—氯化精馏纯化"为一体的新一代页岩钒综合分离提纯前沿技术。该技术是在页岩酸浸沉钒后进行低温熔融改质处理，富集得到含硅、铝、铁、钾、钠、钙等杂质的初级钒不纯品，再经氯化精馏纯化，一步即可得到高纯三氯氧钒，实现绝大部分杂质的去除，后续可连接气相氨解、水解等方式制得高纯五氧化二钒。该技术已获得多方认可，拥有组分精准分离、不产生氨氮废水、流程简单、原料适应性强、绿色友好等特点，能够破解全湿法工艺存在的问题。通过氯化精馏生产高纯钒产品从净化除杂原理上具备较大的优势，能较好地满足如钒电储能等新兴行业对 3N 级以上高纯五氧化二钒的需求，发展前景广阔。目前已自主设计和开发出可视化低温熔融氯化精馏反应器，并摸索出包括熔盐循环、精准调温、控压精馏、梯度沉降等工艺诀窍，提高了氯化反应效率和选择性，实现了氯化过程的温度调控和杂质氯化物与尾气的综合处理，进一步拓展了页岩提钒新理论和新方法。

2.2.1　页岩钒氯化精馏提纯研究现状

1. 强效氯气渗透破晶直接提钒工艺基础研究

氯气作为强效氯化剂能够快速直接渗透晶格并引发钒矿物的结构失稳与破坏，造成钒的释放与脱除。三氯氧钒与常见杂质硅、铝、铁、钾、钠、钙等的氯化物沸点相差很大，通过控制氧氯分压精馏即可得到高纯三氯氧钒。美国于 1960 年率先尝试选用氯气氯化红钒，反应温度 673K，经蒸馏除杂收集到三氯氧钒中间体，后氨解沉钒并煅烧制得高纯五氧化二钒。武汉科技大学探索脱碳页岩在 1073～1273K 条件下氯化焙烧，分段冷凝收集得到含钒氯化物，之后将含钒氯化物溶于水或稀酸中配制为含钒溶液，再经过沉钒煅烧得到五氧化二钒产品。中国科学院过程工程研究所选用流态化低温氯化方法，探明配碳能显著降低反应活化能从而降低初始氯化温度至 573～773K，将粗五氧化二钒氯化为三氯氧钒，进而再转化为高纯五氧化二钒。虽然选用氯气作为氯化剂具有原料适应性强、氯化效率高且产品纯度高等优点，但也面临着污染重、能耗高、对设备要求高等诸多问题；况且尚未系统考察引发氯化过程深层次的矿物晶格结构破坏机制。

2. 熔盐浸润作用下的高选择性提钒工艺基础研究

高温熔盐浸润作用下的含钒熔体将产生内应力反馈，并进行逐步的物理性溶解，将会导致含钒晶体结构弛豫引发的钒化学键、价态以及物相微观形貌变化，通过合理的调控手段能够实现钒的高选择性溶出和释放。东北大学研究了在 $FeCl_3$-$FeCl_2$ 熔盐体系下，反应温度 873～1273K 熔融态时的氯化焙烧可实现钒钛磁铁矿的钒、钛、铁分离。武汉科技大学研究了在 $AlCl_3$-NaCl 熔盐体系下，初级页岩钒不纯品通过低温熔融氯化反应可制备出纯度

99.9%以上的三氯氧钒, 反应温度仅为 433K。北京科技大学研究了钒渣各有价元素在 $AlCl_3$-NaCl-KCl 熔盐体系中的氯化反应, 在 473～1073K 反应温度下能够实现钛、锰的分离以及制备铁钒铬合金。相较于氯气作为氯化剂, 利用熔盐浸润来对熔体结构进行破坏和钒释放更加绿色环保, 工艺可控性与设备要求更低, 更易于工业化应用。但目前研究多聚焦于氯化精馏反应的可行性上, 对于最佳工艺路线、新式设备适配以及反应机理及传质分离机制等并未进行充分探索, 尚待进一步完善。

3. 多相强湍流体系物相转变及运动规律基础研究

在多相强湍流体系影响下, 有研究发现原先完整致密的高硅铝云母片状晶体被分裂成许多直径数微米的多孔状细晶体, 强化了气体在颗粒内部的扩散, 反应器内的多相反应形成的气泡形成沿轴向上和壁面向下流动的涡环, 因此, 进气速率与颗粒分布对反应器内的流场具有显著的影响。武汉科技大学团队在应用自研可视化反应器时也发现, 当熔体结构失稳后产生大量的微细颗粒粉尘, 随着气相速率的增加, 颗粒会被带动并剧烈运动形成湍流, 而气相速率过高反而绕过固体颗粒而不接触; 矿物颗粒直径越小, 传热传质系数越高, 但是过细的颗粒会被气体夹带。因此, 多相强湍流体系的传热传质效率受到进气速率、颗粒直径以及反应温度等因素共同影响, 但目前研究多聚焦于传质过程颗粒的宏观表现, 对于高混杂渣金相失配脱离以及高密集气粉相迁移聚凝行为缺乏深层次研究, 质能转化及耗散机制尚不明晰, 缺乏非稳态流体沉积过程界面构效关系的研究。

2.2.2　页岩钒氯化精馏提纯发展动态

现有科学研究对低温熔融改质和氯化精馏纯化的过程调控与强化手段研究相对独立, 且主要为工艺参数的研究, 机理分析也多为宏观现象解释, 缺乏微观机理与基础理论的支撑, 以下是目前的研究发展动态分析。

1. 高硅铝熔体的晶体结构破坏机理亟待突破

高硅铝云母晶体结构的破坏始于升温后的脱羟基反应, 而后开始分解成核并形成新相。此过程中八面体 Al—$(O, OH)_6$ 结构的两个 Al—O 键断裂转化为 Al—O_5/O_6 并释放一个自由 OH, 当八面体发生金属离子的取代后, M—OH 键键长增长, OH 的反应活性提高。在熔融改质过程中, 当熔盐浸润高硅铝熔体时将发生物理性溶解, 而后经过脱羟基反应过程, 且由于钒原子在八面体中取代, 改变了脱羟基反应的能垒, 将会导致含钒晶体结构弛豫引发的钒化学键、价态以及物相变化, 其中铝被选择性地从晶格移除, 而硅的释放开始发生并独立存在, 最后导致熔体结构崩溃, 钒由此溶出脱除。现有研究缺乏从量子化学角度揭示含钒熔体 V—O 八面体脱羟基过程及其导致的结构畸变, 并且氯离子破坏作用尚不明确, 缺乏原子层面钒原子电子转移和 V—O 键断裂迁移溶出机制的研究。

2. 多场耦合下的钒传质路径演化及界面行为亟待突破

高硅铝熔体的物理溶解、结构失稳与钒的空间输运是典型复杂的多场、多相物理与化学过程。化学场作用下, 钒离子与其他阴、阳离子存在配位竞争关系并取决于界面性质, 需阐明溶出钒离子与熔体间作用的化学势, 可利用第一性原理分子动力学 (*ab initio* molecular dynamics，AIMD）模拟计算，通过揭示熔体中离子键与共价键的结合规律，确立含钒熔体的黏度、扩散系数等输运性质。电-磁-热场作用下，熔盐及钒离子运动产生流场，阐明电势分布及电压微小变化对熔体的物理化学性质的影响至关重要，熔体物理化学性质、电磁场强度等影响反应器内的温度分布，而温度关系到熔体特性、钒溶出效率和质能耗散。目前针对多场耦合下的高硅铝熔体物理溶解、钒溶出形态和速率、界面行为及扩散规律等问题，多聚焦于定性描述及宏观输运上，尚未有定量观测和数学描述以及多场耦合作用分析，缺乏对该过程有更本质的认识。

2.2.3　页岩钒氯化精馏提纯研究意义

从极复杂、极难处理的战略性页岩矿产资源中，采用清洁的化学冶金分离技术生产高纯钒及系列高端钒产品，是国内外矿冶领域学科研究的前沿，通过对页岩多金属的高效提取，可显著提高资源利用率，有效扩大稀有金属资源量。

研发新一代战略性页岩多金属综合分离提纯前沿科学理论与技术是集选矿、冶金、材料、化工、环境等多学科交叉的科学难题。因此，以产业需求为牵引，聚焦短流程高纯钒产品制造的关键科学问题与技术瓶颈，为绿色低碳短流程新技术提供理论支撑与技术支持，形成页岩多金属低碳分离精制原创理论，丰富和完善页岩分离化学冶金的基础理论，拓展战略性页岩矿产资源综合利用科学体系，具有重要的现实意义和应用价值。

此技术路线系统性强、适应性广，技术原型可拓展处理包括原生矿藏、污水废液、冶炼排渣、化工危废、电子垃圾等诸多含稀贵金属的一二次资源，对促进现有有色技术产业融合具有重要意义。研究成果的实施与推广为此类资源的安全绿色高效开发提供示范，产生显著社会效益和经济效益。

技术开发可实现传统工艺的替代，有效推动解决现有工艺的瓶颈问题，缩减工艺流程环节，大幅降低有机萃取剂用量，从而减少因有机药剂与污染物处理造成的厂房扩大，减少因工艺流程延长造成的经济损失，降低综合成本并形成高值化的多元产品生产线，有效降低页岩生产过程的复合环境风险，明显降低因还原剂与燃料消耗所产生的碳排放。进而提升新一代页岩清洁生产创新工艺技术体系的市场竞争力，实现战略性页岩资源的清洁高效综合利用，大幅降低有害组分对环境的影响。通过技术成果的示范引领带动，将推动区域环境质量持续改善，具有显著的生态环境效益，同时响应国家"双碳"目标的要求。

2.3　页岩钒氯化精馏提纯工艺研究

2.3.1　钒页岩酸浸液直接沉钒过程研究

钒页岩酸浸液是富含多种杂质元素且钒浓度较低的液体。当采用氯化法进行钒的净化富集，短流程高效制备纯度较高的钒产品时，需将液相中的钒转移至固相中，进而通过氯化精馏方式，使钒以三氯氧钒气体的形式挥发并冷凝收集得到三氯氧钒液体，实现含钒固体中钒杂的一步分离。因此，通过将钒页岩酸浸液进行沉钒预处理，得到酸浸液沉钒产物固体，进一步对酸浸液沉钒产物氯化焙烧，制得含钒氯化物三氯氧钒。

1. 钒页岩酸浸液材料的制备与表征

使用振动磨样机将钒页岩振磨至粒径＜0.074mm，且占矿料比＞80%。将振磨后的样品置于烧杯中，按照液固比1.5L/kg加入体积分数为20%的稀硫酸，之后加入5%钒页岩质量的CaF_2作为助浸剂，将烧杯置于数显恒温水浴锅中，设置转速为350r/min，在371K浸出温度下充分搅拌8h，浸出结束后固液分离，得到钒浸出率为86%的酸浸液，采用电感耦合等离子体-原子发射光谱仪（inductively coupled plasma-atomic emission spectrometry，ICP-AES）测定了酸浸液中主要元素组成及浓度，如表2-1所示。

表2-1 酸浸液主要元素组成及浓度（g/L）

元素	V	Na	K	Mg	Fe	Al	P	Ni	Mo	Cr	S
浓度	2.32	0.69	0.81	14.02	3.76	2.11	0.58	1.74	0.02	0.23	51.24

钒页岩酸浸液中杂质离子种类多且浓度较高，钒离子浓度较低，为2.32g/L。酸浸液中Mg、Fe和Al浓度较高，存在着少量的Na、K、Ni、Mo、P和Cr，进而构成一种多元素复杂的酸浸液体系。对酸浸液进行电位滴定检测，钒页岩酸浸液中的钒大部分以四价钒离子VO_2^{2+}形式存在。

2. 酸浸液直接沉钒过程的影响因素

1）酸浸液pH对钒沉淀的影响规律

在沉钒温度为298K，沉钒时间为30min和$NaClO_3/V$的质量比为2.4条件下，研究了不同酸浸液pH对钒沉淀的影响，如图2-1所示。随着酸浸液pH提高，钒的沉淀率增加，当pH达到5.5时，钒的沉淀率为96.17%，继续提高pH，钒的沉淀率变化曲线趋于平行。当pH为6.0时，钒的沉淀率为96.23%；当pH为6.5时，钒的沉淀率为96.21%。

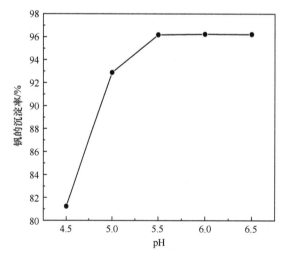

图2-1 不同酸浸液pH对钒沉淀的影响

2）沉钒温度对钒沉淀的影响规律

在酸浸液 pH 为 5.5，沉钒时间为 30min 和 NaClO₃/V 的质量比为 2.4 条件下，研究了不同沉钒温度对钒沉淀的影响，如图 2-2 所示。随着沉钒温度的提升，钒的沉淀率曲线变化趋势为先上升后下降，之后趋于平稳，且曲线变化幅度很小，从图 2-2 中可以看出钒的沉淀率受温度的影响不大。沉钒温度为 293K 时，钒的沉淀率为 96.02%；沉钒温度为 303K 时，钒的沉淀率为 96.24%；沉钒温度为 313K 时，钒的沉淀率为 96.07%。

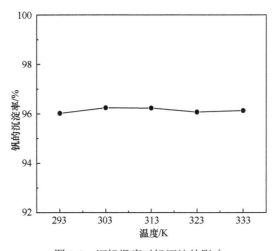

图 2-2　沉钒温度对钒沉淀的影响

3）沉钒时间对酸浸液沉钒的影响规律

在酸浸液 pH 为 5.5，沉钒温度为 303K 和 NaClO₃/V 的质量比为 2.4 条件下，研究了不同沉钒时间对钒沉淀的影响，如图 2-3 所示。随着沉钒时间的延长，钒的沉淀率随之上升，当沉钒时间为 60min 时，酸浸液钒的沉淀率为 99.99%，此时酸浸液中的钒近乎全部被沉淀下来。随着钒沉淀时间的进一步延长，钒的沉淀率略微下降，推测原因为较长的沉钒时间使部分钒沉淀溶解，当沉钒时间为 70min 时，钒的沉淀率为 99.76%。

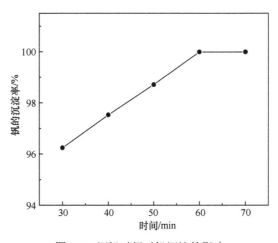

图 2-3　沉钒时间对钒沉淀的影响

3. 直接沉钒产物物相性质以及分析

1）沉钒产物化学元素组成

钒页岩酸浸液沉钒试验的最佳条件参数为：酸浸液 pH 为 5.5，沉钒温度为 303K，沉钒时间为 60min。此条件下钒的沉淀率为 99.99%，这说明溶液中的钒几乎全部进入沉钒产物固相中。采用 X 射线荧光（X-ray fluorescence，XRF）分析和 ICP-AES 测定了最佳条件下制得的沉钒产物，对其中所含的杂质元素种类以及质量分数进行定性和定量分析，见表 2-2。

表 2-2　酸浸液沉钒产物主要化学成分组成及质量分数（%）

成分	V_2O_5	Na_2O	Al_2O_3	Fe_2O_3	MgO	SO_3
质量分数	7.52	17.45	12.88	3.81	14.10	36.15
成分	Cr_2O_3	P_2O_5	NiO	MoO_3	K_2O	
质量分数	0.21	0.68	0.43	0.15	1.76	

酸浸液沉钒产物的杂质质量分数较高，钒的品位较低。其中钠质量分数极高，这是因为在酸浸液沉钒过程中，氢氧化钠用来调节酸浸液 pH，从而引入大量的钠元素；杂质元素铁、镁、铝质量分数较高，仅次于钠元素；其他杂质元素如铬、磷、镍、钾和钼的质量分数极低。钒元素质量分数较低，五氧化二钒质量分数为 7.52%。因此以钒品位较低的酸浸液沉钒产物为原料，通过氯化冶金方法，将沉钒产物里的钒与杂质一步分离，从而减少除杂步骤，提高除杂效率，进一步实现从钒页岩短流程高效制备五氧化二钒的工艺路线。

2）沉钒产物含钒物相分析

基于酸浸液沉钒产物杂质质量分数高、钒品位低这一特征，可以分析出钒主要是以与正钒酸钠（Na_3VO_4）和偏钒酸钠（$NaVO_3$）相关的细小弥散峰出现在沉钒产物 X 射线衍射（X-ray diffraction，XRD）谱图中，如图 2-4 所示，在酸浸液沉钒产物中，钒是以钒酸盐形式存在，为进一步证实这一结论，通过扫描电子显微镜–能量色散 X 射线谱（scanning electron microscope-X-ray energy dispersive spectrum，SEM-EDS）对酸浸液沉钒产物开展进一步的分析。

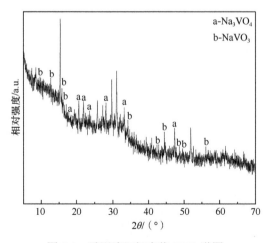

图 2-4　酸浸液沉钒产物 XRD 谱图

　　酸浸液沉钒产物微观形貌，如图 2-5 所示，呈现出不规则形状，该聚集体整体外观结构不完整，粗糙不光滑，是一种疏松多孔的结构，因此容易吸附较多的杂质离子，这与酸浸液沉钒产物中杂质元素质量分数高的结果一致。同时，对酸浸液沉钒产物的微区元素分布进行 EDS 分析，结果显示沉钒产物中的 V、O、Na 具有良好的面扫相关性，这与沉钒产物的 XRD 分析结果一致。同时与酸浸液沉钒产物主要的化学元素组成及质量分数一致。结合以上分析，酸浸液沉钒产物中钒是以质量分数较低的 Na_3VO_4 和 $NaVO_3$ 物相形式存在，这为下一阶段的氯化反应探索研究试验提供了基础。

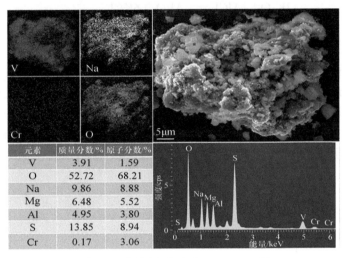

元素	质量分数/%	原子分数/%
V	3.91	1.59
O	52.72	68.21
Na	9.86	8.88
Mg	6.48	5.52
Al	4.95	3.80
S	13.85	8.94
Cr	0.17	3.06

图 2-5　酸浸液沉钒产物 SEM-EDS 图

2.3.2　初级钒不纯品氯化精馏提纯研究

　　基于前期钒页岩酸浸液沉钒试验最佳条件下获得的沉钒产物作为含钒原料，氯化铝作为氯化剂，首先利用热力学分析软件进行相关反应方程的吉布斯自由能计算，初步验证在低温下以氯化铝为氯化剂，氯化 Na_3VO_4 和 $NaVO_3$ 制得三氯氧钒是可行的。之后对氯化反应开展更深层次的探索研究。考察了氯化焙烧温度、氯化剂用量以及 NaCl 的添加对氯化反应中钒提取率、三氯氧钒纯度以及反应时间的影响，得出氯化反应最佳条件参数，并通过 XRD、SEM-EDS、傅里叶变换红外光谱仪（Fourier transform infrared spectrometer，FTIR）、FactSage 热力学软件和 HSC Chemistry 热力学计算软件，对氯化反应相关机理进行探索研究。

　　1. 多金属氯化反应过程热力学分析

　　氯化反应采用氯化铝作为氯化剂，避免了高腐蚀性高毒性的氯气对人身及环境的危害。在开展氯化反应试验前，为了确定氯化铝和酸浸液沉钒产物是否可以发生氯化反应生成三氯氧钒，通过 HSC Chemistry，对氯化反应过程中可能发生的化学反应进行相关热力学分析。

　　钒页岩酸浸液沉钒产物中，存在着 Na、Fe、Mg、Al、K、Cr、Mo、P 和 Ni 杂质元素，也证实酸浸液沉钒产物中钒主要是以 Na_3VO_4 和 $NaVO_3$ 物相形式存在。因此推测在以氯化铝为氯化剂，沉钒产物为含钒原料的氯化体系中，可能发生的化学反应包括：

$$Na_3VO_4 + 2AlCl_3 \Longrightarrow VOCl_3 + Al_2O_3 + 3NaCl \tag{2-4}$$

$$3NaVO_3 + 4AlCl_3 \Longrightarrow 3VOCl_3 + 2Al_2O_3 + 3NaCl \tag{2-5}$$

$$3Na_2O + 2AlCl_3 \Longrightarrow 6NaCl + Al_2O_3 \tag{2-6}$$

$$Fe_2O_3 + 2AlCl_3 \Longrightarrow Al_2O_3 + 2FeCl_3 \tag{2-7}$$

$$3MgO + 2AlCl_3 \Longrightarrow Al_2O_3 + 3MgCl_2 \tag{2-8}$$

$$Cr_2O_3 + 2AlCl_3 \Longrightarrow Al_2O_3 + 2CrCl_3 \tag{2-9}$$

$$3NiO + 2AlCl_3 \Longrightarrow Al_2O_3 + 3NiCl_2 \tag{2-10}$$

$$3K_2O + 2AlCl_3 \Longrightarrow Al_2O_3 + 6KCl \tag{2-11}$$

$$MoO_3 + 2AlCl_3 \Longrightarrow Al_2O_3 + MoCl_6 \tag{2-12}$$

$$3P_2O_5 + 10AlCl_3 \Longrightarrow 5Al_2O_3 + 6PCl_5 \tag{2-13}$$

基于各反应在不同温度下的吉布斯自由能数据（图 2-6）以及各杂质元素氯化物的熔沸点（表 2-3）信息，可知：Na_3VO_4 与 $NaVO_3$ 在以氯化铝为氯化剂的氯化体系中的氯化反应是可以自发进行的，氯化反应可以收集到三氯氧钒产物。以氯化铝为氯化剂的氯化体系中，磷的氧化物不能够发生氯化反应。即使 Fe、Mg、K、Na、Mo、Cr 和 Ni 的氧化物均可以发生氯化反应，但是在 473K 以下，Fe、Mg、K、Na、Mo、Cr 和 Ni 的氯化物均不会挥发。

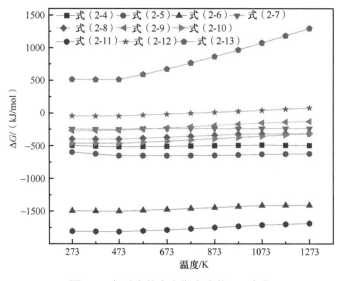

图 2-6　各反应的吉布斯自由能 ΔG 变化

表 2-3　氯化物的熔沸点

氯化物	熔点/K	沸点/K
$VOCl_3$	196	399
$FeCl_3$	579	589
$MgCl_2$	987	1685
$AlCl_3$	467	451
$NaCl$	1074	1738
$MoCl_6$	522	625

氯化物	熔点/K	沸点/K
NiCl$_2$	1274	1246
CrCl$_3$	1425	1573
PCl$_5$	453	648
KCl	1046	1773

2. 钒初级产物氯化精馏的影响因素

1）反应温度对钒提取率的影响

基于氯化反应热力学初步的理论分析结果，确定酸浸液沉钒产物和氯化铝在低温下可以发生化学反应生成三氯氧钒。反应温度是影响氯化反应钒提取率的一个重要因素，因此对钒提取率在不同反应温度下的变化趋势进行研究。分别称取一定量的酸浸液沉钒产物和氯化铝，按照物质的量之比为 $n_{(V)} : n_{(AlCl_3)}=1:4$ 充分混匀并加入反应装置内，设置反应温度在 373~493K，反应时间 2h，氯化反应期间，氮气作为保护气和载气持续通入反应装置，生成的气态 VOCl$_3$ 被冷凝成液体收集在尾部锥形瓶内。图 2-7 为钒提取率随反应温度变化的趋势，氯化反应温度为 373~423K 时，反应装置尾部锥形瓶没有收集到三氯氧钒液体；当温度提升至 433K 时，收集到了红褐色三氯氧钒液体，此时钒的提取率为 52.24%；温度提升至 453K 时，此时钒的提取率达到最大值，为 56.98%。在 433~453K，随着温度提高，钒的提取率上升幅度很小，推测原因为反应温度在 433K 之后，对钒的提取率的决定性因素不再是温度，需从其他方面提升钒的提取率；氯化反应温度为 453~493K 时，钒的提取率随温度上升呈现逐渐下降后趋于平稳趋势。

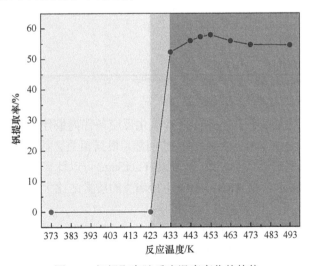

图 2-7　钒提取率随反应温度变化的趋势

2）氯化剂用量对钒提取率的影响

氯化反应温度为 443K，反应时间 2h，酸浸液沉钒产物中钒物质的量和氯化铝物质的量之比分别为 $n_{(V)} : n_{(AlCl_3)}=1:1$、1:2、1:3、1:4、1:5，氮气持续通入反应装置内，钒的提取率随氯化剂用量的增加呈线性上升趋势，如图 2-8 所示，在不同氯化剂用量下，钒的提取率分别为 26.88%、40.94%、50.08%、56.98%、58.99%，钒的提取率上升幅度逐渐减小。表 2-4 为不同氯化剂用量下三氯氧钒纯度，不同氯化剂用量下制得的三氯氧钒液体纯度分别为 99.05%、99.26%、99.27%、99.38%、99.59%。

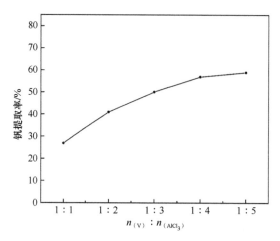

图 2-8　钒提取率随氯化剂用量变化的趋势

表 2-4　不同氯化剂用量下三氯氧钒纯度

$n_{(V)} : n_{(AlCl_3)}$	三氯氧钒纯度/%
1 : 1	99.05
1 : 2	99.26
1 : 3	99.27
1 : 4	99.38
1 : 5	99.59

3）氯化钠的添加对氯化反应的影响

在以氯化铝为氯化剂的氯化体系中，且氯化反应条件为最佳反应条件下，钒的提取率仅为 58.36%。为解决上述氯化反应中存在的问题，根据相关文献，氯化铝和氯化钠可以形成液态熔盐物质四氯铝酸钠（$NaAlCl_4$）。根据 FactSage 可以计算出氯化铝和氯化钠的二元熔盐相图，如图 2-9 所示。当 $AlCl_3$ 与 $AlCl_3+NaCl$ 的质量之比大于 0.6953，且氯化反应温度＞429K 时，氯化体系为液态熔盐 $NaAlCl_4$。

在 2h 反应时间，反应装置内持续通入氮气，$n_{(V)} : n_{(AlCl_3)} = 1 : 4$ 且 $AlCl_3$ 与 $AlCl_3+NaCl$ 的质量之比为 0.7 的氯化反应条件下，探索了氯化反应钒提取率随反应温度变化的趋势，如图 2-10 所示。

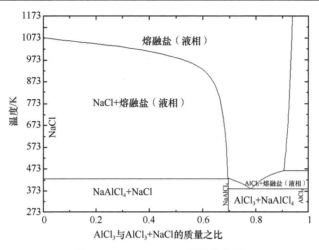

图 2-9　$AlCl_3$-NaCl 二元熔盐相图

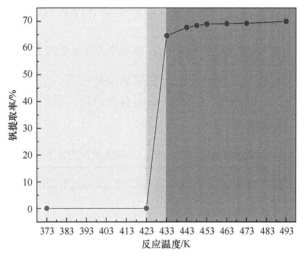

图 2-10　以氯化铝和氯化钠为氯化剂，钒提取率随反应温度变化的趋势

　　氯化反应温度在 373~423K 区间，氯化反应没有收集到三氯氧钒液体；氯化反应温度在 423~493K 时，随着温度提高，钒的提取率呈现线性上升后趋于平稳的趋势。氯化铝和氯化钠作为氯化剂，试验过程中没有氯化铝大量挥发的现象，这是因为氯化铝和氯化钠生成了液态熔盐四氯铝酸钠，其沸点远高于氯化反应温度；氯化反应装置收集到的三氯氧钒液体产量也明显增多，这是因为在液态熔盐四氯铝酸钠体系下，氯化反应为液固反应，其增大了氯化反应中正钒酸钠、偏钒酸钠与氯化剂的接触面积，相比于以氯化铝为氯化剂的固固反应，大幅度提高了氯化反应程度，进而提高氯化反应中钒的提取率。

　　在以氯化钠和氯化铝为氯化剂，且 $AlCl_3$ 与 $AlCl_3$+NaCl 的质量之比为 0.7，氯化反应温度>429K 条件下，可以有效减少氯化铝的挥发，进而可以降低三氯氧钒产品中铝的含量，提高三氯氧钒纯度。进一步研究了 V：$AlCl_3$：NaCl 的物质的量之比分别为 $n_{(V)}$：$n_{(AlCl_3)}$：$n_{(NaCl)}$=3：3：2、3：6：4、3：9：6、3：12：8、3：15：10，443K 反应温度，2h

反应时间条件下，氮气持续通入反应装置，钒的提取率随氯化剂用量的增加呈线性上升趋势，如图 2-11 所示，在不同氯化剂用量下，钒的提取率分别为 37.98%、51.86%、62.11%、67.67%、70.97%，相比于氯化铝为氯化剂的氯化体系，钒的提取率提高约 10 个百分点。

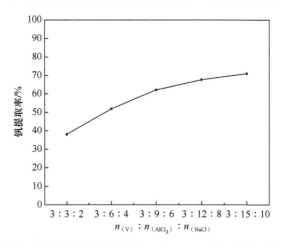

图 2-11　以氯化铝和氯化钠为氯化剂，钒提取率随氯化剂用量变化的趋势

在此体系中，不同氯化剂用量制得的三氯氧钒液体纯度，见表 2-5，分别为 99.91%、99.91%、99.93%、99.94%、99.95%，进一步证明液态熔盐四氯铝酸钠有效减少了氯化铝的挥发，从而提高了三氯氧钒纯度。

表 2-5　以氯化铝和氯化钠为氯化剂，不同氯化剂用量下三氯氧钒纯度

$n_{(V)}:n_{(AlCl_3)}:n_{(NaCl)}$	三氯氧钒纯度/%
3：3：2	99.91
3：6：4	99.91
3：9：6	99.93
3：12：8	99.94
3：15：10	99.95

2.3.3　氯化精馏产品和残渣表征与分析

1. 高纯三氯氧钒产品的表征与分析

基于 2h 反应时间，$n_{(V)}:n_{(AlCl_3)}:n_{(NaCl)}=3:12:8$，对氯化反应温度分别为 433K、443K、453K 下制备得到 $VOCl_3$ 液体进行红外光谱分析，如图 2-12 所示。

三组不同温度下制备得到的 $VOCl_3$ 与纯 $VOCl_3$ 的红外光谱曲线基本一致，且没有呈现任何杂峰。$1035.07cm^{-1}$ 为 V＝O 的特征衍射峰。采用硫酸亚铁铵滴定法和离子色谱仪分别测定了三组不同温度下制备得到的 $VOCl_3$ 液体中钒离子与氯离子的含量，三组样品中 Cl：V 的化学计量比分别为 3.108：1、3.080：1、3.045：1，这与纯 $VOCl_3$ 中的 Cl：V 的化学计量比（$n_{(Cl)}:n_{(V)}=3:1$）几乎一致，进一步验证了在氯化反应最佳条件下，制备出的红褐色液体是高纯度 $VOCl_3$ 产品。

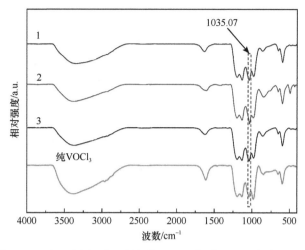

图 2-12　不同反应温度下制得的 VOCl₃ 与纯 VOCl₃ 红外光谱图

1、2、3 为三组氯化反应温度下制得的 VOCl₃

2. 氯化反应末端残渣的表征与分析

在前期的氯化反应试验中，无论是否添加氯化钠进行氯化反应，在氯化反应残渣中均可以发现白色纤维状物质。提取残渣中的纤维状物质，进行 SEM-EDS 表征分析，如图 2-13 所示。结果表明该物质与铝、氧、氯三种元素有较强的相关性，与钒元素相关性差，说明该物质是由铝、氧、氯三种元素所组成的相关化合物。通过点扫分析其化学成分含量，证实了该物质是以 Al：O：Cl 的化学计量比为 $n_{(Al)}：n_{(O)}：n_{(Cl)}=1：1：1$ 所组成的化合物。

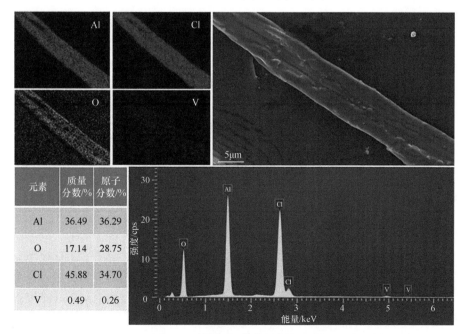

元素	质量分数/%	原子分数/%
Al	36.49	36.29
O	17.14	28.75
Cl	45.88	34.70
V	0.49	0.26

图 2-13　纤维状物质的 SEM-EDS 图

　　为进一步验证上述结论，在以氯化铝和氯化钠为氯化剂的氯化体系中，对氯化反应残渣进行 XRD 分析，呈现出反应残渣中存在 $NaAlCl_4$ 和 AlOCl 的衍射峰，其中 AlOCl 衍射峰的出现证实了上述 SEM-EDS 的分析结论，如图 2-14 所示。因此在氯化反应过程中，确定会生成物质 AlOCl，其中可能发生的化学反应方程式包括：

$$Na_3VO_4 + 3NaAlCl_4 == 3AlOCl + VOCl_3 + 6NaCl \tag{2-14}$$

$$NaVO_3 + 2NaAlCl_4 == 2AlOCl + VOCl_3 + 3NaCl \tag{2-15}$$

$$6AlOCl + Na_3VO_4 == VOCl_3 + 3NaCl + 3Al_2O_3 \tag{2-16}$$

$$4AlOCl + NaVO_3 == VOCl_3 + NaCl + 2Al_2O_3 \tag{2-17}$$

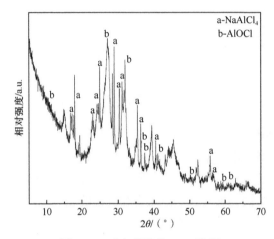

图 2-14　反应残渣的 XRD 谱图

　　根据以上对氯化反应总结出的所有结论，无论氯化体系中是否添加 NaCl，推测氯化反应实质为：Na_3VO_4 和 $NaVO_3$ 中的氧原子首先替换 $AlCl_3$ 中的两个氯原子，生成 AlOCl，被替换下来的氯原子再去氯化 Na_3VO_4 和 $NaVO_3$，进而生成 $VOCl_3$，$AlCl_3$ 中的氯原子被逐渐取代，从而实现 $AlCl_3$ 到 AlOCl 到 Al_2O_3 的物相转变。

2.4　氯化精馏提纯过程模拟与仿真

2.4.1　模拟软件以及计算参数条件选择

　　采用分子动力学模拟法研究氯化精馏过程，模拟技术路线如图 2-15 所示。

1. 模拟软件

　　本节采用 Materials Studio 软件对氯化精馏过程进行分子动力学模拟。在模拟运行过程中，首先将整个系统的能量最小化，以获得更好的分子构型。在这个集合中，整个模拟过程中分子总数、系统体积和温度保持恒定，系统温度和压力通过 Nose-Hoover 恒温器和恒压器来控制。温度 443K，模拟运行时长为 100ns。前一部分时长用来使系统达到平衡状态，后一部分时长进行数据采集和统计分析。通过对温度、压力、能量等参数校核，可以保证系统的平衡状态。

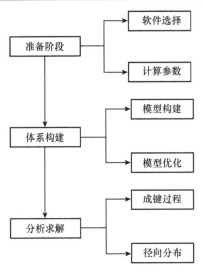

图 2-15　模拟技术路线

2. 计算参数选择

结构优化计算采用 Castep 中的 Geometry Optimization 模块，交换关联泛函采用广义梯度近似（generalized gradient approximation，GGA）下的 PW91 梯度修正近似，体系中原子核与内层电子相互作用选用超软赝势，截断能设置为 351eV，采用 Monkhorst-Pack 方案在布里渊区域对系统总能量和电荷密度进行积分计算。K-points 网格设置为 $1 \times 1 \times 1$。能量的收敛精度为每原子 2.0×10^{-5}eV，采用 BFGS 法（一种拟牛顿法）对模型进行结构优化，原子间相互作用力的收敛标准设为每原子 0.0005eV，晶体内应力的收敛标准设为 0.1GPa，原子最大位移收敛标准设为 0.002×10^{-10}m。

分子动力学计算采用 Forcite 中的 Dynamic 模块，为避免边界效应，x、y、z 方向采用周期性边界条件。在模拟中，力场参数是依靠元素、元素的杂化及化合性计算出来的。Universal 力场已发展到与电荷平衡计算法相结合，目前 Universal 力场主要运用于静电电荷计算，选择 NVT 系综，并采用 Andersen 温度控制方式，时间步长设定为 1.0fs，总模拟时间为 100ns，分别在 0ns、30ns、50ns、100ns 时收集 AIMD 模拟数据，用于后续分析。V、O、Cl、Na、Al 的赝势文件为 +5、-2、-1、+1、+3 价的投影缀加平面波（projector augmented wave，PAW）赝势，其他相关参数与结构优化计算的参数保持一致。此外，使用 Atom-based 方法计算范德瓦耳斯力，并在计算静电相互作用时采用 Ewald 方法。考虑到温度过高时溶剂会蒸发，故选取最高温度为 444K；电子结构计算采用 Dmol3 中的 Energy 模块，计算分子轨道（orbitals）电子密度和进行静电（electrostatics）分析，应用 GGA 方法处理电子间的交换关联作用，其具体形式为 PW91 格式。基函数采用极化泛函的双数值基组（double numerical d-functions，DND）。自洽场（self-consistent field，SCF）的电荷密度收敛标准为 1.0×10^{-5}eV，在迭代运算过程中采用 Pulay 形式的密度混合法，Pulay 值为 6，混合电荷密度为 $0.2C/m^3$，混合自旋密度为 $0.5kg/m^3$。

2.4.2 模型构建优化以及电子结构分析

1. 模型的构建与优化

NaCl-AlCl$_3$ 熔融状态下为 NaAlCl$_4$，具体建模参数由无机晶体结构数据库（Inorganic Crystal Structure Database，ICSD）查得。以 3×3×3 建立超胞，使用 Materials Studio 2019 模拟软件中的 Castep 模块对 NaAlCl$_4$ 晶胞模型进行结构优化，使其能量最小化，结构达到稳定。优化后，在 Morphology 模块中使用 Cleave Surface 工具沿其形态学重要晶面切开，使其重要晶面处于真空状态，并对其进行超胞化（3×3×3），建立晶面结构模型。使用 Materials Studio 软件中的 Sketch 模块建立溶剂分子模型，并对其进行优化，然后使用 Amorphous Cell 模块创建与晶面结构模型相匹配的溶剂模型，在 Build Layers 模块中将 NaCl-AlCl$_3$ 熔盐结构和钒酸钠层合并，构建尺寸为 36Å×29Å×30Å 的界面模型，其中上层为钒酸钠层，下层为熔盐结构层，所构建的界面模型如图 2-16 所示。在该双层模型中，为了评估界面与分子间的相互作用和电荷转移情况，对于界面，在模型的 z 轴方向上添加 15Å 真空层，以消除周期边界条件计算中的相互作用，来分隔晶面层和溶剂层，降低其能量，从而使晶体表面的上下两层之间不产生相互影响，以获得更准确的模拟结果。

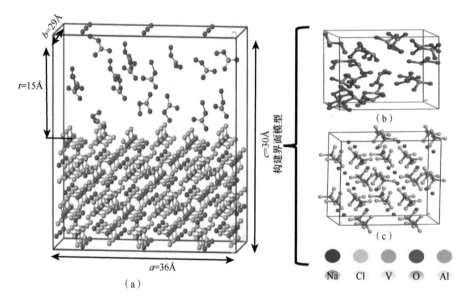

图 2-16 NaVO$_3$-NaAlCl$_4$、NaVO$_3$、NaCl-AlCl$_3$ 界面模型

（a）NaVO$_3$-NaAlCl$_4$ 界面模型；（b）NaVO$_3$ 界面模型；（c）NaCl-AlCl$_3$ 熔盐结构（NaAlCl$_4$）模型

2. 模型的结构优化

利用 Materials Studio 中 Build 模块构建的结构并不是最优结构模型，需要采用 Castep 模块 Calculation 中的 Geometry Optimization 功能进行几何优化，通过能量最小化得到最优结构模型，其次对最优结构模型进行分子动力学模拟，优化完成后分子结构模型的能量变化如图 2-17 所示，后期能量处于一个定值，变化幅度很小，说明此时的模型为稳定构型，可进行分析讨论，NaVO$_3$ 分子的结构优化能量变化如图 2-17（a）所示，NaVO$_3$ 的迭代次

数到 25 次以上时，体系中的能量趋于稳定；NaAlCl$_4$ 分子的结构优化能量变化如图 2-17（b）所示，NaAlCl$_4$ 的迭代次数到 30 次以上时，体系中的能量趋于稳定；NaVO$_3$-NaAlCl$_4$ 分子的结构优化能量变化如图 2-17（c）所示，NaVO$_3$-NaAlCl$_4$ 的迭代次数到 500 次以上时，体系中的能量趋于稳定。结构能量稳定受力均小于 0.05eV/Å。

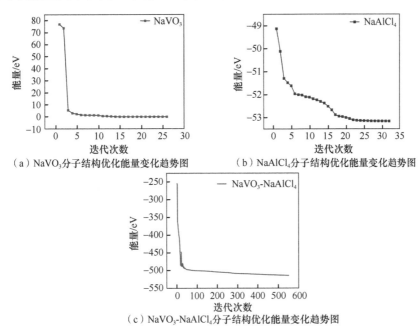

（a）NaVO$_3$分子结构优化能量变化趋势图　　（b）NaAlCl$_4$分子结构优化能量变化趋势图

（c）NaVO$_3$-NaAlCl$_4$分子结构优化能量变化趋势图

图 2-17　NaVO$_3$、NaAlCl$_4$、NaVO$_3$-NaAlCl$_4$ 分子结构模型的能量变化趋势图

3. 电子结构分析

从能量角度分析氯化精馏过程的相互作用，通过计算单个分子前线轨道能量，依据能量判据分析不同原子间的键合作用。分子中被占轨道能级最高的轨道称为最高占据分子轨道（highest occupied molecular orbital，HOMO），能级最低的轨道称为最低空分子轨道（lowest unoccupied molecular orbital，LUMO）。优化完成后 NaVO$_3$ 及 NaAlCl$_4$ 分子的电子轨道结构如图 2-18 所示。根据前线分子轨道理论，NaVO$_3$ 及 NaAlCl$_4$ 分子的 HOMO 和 LUMO 主要存在于 NaVO$_3$ 中的 VO$_3^-$ 及 NaAlCl$_4$ 中的 AlCl$_4^-$，所以在接下来的反应中，发生相互作用的位置主要集中在 VO$_3^-$ 及 AlCl$_4^-$ 周围。根据前线分子轨道理论，参加反应的两种物质 HOMO 和 LUMO 的能量越接近，越容易发生反应。通过计算 ΔE 获得具体数值，其中 $\Delta E=|\text{HOMO}-\text{LUMO}|$，$\Delta E$ 越小，越容易发生 HOMO→LUMO 的电子转移，相互作用越强。表 2-6 为在 Dmol3 模块计算得到的 NaVO$_3$ 与 NaAlCl$_4$ 的前线分子轨道能量以及 ΔE。由表 2-6 可知，电子转移方向均为 NaVO$_3$ 溶剂得到电子，NaAlCl$_4$ 失去电子。有电子得失的变化，就是化学变化。通过电子的得失，原子的电子结构发生了改变，化学性质也发生改变（决定原子化学性质的是最外层电子数），也就产生了新物质。

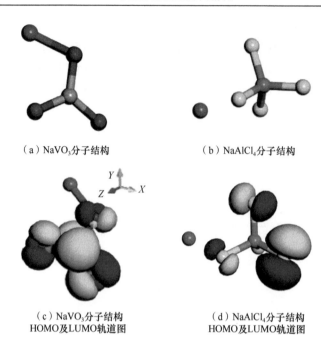

（a）NaVO₃分子结构 　　　　　（b）NaAlCl₄分子结构

（c）NaVO₃分子结构
HOMO及LUMO轨道图

（d）NaAlCl₄分子结构
HOMO及LUMO轨道图

图 2-18　NaVO₃、NaAlCl₄ 分子结构模型及电子轨道图

表 2-6　前线分子轨道能量（eV）

分子结构	HOMO	LOMO	ΔE
NaVO₃	−0.202954	−0.130664	0.07229
NaAlCl₄	−0.266047	−0.084189	0.18185

　　分子表面静电势（electrostatic surface potential，ESP）在预测分子反应活性位点、性质以及研究分子间静电相互作用方面起着重要作用。该方法可以直观地描述分子与物质之间的相互作用，从而解释和预测结合强度和方式。静电势可以用于定性了解体系哪个部位更易发生静电相互作用。分子表面不同区域的静电势大小可以通过不同颜色来体现，分子之间易以静电势互补相结合，即一个分子表面静电势正值区域倾向于接触其他分子表面静电势负值区域，且数值反差越大，相互作用越强，这样能最大限度地降低整体能量。图 2-19 展示了 NaVO₃ 与 NaCl-AlCl₃ 熔盐结构 NaAlCl₄ 的 ESP 分布图，该结果可以用于预测反应活性位点。在 ESP 分析中，ESP 数值与其反应位点的活性有关，数值越大亲核反应越容易发生，数值越小则亲电反应越容易发生。如图 2-19 所示，原子颜色越深说明该点的静电势相应的正/负数值越大。NaVO₃ 分子的 ESP 如图 2-19（a）所示，其中黑色区域表示负电性，白色区域表示正电性，灰色区域表示电中性。从图 2-19（a）中可以看出，黑色区域都分布在 VO_3^- 周围，很容易在反应过程中与带正电的 Al^{3+} 发生相互作用。NaAlCl₄ 分子的 ESP 如图 2-19（b）所示，黑色区域都分布在 $AlCl_4^-$ 周围，很容易在反应过程中与带正电的 V^{5+} 发生相互作用。

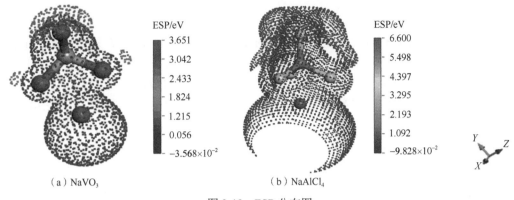

图 2-19　ESP 分布图

2.4.3　氯化精馏过程分子相互作用机理

1. 氯化精馏模拟过程中能量与温度变化

在模型优化过程中，采用 NVT 系综体系进行分子动力学平衡计算，体系中平衡状态的判断依据为：能量和温度变化范围。对经过 1000 次分子动力学计算后的层结构模型进行分析，$NaVO_3$-$NaAlCl_4$ 层结构模型的能量和温度随迭代次数的增加变化情况如图 2-20 所示。其能量和温度在氯化精馏模拟过程中动力学计算初始浮动较大，后期能量处于一个定值[图 2-20（a）]，温度在 444K（标准温度）附近进行波动，变化幅度很小[图 2-20（b）]，当 $NaVO_3$-$NaAlCl_4$ 界面模型的能量和温度在模拟迭代次数高于 800 次的波动情况趋于规律且逐渐减弱时，说明体系达到了热力学平衡，此后体系的能量和温度围绕平衡值发生不超过 5%的微小波动，这是由于体系平衡后分子存在热运动，需不断调整其动能、势能及瞬间温度，使其标准偏差和统计平均值满足热力学温度的控制要求。根据平衡判据，认为形成相对平稳的曲线即达到了稳定状态，证明设定的模拟参数完成模拟过程存在合理性。对体系进行分子动力学模拟后得到稳定结构，即可进行原子间相互作用计算，揭示分子和原子之间相互作用机理。

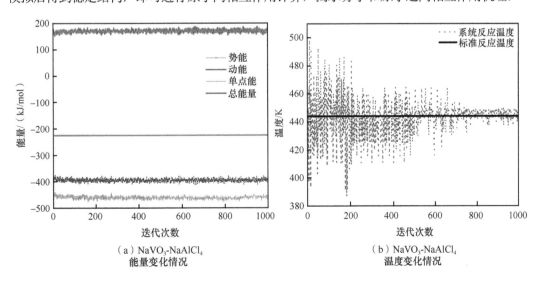

图 2-20　迭代 1000 次过程中 $NaVO_3$-$NaAlCl_4$ 的能量与温度变化情况

2. 氯化精馏过程分子动力学模拟

能量与结构体系迭代优化结果收敛后，对 NaVO$_3$-NaAlCl$_4$ 在 NVT 系综下进行分子动力学模拟。模拟时温度选择 443K，图 2-21（a）为结构优化后得到的 NaVO$_3$-NaAlCl$_4$，是稳定的结构，30ns 内 NaVO$_3$、NaAlCl$_4$ 周期中旋转和拉伸。NaVO$_3$ 分子 V—O 键表现出修饰的键长，从 2.055Å 到 2.065Å；NaAlCl$_4$ 分子 Al—Cl 键表现出修饰的键长，从 2.143Å 到 2.198Å。伴随着键序修饰，容易受到周围物种的影响。NaVO$_3$、NaAlCl$_4$ 结构被拉长，化学键发生断裂，反应盒子模型会出现 Na$^+$、VO$_3^-$、AlCl$_4^-$，这导致 NaVO$_3$-NaAlCl$_4$ 模型中会在设定真空区域断裂原子发生相互作用[图 2-21（b）]。随着反应时间的增加，50ns 模拟过程中会出现 VO$_3^-$、AlCl$_4^-$ 键的断裂[图 2-21（c）]，并能观察到 Cl$^-$、O^{2-} 聚集在 V^{5+} 周围的现象，当模拟时间为 100ns 时，结构模型反应的总能量趋于稳定，原子间的键合反应已经完成，各原子间所形成的化学键达到较为稳定状态，同时整个结构也处于稳定状态。反应会出现 V—O—Cl 原子的键合，形成新的物质 VOCl$_3$，然而鉴于模拟时间较试验反应时间偏短，未能看到 Al$_2$O$_3$ 分子结构的形成，反应模型中仅会出现 Al—O 成键[图 2-21（d）]，反应模型随着模拟时间的增长，原子间充分反应，会结合形成更稳定的 Al$_2$O$_3$ 结构。

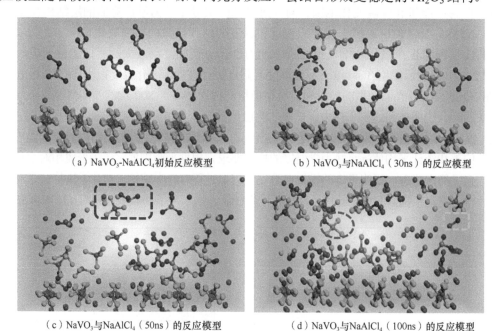

（a）NaVO$_3$-NaAlCl$_4$初始反应模型　　　　　（b）NaVO$_3$与NaAlCl$_4$（30ns）的反应模型

（c）NaVO$_3$与NaAlCl$_4$（50ns）的反应模型　　　　　（d）NaVO$_3$与NaAlCl$_4$（100ns）的反应模型

图 2-21　分子动力学模拟氯化精馏过程

3. 径向分布函数分析

径向分布函数（radial distribution function，RDF）是用来分析两种物质间相互作用强弱的物理量，表示距一个原子 r 处出现另一个原子的概率密度 g（r）。径向分布函数既可以用来研究物质的有序性，也可以用来描述相关性。其中在 3.5Å 以内的峰主要表示物质间存在化学键或者氢键作用，大于 3.5Å 则主要表示为库仑力或范德瓦耳斯力。采用 Forcite 模块 Analysis-Radial distribution function 可得到 RDF 曲线，整理读取 RDF 曲线绘制了各原子间成键的 RDF，如图 2-22 所示，其中 Cl 是 NaAlCl$_4$ 中原子，O 是 NaVO$_3$ 中原子，Al 是 NaAlCl$_4$ 中原子。由图 2-22 可以看出 Cl—O、V—Cl、Al—O 键之间 RDF 峰值出现的位置极其相近，大约在 3Å，且 V^{5+} 与 Cl$^-$ 的 RDF 峰值为 13，说明 V^{5+} 与 Cl$^-$ 成键概率最大，相互作用最强。其次是 O^{2-} 与 Cl$^-$ 的 RDF 峰值为 11，Al^{3+} 与 O^{2-} 的 RDF 峰值为 8，Al^{3+} 与 O^{2-} 成键概率也较大，会发生相互作用。综合上述，分子模拟过程中 V—O—Cl 成键概率较大，符合分子动力学模拟过程中 VOCl$_3$ 新物质结构的形成，同时也说明 VO$_3^-$、AlCl$_4^-$ 解离过程中，O^{2-} 与 Al^{3+} 会有键合作用，结合形成 Al—O 键，进一步形成更稳定的结构 Al$_2$O$_3$。

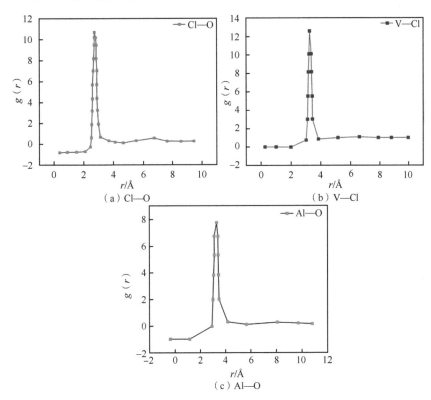

图 2-22　NaVO$_3$-NaAlCl$_4$ 反应模型不同原子间的 RDF

4. 态密度分析

基于能带理论的态密度（density of states，DOS）有助于进一步分析 NaVO$_3$ 与 NaAlCl$_4$ 之间的相互作用本质。相邻原子的局域态密度（partial density of states，PDOS）在同一能量处同时出现尖峰，则将其称为杂化峰（hybridized peak），它可以直观地展示相邻原子之间的作用强弱。利用 CASTEP 软件中的 Analysis 工具可以对优化前后的物理模型进行能带结构分析。本节主要分析了 NaVO$_3$ 与 NaAlCl$_4$ 相互作用的相邻原子的 PDOS 图，分析态密度可以判断成键的情况，不同轨道的态密度在价带顶附近发生叠加是成键的一个明显标志。将费米能级（0eV）作为分界线，如图 2-23 所示。由于在 NaVO$_3$-NaAlCl$_4$ 界面模型中，Na 原子与 NaAlCl$_4$ 中的原子未发生相互作用，故在此 PDOS 分析中未考虑此模型。图 2-23 展示了在相互作用时 V 原子与 NaAlCl$_4$ 中的 Cl 原子之间峰重叠的位置。与反应前相比，其态密度发生了一定变化，表明在反应过程中，$NaVO_3$-$NaAlCl_4$发生了相互作用。反应后体系原子各个轨道能级向低能级方向产生了移动，此外，反应后体系轨道在$-15\sim-10eV$和$-5\sim1eV$处明显展宽并且伴随着态密度峰值不同程度地降低，表明反应发生后体系能量降低，其原因在于$NaVO_3$-$NaAlCl_4$相互反应使得结构更为稳定。通过PDOS图发现以上反应模型态密度在$-15\sim-10eV$之间有峰重叠，说明两两原子在这些位置有相互作用的可能性。从图2-23（a）可以看出，在$-15\sim-10eV$价带，晶胞结构优化结果是由Cl原子的3s，Al原子的3p轨道贡献；在$-5\sim1eV$价带主要由Al原子的3p、3s和Cl原子的3p轨道组成；在$5\sim10eV$价带主要来自Al原子的3s轨道和Al原子的3p轨道；价带顶即费米能级以下的态密度，主要由Cl原子的3p轨道、Al原子的3p轨道和Al原子的3s轨道贡献，Cl原子和Al原子形成共价键，形成$NaAlCl_4$稳定结构。为了更深入地研究$NaVO_3$与$NaAlCl_4$的相互作用机理，分析$NaVO_3$的V、O原子和$NaAlCl_4$的Al、Cl原子之间轨道分布特征。从图2-23（b）可以看出，在$-3eV$附近出现新的能带，说明$NaVO_3$与$NaAlCl_4$存在相互作用。在$-15\sim-10eV$价带，晶胞结构优化结果是由Al原子的3s、3p轨道和O原子的2s、2p轨道贡献，且Al原子与O原子部分轨道存在明显的重叠，说明二者之间形成一定强度的共价键，Al原子与O原子结合成键，形成Al_2O_3稳定结构，$-5\sim5eV$价带主要由Cl原子的3s、3p轨道和V原子的3p、3d轨道及O原子的2s、2p轨道组成，O原子、V原子及Cl原子部分轨道存在明显的重叠即三者之间存在相互作用，存在电子的转移和交换，形成一定强度的O—V—Cl键，结合形成$VOCl_3$结构。态密度分析可以获得材料中电子结构分布性质，费米能级附近的电子反应活性最强，因此，通过分析费米能级附近的电子态密度组成，可以知道原子的反应活性。

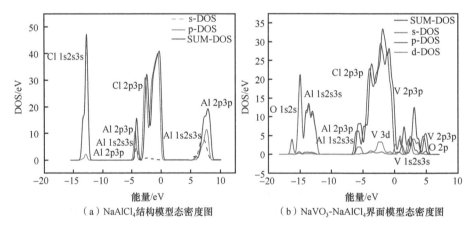

图2-23 $NaAlCl_4$结构模型和$NaVO_3$-$NaAlCl_4$界面模型态密度图

s-DOS为s电子层轨道态密度；p-DOS为p电子层轨道态密度；d-DOS为d电子层轨道态密度；SUM-DOS为全电子层轨道态密度，下文同此

参 考 文 献

[1] 华一新. 有色冶金概论[M]. 北京：冶金工业出版社，2014.
[2] 姜平国，吴朋飞，汪正兵，等. 氯化挥发的研究进展[J]. 有色金属科学与工程，2016，7（6）：43-49.
[3] 沈旭. 化学选矿技术[M]. 北京：冶金工业出版社，2011.

［4］吕学伟. 冶金概论［M］. 北京：冶金工业出版社，2017.

［5］Han P，Li Z，Tu Y，et al. Recovery of valuable metals from iron-rich pyrite cinder by chlorination-volatilization method［J］. Mining，Metallurgy & Exploration，2024，41（1）：345-352.

［6］Cui F，Mu W，Zhai Y，et al. The selective chlorination of nickel and copper from low-grade nickel-copper sulfide-oxide ore：Mechanism and kinetics［J］. Separation and Purification Technology，2020，239：116577.

［7］Xing Z，Cheng G，Yang H，et al. Mechanism and application of the ore with chlorination treatment：A review［J］. Minerals Engineering，2020，154：106404.

［8］赵俊学，李林波，李小明. 冶金原理［M］. 北京：冶金工业出版社，2012.

［9］吴文远，胡广勇，孙树臣，等. CaO 和 NaCl 焙烧混合稀土精矿过程中的分解反应［J］. 中国稀土学报，2004，22（2）：210-214.

［10］李大江，郭持皓，袁朝新，等. 熔融氯化挥发提金技术进展［J］. 世界有色金属，2018，16：12-13.

［11］顿佐夫（苏）. 氯化聚合物［M］. 北京：化学工业出版社，1983.

［12］王明海. 冶金生产概论［M］. 北京：冶金工业出版社，2008.

［13］龙红明. 冶金过程数学模型与人工智能应用［M］. 北京：冶金工业出版社，2010.

［14］Shekaari H，Golmohammadi B. Ultrasound-assisted of alkali chloride separation using bulk ionic liquid membrane［J］. Ultrasonics Sonochemistry，2021，74：105549.

［15］Lee J，Kurniawan K，Kim S，et al. Ionic liquids-assisted solvent extraction of precious metals from chloride solutions［J］. Separation & Purification Reviews，2023，52（3）：242-261.

［16］黄希祜. 钢铁冶金原理［M］. 北京：冶金工业出版社，2013.

［17］唐建军，周康根，张启修. 减压膜蒸馏从稀土氯化物溶液中回收盐酸［J］. 膜科学与技术，2002，22（4）：38-42.

第3章 近终端产品转化加工技术

3.1 高纯钒产品的应用及转化

3.1.1 高纯三氯氧钒的应用

三氯氧钒，化学式为 $VOCl_3$，熔点 196K，常温下是一种黄色液体[1]。三氯氧钒作为一类重要的化工产品，被广泛应用于高纯氧化钒制备、钒电池电解液、有机合成、橡胶催化等领域。

1. 高纯氧化钒制备

五氧化二钒被广泛应用于钒铝合金、钒电池、激光晶体等行业。近年来，由于化石能源的枯竭以及其燃烧后带来的环境污染问题，作为清洁能源的风能、光能等受到了越来越多的关注，但由于其不稳定性，使得上述清洁能源的发展高度依赖高效能的储能装置。全钒液流电池作为一种能效高、使用寿命长、响应时间短的大规模储能装置，因较高的储能效率、优异的循环稳定性等优势，逐渐受到广泛关注。作为制备钒电池电解液的关键原料，高纯五氧化二钒展示出巨大的商业前景，为了避免五氧化二钒中的杂质对电解液性能产生负面影响，通常要求五氧化二钒的纯度达到 99.9%以上。高纯五氧化二钒的制备技术主要通过将钒原料氯化得到粗三氯氧钒，后经过进一步精制得到高纯三氯氧钒，最后对高纯三氯氧钒进行转化得到高纯五氧化二钒[2]。随着全钒液流电池等新兴产业发展和高纯五氧化二钒产品需求的增加，近些年来氯化法制备高纯五氧化二钒日益受到关注。氯化法的主要优势在于流程短，清洁，整个过程几乎不产生废水，同时过程中产生的氯化渣、氯气可以进行回收利用，因而具有良好的应用前景。

2. 钒电池电解液

为了进一步提高钒电池电解液的性能，有研究以高纯三氯氧钒为原料，采用一种新型的直接溶解—电化学还原工艺制备了高纯混合酸电解液，并与普通混合酸电解液和常规冶金级五氧化二钒制备的硫酸电解液进行了纯度和电化学性能的对比研究。发现该新工艺在低成本、高效率地生产具有优异电化学性能的高纯混合酸全钒液流电池电解液方面具有巨大的潜力，与传统的高纯电解质制备工艺相比，新工艺将显著降低成本 90%以上。具体步骤为：在蒸馏过程中，将纯三氯氧钒加入到蒸发器中，加热至 400K；蒸馏出的高纯氯化物蒸气在冷凝器中冷凝；当蒸馏馏分达到 70%左右时，蒸馏实验终止。将预定量的高纯三氯氧钒缓慢注入强搅拌的硫酸溶液中，得到含 2.0M V^{5+}、2.0M SO_4^{2-} 和 6.0M Cl^-(HP)的高纯中间钒溶液。在以 Nafion 117 为质子交换膜的隔膜电解池中分别对中间钒溶液进行电化学还原，阳极室中含有等体积的 3.0M 硫酸溶液[3]。该工艺主要采用高纯度的三氯氧钒替代五氧化二钒直接溶解在硫酸溶液中，通过直接电化学还原法制备硫酸和盐酸为支撑电解质

的等量 V^{4+} 与 V^{3+} 电解液，通过与五氧化二钒制备的钒电池电解液对比，硫酸和盐酸组成的混合酸电解液具有较高的电化学活性。

3. 有机合成

三氯氧钒的一个重要用途是用作酚类化合物的偶联试剂。它适用于分子间或分子内酚的偶联。例如，两分子萘酚的分子间偶联合成二羟基二萘酚化合物。在苯溶剂中，三氯氧钒可将 β-萘酚转化为 2, 2′-二羟基二萘酚，将 α-萘酚转化为 4, 4′-二羟基二萘酚。在同样的反应条件下，2, 6-二甲基酚得到 38% 的四甲基取代对二苯醌，而间甲基苯酚则发生多聚生成混合物。三氯氧钒促进的二酚化合物分子内偶联成环反应，其产率通常较单酚化合物的分子间偶联产率高。例如，在乙醚溶剂中使用化学剂量的三氯氧钒，1, 3-二（对羟基苯基）丙烷发生分子内关环，生成 76% 酚基二烯酮类化合物。随着碳链的增长和杂原子的介入，偶联收率降低[4]。三氯氧钒促进的二酚化合物分子内关环反应可以代替酶催化剂完成对一些天然化合物的合成，如异丁苯定（Isoboldine）和雷尼替丁（Maritidine）的合成。苄基取代的四氢异喹啉化合物发生分子内关环，以 80% 的高收率得到了生物碱 Isoboldine 的衍生物。与其他的偶联试剂相比较，三氯氧钒体可以区域选择性地实现酚羟基的部位一对位偶联。

4. 橡胶催化

乙丙橡胶（EPR）是以齐格勒–纳塔（Ziegler-Natta）催化剂为基本催化体系合成的一种介于通用橡胶和特种橡胶之间的合成橡胶，也是发展最快的合成橡胶品种之一。由于分子主链为饱和结构，因而具有优异的耐候性、耐臭氧性、电绝缘性、高强度和高伸长率及低压缩永久变形性能，在多个领域得到广泛应用。钒系催化剂（$VOCl_3/Al_2Et_3Cl_3$）是目前应用最广的催化体系。有研究向催化体系中加入苯甲酸乙酯（EB）和邻苯二甲酸二异丁酯（DIBP）给电子体，以降低其活性衰减速率，提高催化效率，并考察给电子体的加入对结构及性能的影响，在设定温度下向高压反应釜中加入 300mL 己烷，随后打入 $Al_2Et_3Cl_3$ 助催化剂，搅拌 5min 后向高压反应釜中依次加入 $VOCl_3$ 催化剂、给电子体及活化剂三氯乙酸乙酯，待活化剂加入完毕后，立即通入 0.4MPa 预先混合好的乙烯–丙烯（体积比 1∶2）混合气体，聚合反应开始，待反应结束后，将聚合物胶液喷入大量的乙醇溶剂中析出，将生成的聚合物剪成小条，最后置于 333K 真空干燥箱中进行干燥[5]。目前世界上约 80% 的 EPR 以该体系生产，如美国的埃克森美孚（ExxonMobil）公司、日本的三井（Mitsui）公司和 JSR 公司，以及我国的中国石油吉林石化公司。

乙丙共聚物具有热稳定性好、稠化能力强、剪切稳定性好、在柴油机中积炭少等优点，用做柴油机气缸润滑油增黏剂尤为合适。润滑油增黏剂是调配多级润滑油的主要添加剂之一，用量仅次于清净剂和分散剂，可以改善润滑油的黏温性能。多级润滑油是一种黏温性能好、工作温度宽、节能效果明显的润滑油产品，是在低黏度基础油中加入增黏剂等调配而成的，主要类型有内燃机油、液压油、自动传动液和齿轮油等[6]。目前国内市场上乙丙共聚物作为润滑油增黏剂使用，但产量远远不能满足国内需要。有研究以 $VOCl_3$、$VO(acac)_3$ 为主催化剂，合成了适用于润滑油增黏剂的乙丙共聚物，其增稠能力、黏降率以及剪切稳定指数等性能与国内同类产品性能相当。

3.1.2　高纯五氧化二钒的应用

五氧化二钒，分子式 V_2O_5，熔点 963K，相对分子质量 181.88，外观呈橙黄色结晶性粉末，在众多钒氧化物中具有最稳定的晶体结构，且此时的钒价态处于最高价态。V_2O_5 具有可逆的一级相变特性，其相变温度为 530K。除了具有相变特性外，V_2O_5 独有的层状结构使其优于其他钒氧化物被认为是很有应用前景的现代材料之一。V_2O_5 晶体属于正交晶系，*Pmnm* 空间群。V_2O_5 具有层状结构，在每一层中，钒和氧之间以较强的 V—O 共价键结合在一起，一个 V 原子和五个 O 原子形成四方锥结构[VO_5][7]。

V_2O_5 在电化学储能领域扮演着重要角色，V_2O_5 中 V 是五价，是一个比较稳定的价态，其放电电位高，资源更丰富。研究发现，V_2O_5 存在晶态和非晶态两种结构形式。V_2O_5 中 V^{5+} 电子亲和力强，很容易形成溶胶和凝胶，这两种形式的 V_2O_5 就是非晶态的。采用无机盐法、离子交换法、熔融淬冷法、醇盐水解法都可以合成 V_2O_5 溶胶、凝胶，其中溶胶干燥后就得到凝胶[8]。有研究发现不管是晶态的 V_2O_5 还是非晶态的 V_2O_5 凝胶都是层状结构，层与层之间只靠微弱的范德瓦耳斯力相互作用，利于离子或电子嵌入和脱出，因此具有较高的比容量。

1. 锂离子电池

V_2O_5 晶体作为典型的层状结构，将其作为锂离子电池正极材料时，根据锂离子插入量不同，V_2O_5 会发生一些相的变化。在 2.0～4.0V 电压范围内充放电时，有三个明显的电压平台。当插入两个锂离子时，V_2O_5 的理论比容量可高达 294mA·h/g。另外，V_2O_5 还具有原料来源充足、价格便宜、易合成、安全性好、环境污染度小等优点。有研究将 V_2O_5 与 H_2O_2 反应生成[$VO(O_2)_2(OH_2)$]⁻前驱体，采用水热法在 453K 下制备出 V_2O_5 纳米线，纳米线的直径约为 50nm，长度能达到几十微米，比表面积为 25.6m²/g；在高达 2A/g 电流密度下，此材料的比容量仍为 351F/g。有研究采用静电纺丝技术制备了 V_2O_5 纳米纤维，在 KCl 电解液中其最大比容量为 190F/g、能量密度为 5Wh/kg；而在含 $LiClO_4$ 电解液中，其比容量提高到 250F/g、能量密度为 78Wh/kg。虽然 V_2O_5 晶体优点众多，但是由于较低的锂离子扩散系数（10^{-13}～10^{-12}cm²/s）、低的电导率等缺点，其循环性能和倍率性能受到影响，这些问题限制了 V_2O_5 在锂离子电池中的商业应用[9]。为了提高 V_2O_5 的电化学性能，可以将其制备为纳米材料，构筑成稳定的结构，或者与其他材料复合，规避其缺点。

目前对 V_2O_5 电极材料的制备改进主要通过以下几个途径。

掺杂：向 V_2O_5 层间引入其他离子或小分子是最常用的改进方法之一，这些分子或离子插入 V_2O_5 层间，不仅增大了层间距，为 Li^+ 嵌入/脱出提供了更大的扩散通道，并且能对层间产生支撑，稳定 V_2O_5 结构，提高材料的循环性能[10]。有研究以商业 V_2O_5 粉末和草酸制备前驱体，以 $Al(NO_3)_3$·$9H_2O$ 为铝源，通过退火处理，制备出铝掺杂的 $Al_{0.14}V_2O_5$ 材料，作为锂离子电池正极材料，循环 50 次后比容量保持为 162mA·h/g。

复合：V_2O_5 通过与一些导电性能良好的材料（如碳材料等）进行复合，可解决其电导率低的问题，提高其电化学性能[11]。有研究通过液相剥离法制备出 V_2O_5 纳米片（V_2O_5NS），并将其与碳纳米管复合 $V_2O_5NS/SWCNT$。将复合材料分别制备成锂离子电池正极后进行测试，在 $0.1C$（$1C=372mA/g$）倍率下，所得的 V_2O_5 纳米片的比容量约为 200mA·h/g，与碳纳米管复合后材料比容量提升到 370mA·h/g，复合后的 V_2O_5 复合材料倍率性能得到极大提升，在 $10C$ 下比容量为 128mA·h/g。

形貌控制：V_2O_5 正极材料的循环性能与其微观形貌有很大的关系，所以可以通过控制 V_2O_5 微观形貌来改善其电化学性能[12]。有研究通过传统的阳极化处理和退火处理制备出由 V_2O_5 纳米带组成的连通微球。作为锂离子电池正极，在 $1C$ 倍率下循环 200 次后放电比容量为 227mA·h/g，在 $10C$ 高倍率下比容量为 166mA·h/g。

2. 传感器

V_2O_5 纳米材料具有层状结构，因为可以敏感地感知嵌入离子而被应用在各类传感器中。有研究 V_2O_5 和 SnO_2 的复合材料制造，以催化氧化反应为基础，对苯、甲苯、乙苯和二甲苯进行选择性传感，气敏测试结果表明，当 V_2O_5 的质量分数为 10% 时，该复合材料对苯及其他三个苯的化合物的选择性和响应性最好，当工作温度为 543K 时，检测下限可低至 0.5mg/kg，并且对 50mg/kg 浓度的响应值在 5 倍以上。有研究以水合硫酸氧钒和溴酸钾为前驱体用水热法制备了纳米线形和纳米星形的 V_2O_5，并验证了 V_2O_5 在室温下对不同浓度的氢气都具有明显的气敏特性，此外，通过将 V_2O_5 的纳米结构从线形改为星形，该氢气传感器的灵敏度提高了 40%。有研究设计了一种以锌锡钒氧化物（ZnO、SnO_2、V_2O_5）纳米复合材料为传感材料的乙醇传感器，该复合材料的带隙为 1.97eV，并且具有 167.3m^2/g 的比表面积，为乙醇分子提供所需的活性表面位点，室温下该乙醇传感器的响应时间为 32s，恢复时间为 6s，灵敏度为 98.96%。除了气体传感外，V_2O_5 也可以实现温度传感，有研究 $V_2O_5/4H-SiC$ 肖特基二极管的温度传感器制造，可在 147~400K 范围内使用，其核心为两个恒流正偏压二极管的电压差与温度的线性关系为 307μV/K，利用这个线性关系可以间接地进行温度传感[13]。

3. 储能器件

近年来，国内外兴起一种大容量储能设备——超级电容器。超级电容器是一种通过电化学反应来储能的新型绿色储能设备，已经广泛应用于混合动力汽车、电子通信设备中。基于 V_2O_5 和 V^{4+} 等混合价态钒氧化物材料制得的超级电容器在比功率为 64.7μW/cm^2 时的比能量高达 7.7μWh/cm^2，以化学计量式为 V_2O_5 时的 V^{5+} 价态薄膜在高功率下的比能量损失最少，并且在 2000 次循环充放电之后仍表现出良好的稳定性，表明以 V_2O_5 固态离子电解质为基础的超级电容器储能装置在透明电子领域具有广阔的前景[14]。由于 V_2O_5 薄膜具有优异的热致变色、电致变色特性，有研究将 V_2O_5 薄膜作为高密度只读存储器，原子力显微镜纳米光刻技术可以使 V_2O_5 薄膜产生稳定的、可擦除的颜色变化和局部电导率的高对比度变化，只读存储器能写入并读出的图片的最小尺寸约为 50nm，如果这一个小的图案区域可以用来存储一个二进制位的话，那么数据的存储密度将达到约 40Gb/cm^2，远超磁介质或亚微米单元闪存阵列的数据存储密度，表明 V_2O_5 在高密度只读存储器方面具有很大的应用潜力。

4. 压敏电阻

ZnO 系压敏电阻作为应用最广泛的一种压敏电阻,在电路过压保护和稳压领域发挥着重要作用。高压型压敏电阻电位梯度高,大电流特性好,但能量密度小;低压高能型压敏电阻能量密度大,但电位梯度低,大电流特性差。解决上述问题最有效的办法是研制电位梯度及能量密度适中的中压型高能压敏电阻,ZnO-V$_2$O$_5$-MnO$_2$ 系中压型压敏电阻可以满足上述要求,该体系压敏电阻可以低温烧结,节能高效。有研究 MnO$_2$ 对 ZnO-V$_2$O$_5$ 基陶瓷的影响,指出 MnO$_2$ 可以抑制 ZnO 晶粒的异常长大,提高压敏电压和非线性系数,降低泄漏电流,改善 ZnO-V$_2$O$_5$ 基陶瓷的压敏性能。ZnO-V$_2$O$_5$-MnO$_2$ 系压敏陶瓷可以涂覆银作为电极,而无须采用昂贵的钯或铂金属材料[15]。有研究钒系陶瓷的相组成、显微结构及多元掺杂对电性能的影响,认为 ZnO-V$_2$O$_5$-MnO$_2$ 系压敏陶瓷是一种很有发展潜力的低温烧结 ZnO 压敏陶瓷,将配比为 $n_{(V_2O_5)}$:$n_{(MnO_2)}$:$n_{(ZnO)}$=0.5:4.0:95.5 的生料,在烧结条件为 873K 预热 30min、烧结温度 1373K、保温 2h 时可以获得非线性系数较大(27.8)、压敏电压适中(60.9V/mm)的压敏电阻陶瓷,符合中压型压敏电阻的要求。

5. 光电开关

氧化钒材料的相变特性是制备各种光电开关的基础,薄膜在相变前后的电学、光学性能都会发生突变,皮秒时间尺度的光电开关的发展是新一代超快电子器件实现广泛应用的关键[16]。有研究设计了一种基于单晶 V$_2$O$_5$ 纳米带的对可见光具有快速响应的超快光电开关,采用化学气象沉积法制备出了厘米级别的超长单晶 V$_2$O$_5$ 纳米带,并利用该单晶纳米带研制出了一款对可见光的响应速率小于 200μs 的光电开关,比其他一维金属氧化物纳米结构对可见光的响应时间短了 2~6 个数量级,表明该开关具有优异的光敏性、光响应速率和可重复性。

3.1.3　钒基衍生产品的开发

1. 钒电池电解液

液流电池是一种通过正负极活性物质之间的氧化还原反应完成储能需求的电化学装置。其中,正负极活性物质以液态的形式储存在储液罐中,通过动力输送系统在电极表面不断更新循环。为防止正负极电解液混合发生氧化还原反应而造成电池能量损失,采用隔膜将其分隔。液流电池中的活性物质与电堆相互分离,其充放电容量与功率可根据需求进行灵活设计,这非常符合大规模储能的要求[17]。全钒液流电池使用同一元素的钒离子作为活性物质,有效避免了液流电池中互异元素间交叉污染的缺点,延长了电池的使用寿命,这使其在液流电池技术中脱颖而出,成为当前液流电池研究的热点,成功实现大规模商业化示范并不断开拓应用市场。与其他液流电池类似,全钒液流电池单电池由电极、隔膜、电解液和循环泵组成。正极电解液采用 VO$_2^+$/VO^{2+} 电对,负极电解液采用 V^{2+}/V^{3+} 电对,一般采用 H$_2$SO$_4$ 作为支撑电解质,分别储存在独立储罐中。由于不同价态的钒电解液存在颜色差异,可根据颜色的变化粗略判断电池所处充放电状态。电极、隔膜、电解液是全钒液流电池最关键的三部分,其协同作用决定了电池的储能效率与循环寿命。

钒电解液通常使用钒离子作为活性物质,采用硫酸作为支撑电极质,以及必要的添加剂使其稳定性增加。作为全钒液流电池的关键组成部分之一，钒电解液决定了电池的储能容量，其成本在整个电池系统中占据着最高的比例。此外，运行过程中电池温度过高或过低易导致钒化合物的析出，造成电池容量的损失，降低电池的工作寿命[18]。因此，制备高浓度、电化学活性优异和良好稳定性的钒电解液是进一步促进全钒液流电池技术产业化的发展方向。使用等量 V^{4+} 与 V^{3+} 的混合溶液作为全钒液流电池初始电解液，正负极电解液的投料比只需要保持 1∶1，电池可正常工作，无须其他操作；这相比于 VO^{2+} 电解液作为初始电解液，有效避免了钒电解液的浪费，减少了钒电解液的经济成本。电解液的合成方法主要有两种：化学合成法和电解法。

（1）化学合成法：主要是将五氧化二钒等五价钒氧化合物利用还原剂在混合加热条件下还原成易溶于水的四价钒离子。但是还原剂的残留以及钒的氧化产物会在电解液残留杂质，这直接影响着钒电解液的电化学性能。常见的还原剂有氢气、碳、一氧化碳、单质硫、二氧化硫、硫化氢、亚硫酸、过氧化氢、柠檬酸、甲醇、乙醛、甲酸、草酸、乙酸等物质。除了常见的还原剂外，一些过渡金属也可制备全钒液流电池电解液的还原剂，但是随着过渡金属还原剂的加入，不可避免地会引入一些杂质离子。杂质离子的沉淀加速了充放电过程中的析氢。化学合成法制备电解液简单且易操作，但由于钒离子低浓度会限制钒电池的能量密度，此外在制备过程中引入的还原剂可能会额外带有杂质增加电解液被污染的风险[19]。

（2）电解法：按类型可分为直接电解还原法和间接电解还原法。直接电解还原法是将溶解在 H_2SO_4 溶液中的 V_2O_5 通入电解器的负极，相同浓度的 H_2SO_4 溶液通入正极，采用隔膜将正负极溶液分隔。通入电流后，电解器正极发生氧析出反应，负极发生高价钒的还原反应得到等量 V^{4+} 与 V^{3+} 的混合溶液。负极：$V_2O_5 + 2e^- + 10H^+ \longrightarrow 2VO^{2+} + 5H_2O$、$VO^{2+} + e^- + 2H^+ \longrightarrow V^{3+} + H_2O$。正极：$2H_2O - 4e^- \longrightarrow 4H^+ + O_2 \uparrow$。间接电解还原法首先利用单质 S、$C_2H_2O_4$ 等具有还原性的物质与溶解在 H_2SO_4 溶液中的 V_2O_5 发生氧化还原反应制得 VO^{2+} 溶液，其次将 VO^{2+} 溶液通入电解器的负极，通过电解还原 VO^{2+} 制备得到等量 V^{4+} 与 V^{3+} 的混合溶液[20]。上述两种方法均涉及 V^{4+} 还原为 V^{3+} 反应，其缓慢的动力学特性导致了制备钒电解液过程中的高能耗，这无疑加剧了制备钒电解液的成本，进而制约了全钒液流电池的发展。

2. 钒合金

1）钒铁合金

钒被加入钢铁中主要是通过细化基体晶粒改善钢材的韧性、屈服强度、抗磨性以及抗疲劳性等。由于钒铁合金的生产过程综合收得率高，杂质元素含量低，且合金化程度也比较高，这些明显的优势使得钒铁成为生产含钒钢材最为常用的合金添加剂。钒铁合金通过使用还原剂还原钒氧化物，得到的钒在高温下与铁互相固溶而形成[21]。该冶炼生产过程一般在电弧炉中进行，包括电硅热法和电铝热法，其中后者由于冶炼周期较短，产品中含钒品位高而得到广泛应用。

目前，国外钒在非调质钢、高碳钢、结构钢、无缝钢管、高速工具钢及高强度钢筋等产品生产中使用较多；而国内钒主要应用在工具钢、铸铁、高合金钢、碳素钢、高强度低合金钢及热轧板等产品中。常用的生产钒铁的方法主要有：碳热法、电硅热法、铝热法等。

其中碳热法生产钒铁，是以 V_2O_5 为原料用碳还原生产，其反应是吸热的，因此在整个反应过程中都需要通电补充热量。其优点是还原剂碳价格低廉，成本较低；缺点是碳热法生产的钒铁含碳量高，一般在 4%以上，大部分钢种无法使用，冶炼中生成高熔点的 VC，炉况控制较难，由于是吸热反应，所以一般只能用 V_2O_5 为原料。使用电硅热法生产钒铁的主要生产工艺过程为用有效质量分数不低于 75%的硅铁以及很少一部分的铝粒还原片钒，在冶炼炉中熔池环境一般为碱性，正常情况下经过还原然后再加入精炼料精炼之后即可生产出合格的钒铁产品[22]。目前，国内冶炼钒铁主要采用铝热法，该工艺生产钒铁非常稳定，由于客观条件限制，综合钒收得率不高，所以钒铁的销售价格一直偏高。该方法生产钒铁采用铝粒作为还原剂，在冶炼生产前，将少量混合炉料加入反应炉中，炉料主要由氧化钒和铝粒以及一定的铁粒和石灰构成，炉料装好后使用镁单质点火，或者使用电极放电点火。待点火后炉内正常反应，依次加入剩余的原料继续冶炼，炉内反应比较激烈，温度非常高，在此条件下能够将钒从氧化物中还原出来形成单质，并与液态铁相互熔融混合，生成最终产品钒铁。生产后得到的钒铁合金，可以用来制备高钒铁基耐磨涂层，将钒铁、高碳铬铁、硅铁、硼铁、锰铁、钼铁和生铁按特定比例进行混配；再利用真空气雾化设备对混配的合金粉末进行雾化处理，真空度为 0.01Pa，雾化气体压力为 3.5MPa，熔体温度为 1973K，当过热温度达到 423K 时开始雾化，得到高钒铁基耐磨合金堆焊合金粉末。

2）钒氮合金

氮化钒作为过渡族金属碳、氮化物的一种，属于一种间隙性合金，具有离子化合物和共价化合物的双重特性。氮化钒的金属特性（光泽、导电性等）由结构内的金属键决定，而共价键决定了其高熔点、高硬度和脆性等特性。由于含有两种化学键，氮化钒具有高硬度、良好的化学和热稳定性、优异的热导性、抗热冲击性和良好的导电性等特性，制备方法为高温真空制备法和高温非真空制备法。氮化钒主要作为合金添加剂应用到钢铁中，可以明显提高钢的强度和硬度。此外，在切削加工工具、电池材料和超级电容器等领域也有着广泛的应用前景。纯的氮化钒是在热的纯钒粉中通入氮气或者氨气加热到 1923K 制得的，或者在氢气和氮气的混合气氛中，在钨丝上将四氯化钒加热到 1673～1873K 生成，也可在氨气气氛中于 1273～1373K 加热钒酸铵制取。制备氮化钒一般是以钒的氧化物、钒酸盐和钒的氯化物为原料，以 C、H_2 或 NH_3 等为还原剂，在氮气或氨气气氛下经过高温进行还原氮化过程来制备氮化钒[23]。目前大规模的工业化生产氮化钒主要是在推板窑中进行的，由于其能在常压下进行，并且可以连续生产，且产量大，因此工业化生产氮化钒大量使用推板窑。推板窑生产氮化钒是将五氧化二钒、黏结剂、活性炭经过粉碎搅拌，然后压成球状置于匣体连续送入推板窑中，料球通过副窑干燥段（313K）首先进行干燥，进入主窑后通入氮气，氮气在窑中既作为保护气体又作为氮源，料球依次通过预热段（473～673K）、过渡段（673～1073K）、高温段（1073～1773K），待还原氮化反应进行完全后在氮气气氛下经冷却段（1773～373K）冷却后出炉，推板窑的整个生产周期在 38h 左右。成熟的推板窑生产氮化钒通常包括破碎系统、混料系统、压球系统、制氮系统、烧结系统和尾气系统。

氮化钒的用途如下。①切削加工工具：在机械加工不锈钢时，刀具会由于不锈钢的高硬度而磨损很快，刀具性能直接影响切削效率、加工成本等。氮化钒为面心立方晶体结构，维氏硬度约为 1510HV，熔点约为 2593K，因此具有稳定的结构、较高的耐磨性、化学稳定性、热稳定性和较低的电阻率，是刀具涂层的理想材料之一。②电池材料：氮化钒具有高熔点、高硬度、高热导性能、优秀的氧化稳定性等优点，可使其作为锂离子电池负极材料。但氮化钒的储锂机理一般认为是转化机理，在放电时，氮化钒和锂离子反应转化为金属钒和氮化锂；在充电时，金属钒和氮化锂反应，转化为氮化钒，钒和氮化钒之间的转化可逆。但是氮化钒的实际比容量较低，且在室温下氮化钒纳米颗粒电子导电性不佳。③超级电容器：具有介孔结构的氮化钒材料在电化学性能方面表现优异，这是由于氮化钒在结构上具有丰富的孔道和较大的比表面积，这种结构有利于扩充电解液与材料的接触面积，同时还可以形成快速、有效的电荷传输网络，从而提高电荷的传输能力。氮化钒电极可以通过简单的物理或化学方法合成，以获得不同形貌的电极。氮化钒的电化学性能受合成方法、晶粒尺寸、膜厚等多种因素的影响[24]。目前，用于超级电容器的氮化钒电极的电容和能量密度已大大提高，但由于循环稳定性差，氮化钒仍然无法大规模使用，导致充放电过程中电容损耗。

3）钒铝合金

钒铝合金是一种中间合金，所谓中间合金是指合金成分中有一种或两种难熔组元的过渡合金。使用中间合金的目的是将难熔组元加入需要制备的成品合金中，防止金属过热，降低金属烧损，易于配料，能获得成分均匀准确的合金，中间合金生产方法主要有熔配法、金属热还原法、电解法、燃烧合成法等。钒铝合金外观呈银灰色、金属光泽、块状，随合金中钒含量的增高，金属光泽增强，硬度增大。钒铝合金具有很高的硬度、弹性，以及耐海水、轻盈等特性，主要应用于航空航天高温合金的必备材料、磁性材料、硬质合金、超导材料及核反应堆材料等领域[25]。国外对钒铝合金的研究起步较早，生产技术也较为成熟。目前世界上采用两步法生产航空航天级钒铝合金的公司有德国 Gffi 电气冶金公司和美国 Reading 公司。国内生产钒铝合金的生产工艺还存在许多亟待解决的问题，如炉外法钒回收率低，合金质量差；两步法流程长，生产成本高；电铝热法合金碳含量高等，这就使得我国对高品质钒铝合金的对外依存度很高。

近年来，随着世界航空航天工业及军事装备工业的迅速发展，航空航天用特种合金的市场需求也相应扩大。尤其是钛合金和高温合金，在飞机发动机、航天器壳体和连接件等方面的应用十分广泛。在这些合金的生产中，要加入许多合金元素，如 V、Al、Mo、Cr、Sn、Nb、Fe、Zr、Mn、Cu 等。其中钒铝合金主要应用在 Ti-6Al-4V 和 Ti-8Al-Mo-V。钛合金特别是航空航天用钛合金，对添加的中间合金都有严格具体的要求，这就要求生产它的原料——钒铝合金成分分布均匀，各种杂质元素含量及合金中的缺陷要尽可能的少[26]。有研究以电极辅助加热手段制备钒铝合金，该方案是将 V_2O_5 颗粒作为原料，铝粒作为还原剂，加入一定量的氧化钙和钒铝合金粉料，使用电极引燃后，原料中的氧化钙和合金粉料在反应过程中可以吸收大量的热，可以吸收还原反应初期瞬间释放的大量热，进而有效地降低前期反应的剧烈程度，避免反应过程中造成合金或渣的喷溅。还原反应开始后再进行连续加料，还原反应后期再次利用电极加热，使整个还原反应进行完全，同时延长钒铝合金在液相的时间，使合金成分更加均匀，该方法目前可制备出满足航空航天标准的 AlV55 和 AlV65 合金。

3. 钒基催化剂

钒基催化剂是相对成熟和应用最广泛的商用催化剂。目前应用在以下几个方面。

1）制硫酸用 V_2O_5 催化剂

根据原料的不同，硫酸生产可分为硫磺制酸、有色金属冶炼烟气制酸、硫铁矿制酸等。不同路线的工艺过程有较大差别，然而其核心皆为 SO_2 转化。全世界 90%以上的硫酸转化装置均采用钒催化剂，即以 V_2O_5 为主催化剂、碱金属硫酸盐（K_2SO_4、Na_2SO_4、Li_2SO_4、Cs_2SO_4）为助催化剂、SiO_2 为载体的 V-K-Si 系催化剂。1951 年我国成功研制并生产出一批中温型催化剂，终止了钒催化剂只靠进口的情况。此后，通过研究人员的不懈努力，又研制出低温型柱状 S108 钒催化剂，在多段转化制硫酸装置中，一般装填在转化器第一段上部和最后一段，操作温度在 678～683K，催化剂制备采用混碾法，制备流程为将 V_2O_5 溶解在 KOH 溶液中，加入少量的钠盐，用 H_2SO_4 中和，然后与硅藻土均匀混合并混碾，接着放入挤条机中制成条形，最后干燥和焙烧[27]。随着我国硫酸工业的迅速发展，钒催化剂的生产厂家也逐年增多，且产品种类扩展到中温型 S101 系列、低温型 S107 系列、宽温型 S109 系列、KS-ZW 系列等诸多型号。

2）钒酸盐新型光催化材料

近年来，钒酸盐新型光催化材料得到广泛关注，如 $InVO_4$、Ag_3VO_4、$FeVO_4$ 和 $BiVO_4$ 等都是很好的光催化材料。金属钒盐是一种性能优良的材料，除了广泛应用于荧光激光材料领域，也可以作为电极材料。研究表明，有些钒酸盐可作为高效光催化材料应用于光催化领域，但是大部分的钒酸盐光催化材料由于其本身的吸附性能较差使其可见光催化性能并不理想[28]。因此加大研究含钒光催化材料的进度具有重大而深远的意义。有研究采用液相法在室温下制备出了单斜晶相钒酸铋材料，其吸收边可以扩展到可见光区，带隙宽为 2.3～2.4eV，证明液相法所制得的单斜晶相 $BiVO_4$ 在可见光区具有较高的光催化活性。有研究采用水热合成法合成了 $BiVO_4$ 纳米片，表明 $BiVO_4$ 纳米片在可见光下光催化活性高于块体材料的 $BiVO_4$，这是因为 $BiVO_4$ 纳米片的比表面积较大。

3）VS_2 析氢催化剂

只有少数析氧反应（oxygen evolution reaction，OER）催化剂如 IrO_2、RuO_2 等贵金属催化剂在酸性溶液中稳定，因此有很多研究致力于开发在碱性条件下起作用的双功能催化剂，其中大多数基于 Ni、Co 和 Fe。然而其他过渡金属（如 Nb、Ta 和 V）基化合物很少被探索，虽然它们也有可能电催化裂解水。钒基材料的高电化学性能和丰富的地壳含量给予金属钒的氧化物、硫化物和氮化物在光电化学检测、场发射器、超级电容器和可充电电池中显示出非常有应用前景[29]。然而它们在电催化裂解水中的应用很少被探索。有研究发现 VS_2 在酸性介质中实际上是一种高活性的析氢反应催化剂，VS_2 合成需要精准控制变量，经常受到 V 和 S 多价态、V 的亲氧特性的影响导致 VS_2 中各种非化学计量相的存在，从而导致 VS_2 不纯。目前 VS_2 结构合成的主要方法是化学气相沉积法、水热法和溶剂热法。

4）VCl_3 储氢协同剂

氢能是连接可再生能源和终端用户的最佳能源载体之一，高效、有效的储氢方法是发展氢能经济的主要要求。以金属氢化物和复合氢化物的形式储氢拥有较好的市场前景。在众多储氢材料中，MgH_2 因其储量大、储氢量高（7.6%）、成本低等优点被认为是最理想的储氢材料之一[30]。针对 Mg 的氢化脱氢许多催化剂已经被研究，并从中发现了适合改善缓慢的氢化脱氢动力学 Mg-MgH_2 体系。有研究发现 VCl_3 可以作为 MgH_2 脱氢反应的催化剂。

与纯 MgH_2 相比，VCl_3 催化 MgH_2 的脱氢活化能垒显著降低，采用 1g 优化后的 MgH_2，5%VCl_3 制备样品，将样品在硬化不锈钢锅中球磨 2h，将原料混合后在 523K 真空条件下反应 12h 制得，VCl_3 在球磨过程中与 MgH_2 一起被还原成金属钒，原位形成的金属钒掺杂在 MgH_2 表面，对 Mg-MgH_2 体系的氢化脱氢表现出优异的催化效果。催化表面降低了氢化脱氢反应的活化能和相应的起始氢化脱氢温度，显微组织分析也表明 VCl_3 具有优异的晶粒细化性能，降低了 MgH_2 的晶粒尺寸。

5）$VOSO_4$ 药物催化剂

随着全球抑郁人数增多，对于高效低毒的抗抑郁药物需求越来越大。现有微生物细胞或酶催化潜手性酮还原法制备托莫西汀手性中间体主要存在反应时间长、转化率低、不能耐受高浓度底物、成本高等问题[31]。有研究利用脂肪酶 B（candida antarctica lipase B，CALB）和硫酸氧钒催化外消旋苯乙醇构建连续动态动力学拆分体系（dynamic kinetic resolution，DKR），以葵酸乙烯酯为酰基供体时可得到转化率 82%、纯度为 90%的产物（R）-苯基乙基葵酸酯；以乙酸乙烯酯为酰基供体时，可获得转化率为 92%，纯度为 99%，时空产率为 0.96g/h 的对映体产物。有研究以硫酸氧钒作为消旋化催化剂，构建脂肪酶/硫酸氧钒动态动力学拆分体系制备抗抑郁药物托莫西汀手性中间体（R）-3-氯苯丙醇，研究反应时间、酶用量、脂肪酶/硫酸氧钒质量比、溶剂性质、酰基供体类型、内外扩散等因素对 DKR 中底物转化率以及产物对映体过量值的影响，为生产抗抑郁药物提供有力支持。

3.2　高纯三氯氧钒氨解制备五氧化二钒

3.2.1　三氯氧钒氨解工艺过程影响因素

基于氯化反应在最佳工艺条件下制备得到高纯度 $VOCl_3$，对其进行氨解煅烧，进而制备高纯度 V_2O_5 最终产品。在前期氯化反应制备 $VOCl_3$ 的研究中，发现 $VOCl_3$ 液体性质极为活泼，当 $VOCl_3$ 液体暴露于空气中时，可以看到有明显的红色烟雾生成，这是因为 $VOCl_3$ 液体在空气中极易被水解成复杂的钒氧氯化物以及氯化氢蒸气。考虑到钒的损失以及试验的可操作性，在氨解试验前，先将 $VOCl_3$ 溶液水解得到钒浓度为 32g/L 的富钒液，之后滴加氨水沉钒，进一步高温煅烧沉钒产物，制备出 V_2O_5 产品。

1. 加氨系数对钒沉淀的影响

由 $VOCl_3$ 溶液水解得到的钒浓度为 32g/L 的富钒液，在沉钒温度为 293K，沉钒时间为 30min 条件下，研究了不同加氨系数对富钒液中钒沉淀的影响，如图 3-1 所示。随着加氨系数（NH_3 与 V 的摩尔比）增加，钒沉淀率在加氨系数为 1.34 时达到最大值为 96.54%，之后钒沉淀率下降。

2. 温度对钒沉淀的影响

由 $VOCl_3$ 溶液水解得到的钒浓度为 32g/L 的富钒液，在加氨系数为 1.34，沉钒时间为 30min 条件下，研究了不同温度对富钒液中钒沉淀的影响，如图 3-2 所示。表明了随着沉钒温度的增加，钒沉淀率在温度为 323K 时达到最大值，为 98.01%，之后钒沉淀率下降。

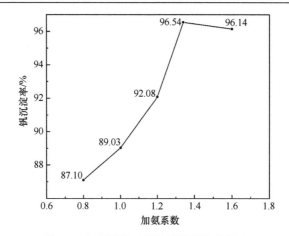

图 3-1　加氨系数对富钒液钒沉淀的影响

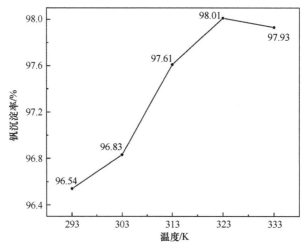

图 3-2　温度对富钒液钒沉淀的影响

3. 时间对钒沉淀的影响

　　由 $VOCl_3$ 溶液水解得到的钒浓度为 32g/L 的富钒液, 在加氨系数为 1.34, 沉钒温度为 323K 条件下, 研究了不同沉钒时间对富钒液中钒沉淀的影响, 如图 3-3 所示。随着沉钒时间的增加, 钒沉淀率在沉钒时间为 120min 时达到最大值为 99.28%, 之后钒沉淀率下降。

3.2.2　高纯五氧化二钒产品表征与分析

　　在 823K 煅烧温度下, 对氨解沉钒试验最佳条件下的钒沉淀煅烧 3h 制备出橙黄色粉末产品, 对其进行 XRD 分析如图 3-4 所示。

　　橙黄色粉末产品的 XRD 衍射峰与 V_2O_5 XRD 标准特征峰相对应, 没有发现其他的杂峰, 这表明制得的橙黄色粉末产品主要成分是 V_2O_5。使用 SEM 对其进行图像采集分析, V_2O_5 在图中呈现为细小块状物堆积成带有空隙的不规则块状物质, 如图 3-5 所示。

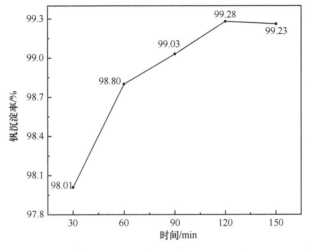

图 3-3　时间对富钒液钒沉淀的影响

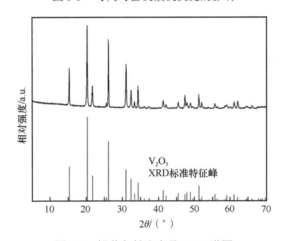

图 3-4　橙黄色粉末产品 XRD 谱图

图 3-5　V_2O_5 产品的 SEM 图

采用 ICP-AES 对制得的 V_2O_5 产品中的钒以及杂质元素的质量分数进行定量分析,见表

3-1。经分析计算所制得的 V_2O_5 产品纯度为 99.86%，符合《五氧化二钒》（YB/T 5304—2011）规定的 99 级 V_2O_5 标准。

表 3-1　V_2O_5 产品和 99 级 V_2O_5 标准质量分数（%）

成分	V_2O_5	Si	Fe	P	S	As	$Na_2O + K_2O$
标准	>99	<0.15	<0.20	<0.03	<0.01	<0.01	<1.0
产品	99.86	0.0005	0.0384	0.0004	0.0087	0.0005	0.0315

图 3-6 为 V_2O_5 产品的 SEM-EDS 表征，表明 V_2O_5 产品中的 V 和 O 具有良好的面扫相关性，Na 和 Mg 的相关性较差。所制得的 V_2O_5 产品与杂质元素 Na 和 Mg 有一定的相关性，这与酸浸液沉钒产物中 Na 和 Mg 含量较高有关。

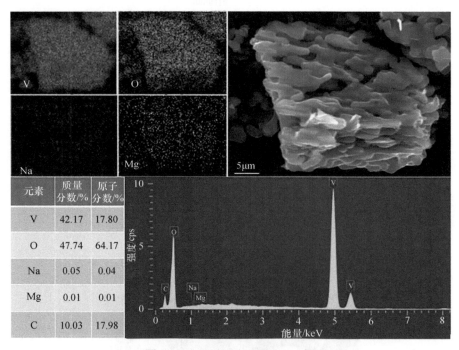

图 3-6　V_2O_5 产品的 SEM-EDS 图

通过氯化冶金方法，对钒页岩酸浸液沉钒产物氯化焙烧，钒与杂质被一步分离，得到高纯度中间产物 $VOCl_3$，对其进行沉钒煅烧，制备出高纯度 V_2O_5 产品，实现了利用氯化法从钒页岩低温短流程制备 V_2O_5。将该工艺流程与传统湿法冶金制备 V_2O_5 的工艺路线进行比较，如图 3-7 所示。

与传统的 V_2O_5 制备工艺相比，避免了酸浸液的中和除杂、中和液的还原、萃原液的溶剂萃取以及负载有机相的反萃步骤。采用氯化冶金方法，将氯化剂与酸浸液沉钒产物混合，在 443K 低温下氯化焙烧 120min，可以得到纯度 99.9% 以上的 $VOCl_3$ 产品，钒与杂质一步分离，缩短了整体工艺流程，进一步制备出了高纯度 V_2O_5 产品。

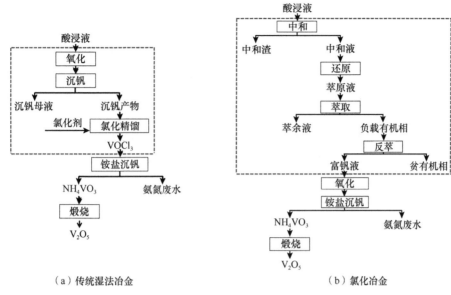

（a）传统湿法冶金　　　　　　　　　（b）氯化冶金

图 3-7　氯化冶金和传统湿法冶金制备 V_2O_5 的工艺路线比较

3.2.3　三氯氧钒氨解工艺过程模拟仿真

1. 计算参数选择及模型优化

1）计算参数的选择

结构优化计算采用 Castep 中 Geometry Optimization 模块，交换关联泛函采用 GGA 下的 PW91 梯度修正近似，体系中原子核与内层电子相互作用选用超软赝势，截断能设置为 351eV，采用 Monkhorst-Pack 方案在布里渊区域对系统总能量和电荷密度进行积分计算。K-points 网格设置为 $1\times1\times1$。能量的收敛精度为每原子 $2.0\times10^{-5}\mathrm{eV}$，采用 BFGS 算法对模型进行结构优化，原子间相互作用力的收敛标准设为每原子 $0.0005\mathrm{eV}$，晶体内应力的收敛标准设为 0.1GPa，原子最大位移收敛标准设为 $0.002\times10^{-10}\mathrm{m}$。

分子动力学计算采用 Forcite 中的 Dynamic 模块，为避免边界效应，x、y、z 方向采用周期性边界条件。在模拟中，力场参数是依靠元素、元素的杂化及化合性计算的。Universal 力场已发展到与电荷平衡计算法相结合，目前用 Universal 力场进行的计算极力主张运用静电电荷计算，选择 NVT 系综，并采用 Andersen 温度控制方式，时间步长设定为 1.0fs，总模拟时间为 100ns，分别在 0ns、30ns、50ns、100ns 时收集 AIMD 模拟数据，用于后续分析。V、O、Cl、N、H 的赝势文件为 +5、−2、−1、+5、+1 价的 PAW 赝势，其他相关参数与结构优化计算参数保持一致。此外，使用 Atom-based 方法计算范德瓦尔斯力，并在计算静电相互作用时采用 Ewald 方法。考虑到温度过高时溶剂会蒸发，故选取最高温度为 330K。

电子结构计算采用 Dmol3 中的 Energy 模块，计算分子轨道电子密度和进行静电分析，应用 GGA 方法处理电子间的交换关联作用，其具体形式为 PW91 格式。基函数采用极化泛函的 DND。自洽场的电荷密度收敛标准为 $1.0\times10^{-5}\mathrm{eV}$，在迭代运算过程中采用 Pulay 形式的密度混合法，Pulay 值为 6，混合电荷密度为 $0.2\mathrm{C/m^3}$，混合自旋密度为 $0.5\mathrm{kg/m^3}$。

2）模型的构建与优化

使用 Materials Studio 软件中的 Sketch 模块建立溶剂分子模型，并对其进行优化，然后使用 Amorphous Cell 模块创建 $NH_3 \cdot H_2O$ 与 $VOCl_3$ 相匹配的溶剂模型，在 Build Layers 模块中将 $NH_3 \cdot H_2O$ 和 $VOCl_3$ 溶剂模型合并，构建尺寸为 $25Å \times 18Å \times 30Å$ 的界面模型，其中上层为 $VOCl_3$ 溶剂层，下层为 $NH_3 \cdot H_2O$ 溶剂层，所构建的界面模型如图 3-8 所示。在该双层模型中，为了评估界面与分子间的相互作用和电荷转移情况，对于界面，在模型的 z 轴方向上添加 $15Å$ 真空层，以消除周期边界条件计算中的相互作用，来分隔晶面层和溶剂层，降低其能量，从而使晶体表面的上下两层之间不产生相互影响，以获得更准确的模拟结果。

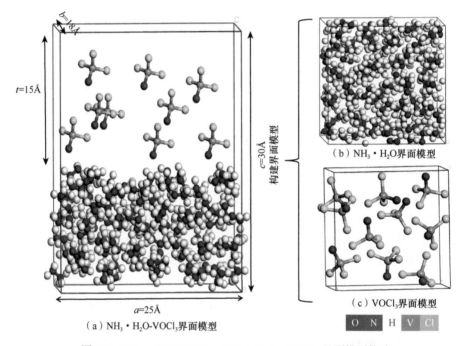

图 3-8　$NH_3 \cdot H_2O$-$VOCl_3$、$NH_3 \cdot H_2O$、$VOCl_3$ 界面模型构建

利用 Materials Studio 中的 Build 构建的结构并不是最优构型，需要采用 Castep 模块 Calculation 中的 Geometry Optimization 功能进行几何优化，通过能量最小化得到最优构型，其次对优化结构进行分子动力学模拟，优化完成后三维结构模型的能量变化如图 3-9 所示，后期能量处于一个定值，变化幅度很小，说明此时的模型为稳定构型，可进行分析讨论，$NH_3 \cdot H_2O$ 分子的结构优化如图 3-9（a）所示，$NH_3 \cdot H_2O$ 迭代 50 次时，体系中的能量趋于稳定，为 3.68eV；$VOCl_3$ 分子的结构优化如图 3-9（b）所示，$VOCl_3$ 迭代到 14 次时，体系中的能量趋于稳定，为–0.11eV；$NH_3 \cdot H_2O$-$VOCl_3$ 分子的结构优化如图 3-9（c）所示，$NH_3 \cdot H_2O$-$VOCl_3$ 迭代到 500 次时，体系中的能量趋于稳定，为–70eV，结构能量稳定受力均小于 0.05eV/Å。

3）电子结构分析

根据前线分子轨道理论，HOMO 代表分子提供电子的能力，而 LUMO 可以表示分子接受电子的能力。化学反应过程中，两个分子之间的相互作用仅发生在前线轨道。因此，

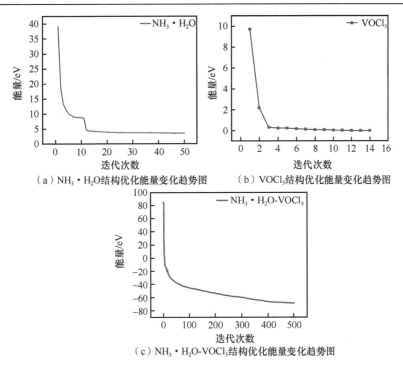

（a）NH₃·H₂O结构优化能量变化趋势图　　（b）VOCl₃结构优化能量变化趋势图

（c）NH₃·H₂O-VOCl₃结构优化能量变化趋势图

图3-9　NH₃·H₂O、VOCl₃、NH₃·H₂O-VOCl₃分子结构模型的能量变化趋势图

分子的活性更多体现在分子的前线轨道中，HOMO 与 LUMO 的轨道分布及能量值体现了分子的整体反应活性。图 3-10（a）、（c）显示了 VOCl₃ 的 HOMO 与 LUMO 等值面图。可以看出，VOCl₃ 的 HOMO 与 LUMO 轨道分布在整个分子结构上，表明分子整体具有较大的反应活性。图 3-10（b）、（d）显示了 NH₃·H₂O 的 HOMO 与 LUMO 轨道主要离域在以 N 元素为核心的原子团上，说明 VOCl₃ 与 NH₃·H₂O 的反应主要依靠以 N 原子为核心的原子团。

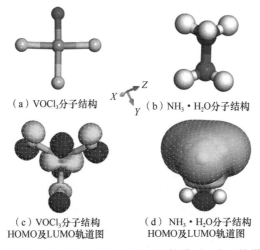

（a）VOCl₃分子结构　　　　　　（b）NH₃·H₂O分子结构

（c）VOCl₃分子结构　　　　　　（d）NH₃·H₂O分子结构
HOMO及LUMO轨道图　　　　　HOMO及LUMO轨道图

图3-10　VOCl₃、NH₃·H₂O 分子结构模型及电子轨道图

2. 三氯氧钒氨解工艺过程相互作用机理

1）三氯氧钒氨解工艺模拟过程中能量与温度变化

在模型优化过程中，采用 NVT 系综体系进行分子动力学平衡，体系中平衡状态的判断依据为：能量和温度变化范围。对经过 600 次分子动力学计算后的层结构模型进行分析，$NH_3 \cdot H_2O$-$VOCl_3$ 层结构模型的能量和温度随着迭代次数的增加变化情况如图 3-11 所示。其能量和温度在三氯氧钒氨解过程中分子动力学计算初始浮动较大，后期能量处于一个定值[图 3-11（a）]，温度在 333K（标准温度）附近波动，变化幅度很小[图 3-11（b）]，当 $NH_3 \cdot H_2O$-$VOCl_3$ 层结构模型的能量和温度在模拟开始迭代次数高于 400 次的波动情况趋于规律且逐渐减弱，说明体系达到了热力学平衡，此后体系的能量和温度围绕平衡值发生不超过 5%的微小波动，这是由于体系平衡后分子存在热运动，需不断调整其动能、势能及瞬间温度，使其标准偏差和统计平均值满足热力学温度的控制要求。根据平衡判据认为形成相对平稳的曲线即达到了稳定状态，证明设定的模拟参数完成模拟过程存在合理性。对体系进行分子动力学模拟后得到稳定结构，即可进行原子间相互作用计算，揭示分子与原子之间相互作用机理。

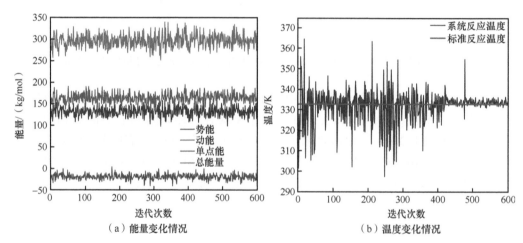

（a）能量变化情况　　　　　　　　　　　（b）温度变化情况

图 3-11　迭代 600 次过程中 $NH_3 \cdot H_2O$-$VOCl_3$ 的能量与温度变化情况

2）三氯氧钒氨解工艺过程模拟

能量与结构体系迭代优化结果收敛后，对 $NH_3 \cdot H_2O$-$VOCl_3$ 在 NVT 系综下进行分子动力学模拟。模拟时温度选择 323K，图 3-12（a）为结构优化得到的 $NH_3 \cdot H_2O$、$VOCl_3$ 稳定的结构，30ns 内 $NH_3 \cdot H_2O$、$VOCl_3$ 周期中旋转和拉伸。$NH_3 \cdot H_2O$ 分子 N—O 键表现出修饰的键长从 1.362Å 到 1.381Å，$VOCl_3$ 分子 V—Cl 键表现出修饰的键长从 2.201Å 到 2.376Å，伴随着键序修饰，容易受到周围物种的影响。$NH_3 \cdot H_2O$、$VOCl_3$ 结构被拉长，化学键发生断裂，这导致 $NH_3 \cdot H_2O$、$VOCl_3$ 模型中会在设定真空区域断裂原子发生相互作用[图 3-12（b）]。随着反应时间的增加，50ns 模拟过程中会出现键的断裂[图 3-12（c）]，并能观察到其中 NH_4^+、O^{2-} 聚集在 V^{5+} 周围的现象，当模拟时间为 100ns 时，结构模型反应的总能量趋于稳定，原子间的键合反应已经完成，各原子间所形成的化学键达到较为稳定的状态，同时整个结构也处于稳定状态。反应会出现原子的键合，形成新的物质 NH_4VO_3。

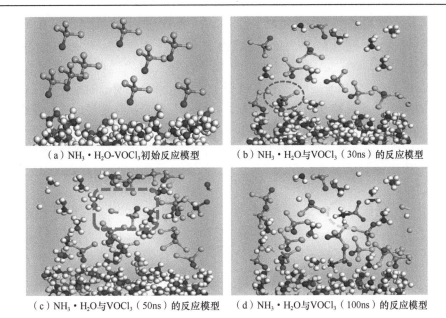

（a）NH$_3$·H$_2$O-VOCl$_3$ 初始反应模型　　　（b）NH$_3$·H$_2$O 与 VOCl$_3$（30ns）的反应模型

（c）NH$_3$·H$_2$O 与 VOCl$_3$（50ns）的反应模型　　　（d）NH$_3$·H$_2$O 与 VOCl$_3$（100ns）的反应模型

图 3-12　分子动力学模拟氨解沉钒过程

3）径向分布函数分析

采用 Forcite 模块 Analysis-Radial distribution function 可得到 RDF 曲线,整理读取 RDF 曲线数据,绘制了各原子间成键的 RDF 如图 3-13 所示,其中 H、N、O 是 NH$_3$·H$_2$O 中原子,V 是 VOCl$_3$ 中原子,可以看出—O、V—H、V—O 键之间 RDF 峰值出现的位置极其相近,大约在 2Å,且 V^{5+} 与 O^{2-} 的 RDF 峰值为 16,说明 V^{5+} 与 O^{2-} 成键概率最大,相互作用最强。其次是 V^{5+} 与 H$^+$ 的 RDF 峰值为 1.9,V^{5+} 与 NH$_3$·H$_2$O 中 NH$_4^+$ 成键概率也较大,会发生相互作用。综合上述分子模拟过程中 V—O—N 成键概率较大,符合分子动力学模拟过程中 NH$_4$VO$_3$ 新物质结构的形成。

4）态密度分析

主要分析 NH$_3$·H$_2$O 与 VOCl$_3$ 相互作用的相邻原子的 PDOS 图,图 3-14 展示了在相互作用时 V 原子与 NH$_3$·H$_2$O 中 N 原子轨道峰重叠的位置。与反应前相比,其态密度发生了一定变化,表明在反应过程中,NH$_3$·H$_2$O-VOCl$_3$ 发生了相互作用。反应后体系原子各个轨道能级向低能级方向产生了移动,此外,反应后体系轨道在−25～−20eV 和−15～5eV 处明显展宽,并且伴随着态密度峰值不同程度地降低,表明作用发生后体系能量降低,其原因在于 NH$_3$·H$_2$O-VOCl$_3$ 相互反应使得结构更为稳定。通过 PDOS 图发现以上反应模型态密度在−25～5eV 之间有原子轨道重叠,说明两两原子在这些位置有相互作用的可能性。从态密度图上[图 3-14（a）]可以看出,在−25～−20eV 价带,晶胞结构优化结果 PDOS 图是由 N 原子的 2s,O 原子的 2p 轨道贡献;−15～−10eV 价带主要由 N 原子的 2p 和 O 原子的 2s 轨道组成,仅有少部分 N 原子的 2s 轨道贡献;−5～5eV 价带主要来自 O 原子的 2s 轨道和 N 原子的 2p 轨道;价带顶即费米能级以下的态密度,主要由 O 原子的 2s 轨道、N 原子的 2p 轨道贡献。为了更深入地研究 NH$_3$·H$_2$O 与 VOCl$_3$ 的相互作用机理,分析 NH$_3$·H$_2$O 中 N、O 原子和 VOCl$_3$ 的 V 原子之间轨道分布特征。从态密度图上[图 3-14（b）]

可以看出，在–25eV 附近出现新的能带，说明 $NH_3 \cdot H_2O$ 与 $VOCl_3$ 存在相互作用。在–25～
–20eV 价带，晶胞结构优化结果 PDOS 图是由 N 原子的 2s 轨道、O 原子的 2p 轨道、Cl
原子的 3s 轨道贡献，–5～5eV 价带主要由 V 原子的 3p、3d 轨道和 N 原子的 2p 轨道及 O
原子的 2s 轨道组成，V 原子、N 原子及 O 原子部分轨道存在明显的重叠即三者之间存在
相互作用，存在电子的转移和交换原子间轨道重合，且重合部分更靠近费米能级，结合形
成 NH_4VO_3 结构。态密度分析可以获得材料中电子结构分布性质，费米能级附近的电子反
应活性最强，因此，通过分析费米能级附近的电子态密度组成，可以知道原子的反应活性。

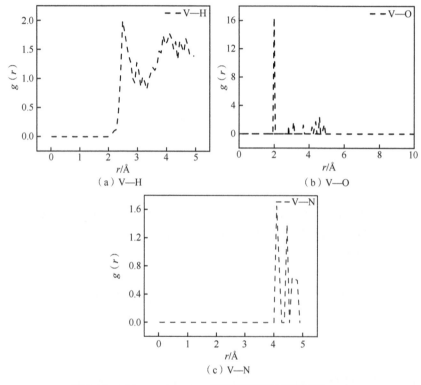

图 3-13　$NH_3 \cdot H_2O\text{-}VOCl_3$ 反应模型不同原子间的 RDF

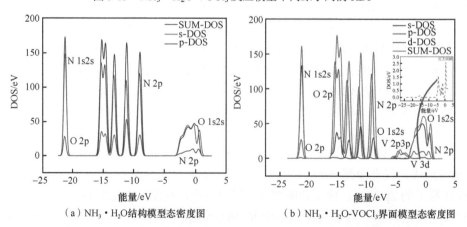

图 3-14　$NH_3 \cdot H_2O$ 结构模型和 $NH_3 \cdot H_2O\text{-}VOCl_3$ 界面模型态密度图

3.3　高纯三氯氧钒无氨制备五氧化二钒

三氯氧钒的后续氨解沉钒与传统处理富钒液的方法类似，会产生大量的氨氮废水，环境污染严重。采用三聚氰胺作为沉钒剂，研究不同反应温度、反应时间、三聚氰胺添加量、pH 对沉钒率的影响，并借助 XRD、SEM、X 射线光电子能谱法（X-ray photoelectron spectroscopy，XPS）、热重–质谱联用技术（the combination of thermogravimetry and mass spectorum，TG-MS）、电感耦合等离子体发射光谱（inductively coupled plasma optical emission spectrometry，ICP-OES）等手段对三聚氰胺沉钒机理、沉钒产物的焙烧过程、制得五氧化二钒产品的纯度进行研究。将一定量制得的三氯氧钒溶解在稀盐酸中得到高浓度的钒溶液，量取一定量的钒溶液于烧杯中，用稀盐酸调节溶液 pH，并将烧杯置于恒温水浴锅中，待温度上升到反应设定温度后，向烧杯中添加三聚氰胺粉末，搅拌反应，反应结束后真空过滤，干燥得到沉钒产物。沉钒产物在马弗炉中高温焙烧制得高纯五氧化二钒产品。工艺流程如图 3-15 所示。

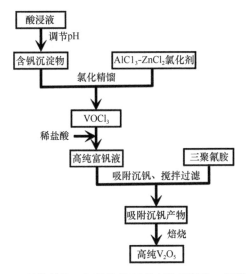

图 3-15　氯化精馏—沉钒焙烧制备高纯五氧化二钒流程图

3.3.1　三聚氰胺沉钒工艺过程影响因素

1. 三聚氰胺添加量对沉钒率和五氧化二钒纯度的影响

三聚氰胺作为反应吸附沉钒剂，其用量对吸附反应的效果有很大的影响，因此研究三聚氰胺添加量对沉钒效果的影响。在钒溶液初始浓度 35g/L，反应温度 363K，反应时间 60min，溶液初始 pH=0 条件下，三聚氰胺与钒的物质量之比分别为 0.2、0.4、0.6、0.8、1 时沉钒率和 V_2O_5 纯度的变化，如图 3-16 所示。

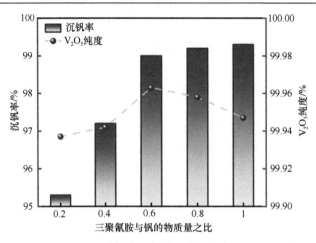

图 3-16　不同三聚氰胺添加量下的沉钒率和 V_2O_5 纯度

从图 3-16 中可知，随着三聚氰胺添加量不断增加，沉钒率不断上升，当添加的三聚氰胺与钒的物质量之比为 0.2 时，沉钒率可达 95.3%，用量增加到物质量之比为 1 时，沉钒率也提高至 99.3%，说明当三聚氰胺添加量足够多时，溶液中的钒可以全部被吸附。但当三聚氰胺添加量过多时，过量的三聚氰胺也会对溶液中的少量杂质离子产生吸附，从而导致 V_2O_5 产品纯度有所下降。

2. 反应时间对沉钒率和五氧化二钒纯度的影响

在化学反应过程中，反应时间对于最终的反应效果有着重要的影响。在钒溶液初始浓度 35g/L，反应温度 363K，三聚氰胺与钒的物质量之比为 1，溶液初始 pH=0 条件下，反应时间分别为 10min、20min、30min、40min、50min、60min 时沉钒率和 V_2O_5 纯度的变化，如图 3-17 所示。

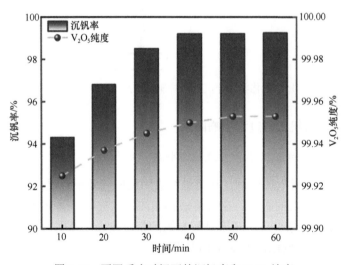

图 3-17　不同反应时间下的沉钒率和 V_2O_5 纯度

从图 3-17 中可知，三聚氰胺对钒具有较好的沉吸附效果，反应 10min 后沉钒率可达到 94.3%，随着反应时间不断增加，反应更加充分，沉钒率可提高到约 99.2%，继续增加反应时间，沉钒率和 V_2O_5 纯度基本不再发生变化，说明三聚氰胺的吸附能力已经达到饱和。

3. 反应温度对沉钒率和五氧化二钒纯度的影响

在反应过程中，反应温度会影响反应速率，进而影响反应效果，选择合适的反应温度尤为重要。在钒溶液初始浓度 35g/L，反应时间 60min，三聚氰胺与钒的物质量之比为 1，溶液初始 pH=0 条件下，反应温度分别为 293K、308K、323K、348K、363K 时沉钒率和 V_2O_5 纯度的变化结果如图 3-18 所示。

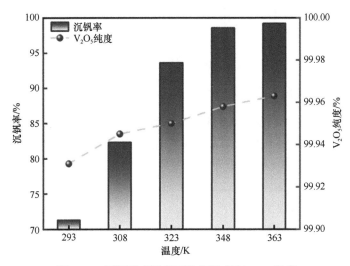

图 3-18　不同反应温度下的沉钒率和 V_2O_5 纯度

从图 3-18 可知，反应温度对沉钒率和 V_2O_5 纯度影响较大，随着温度不断升高，在 323K 以上时，沉钒率可维持在 96.5%，在 363K 时，沉钒率可达 99.2%。较高的温度可以缩短反应时间，但相应地也会增加成本。

4. 溶液 pH 对沉钒率和五氧化二钒纯度的影响

溶液 pH 对于溶液中钒离子的存在形式有着很大的影响。由于钒溶液是由稀盐酸溶解三氯氧钒而成，且三氯氧钒水解也会产生盐酸，故钒溶液 pH<0.5，此时溶液中钒离子主要以 VO^{2+} 形式存在。本节研究低 pH 下 pH 对沉钒效果的影响。在钒溶液初始浓度 35g/L，反应温度 363K，反应时间 60min，三聚氰胺与钒的物质量之比为 1 条件下，添加稀盐酸调节 pH 分别为 0.5、0、-0.5、-1、-1.5 时沉钒率和 V_2O_5 纯度的变化，如图 3-19 所示。

从图 3-19 可知，三聚氰胺对 VO^{2+} 有着较好的吸附效果，在 pH=-0.5~0.5 范围内沉钒率可以维持在 99%，当 pH 过低时，沉钒率有所下降，推测可能是较低 pH 下三聚氰胺的部分结构发生了破坏，导致吸附能力下降。

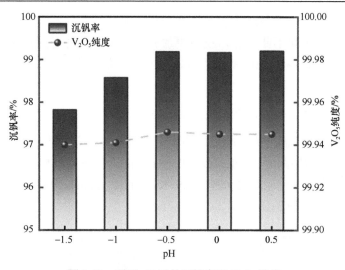

图 3-19　不同 pH 下的沉钒率和 V_2O_5 纯度

3.3.2　三聚氰胺以及沉钒产物表征分析

三聚氰胺是一种三嗪类含氮杂环有机物，微溶于水，其结构式如图 3-20 所示。三聚氰胺分子中含有三个自由的氨基和三个带有孤对电子的氮原子，对重金属离子具有吸附能力。现已有研究表明，三聚氰胺对铬离子、银离子、汞离子、锌离子、铅离子等金属离子都具有良好的吸附性能。

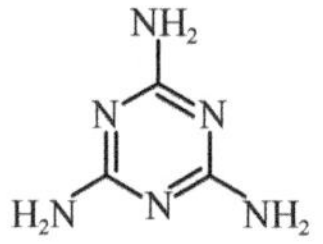

图 3-20　三聚氰胺结构式

三聚氰胺和吸附沉淀的红外光谱如图 3-21 所示。三聚氰胺在 $3468cm^{-1}$ 和 $3416cm^{-1}$ 处的特征峰为 N—H 的伸缩振动，$1652cm^{-1}$ 处为 N—H 弯曲振动，$1547cm^{-1}$ 处为三嗪环上 C=N 的伸缩振动，$1018cm^{-1}$ 处为 C—N 的伸缩振动，$813cm^{-1}$ 处为三嗪环的变形振动。吸附沉淀吸收峰与三聚氰胺吸收峰相比，主体吸收峰基本未发生改变，$3468cm^{-1}$ 和 $3416cm^{-1}$ 处的 N—H 的伸缩振动峰消失，三嗪环上 C=N 的伸缩振动峰和变形振动峰发生一定的偏移，且增加了 $960cm^{-1}$ 处的 V=O 特征峰，推测钒离子在三聚氰胺的氨基和三嗪环上发生吸附。

三聚氰胺和吸附沉淀的 XPS 谱图如图 3-22 所示。与三聚氰胺相比，吸附沉淀全谱图显示出四个明显的特征峰，分别是 C 1s 峰（286.9eV）、N 1s 峰（400.1eV）、V 2p 峰（517.2eV）和 O 1s 峰（529.8eV），表明钒离子已经成功与三聚氰胺结合。吸附沉淀的 C 1s 谱中的 C=N 峰（288.1eV）和 C—N 峰（286.3eV）与三聚氰胺 C 1s 谱上的同类型峰相比有明显降低；吸附沉淀的 N 1s 谱上的酰胺峰（400.5eV）和—C=N—峰（399eV）与三聚氰胺 N 1s 谱上的同类型峰相比也有明显降低；推测钒离子在三聚氰胺的氨基和三嗪环上发生吸附。吸附沉淀的 V 2p 谱上只有 V（V）$2p^3$（517.2eV）和 V（V）$2p^1$（524.7ev）的峰，O 1s 谱中存在 V（V）—O（529.86eV）的峰，推测吸附沉淀中的 V 是以 VO_2^+ 的结构与三聚氰胺结合。

3.3.3 焙烧得高纯五氧化二钒过程分析

三聚氰胺吸附沉钒产物的 TG-MS 曲线如图 3-23 所示。分析热重曲线，热失重可以分为以下两个部分，第一阶段为 313～493K，失重率为 2.2%，主要是由于吸附沉钒产物中吸附水和结合水蒸发所致；第二阶段为 493～753K，失重率为 49.9%，在此阶段，三聚氰胺主体结构受热分解，吸附的钒离子转变为五氧化二钒。对加热后生成的气体进行质谱分析，收集到的质谱碎片只有 H_2O 和 CO_2，无 NH_3 等含氮污染性气体。

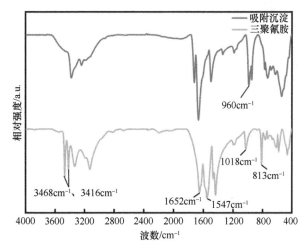

图 3-21 三聚氰胺和吸附沉淀的红外光谱

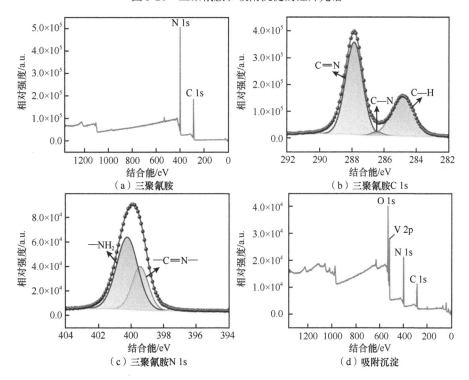

（a）三聚氰胺

（b）三聚氰胺C 1s

（c）三聚氰胺N 1s

（d）吸附沉淀

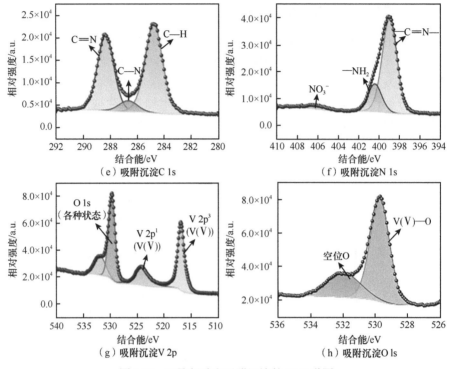

图 3-22 三聚氰胺和吸附沉淀的 XPS 谱图

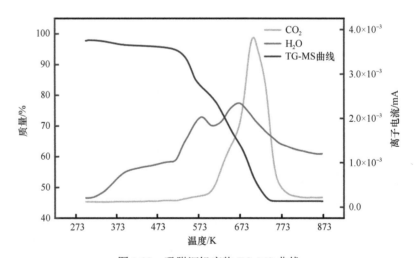

图 3-23 吸附沉钒产物 TG-MS 曲线

因此，在沉钒温度 363K，沉钒时间 40min，三聚氰胺与钒的物质量之比为 0.8，pH=−0.5～0.5 的钒溶液体系下，可实现沉钒率＞99%，且产生的废水中不含氨氮；马弗炉 773K 下焙烧 2h，制得五氧化二钒产品纯度＞99.9%。

对于在确定的较适宜的工艺参数条件下制得的五氧化二钒产品，分别采用 ICP-OES、XRD、SEM-EDS 进行分析。由图 3-24 可知，五氧化二钒产品 XRD 特征峰与五氧化二钒标准特征峰相对应，且并未出现其他杂质峰，结果表明产品的主要成分为 V_2O_5。制得的五氧化二钒产品为橙黄色粉末状固体，由图 3-25 可知，制得的五氧化二钒产品分散性较好且具有良好的粉度；能谱分析只能扫描出 V 和 O 两种元素且具有良好的面扫相关性，说明其主要成分为 V_2O_5。

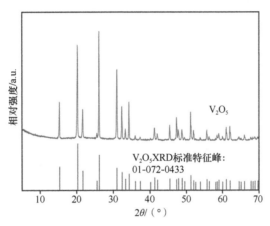

图 3-24　五氧化二钒产品的 XRD 谱图

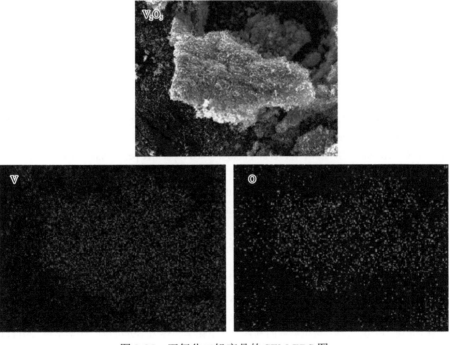

图 3-25　五氧化二钒产品的 SEM-EDS 图

由表 3-2 可知，产品中主要杂质为 Na、Cr、Mg、Al，质量分数分别仅为 0.031%、0.028%、0.005%、0.005%，其他杂质均在仪器的检出限以下。

表 3-2 五氧化二钒产物的化学元素组成

元素	V	Fe	Mg	Al	Na
质量分数/%	99.922	<0.001	0.005	0.005	0.031

元素	Cr	P	Ni	K
质量分数/%	0.028	<0.001	<0.001	<0.001

参 考 文 献

[1] 张一敏. 钒页岩分离化学冶金[M]. 北京：科学出版社，2019.

[2] 邹建新，李亮. 钒钛产品生产工艺与设备[M]. 北京：化学工业出版社，2014.

[3] Choi C，Kim S，Kim R，et al. A review of vanadium electrolytes for vanadium redox flow batteries[J]. Renewable and Sustainable Energy Reviews，2017，69：263-274.

[4] 林彬荫，胡龙. 钒产业技术及应用[M]. 北京：冶金工业出版社，2021.

[5] 吕炜，赵阳，张冠英，等. 三氯氧钒催化剂配制工艺优化[J]. 弹性体，2013，23（3）：63-65.

[6] 齐济作. 钒氧化物功能材料[M]. 北京：化学工业出版社，2022.

[7] 朱军，朱明明，赵奇，等. 高纯五氧化二钒制备及应用[J]. 中国有色冶金，2016，45（3）：47-50.

[8] 陈泽华，陈兴颖，黄山秀竹. 钒电池的应用与研究[M]. 长春：吉林大学出版社，2016.

[9] 吴宇平，戴晓兵，马军旗. 锂离子电池-应用与实践[M]. 北京：化学工业出版社，2004.

[10] 张红梅，王京亮，王庆杰，等. V_2O_5掺杂对锂氟化碳电池性能的影响[J]. 电源技术，2023，47（11）：1445-1448.

[11] Chen Y，Lian P，Feng J，et al. Tailoring defective vanadium pentoxide/reduced graphene oxide electrodes for all-vanadium-oxide asymmetric supercapacitors[J]. Chemical Engineering Journal，2022，429：132274.

[12] 李鑫悦，张晓民，郎笑石，等. 锂离子电池用 V_2O_5 正极材料研究进展[J]. 渤海大学学报（自然科学版），2022，43（1）：18-26.

[13] Alam M M，Asiri A M，Rahman M M. Fabrication of phenylhydrazine sensor with V_2O_5 doped ZnO nanocomposites[J]. Materials Chemistry and Physics，2020，243：122658.

[14] Prakash H C，Kumar M S，Lin T W，et al. Photo-assisted capacitive performance of V_2O_5 supercapacitor[J]. Electrochimica Acta，2023，469：143229.

[15] Qu X，Sun W J，Wang M H，et al. Microstructures and electrical properties of $ZnO-V_2O_5-MnO_2$ varistors with low-temperature sintering[J]. Journal of Materials Science：Materials in Electronics，2016，28（2）：1909-1913.

[16] 赵瑞瑞，杨明庆，牛春晖，等. 二氧化钒薄膜的制备及光电性能研究进展[J]. 中国材料进展，2023，42（4）：353-360.

[17] 杨绍利. 钒钛材料[M]. 北京：冶金工业出版社，2007.

[18] Guo Y，Huang J，Feng J-K. Research progress in preparation of electrolyte for all-vanadium redox flow battery[J]. Journal of Industrial and Engineering Chemistry，2023，118：33-43.

[19] 吴雄伟，李厦，黄可龙，等. 钒电解液的制备及其电化学和热力学分析[J]. 化学学报，2011，69（16）：1858-1864.

[20] Hu C，Dong Y，Zhang W，et al. Clean preparation of mixed trivalent and quadrivalent vanadium electrolyte for vanadium redox flow batteries by catalytic reduction with hydrogen[J]. Journal of Power Sources，2023，555：232330.

[21] 罗晶. 碳热还原法制备氮化钒铁合金的性能表征研究[J]. 矿产综合利用，2019（6）：132-135.

[22] 黄道鑫. 提钒炼钢[M]. 北京：冶金工业出版社，2000.

[23] Yin Q，Xu P，Chen X，et al. Mechanism and experimental study on preparation of high-quality vanadium

nitride by one-step vacuum carbothermal reduction nitridation method[J]. Vacuum，2023，208：111672.

［24］Zhu J，Zhao P，Jing M，et al. Preparation of vanadium-nitrogen alloy at low temperature by a coupled electric and thermal field[J]. Vacuum，2022，195：110644.

［25］陈鉴，何晋秋，林京. 钒及钒冶金[M]. 攀枝花：攀枝花资源综合利用领导小组办公室，1983.

［26］杨守志. 钒冶金[M]. 北京：冶金工业出版社，2010.

［27］Al Amayreh H H，Khalaf A，Hawwari M I，et al. The recovery of vanadium pentoxide （V$_2$O$_5$） from spent catalyst utilized in a sulfuric acid production plant in jordan[J]. Materials，2023，16（19）：6503.

［28］王敏，朱彤，吕春梅. 钒酸铋光催化剂及其应用[M]. 北京：化学工业出版社，2017.

［29］Feng T，Ouyang C，Zhan Z，et al. Cobalt doping VS$_2$ on nickel foam as a high efficient electrocatalyst for hydrogen evolution reaction[J]. International Journal of Hydrogen Energy，2022，47（19）：10646-10653.

［30］Suárez-Alcántara K，Flores-Jacobo N I，Osorio-García M D P，et al. Fast hydrogen sorption kinetics in Mg-VCl$_3$ produced by cryogenic ball-milling[J]. Materials，2023，16（6）：2526.

［31］滕彦国，徐争启，王金生. 钒的环境生物地球化学[M]. 北京：科学出版社，2011.

第4章 熔盐电解制备金属钒技术

4.1 熔盐电解制备金属钒

为了降低钒的生产成本，熔盐电解作为一种可能的替代方法被开发出来，其与传统的热还原方法有着本质的区别。熔盐电解是通过电流进行氧化还原反应的过程。与热还原法相比，熔盐电解的优点是不需要还原剂，在实际生产过程中由直流电直接提供电子。因此，可以减少产品中过量还原剂的分离步骤。同时，它还具有对环境无污染、电解参数可控等优点，适用于多种金属，尤其是难加工、成本高、活性高的金属。目前，理论上已经揭示了熔盐电解的机理，并对还原过程的动力学行为进行了探索。在技术上，也获得了符合经济要求的合理电解工艺条件。但仍需进一步探索电解过程中反应的电化学机理，以及电解工艺参数与产品性能之间的关系。只有认识并解决这些问题，才能更好地将这种方法应用到工业生产中。

4.1.1 熔盐电脱氧法

熔盐电脱氧法是金属氧化物直接电化学还原的过程。该过程涉及固体阴极的物理和化学性质，金属与金属氧化物之间电子转移的化学和电化学过程，氧在金属氧化物相/金属相/熔盐界面中的电离及其迁移、形核和金属的生长，多组分还原的动力学和合金化，中间相的形成，熔盐/金属/金属氧化物三相边界的发展和变化。

Fray-Farthing-Chen 工艺（简称 FFC 工艺）对钛进行脱氧[1-2]是以 TiO_2 为阴极，在熔融 $CaCl_2$ 中电脱氧生产海绵钛。与传统工艺相比，FFC 工艺具有简单、方便的优点，可应用于 Cr、Hf、Zr、In-Ga-Zn 合金等。有研究将其应用于提取金属钒[3]。该过程涉及将氧化物钙热还原为金属，将 CaO 溶解在熔融的 $CaCl_2$ 中并对其进行电解。CaO 的溶解可增强还原效果，在电解中作为还原剂生成 Ca。

溶解在盐中的 CaO 在阴极被电化学还原。加入 V_2O_3 时，Ca 可将 V_2O_3 还原成金属 V，副产物 CaO 溶解于 $CaCl_2$ 中，经电解分解。氧离子以 CO 或 CO_2 气体的形式从碳阳极释放。最后，金属钒生成并沉积在电解槽底部。氧质量分数为 0.186%，电流效率低于 40%。反应过程如式（4-1）～式（4-3）。

阴极：

$$V_2O_3 + 3Ca =\!=\!= V + 3CaO \tag{4-1}$$

$$CaO =\!=\!= Ca + O^{2-} \tag{4-2}$$

阳极：

$$O^{2-} + C =\!=\!= CO + 2e^- \text{或} 2O^{2-} + C =\!=\!= CO_2 + 2e^- \tag{4-3}$$

总结上述方程式，总反应变为碳减少，如式（4-4）所示：

$$2V_2O_3 + 3C =\!=\!= 4V + 3CO_2 \tag{4-4}$$

除了 Ca 和 Al 外，Mg、Li 和稀土金属在热力学上也可以作为氧化钒的还原剂。但 Al 溶于固体 V，而 Ca 不溶。稀土金属的还原能力在热力学上比 Ca 好，但太稀有且价格昂贵。因此，Ca 和 $CaCl_2$ 有望成为氧化物直接还原和脱氧的最实用介质。

有研究将 V_2O_3 在 10～25MPa 下压制成型，1000～1200℃下烧结 4～8h 作为电极，在 $CaCl_2$-CaO 熔盐中用 FFC 法电脱氧制备金属钒[4]。采用 V_2O_3 作为阴极，石墨作为阳极。在 1173K、电解 5～12h、氩气保护条件下，得到的金属钒纯度达到 99.05%。该体系下钒的脱氧机理为钙热还原，且有一部分 CaO 与 V_2O_3 反应生成 CaV_2O_4 在阴极放电生成金属 V。

有研究不同阳极尺寸、电解温度、电解电压及熔盐体系对电解过程中电流的影响，得到了熔盐电化学还原制备金属钒的最佳工艺参数：阳极采用石墨电极，熔盐体系采用 $CaCl_2$-NaCl 混合熔盐（质量比 22∶1）[5]，电解温度 1173K，电解电压 2.9V。金属钒的熔盐电解精炼研究表明，在 $CaCl_2$-NaCl-CaO 进行电解精炼试验时产生的副产品钒酸钙影响了产品的质量。脱氧过程是氧离子化过程，使 V_2O_3 一步步脱氧还原为金属钒。

有研究以 V_2O_5 为原料进行钒的提取，比 V_2O_3 具有更高的经济价值和稳定性[6]。电解后将 V_2O_5 直接还原为金属钒，同时研究了电解时间和电压的影响。结果表明，在电极氧化过程中会发生副反应，影响电流效率，如式（4-5）～式（4-7）所示：

$$CO_2 + 2Ca == C + 2CaO \tag{4-5}$$

$$CO + Ca == C + CaO \tag{4-6}$$

$$2C + Ca == CaC_2 \tag{4-7}$$

在电极氧化过程中会出现一系列的中间产物，CaV_2O_4、VO、V_2O、$V_{16}O_3$[7]。随着电极氧化时间的延长或电压升高，中间产物会逐渐转变为金属钒。

FFC 工艺中的两个主要问题是电流效率低和生产时间长，这归因于副反应，而且阳极还会产生有毒的氯气。为了避免这些问题，有研究提出了使用熔融氟化物来支持 FFC 工艺的想法[8]。此外，氟化熔盐具有独特的优势：高熔点可有效加速电化学还原，低蒸气压可减少熔盐挥发，电位窗口宽。有研究以冰晶石熔盐体系制备出了金属钒，确定了最佳工艺参数：电解温度为 1273K、电解时间 3h、槽电压 3.5V、氧化铝浓度 0.3%～0.5%，电流效率可达 43.80%、回收率 94.82%。脱氧过程遵循氧离子化过程，且 $[AlF_4]^-$ 或 $[AlF_6]^{3-}$ 与氧离子结合形成氟氧铝络合离子[9]。有研究了烧结温度、电解时间、成型压力、氟化物熔盐组成成分对电脱氧制备金属钒的影响[10]，结果表明：成型压力 30MPa、烧结温度 1473K 时制备的 V_2O_3 片体具有优良的电化学性能，可以满足电脱氧反应的要求；电解 3h 后，V_2O_3 阴极已快速完成电脱氧过程并转化为金属钒；V_2O_3 的电脱氧反应是由外及内分步进行的，其具体的脱氧路径为 V_2O_3→VO→V_2O→V。有研究了在 V_2O_3 阴极制备过程中添加硫粉、碳粉、氟铝酸铵对烧结后阴极片体的孔隙率、电阻率、微观形貌及电解产物的影响，结果表明：添加碳粉、硫粉和氟铝酸铵能有效增加阴极片体的孔隙率，对烧结后阴极片体的微观结构、颗粒尺寸大小也有较大影响。鉴于电脱氧 3h 后阴极产物除金属钒外，均出现了钒铝合金相，可以认为三种添加剂均能够有效提高 V_2O_3 电脱氧反应速率。综合考虑后选择氟铝酸铵为适宜的 V_2O_3 阴极添加剂，其用量为 5%。有研究在冰晶石中加入氧化铝制备出了金属钒，以多钒酸铵为原料，采用煤气还原—原位烧结工艺制备了高活性 V_2O_3 阴极片，在氟化物体系熔盐中实现了快速电脱氧制备金属钒，并通过循环伏安法结合恒电位电解法，研究了电解过程的反应机理[11]，结果表明：V_2O_3 在氟化物熔盐中可实现快速电脱氧，电解 4h 后所得金属钒的氧质量分数降至 0.218%；V_2O_3 阴极电脱氧产生的 O^{2-} 在脱氧反应区可原位生成铝氧氟络合离子并进一步产生金属铝，从而引发阴极的铝热还原反应，导致 V_2O_3 熔盐电脱氧过程同时存在直接电还原反应和铝热还原反应，其中后者起着关键的加速作用；在熔盐中添加适量 Al_2O_3 可强化 V_2O_3 电脱氧过程，在其他条件不变的情况下电脱氧时间可缩短至 3h。脱氧过程既遵循氧离子化又遵循铝热还原，且氧化铝的添加可以强化电解过程。基于以上因素，通过再次更换电解质，使用熔融的 Na_3AlF_6-K_3AlF_6-AlF_3 对 V_2O_3 进行电脱氧。将电化学还原和铝热剂还原机理相结合，先生成中间产物 AlV_2O_4，再进一步得到金属钒。

然而，制备钒金属的电脱氧工艺的产业化仍面临诸多问题。首先，V_2O_5 或 V_2O_3 的导电性很差。如果使用过多的原料作为阴极，会造成较大的电压降，阻碍电极氧化过程。还需要注意的是，原料内部的氧扩散到金属/盐界面需要很长时间，必须进行长期电解以降低产品中的氧含量，导致电流效率极低。原料 V_2O_3 和生成的钒都位于阴极，这也导致难以进行连续化生产。原料中的杂质几乎全部进入产品，对 V_2O_3 的纯度要求非常高，高纯 V_2O_3 的生产成本将难以接受。因此，制备钒金属的电极氧化工艺的产业化仍有待进一步研究。

4.1.2　熔盐电脱硫法

自然界中除了以氧化物形式存在的金属外，还有许多金属以硫化物的形式存在，是相应金属的重要冶金原料。对于传统工艺，硫化物很难通过一步热还原直接得到金属，必须先将其氧化再进一步热还原。不仅工序多、工序长、能耗高，而且 SO_2 等污染物排放严重。如果能通过简单的电化学方法将金属硫化物直接分解为金属和硫元素，可以大大缩短生产过程，提高效率，而且不会造成大气污染。

此前，一些研究调查了金属硫化物如 Al_2S_3、MoS_2 和 Cu_2S 在熔盐中的电解。直接电解固体金属硫化物时，金属以固态留在阴极，S^{2-} 迁移到阳极释放硫，为硫化物冶金提供了一种新的快速的环保的电解工艺。

有研究提出使用硫化钒代替氧化钒，将 CaS 代替 CaO 溶解在熔融的 $CaCl_2$ 中[12]。换言之，研究了 V-Ca-S 反应体系。与氧相比，硫更容易从钒中去除，因为硫几乎不溶于钒，只有约 3.5mol% 的氧溶解在钒中。钒在 1023～1490K 硫化成 VS 和 V_3S_4 之间的成分，其分解电位远高于钙。最后，确认了硫化钒电解工艺的可行性，以及高效电解和生产高纯钒的适宜条件。

钒金属的电极硫化过程与电极氧化过程类似。区别在于原料不同，但面临的问题没有本质区别。进一步扩大生产也需要解决这些问题。

4.1.3　熔盐直接电解法

熔盐直接电解法是以熔盐为电解质，在熔盐中加入含有钒离子或钒酸根的盐，在惰性气体保护下电解得到金属钒的方法。铝和锆等金属已通过类似工艺成功制备。有研究对 $AlCl_3$ 在 NaCl 中电解，成功建立了铝的具体工艺参数，获得了光滑的无枝晶金属。同时，由于 $AlCl_3$-NaCl-KCl 盐的熔点较低，人们对铝合金的电沉积进行了大量的研究。Al-Nb、Al-Zr、Al-Ta 等二元或三元合金是通过电解液中的 $AlCl_3$ 和相应的金属离子成功合成的。

通常，选择碱金属或碱土金属的卤化物作为电解质，因为这些盐在熔融状态下具有足够宽的电化学窗口。钒源可以是 VCl_3 或 $NaVO_3$。

有研究探索了 $NaVO_3$ 在等摩尔 $NaCl$-KCl 熔体中的电还原过程，以提供获得金属的最简单和最短的方法[13]。因为某些金属含氧盐在熔盐中的溶解度高于氧化物，如 $CaSiO_3$ 和 $CaWO_4$ 在 $CaCl_2$ 熔盐中的溶解度高于 SiO_2 和 WO_3。而 $NaVO_3$ 是一种离子化合物，在 903K 时熔点低，可以电离为 Na^+ 和 VO_3^{3-}。因此，通过熔盐电解直接从 $NaVO_3$ 生产金属钒是可行的。另外，在生产 V_2O_5 过程中，钒渣与 Na_2CO_3 均匀混合，然后在氧化气氛中加热生成 $NaVO_3$。$NaVO_3$ 用水浸出，然后 $NaVO_3$ 溶液用 $(NH_4)_2SO_4$ 处理以沉淀偏钒酸铵 NH_4VO_3。因此，$NaVO_3$ 是常规技术生产金属钒不可缺少的中间产品。如果 $NaVO_3$ 可以直接转化为金属钒，就可以避免氨沉淀和煅烧过程。然而，试验结果并未表明是否可以获得金属钒。有研究提出通过熔盐电解从 $NaVO_3$ 中直接提取金属钒，并进行了热力学计算和试验，验证了 $NaVO_3$ 直接电还原金属钒的可行性。在还原过程中，会产生中间产物 CaV_2O_4 和 V_2O_3。随着电解的进行，钒被进一步还原，得到纯度约为 96.8% 的金属钒。式（4-8）是反应过程。

$$2NaVO_3 + CaCl_2 + 10e^- \Longrightarrow 2V + 2NaCl + CaO + 5O^{2-} \tag{4-8}$$

在 $NaCl$ 熔盐中，$NaVO_3$ 不能被电还原成金属钒，这说明 $NaVO_3$ 只能在 $CaCl_2$ 存在下被电还原成金属钒。同时，该方法还可用于在金属电极上沉积钒金属以形成合金。

另一种常用的钒源 VCl_3 可由氧化钒氯化制得。有研究在熔盐体系中加入 VCl_3，测试钒离子的电化学行为，发现金属钒与三价钒离子反应生成二价钒离子，二价钒离子在沉积过程中使电流更加稳定。较大的电流波动通常表明电解产物的形态较粗糙，从而导致表面积增加。这表明二价钒离子的存在可以使电解过程更加稳定，从而获得生长良好的金属钒。随后，有研究开发了一种从 $LiCl$-KCl-VCl_3-$TiCl_2$ 熔体中沉积钛和钒的工艺，并对产物进行了表征，成功地建立了钛和钒离子浓度、电沉积电位和成分之间的相关性。

4.1.4　含钒阳极电解法

有研究使用二氧化钛阳极生产钛的电解方法，还开发了一种类似的工艺来提取金属锆，但对金属钒的碳氧化物的研究较少。通常，钒的碳化物或碳氮化物用作研究的阳极。

该过程在含有 VCl_2 的碱/碱土金属氯化物共晶盐介质中进行。一般采用 VN 或 VC 等含钒材料作为阳极，选择导电性和耐腐蚀性好的钼棒、钨棒或钛作为阴极。在电解过程中阳极的钒不断溶解在熔盐中，同时熔盐中的钒沉淀在阴极上。

有研究通过在 $LiCl$-$NaCl$-VCl_2 中电解含 84% 钒的 V_2C 制备钒。制备的钒纯度为 99%，回收率为 65%，阴极电流效率为 70%。当阳极成分从 V_2C 变为 VC 时，电解效率降低。为了降低成本，有研究改变了阴极材料，在氮气流下通过碳热还原 V_2O_5 成功制备钒中间体，含钒 92%。高纯钒的提取是在熔融的 $NaCl$-KCl-VCl_2 中完成的。之后，将阳极改为（V，N，C，O）的固溶体，随后的（V，N，C，O）电解精炼在 $LiCl$-KCl-VCl_2 中进行，精炼后钒的最高纯度为 99.85%。有研究提出了一种以钒的质量分数大于 50% 的钒铁为可溶性阳极电解制备高纯金属钒的方法，以钒的质量分数大于 50% 的钒铁为阳极，钼或钛棒为阴极，$NaCl$-KCl-VCl_2 熔盐为电解质。电解完成后，得到 99.95% 的高纯钒。而当阳极钒的质量分数降低到 50% 时，剩余的阳极可作为 FeV50 钒铁合金产品。

该工艺本质上是熔盐电解工艺，创新性地制备了固溶体阳极或其余含钒阳极用作钒源。由于原料在阳极，得到的高纯金属阴极，因此从碳氮化物阳极生产钒不仅是一个金属提取过程，也是一个提纯过程。低成本、易溶阳极的制备是该过程的关键步骤。电解过程中阳极的溶解行为和溶解离子的价态与总电流效率密切相关，需要进一步系统研究。

4.2　钒离子电化学行为及电解精炼探索

4.2.1　熔盐电解质以及电极材料的选择

基于熔盐电解工艺提取金属钒在工艺成本、连续化等方面具有优势，具有较大发展潜力和应用前景。电解质成分、电极材料是熔盐电解工艺中的重要参数，对电流效率与电解产物的品质存在重要影响。不同电解质体系的密度、黏度、电导率、分解电位等性质各不相同，影响电解过程。电解质内多种阴阳离子的半径和极化力有所差别，也存在相互作用，对金属离子及可能出现的中间产物的存在形态产生影响，从而可能改变金属离子的电化学还原过程。目前熔盐电解提取金属的研究工作中采用的电解质大致可分为氯化物熔盐、氟化物熔盐、氟氯化物熔盐。

氯化物熔盐因其价格便宜、离子导电性好且表面张力小等优点，是最常用的电解质。目前，各类金属的熔盐电解提取过程使用的电解质绝大部分为氯化物。而选用两种不同的氯化物熔盐混合可有效降低熔点，在共晶点处熔点达到最低，故本节选择氯化物熔盐共晶体系作为电解质。较高的电解温度可以使动力学过程有明显的改善，但是温度升高也伴随着熔盐蒸气压升高、腐蚀性增强以及成本增加。因此大多数研究工作在723~1123K范围内进行。电解质主要成分的熔点也须满足这一条件，其他成分的熔点可以在这一范围上下浮动。总体而言，熔盐的熔点比试验温度低数十摄氏度为最佳选择，这样既保证了熔盐的流动性和导电性，也避免试验温度相对熔点过高带来的弊端。就熔点来说，Ca、K、Na、Mg、Zr、Co和Cr等元素的氯化物都适宜做电解质主要成分，Ba、Sc和Sr等元素的氯化物可适量加入。但Zr、Cr和Fe等为变价元素，使用其氯化物作为电解质会产生电流空耗等问题。因此，最常用的氯化物电解质为LiCl、KCl、NaCl和CaCl$_2$。熔盐电解质的电导率影响电流效率，电导率越大越有利于电解。熔盐电解质的密度理论上应当小于金属钒的密度，避免得到的产物金属钒在电解质表面，造成氧化损失。熔盐电解质的黏度也不能过大，黏度高的电解质中的金属产物难以与熔盐分离，同时也会阻碍电解过程中离子的传递过程。通常，离子体积越大，价态越高，则黏度越高，因此应尽量选择一价金属氯化物作为电解质。

部分氯化物的蒸气压较大，容易挥发成气相，导致电解质成分波动。BaCl$_2$、CaCl$_2$、AgCl及ReCl$_x$的蒸气压较低，KCl、NaCl、LiCl和MgCl$_2$等次之。除稀土氯化物外，以上氯化物的蒸气压均满足试验要求。同时，电解质的分解电压也需要进行计算，以判断电解质在电解过程中是否会发生分解，从而影响电流效率和产物质量。如式（4-9）和式（4-10）所示，电解质分解电压由反应的吉布斯自由能计算。

$$\Delta G = -nEF \tag{4-9}$$

$$\Delta G = \Delta G^0 - RT \ln K \tag{4-10}$$

式中：ΔG 为反应对应的吉布斯自由能（J）；n 为转移电子数（mol）；E 为反应对应的电位（V）；F 为法拉第常数，96485C/mol；T 为温度（K）；R 为气体常数，8.314J/（mol·K）；K 为平衡常数。

由于试验中使用的是共晶熔盐，故各组分的实际活度均小于 1.0，由式（4-10）可知，反应吉布斯自由能高于该条件下的标准吉布斯自由能，故实际分解电压也应大于理论值。几种目标电解质的分解电压略有区别，随温度上升而下降，但均远高于三氯化钒的理论分解电压，理论上满足钒电解的条件。而在满足要求的各种氯化物盐中，LiCl-KCl 体系共晶温度较低，因此本节选择 LiCl-KCl 体系作为电解质。

对于钒离子及其合金的熔盐电解制备。有研究进行了 LiCl-KCl 中 VCl_3 的电解，发现在熔盐中钒离子的还原行为、产物形态和电流效率均受钒离子的存在价态影响，V^{3+} 和 V^{2+} 的电解过程及产物存在较大区别。有研究探索了 $NaVO_3$ 在 NaCl-KCl 中的电化学还原过程。某些金属含氧盐在熔盐中的溶解度高于氧化物，如 $CaSiO_3$ 和 $CaWO_4$ 在 $CaCl_2$ 熔盐中的溶解度高于 SiO_2 和 WO_3。而 $NaVO_3$ 是一种离子化合物，在熔盐中以 Na^+ 和 VO_3^- 的形式存在，溶解度高于 V_2O_5。因此，通过熔盐电解直接从 $NaVO_3$ 提取金属钒是可行的。有研究进行了热力学计算和试验验证，结果验证了 $NaVO_3$ 在 $CaCl_2$-NaCl 中直接还原为金属钒的可行性，得到纯度约 96.8% 的金属钒。这些研究证明了熔盐电解提取金属钒工艺的可行性，但目前的结果仅简单地测试了钒离子的还原过程，对其机制和动力学过程没有进行深入的研究。而且电解质集中于氯化物体系，缺少含氟体系的研究结果。研究表明，金属离子在熔盐中的还原机制和动力学过程与电解质存在密切关系，电解质成分是金属离子在熔盐中存在形态的重要影响因素。因为金属离子存在不同价态，造成副反应的发生，包括多步还原过程、歧化反应等，使还原机制整体上更加复杂，同时也造成电流效率的降低。氟离子可以抑制电解过程中不同价态金属离子间的归中反应，降低电流消耗，提高电流效率。由于氟离子比氯离子具有更强的极化力，其与金属离子的结合力更强，并会取代原有的氯离子形成新的配位化合物。配位化合物的形成会参与整体的还原过程，影响电流效率及产物质量。但氟化物盐通常具有毒性和腐蚀性，且成本较高，这会对工业电解生产金属造成不利影响。因此，在氯化物体系中加入一定量的氟化物可达到相同的效果，同时避免氟化物盐的各种劣势。

4.2.2　钒离子熔盐中的电化学行为研究

金属离子的电化学还原是一个复杂过程，其中包含了离子结构转换过程，金属离子在熔盐中的传质过程、在电极表面的电荷转移过程，以及被还原的金属原子在电极表面的结晶过程。电化学还原中四个过程的基本特性不同，因此也具有不同的动力学特征，它们相互影响又紧密联系，共同影响整个还原过程。而采用电化学方法研究单一过程的方式是利用不同的电化学测试手段，尽量提高其中一个过程对总体还原过程动力学的影响，而阻滞其余过程，尽量实现单个过程的进行，以便研究该步骤的动力学特征。然后综合所有可能存在的影响因素进行考虑，反映整体还原过程的性质。

电极还原反应的核心过程是电荷转移。电荷转移过程的速率和可逆性受到多种因素的控制，如还原电位大小、V^{3+} 浓度及其配位结构等。如果电荷转移过程需要进行多个电子的变换，则该反应可能是分步进行，反应机制、反应相对速率等均对后续的电结晶过程存在重要影响，影响沉积产物微观组织结构与形貌。

为了研究钒离子的电极还原行为，将钒离子以 VCl$_3$ 的形式加入 LiCl-KCl 中，浓度为 0.034mol/L。向电解质中加入 VCl$_3$ 前后分别在钨电极上进行循环伏安法测试，如图 4-1 所示。

在未加入 VCl$_3$ 时，−3.50V 至−1.0V 的电位区间没有发现明显的法拉第电流，说明在此电位窗口没有发生氧化还原反应，可认为熔盐中没有参与氧化还原的物质，不会干扰测试结果。此外，负向扫描时出现的强阴极还原峰起始电位约为−3.50V。通过热力学分析，该还原过程对应于 Li$^+$→Li 反应。加入 VCl$_3$ 后，结果如图 4-1 实线所示，可以发现，出现新的氧化还原峰，可归因于钒离子的氧化还原行为。

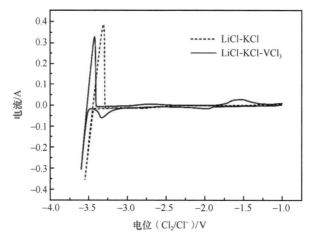

图 4-1　LiCl-KCl 熔盐中加入 VCl$_3$ 前后的循环伏安法测试结果

扫描速率为 100mV/s；工作电极为钨；参比电极为 Cl$_2$/Cl$^-$；对电极为石墨

为了获取更精确的氧化还原峰信息，在没有碱金属析出的电位范围内以同样的参数重复测试，结果显示出现两个明显的还原峰，在−1.80V 电流曲线出现波动，为了明确该电位下的电流变化，在更小的电位范围下进行循环伏安法测试。循环伏安法测试结果如图 4-2 所示，

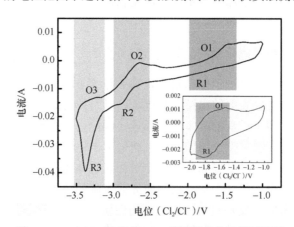

图 4-2　LiCl-KCl 熔盐中 VCl$_3$ 的循环伏安法测试结果

扫描速率为 100mV/s；工作电极为钨；参比电极为 Cl$_2$/Cl$^-$；对电极为石墨

加入钒离子后，出现三对氧化还原峰，可初步认定钒离子的还原过程包括三个还原步骤。其中还原峰 R1 位于–1.80V，R2 位于–2.88V，R3 位于–3.38V，对应的氧化峰 O1、O2 和 O3 电位分别为–1.53V、–2.66V 和–3.25V。

为了进一步分析反应机制，采用方波伏安法进行测试。方波伏安法测试结果更为精确，可以由结果计算反应的转移电子数。图 4-3 为在 723K 时 LiCl-KCl 熔盐中 VCl$_3$ 的方波伏安法测试结果及高斯拟合曲线，频率为 25Hz。明显地可观察到三个还原峰 R1、R2 和 R3，说明发生了三个还原反应，还原电位分别为–1.80V、–2.79V 和–3.37V。每步还原过程的电位与循环伏安曲线有良好的对应关系。

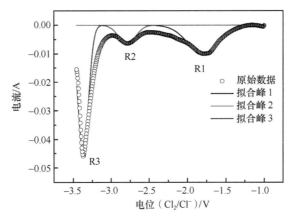

图 4-3　LiCl-KCl 熔盐中 VCl$_3$ 的方波伏安法测试结果及高斯拟合曲线

频率为 25Hz；工作电极为钨；参比电极为 Cl$_2$/Cl$^-$；对电极为石墨

对高斯拟合结果进行计算，得到每步反应的转移电子数。高斯拟合曲线的半峰宽与转移电子数的关系[14-17]：

$$W_{1/2} = \left(3.53 + \frac{3.46\xi^2}{\xi + 8.1} \right) \frac{RT}{nF}$$

$$\xi = \frac{nF\Delta E}{RT} \qquad\qquad (4\text{-}11)$$

式中：n 为反应中涉及的转移电子数（mol）；F 为法拉第常数，96485C/mol；T 为温度（K）；R 为气体常数，8.314J/（mol·K）；ΔE 为方波振幅（V）；$W_{1/2}$ 为高斯拟合曲线所得半峰宽（V）。

通过计算，得到 n_1=0.89、n_2=1.69、n_3=2.76。

测试曲线的平台阶段对应该电位下发生的还原反应，对应的时间为过渡时间，可以更精确地判断对应反应的类型和过程。如图 4-4 所示，可以观察到计时电位曲线存在四个明显的平台：第一个平台位于–1.70V，对应于 V^{3+} 还原为 V^{2+}；第二平台位于–2.78V，对应于 V^{2+} 还原为钒；第三平台位于–3.27V，对应于 V^{3+} 还原为钒。而第四平台对应于碱金属的电沉积过程：Li$^+$→Li。对试验结果进行综合比较，计时电位法的测试结果与之前相符合，电位相差较小。

结合上述各种电化学测试结果，可以认为 V^{3+} 的还原过程存在两条路径，分别为 V^{3+}→V^{2+}→V 和 V^{3+}→V。

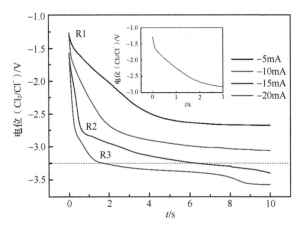

图 4-4 LiCl-KCl 熔盐中 VCl$_3$ 的计时电位图

为了进一步验证上述还原机制，对−2.90V 恒电位电解前后的含钒离子熔盐取样，进行 XPS 分析。使用空心石英管（直径 0.6cm）浸入电解前和电解后的熔盐中并迅速拔出。附着在管中的熔体冷却至固态后，将其收集进行分析。对 V2p 区的光谱进行拟合，可得到钒离子的价态结构，如图 4-5 所示。

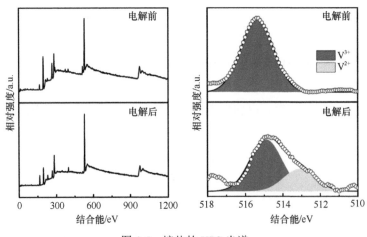

图 4-5 熔盐的 XPS 光谱

进行恒电位沉积前熔体中的所有钒离子都是 V^{3+}，而恒电位沉积后熔体中同时存在 V^{3+} 和 V^{2+}。这表明在电解前，熔体中的 V^{3+} 不会歧化生成其余价态的钒离子，对试验过程没有影响。电解后，V^{3+} 被还原生成金属钒，而部分 V^{3+} 被还原为中间价态 V^{2+}，尚未被进一步还原为金属钒，这部分 V^{2+} 残留在熔体中。

而且，比较电解前后 V^{3+} 拟合峰的强度，可以看到，进行一定时间的电解后，V^{3+} 拟合峰的强度存在一定程度的下降，表明体系内对应的 V^{3+} 浓度下降。这进一步证明了 V^{3+} 被电解还原为 V^{2+} 和钒。

电化学还原的四个基本过程中，离子结构转换是单纯的化学反应，金属离子进入电解质体系后与电解质离子共同作用，结构发生转换，同时也会影响离子向电极表面的迁移过程。

由于电解质的成分简单均匀，且试验温度高，离子结构转换过程几乎不受阻力，转换速率较快，因此难以成为控速步骤。而结晶过程依附于电荷转移过程，受电荷转移过程控制。

因此，电化学还原过程的速率控制步骤可以分为两种，分别由离子传质控制和电荷转移控制。由不同步骤控制的电化学反应在最后电结晶时，测量出的计时电流曲线会出现各种不同形状，用以分析曲线的电化学理论也不同。

离子传质过程是纯粹的物理过程，没有化学变化，包括扩散、对流和电迁移。扩散作用是由于电极附近的金属离子被还原为原子状态，吸附在电极表面上进行后续的电结晶过程，造成熔体中电极附近的金属离子浓度降低，产生浓度梯度，因此熔体中其余区域的离子在梯度作用下向电极附近移动，维持还原过程的进行。对流作用是由于实际上体系内各区域的温度并不完全相同，成分也存在差异，并不是完全均匀的状态，因此电解质成分不断运动以达到平衡状态，V^{3+} 跟随熔盐介质进行对流。电迁移作用是金属离子受到电场的作用，而沿电场方向进行定向运动，由于电解质体系内含有大量带电离子，均受电场影响，因此 V^{3+} 受电迁移作用较小。

在熔体的不同区域，三种传质作用对离子传质过程的贡献不同，因此产生不同程度的影响。在远离电极的熔体中，最为剧烈的是对流作用，占传质过程的主导地位，所以可认为该区域中的 V^{3+} 均匀分布。在电极附近的熔体中，由于浓度梯度的存在，扩散起主导作用。三种作用协同进行，共同完成金属离子的传质过程，其中扩散作用是影响金属离子传质过程速率的关键。

为考察电极还原过程的控制步骤，根据不同的测试结果进行计算，并将结果进行对比，分析钒离子在 LiCl-KCl 熔盐中的传质过程动力学。

在相同的电位范围内进行不同扫描速率下的循环伏安法测试，结果如图 4-6 所示，扫描速率的变化没有改变电极还原机制。为了判断还原反应的控速过程，根据不同扫描速率下 VCl_3 的循环伏安法测试结果，考察还原电流峰值与扫描速率平方根的关系。将对应的数据进行拟合后，还原反应 R1、R2 和 R3 的电流峰值与扫描速率平方根基本呈线性关系，表明熔盐中离子向电极表面扩散过程是还原反应的速率控制步骤。扩散系数代表离子在熔体中的扩散速率，会影响电解结果与电流效率，因此对 V^{3+} 在熔盐中的扩散系数进行计算。

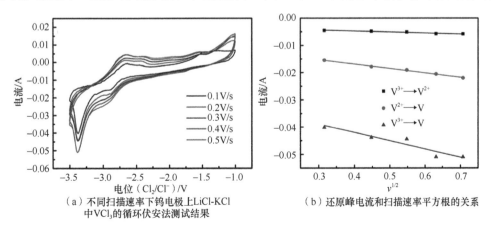

（a）不同扫描速率下钨电极上LiCl-KCl
中VCl₃的循环伏安法测试结果

（b）还原峰电流和扫描速率平方根的关系

图 4-6　扫描速率变化对电极还原机制的影响

当反应物和产物都可溶时，通过式（4-12）可以计算出 V^{3+} 在 723K 时 LiCl-KCl-VCl$_3$ 混合电解质中的扩散系数：

$$I_p = 0.4463 \frac{(nF)^{3/2} AD^{1/2} Cv^{1/2}}{(RT)^{1/2}} \tag{4-12}$$

式中：I_p 为峰值电流（mA）；A 为工作电极的有效面积（cm^2）；n 为反应中涉及的转移电子数（mol）；C 为反应物浓度（mol/cm^3）；F 为法拉第常数，96485C/mol；R 为气体常数，8.314J/（mol·K）；T 为温度（K）；D 为扩散系数（cm^2/s）；v 为扫描速率（V/s）。

当产物不溶时，扩散系数可以通过式（4-13）计算[18]：

$$I_p = 0.6103 \frac{(nF)^{3/2} AD^{1/2} C_0 v^{1/2}}{(RT)^{1/2}} \tag{4-13}$$

V^{3+} 和 V^{2+} 都是可溶性的离子，计算结果表明，在 723K 的 LiCl-KCl-VCl$_3$ 中 V^{3+} 的扩散系数为 7.57×10^{-5}cm^2/s。

还原峰值电位与扫描速率对数的关系如图 4-7 所示。图中 R1、R2 和 R3 的还原峰值电位几乎不随扫描速率的增加而变化，呈水平关系。因此，可以认为还原反应 V^{3+}/V^{2+}、V^{2+}/V 和 V^{3+}/V 是可逆的[19]。

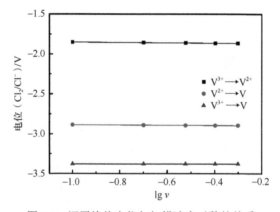

图 4-7　还原峰值电位与扫描速率对数的关系

随后进行不同频率下的方波伏安法测试，如图 4-8 所示，还原峰电流与频率平方根的关系可以发现，R1、R2 与 R3 的峰值电流与频率平方根基本呈线性关系，表明三个还原反应均受扩散控制，该结果与循环伏安法的测试结果一致。

通过式（4-14）可以计算出在 723K 的 LiCl-KCl-VCl$_3$ 混合电解质中 V^{3+} 的扩散系数[20]：

$$I_p = nFAC \frac{1-\Gamma}{1+\Gamma} \left(\frac{Df}{\pi} \right)^{1/2}$$

$$\Gamma = \exp\left(\frac{nF\Delta E}{2RT} \right) \tag{4-14}$$

式中：f 为频率（Hz）；ΔE 为方波振幅（V）。

计算表明，在 723K 的 LiCl-KCl-VCl$_3$ 中 V^{3+} 的扩散系数为 2.32×10^{-5}cm^2/s。

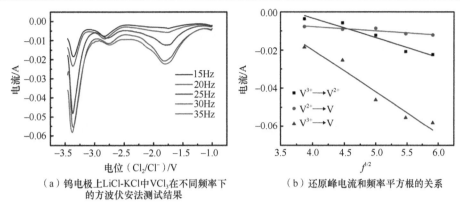

(a) 钨电极上LiCl-KCl中VCl₃在不同频率下　　　　　(b) 还原峰电流和频率平方根的关系
　　　　的方波伏安法测试结果

图 4-8　频率变化对电极还原机制的影响

通过式（4-15）计算在计时电位法中 V^{3+} 的扩散系数[21]：

$$I\tau^{1/2} = \frac{nFCA\pi^{1/2}D^{1/2}}{2} \tag{4-15}$$

式中：I 为电流（mA）；τ 为跃迁时间（s）。

计算结果见表 4-1，表明在 723K 的 LiCl-KCl-VCl₃ 中 V^{3+} 的扩散系数为 $2.97\times10^{-5}\,cm^2/s$。由于电化学测试和数据计算的方法不同，计算得到的具体数值存在差异，但结果属于同一数量级。

表 4-1　不同测试方法计算获得的 V^{3+} 扩散系数

测试方法	循环伏安法	方波伏安法	计时电位法
$D/$（cm²/s）	7.57×10^{-5}	2.32×10^{-5}	2.97×10^{-5}

在钨电极上进行计时电位测试，以研究钒离子在钨电极上的形核模式。基于前述电化学测试结果，钒离子的形核包含两种情况：$V^{2+}\rightarrow V$ 与 $V^{3+}\rightarrow V$，因此，分别选择不同价态离子的沉积电位进行测试，–2.9V 对应于 $V^{2+}\rightarrow V$，–3.5V 对应于 $V^{3+}\rightarrow V$。

如图 4-9 所示，电流–时间曲线可大致分为两个阶段。首先是电流快速下降阶段，电流的快速减小表明钒离子在电位作用下连续沉积在电极表面，导致电极附近熔体中钒离子浓度降低，熔体其他区域的钒离子不能及时扩散到电极表面，因此电流下降。其次是电流稳定阶段，该阶段电流趋于稳定，波动较小，表明钒离子向电极表面的扩散速率和沉积速率达到相对平衡，因此电流趋于稳定。

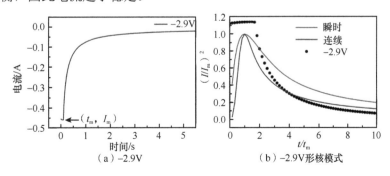

(a) -2.9V　　　　　　　　　　(b) -2.9V形核模式

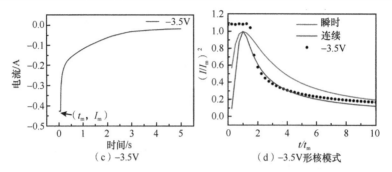

图 4-9　LiCl-KCl 熔盐中不同电位下 VCl_3 沉积的电流–时间曲线

两种电位下 $(I/I_m)^2$ 和 t/t_m 的理论值和试验值的对比，以判断钒离子的形核模式。由金属电沉积理论可知，离子在电极表面的形核模式包含两种类型，分别为瞬时形核和连续形核。两种形核模式的电流和时间的关系分别对应不同的理论模型[22]。

对于瞬时形核：

$$\left(\frac{I}{I_m}\right)^2 = 1.9542 \frac{\left\{1 - \exp\left[-1.2564\left(\dfrac{t}{t_m}\right)\right]\right\}^2}{\dfrac{t}{t_m}} \tag{4-16}$$

对于连续形核：

$$\left(\frac{I}{I_m}\right)^2 = 1.2254 \frac{\left\{1 - \exp\left[-2.3367\left(\dfrac{t}{t_m}\right)^2\right]\right\}^2}{\dfrac{t}{t_m}} \tag{4-17}$$

式中：I_m 为峰值电流（mA）；t_m 为峰值电流对应的时间（s）。

试验曲线和从方程获得的两种形核模式的理论曲线对比，试验数据更接近连续形核的模型曲线，表明 V^{2+} 和 V^{3+} 在电极上的形核都遵循连续形核模式。比较−2.9V 曲线，−3.5V下的试验数据曲线向瞬时形核模型曲线偏移。这是由于在−3.5V 电位下，V^{2+} 和 V^{3+} 的形核同时发生，V^{3+} 为连续形核，而较大的阴极电位使得 V^{2+} 的形核数量增大，晶核生长时间减小，存在部分瞬时形核，但总体上仍为连续形核。在 723K 的 LiCl-KCl-VCl_3 中分别进行−2.9V和−3.5V 的恒电位沉积，电解时间均为 5h。电解结束后，用去离子水清洗工作电极，随后将电极置于超声波清洗机中进行清洗，收集得到黑色粉末状产物，将产物在真空条件下干燥。然后采用各种表征方法对电解产物进行检测。如图 4-10 所示，在电位为−2.9V 时，产物呈树枝状结构，是钒离子在电极表面形核然后不断生长得到的，与连续形核模式下沉积的产物结构相符。EDS 分析显示该产物成分为金属钒。因此，可以进一步证明上述还原过程：V^{3+} 首先被还原为 V^{2+}（R1），然后在−2.9V 电位下发生金属钒的沉积（R2），还原过程可以表示为 $V^{3+} \rightarrow V^{2+} \rightarrow V$。

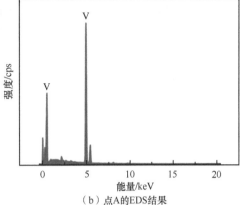

（a）−2.91V恒电位电解产物SEM图　　　　（b）点A的EDS结果

图 4-10　电解产物形貌及成分

在电位为−3.5V 时，如图 4-11 所示，可以发现，产物中存在两种不同形态：枝晶状结构、多孔的松散海绵状结构。上述讨论结果表明，钒离子在−2.9V 和−3.5V 电位下都遵循连续形核模式，在工作电极表面形核，然后生长成枝晶状产物。多孔的松散海绵状结构是由部分瞬时形核行为导致的，因为相比于−2.9V，在−3.5V 下阴极电位增大，$V^{2+} \rightarrow V$ 的还原过程中满足电结晶条件的表面活性中心点更多，电极表面上的初始形核数量增加，

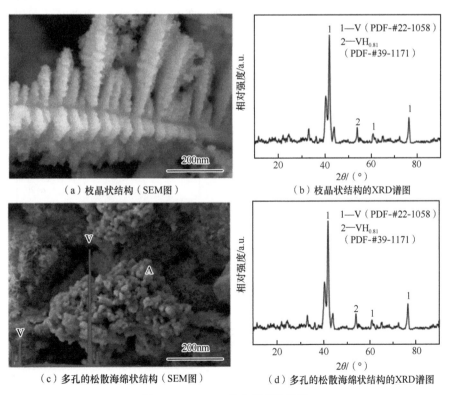

（a）枝晶状结构（SEM图）　　　　　　（b）枝晶状结构的XRD谱图

（c）多孔的松散海绵状结构（SEM图）　　（d）多孔的松散海绵状结构的XRD谱图

图 4-11　−3.50V 的电解产品表征

（c）插图为点 A 的 EDS 分析结果

形成的晶核生长时间缩短，所以在产物中形成部分海绵状结构。此外，枝晶被更细的颗粒覆盖，这也可能是由瞬时形核引起的。拟合曲线随电位的增大逐渐接近瞬时形核的理论模型。产物的 EDS 结果证明产物为金属钒，XRD 谱图也证实恒电位沉积产物是金属钒。

4.2.3　氟离子对钒离子电化学行为的影响

向熔盐中原位加入氟化物盐以调配电解质成分，进而系统地阐释氟离子浓度对熔盐中钒离子还原机制及沉积产物的影响，为金属钒熔盐电解提取工艺中电解质的选择提供相关理论支持。氟离子以 KF 形式加入 LiCl-KCl 中，将熔体中氟离子与钒离子的摩尔比定义为 α，分别在 α 为 0、1、2、5、20 和 50 时进行测试。

钒是过渡金属元素，其离子在熔体中的配位能力较强。氯化物熔盐中，最主要的阴离子 Cl$^-$ 是最常见的单基配位体之一，通过与 V^{3+} 结合，占据离子外层空轨道可以形成 V—Cl 配位化合物。熔盐电解金属钒本质上是电解质中的 V^{3+} 在电极表面被还原成金属的过程。因此，V^{3+} 的不同存在形式也有不同的电还原过程。F$^-$ 是比 Cl$^-$ 配位能力更强的单基配位体，向氯化物熔盐中添加 F$^-$ 会发生配位取代，改变熔盐中 V^{3+} 的配位结构。含氟配位键的强度大于含氯配位键，氟配位的结构也更加稳定，需要更大的驱动力才能被还原。

因此，为明晰 V—F 离子配位形态及结构，对加入不同量的氟离子后的熔盐取样，冷凝后对固态盐样品进行 XPS 分析，通过碳峰C1s对应能谱中的284.6eV峰位对结果进行校准，获得钒离子的特征峰，如图 4-12 所示，可以发现，在不添加氟离子的情况下，可以拟合得到一个峰，位于 515.0eV 附近。当熔体中加入氟离子后，峰的位置发生了移动，并在 518.0eV 附近出现了一个新峰。查询 NIST 数据库可知，515.0eV 的峰代表 V^{3+} 与 Cl$^-$ 的键合（V—Cl），518.0eV 的峰代表了 V^{3+} 和 F$^-$ 的键合（V—F）。518.0eV 处出现的新峰表明氟离子与熔体中的钒离子形成配位化合物 $VCl_iF_{6-i}^{3-}$，这是因为 F$^-$ 的电负性较强，与金属离子的亲和力要大

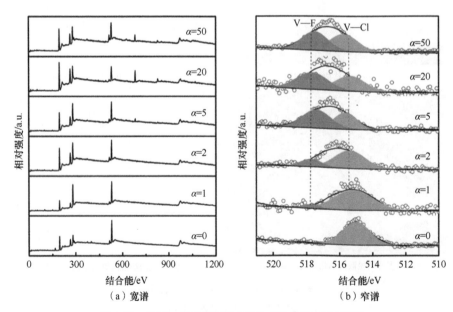

图 4-12　不同 α 的 LiCl-KCl-VCl$_3$-KF 中的 XPS 光谱

于 Cl⁻，较弱的 V—Cl 键被较强的 V—F 键取代，且随着熔体中氟离子浓度增加，配位化合物中 $VCl_iF_{6-i}^{3-}$ 的氟离子比例也上升。

为进一步验证熔盐中氟和钒离子配位化合物形态，在不同 α 下收集熔盐样品，进行拉曼光谱分析，如图 4-13 所示。

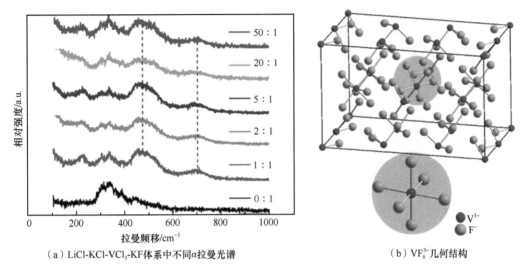

（a）LiCl-KCl-VCl₃-KF体系中不同α拉曼光谱　　　（b）VF_6^{3-}几何结构

图 4-13　熔盐中氟和钒离子配位化合物形态表征

在不添加氟离子的情况下，拉曼光谱中仅在 332cm⁻¹ 处出现一个频移峰。此时的熔盐体系为 LiCl-KCl-VCl₃，体系中的配位化合物应为 VCl_6^{3-}[23]。因此，可以认为 332cm⁻¹ 处的拉曼频移峰对应于 VCl_6^{3-}。六配位的正八面体结构也是三价过渡金属离子最常见的配位结构之一，而且镧系金属离子在碱金属卤化物体系中也以这种六配位的结构存在[24]。

添加氟离子后，在 494cm⁻¹ 和 683cm⁻¹ 处观察到两个新的拉曼频移峰。因为添加的 F⁻半径小，是一种配位能力更强的配体，可部分取代上述配位化合物离子中的配体 Cl⁻，形成 V—Cl—F 的混合配位化合物 $VCl_iF_{6-i}^{3-}$。494cm⁻¹ 处的拉曼频移峰对应于 $VCl_iF_{6-i}^{3-}$。F⁻对中心 V^{3+} 的极化作用增强，因此特征峰的外形和位置均发生了明显变化。683cm⁻¹ 的拉曼频移峰可归因于八面体氟氯配合物的存在。

通常认为 VCl_6^{3-} 配位化合物的振动光谱是以八面体单元为基础，不同位点和相关效应会引起光谱变化。VCl_6^{3-} 的八面体点群 O_h 有六个基本振动带 v1、v2、v3、v4、v5、v6，其中具有拉曼活性的振动带有 v1、v2、v3（表 4-2）[25]。

表 4-2　八面体单元相关表

基本震动带	振动频率/cm⁻¹	点群（O_h）	位置群		因子群（C_{2h}）
			C_1	C_i	
v1	504	A_{1g}	A	A_g	$A_g+B_g+A_u+B_u$
v2	652	E_g	2A	$2A_g$	$2A_g+2B_g+2A_u+2B_u$
v3	361	F_{2g}	3A	$3A_g$	$3A_g+3B_g+3A_u+3B_u$

VCl_6^{3-} 的拉曼光谱由三个基本波段 A_{1g}、E_g 和 F_{2g} 组成。在理想 O_h 对称性的 $VCl_iF_{6-i}^{3-}$ 基础上，理论上计算出 A_{1g} 波段应位于 $533cm^{-1}$，在 $494cm^{-1}$ 观察到的波段可以归因为 A_{1g} 模式的一个分量。F_{2g} 波段应位于 $335cm^{-1}$。$683cm^{-1}$ 的谱带归因于八面体氟化物配合物的存在[26]。检测结果存在一定的偏移，这可能是由于配位化合物 $VCl_iF_{6-i}^{3-}$ 中氯离子尚未被完全取代，而且也受到不同的位点和相关场效应以及晶体堆积的影响，导致拉曼峰位置的移动。同时，由于拉曼光谱分析样品的主要成分是共晶 LiCl-KCl，$VCl_iF_{6-i}^{3-}$ 的含量较低也会影响谱带的位置。

同时，除了配位取代外，氟离子还会发生吸附取代现象。大多数无机阴离子是表面活性物质，具有典型的离子吸附规律。通过计算可知，在电解质中，阴离子在电极表面的实际吸附量远大于理论上静电作用产生的吸附量，表明还有其他作用促进阴离子的吸附，因此可以认为阴离子存在特性吸附现象。过量吸附的阴离子通过静电作用在电极表面诱导出正电荷，并吸引电解质中的阳离子形成双电层。总体而言，阴离子的特性吸附使整体电位负向移动，表面活性越强的阴离子使电位负移的程度越大。

因此，熔盐中的 F^- 在金属电极表面发生特性吸附，取代电极表面上原来吸附的 Cl^- 成为特性吸附离子。这种取代作用不仅减弱了 Cl^- 对电极的活化作用，也改变了电极与熔盐界面的结构。无论是上述的配位取代还是电极表面的吸附取代，均能对 V^{3+} 的电化学还原过程产生显著影响。氟离子配位取代形成的配位化合物会直接参与还原过程，改变钒离子的整体还原步骤及动力学性质。而吸附取代的氟离子在不参加电极反应时，会改变电极表面的活性位点状态，进而影响钒离子在电极表面的浓度及活化能；参与电极反应时则会直接影响相关反应动力学性质。

为了研究 LiCl-KCl 中 V^{3+} 在不同 α 下的电化学行为，在钨电极上进行了循环伏安法测试。如图 4-14 所示在没有氟离子的情况下观察到三对氧化还原峰。表 4-3 为不同 α 下的还原峰电位。

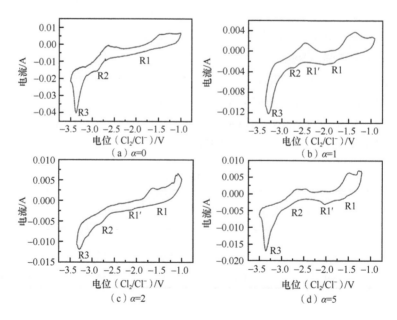

（a）$\alpha=0$　　　　　　　　（b）$\alpha=1$

（c）$\alpha=2$　　　　　　　　（d）$\alpha=5$

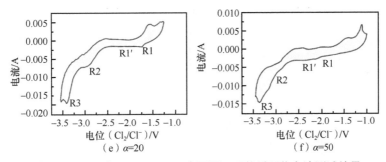

图 4-14　VCl₃ 在 LiCl-KCl-KF 中不同 α 下的循环伏安法测试结果

表 4-3　不同 α 下的还原峰电位

α	R1/V	R1′/V	R2/V	R3/V
0	−1.77	—	−2.86	−3.36
1	−1.81	−2.09	−2.73	−3.31
2	−1.64	−2.10	−2.81	−3.30
5	−1.63	−2.16	−2.85	−3.34
20	−1.74	−2.18	−2.92	−3.42
50	−1.70	−2.20	−2.86	−3.37

　　结果表明，V^{3+} 的还原分为三步，分别对应于三个还原峰，路径应为 $V^{3+} \rightarrow V^{2+} \rightarrow V$ 和 $V^{3+} \rightarrow V$。当 α 增加到 1 时，观察到一个新的还原峰 R1′。这表明体系中出现新的还原步骤。F^- 的加入与 V^{3+} 形成配位化合物 $VCl_iF_{6-i}^{3-}$。因此，可以认为峰 R1′对应于配位化合物 $VCl_iF_{6-i}^{3-}$ 的还原。随后继续增加 F^- 浓度，还原步骤无明显变化。

　　根据无氟条件下的还原步骤，理论上会存在一个对应于 $VCl_iF_{6-i}^{3-}$ 直接还原为金属钒的还原过程，但在实际的电化学测试结果中没有观察到对应的还原峰。这可能是因为 F^- 的结合力较强，使还原反应的电位比碱金属沉积的电位更负，因此无法在电化学窗口中观察到相应的峰。

　　还原峰 R1、R2、R3 的电位整体上不会随 F^- 浓度的增加而变化，而还原峰 R1′对应的电位存在负向移动的趋势。这是因为随着熔盐中不断加入 F^-，配位化合物 $VCl_iF_{6-i}^{3-}$ 中 F 的比例上升，Cl 的比例下降，而 V—F 配位键的键能强于 V—Cl 配位键，需要更高的电位才能使 V^{3+} 还原，因此电位负移。

　　之后在不同扫描速率下进行循环伏安法测试，如图 4-15 所示。氧化还原峰的电位几乎不会随扫描速率移动。因此，可以初步确定相应的还原过程是可逆反应。

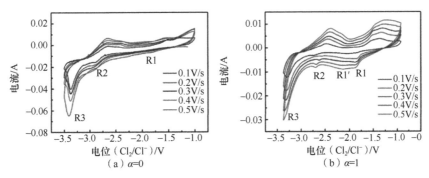

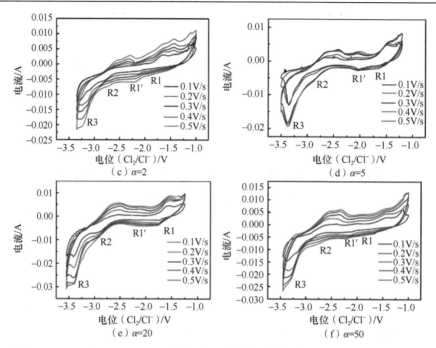

图 4-15　VCl₃ 在 LiCl-KCl-KF 中不同 α 下的不同扫描速率的循环伏安法测试结果

　　如图 4-16 和图 4-17 所示，可以发现，还原峰的数量及电位与循环伏安法测试结果一致。一个显著的不同在于，峰 R1 在方波伏安法中扫描电位较为明显，这也是上述循环伏安法测试结果 R1 还原电位判断的依据。表 4-4 为不同 α 下的转移电子数。

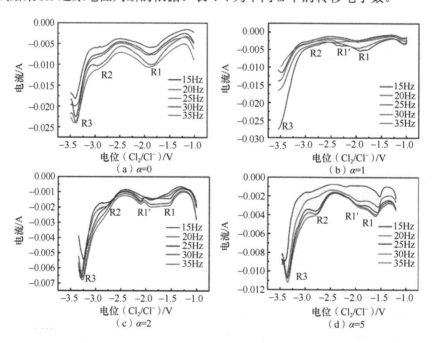

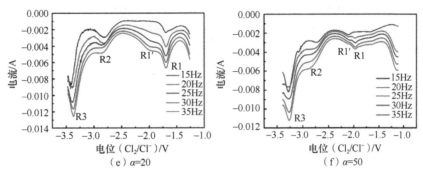

图 4-16 VCl$_3$ 在 LiCl-KCl-KF 中不同 α 下的不同频率的方波伏安法测试结果

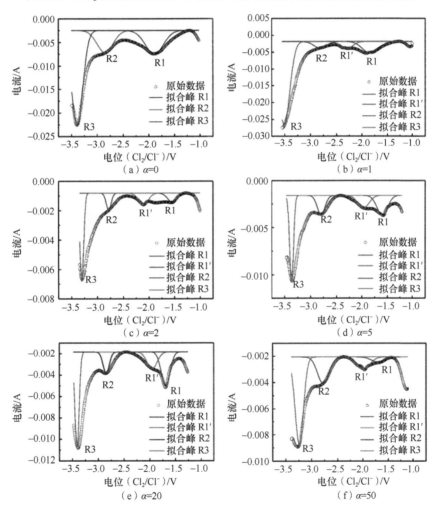

图 4-17 VCl$_3$ 在 LiCl-KCl-KF 中不同 α 下的 25Hz 的方波伏安法测试结果的高斯拟合

表 4-4 不同 α 下的转移电子数

α	R1	R1′	R2	R3
0	0.89	—	1.69	2.76
1	1.12	0.95	1.68	2.92

续表

α	R1	R1′	R2	R3
2	1.04	0.99	1.99	2.74
5	0.91	0.87	1.56	2.79
20	1.09	0.95	1.68	2.63
50	0.91	0.87	1.59	2.74

如果熔盐中含有足够的氟离子（$\alpha \geqslant 1.0$），反应会变得复杂，证明 V^{3+} 在氯化物–氟化物熔盐中的电化学还原机制会受含氟配位化合物离子的影响。总之，$V^{3+} \rightarrow V^{2+} \rightarrow V$ 和 $V^{3+} \rightarrow V$ 的还原过程没有改变。同时，产生新的还原步骤，因为 F^- 的加入导致形成 $VCl_iF_{6-i}^{3-}$，然后在电极表面参与还原反应，还原为 V^{2+}。

如图 4-18 所示，在不同 α 下的测试结果中观察到几个明显的电位平台，每个电位平台对应于一个还原反应，且还原电位与之前各种测试的结果一致。不同 α 下 VCl_6^{3-} 和 $VCl_iF_{6-i}^{3-}$ 还原峰电流与扫描速率平方根的关系，分别对应于反应 R1 和 R1′（图 4-19）。经拟合，可以看

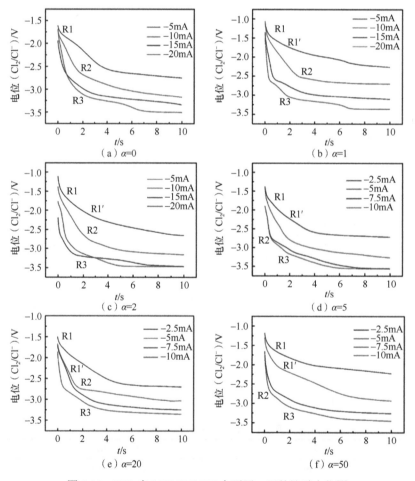

图 4-18　VCl_3 在 LiCl-KCl-KF 中不同 α 下的计时电位图

到对应于不同 α 下的还原反应 R1、R1′电流与扫描速率平方根基本呈线性关系（图 4-19），表明还原反应均受扩散过程的控制。然而，由于熔盐中 VCl_6^{3-} 和 $VCl_iF_{6-i}^{3-}$ 的具体浓度无法确定，因此不进行扩散系数的计算。

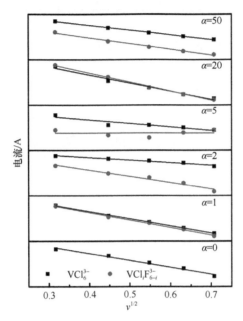

图 4-19　不同 α 下循环伏安图中还原峰电流和扫描速率平方根的关系

但是，$VCl_iF_{6-i}^{3-}$ 这种相对稳定的大团簇配位化合物通常会导致 V^{3+} 的整体扩散系数降低。这是由于 F^- 极化能力强，氟配位化合物离子团的半径也相对较大，因此受到更强的离子氛作用力。而且配位取代使离子团被还原所需的活化能增大，减缓动力学过程，导致离子扩散速率减小。另外，F^- 在电极表面特性吸附也会影响 V^{3+} 的还原过程[27]。

根据电化学测试结果，在不同的 F^- 浓度下，还原电位没有明显变化。因此不同 F^- 浓度的沉积电位均选择为 $-2.90V$，电解时间设定为 6h。电解完成后，用去离子水清洗工作电极，随后真空干燥，收集到黑色粉末状产物。

如图 4-20 所示，不引入 F^- 时，产物为枝晶结构。而在熔盐中加入 F^- 后，产物的形貌改变，呈现出松散海绵状结构。当 $\alpha=5$ 时，沉积产物的粒径约为 200nm。而 $\alpha=20$ 时，粒径减小到约 100nm。插图中的 EDS 分析结果显示产物为钒。

目前，在金属沉积的结晶过程中，被广泛接受的理论模型是"吸附原子"模型，即大部分还原后产生的金属原子会吸附在电极表面然后迁移。晶粒的形成和生长有两种途径，一种是吸附的金属原子进入晶粒中心，促使原有晶粒长大。另一种是金属原子自身形核，随后吸引后续还原产生的原子进入晶粒长大。通常，电极表面的能量分布不同，只有在低能量位点才能进行形核或者进入晶粒中心。因此在电荷转移过程完毕后，金属原子还需要进行扩散以迁移到适合的位置以进行电结晶过程。传质步骤、电荷转移步骤及阴离子的特性吸附均会影响金属原子的表面迁移。

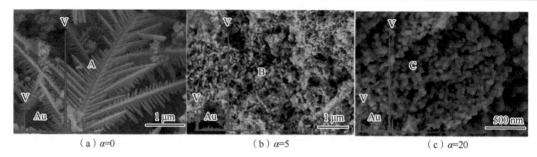

（a）α=0　　　　　　　　　（b）α=5　　　　　　　　　（c）α=20

图 4-20　不同 α 下恒电位电解产物的 SEM-EDS 图

氟离子的引入导致 V^{3+} 配位结构变化，不仅影响离子扩散和电荷转移等步骤的动力学过程，改变电化学反应速率，而且氟离子或者中间价态的金属离子在电极表面不断脱吸附，使得电极和熔盐界面的结构出现波动，进而影响金属原子的表面迁移。

理论认为，原子形成新的晶核后，晶核吸收周围的同质原子发生晶体生长。新晶核的生长基体无特殊要求，可以是在本征或者异质基体，但不同基体影响结晶生长。电结晶形核生长方式各不相同，目前已经提出了三种形核生长模型，分别为 Volmer-Weber 模型、Frank-vanderMerwe 模型和 Stranski-Krastanov 模型。金属电沉积生长模型的主要影响因素是沉积金属与基体的相互作用力（ΨMe-Me 和 ΨMe-S）及晶格错配度（dMe 和 dS）。当 ΨMe-Me 远大于 ΨMe-S 时，刚结束还原的金属原子更容易被电极表面已经存在的金属原子吸引，因此容易出现堆垛层，发展为晶核。后续还原的金属原子进入晶粒中心，促使晶粒生长。因此晶核形貌主要是三维岛状，即 Volmer-Weber 模型，也称为三维岛状模型。当 ΨMe-Me<ΨMe-S 且 dMe≈dS 时，吸附原子容易被电极本身吸引，因此还原的金属原子铺展在平整晶面上，逐层生长，即 Frank-vanderMerwe 模型，也称为二维层状模型。当 ΨMe-Me<ΨMe-S 且 dMe≠dS 时，金属原子首先在电极上形成平面层，然后金属原子在堆垛层和电极平整晶面上同时生长，即 Stranski-Krastanov 模型，该模型是二维形核和三维形核同时进行的，所以也称为混合形核模型。

产物的形貌表明，钒原子在钨电极上的结晶方式是 Volmer-Weber 模型，即三维岛状。由于 V—W 原子间的相互作用力较弱，因此在钨电极表面形成的钒晶核易从电极表面剥离。如前所述，熔盐中 V^{3+} 的电化学反应受扩散控制，应使用吸附–形核–生长模型对电结晶过程进行分析[28-30]。

在含氟熔盐中，V^{3+} 还原过程的动力学速率慢，因此传质过程和电荷转移过程需要更大的过电位才能进行。过电位是形核驱动力，阴极过电位越大，则电极表面活性中心密度越大，形核速率越大。

F^- 能够吸附在电极表面金属晶核上，吸附离子少或吸附作用弱时，对金属原子在表面的扩散过程干扰较小，扩散过程较快，晶粒容易长大；而当 F^- 在电极表面上强烈吸附时，大量的 F^- 围绕在晶粒周围，阻碍电还原产生的金属原子扩散进入晶粒，导致金属原子受干扰而无法进入晶粒，在原地相互碰撞形核，增加形核率。F^- 脱附之前，V^{3+} 的还原反应受到吸附阴离子的阻碍，进行缓慢。

以上结果表明，随着 F^- 浓度增加，电化学沉积过电位增大、形核数量增加，产品的粒径会减小，且不会影响沉积电位。

4.3　电解精炼高纯钒电解质的参数调控

4.3.1　氯化氟熔盐中钒离子的配位结构

在电化学过程中，电解液的组成是决定元素电化学性能的关键因素之一。除了电化学行为外，熔盐中离子的动力学性质和结构对熔盐电解工艺的优化也很重要。目前，对熔盐中钒离子的动力学性质和配位结构研究较少。因此，需要对钒离子在熔盐中的扩散系数、交换电流密度等进行进一步的动力学研究。本节系统研究了 F^- 的引入对熔盐中钒离子配位性能和动力学参数的影响。

加入不同浓度的 KF 后，在钨电极上得到 823K 时 LiCl-KCl 熔盐中 V^{3+} 的循环伏安法测试结果，如图 4-21 所示。

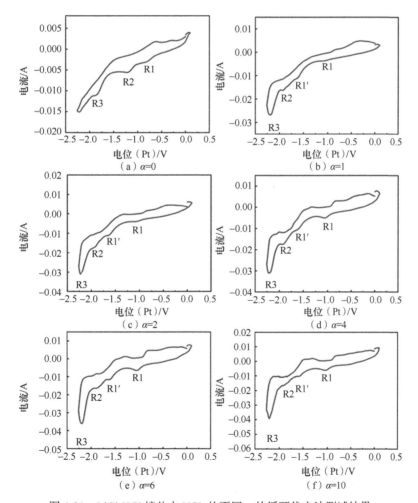

图 4-21　LiCl-KCl 熔盐中 VCl_3 的不同 α 的循环伏安法测试结果

对应于不含氟离子的熔体，可以观察到三对氧化还原峰，分别是−0.8V 时的还原峰 R1 和−1.21V 时的还原峰 R2。−1.89V 还原峰 R3 对应碱金属的析出电位。氟离子引入后，出现新的氧化还原峰，还原峰 R1′在−1.62V 处。在 R1、R2 和 R3 峰中可以看到不同维度的负移。而氟离子引入后，R1、R2、R3 峰电位整体上不随 KF 浓度的增加而变化。先前已经证明，V^{3+} 在熔盐中的还原过程分为 $V^{3+} \rightarrow V^{2+}$ 和 $V^{2+} \rightarrow V$ 两个步骤。据报道，在 $LiCl$-KCl-VCl_3 中，V^{3+} 以 VCl_6^{3-} 的形式存在。加入 KF 后，$LiCl$-KCl-VCl_3 的循环伏安法测试结果在−1.62V 附近有一个非常弱的还原峰。这说明可能是由 $LiCl$-KCl 熔盐中的氟钒配合物引起的，可以合理地归结为 $VCl_{6-x}F_x^{3-}$（$x \leqslant 3$）的还原。

为了更详细地了解 $LiCl$-KCl-VCl_3 熔盐体系中 V^{3+}的还原。加入不同浓度的 KF 进行一系列试验，得到的方波伏安法测试结果，如图 4-22 所示。

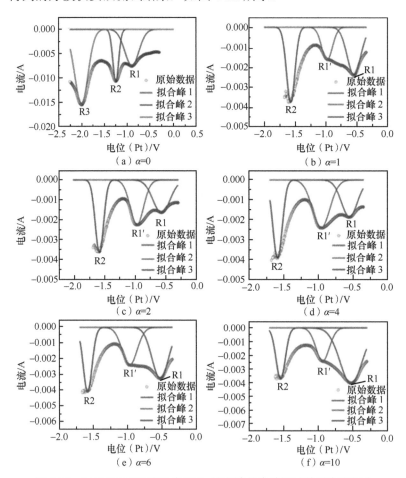

图 4-22　$LiCl$-KCl-KF 熔盐中 VCl_3 的方波伏安法测试结果高斯拟合

R1 峰电位为正移，R2 和 R3 峰电位为负移。但还原过程与循环伏安曲线一致。根据计算证实，与 R1、R2 和 R3 峰相关的反应中交换的电子数分别为 1、2 和 1。R1 峰对应 V^{3+}还原为 V^{2+}，R2 峰对应 V^{2+}还原为 V（0），R3 峰对应 Li^+还原为 Li（0）。随着 KF 的加入，出现了新的 R1′峰，其交换电子数为 1，对应于 $VCl_{6-x}F_x^{3-}$还原为 V^{2+}。当 α 从 0 增加到

10 时，峰电位从−0.83V 移动到−0.52V，这可能是由于 F^- 的高电负性。$VCl_{6-x}F_x^{3-}$（$x \leqslant 3$）第一配位层的 Cl^- 逐渐被 F^- 取代。

LiCl-KCl-VCl$_3$ 熔盐体系在−2.5V 恒电位、823K 下沉积 300s 的开路电势（open circuit potential，OCP）曲线（图 4-23）。当 $\alpha=0$ 时，出现三个平台Ⅲ、Ⅱ和Ⅰ，分别对应的峰值 R3、R2 和 R1。加入 KF 后，出现一个新的平台 I′，对应 R1′峰。为了进一步了解钒氟的配位结构，对其进行数学计算。LiCl-KCl 熔盐中的 V^{3+} 和 V^{2+} 在 VCl_6^{3-}/VCl_6^{4-} 和 F^- 之间形成各种配合物。取代反应由下面的平衡给出：

$$VCl_6^{3-} + iF^- \longrightarrow VCl_{6-i}F_i^{3-} + iCl^- \tag{4-18}$$

$$VCl_6^{4-} + iF^- \longrightarrow VCl_{6-i}F_i^{4-} + iCl^- \tag{4-19}$$

络合系数定义为

$$\alpha_{VCl_6^{3-},F} = \frac{[V(Ⅲ)]_T}{[VCl_6^{3-}]} \tag{4-20}$$

$$\alpha_{VCl_6^{4-},F} = \frac{[V(Ⅱ)]_T}{[VCl_6^{4-}]} \tag{4-21}$$

式中：$[V(Ⅲ)]_T$ 和 $[V(Ⅱ)]_T$ 分别为 V^{3+} 和 V^{2+}（与 F^- 配位和不配位）的总浓度；$[VCl_6^{3-}]$ 和 $[VCl_6^{4-}]$ 是不与 F^- 配位的 V^{3+} 和 V^{2+} 的浓度。

$$\alpha_{VCl_6^{3-},F} = 1 + \sum_{i=1}^{i} \frac{[VCl_{6-i}F_i^{3-}]}{[VCl_6^{3-}]} \tag{4-22}$$

$$\alpha_{VCl_6^{4-},F} = 1 + \sum_{i=1}^{i} \frac{[VCl_{6-i}F_i^{4-}]}{[VCl_6^{4-}]} \tag{4-23}$$

与累积络合常数 β_i 有关：

$$\beta_i = \frac{[VCl_{6-i}F_i^{3-}][Cl^-]^i}{[VCl_6^{3-}][F^-]_{free}^i} \tag{4-24}$$

$$\beta_i = \frac{[VCl_{6-i}F_i^{4-}][Cl^-]^i}{[VCl_6^{4-}][F^-]_{free}^i} \tag{4-25}$$

则可转化为

$$\frac{[VCl_{6-i}F_i^{3-}]}{[VCl_6^{3-}]} = \frac{\beta_i[F^-]_{free}^i}{[Cl^-]^i} \tag{4-26}$$

$$\frac{[VCl_{6-i}F_i^{4-}]}{[VCl_6^{4-}]} = \frac{\beta_i[F^-]_{free}^i}{[Cl^-]^i} \tag{4-27}$$

$\alpha_{VCl_6^{3-},F}$ 和 $\alpha_{VCl_6^{4-},F}$ 可以表达为

$$\alpha_{\mathrm{VCl_6^{3-}},\mathrm{F}}=1+\sum_{i=1}^{i}\beta_i\frac{[\mathrm{F}^-]_{\mathrm{free}}^i}{[\mathrm{Cl}^-]^i} \tag{4-28}$$

$$\alpha_{\mathrm{VCl_6^{4-}},\mathrm{F}}=1+\sum_{i=1}^{i}\beta_i\frac{[\mathrm{F}^-]_{\mathrm{free}}^i}{[\mathrm{Cl}^-]^i} \tag{4-29}$$

由于以氯化物熔盐为溶剂，Cl^-的浓度远高于 V^{3+}、V^{2+} 和 F^- 的浓度，故 $[\mathrm{Cl}^-]$ 可以近似为常数，那么可以认为 $k_i=\dfrac{\beta_i}{[\mathrm{Cl}^-]^i}$。

$$\alpha_{\mathrm{VCl_6^{3-}},\mathrm{F}}=1+\sum_{i=1}^{i}k_i[\mathrm{F}^-]_{\mathrm{free}}^i \tag{4-30}$$

$$\alpha_{\mathrm{VCl_6^{4-}},\mathrm{F}}=1+\sum_{i=1}^{i}k_i[\mathrm{F}^-]_{\mathrm{free}}^i \tag{4-31}$$

式中：$[\mathrm{F}^-]_{\mathrm{free}}$ 为游离氟化物的浓度。由于引入熔盐的 F^- 浓度远高于 V^{3+} 和 V^{2+} 的浓度，故可近似为 $[\mathrm{F}^-]_{\mathrm{free}}=[\mathrm{F}^-]_{\mathrm{T}}$。$[\mathrm{F}^-]_{\mathrm{T}}$ 为引入 F^- 的总浓度。通过测定熔盐中 F^- 加入前后的络合系数，可推导出熔盐的络合系数。

$$E_{0,\mathrm{VCl_6^{3-}}/\mathrm{VCl_6^{4-}}}=E_{\mathrm{VCl_6^{3-}}/\mathrm{VCl_6^{4-}}}^{\ominus}+\frac{2.3RT}{nF}\lg\frac{[\mathrm{VCl_6^{3-}}]}{[\mathrm{VCl_6^{4-}}]} \tag{4-32}$$

$$E_{0,\mathrm{VCl_6^{4-}}/\mathrm{V}}=E_{\mathrm{VCl_6^{4-}}/\mathrm{V}}^{\ominus}+\frac{2.3RT}{nF}\lg[\mathrm{VCl_6^{4-}}] \tag{4-33}$$

与 F^- 配位后，可写成

$$E_{0,\mathrm{VCl_6^{3-}}/\mathrm{VCl_6^{4-}}}=E_{\mathrm{VCl_6^{3-}}/\mathrm{VCl_6^{4-}}}^{\ominus}+\frac{2.3RT}{nF}\lg\frac{[\mathrm{VCl_6^{3-}}]_i}{[\mathrm{VCl_6^{4-}}]_i} \tag{4-34}$$

$$E_{0,\mathrm{VCl_6^{4-}}/\mathrm{V}}=E_{\mathrm{VCl_6^{4-}}/\mathrm{V}}^{\ominus}+\frac{2.3RT}{nF}\lg[\mathrm{VCl_6^{4-}}]_i \tag{4-35}$$

可得

$$E_{i,\mathrm{VCl_6^{3-}}/\mathrm{VCl_6^{4-}}}=E_{\mathrm{VCl_6^{3-}}/\mathrm{VCl_6^{4-}}}^{\ominus}+\frac{2.3RT}{nF}\lg\frac{\alpha_{\mathrm{VCl_6^{3-}},\,\mathrm{F}}[\mathrm{V(III)}]_{\mathrm{T}}}{\alpha_{\mathrm{VCl_6^{4-}},\,\mathrm{F}}[\mathrm{V(II)}]_{\mathrm{T}}} \tag{4-36}$$

$$E_{i,\mathrm{VCl_6^{4-}}/\mathrm{V}}=E_{\mathrm{VCl_6^{4-}}/\mathrm{V}}^{\ominus}+\frac{2.3RT}{nF}\lg\frac{[\mathrm{V(II)}]_{\mathrm{T}}}{\alpha_{\mathrm{VCl_6^{4-}},\mathrm{F}}} \tag{4-37}$$

式中：$E_{0,\mathrm{VCl_6^{3-}}/\mathrm{VCl_6^{4-}}}$ 和 $E_{0,\mathrm{VCl_6^{4-}}/\mathrm{V}}$ 为初始平衡电势 $(E_{\mathrm{eq}})_{\mathrm{V(III)}}$ 和之前的 F^- 和 $E_{\mathrm{VCl_6^{3-}}/\mathrm{VCl_6^{4-}}}^{\ominus}$ 和 $E_{\mathrm{VCl_6^{4-}}/\mathrm{V}}^{\ominus}$ 条件的潜力。$E_{i,\mathrm{VCl_6^{3-}}/\mathrm{VCl_6^{4-}}}$、$E_{i,\mathrm{VCl_6^{4-}}/\mathrm{V}}$ 为每个氟化物获得的平衡电势的浓度。

平衡电位可由上述循环伏安法、方波伏安法和 OCP 计算。其中 E_{eq} 为反应的平衡电位，E_{C} 和 E_{A} 分别为阴极和阳极峰电位。

$$E_{\mathrm{eq}}=E_{1/2}=1/2(E_{\mathrm{C}}+E_{\mathrm{A}}) \tag{4-38}$$

式（4-36）和式（4-34）相减，可得

$$E_{i,\mathrm{VCl}_6^{3-}/\mathrm{VCl}_6^{4-}} - E_{0,\mathrm{VCl}_6^{3-}/\mathrm{VCl}_6^{4-}} = \frac{2.3RT}{nF}\left(\lg\frac{\alpha_{\mathrm{VCl}_6^{3-},\mathrm{F}}[\mathrm{V(III)}]_\mathrm{T}}{\alpha_{\mathrm{VCl}_6^{4-},\mathrm{F}}[\mathrm{V(II)}]_\mathrm{T}} - \lg\frac{[\mathrm{VCl(III)}]_\mathrm{T}}{[\mathrm{V(II)}]_\mathrm{T}} \right) \tag{4-39}$$

$$E_{i,\mathrm{VCl}_6^{4-}/\mathrm{V}} - E_{0,\mathrm{VCl}_6^{4-}/\mathrm{V}} = \frac{2.3RT}{nF}\left(\lg\frac{[\mathrm{V(II)}]_\mathrm{T}}{\alpha_{\mathrm{VCl}_6^{4-},\mathrm{F}}} - \lg[\mathrm{V(II)}]_\mathrm{T} \right) \tag{4-40}$$

$$\lg\alpha_{\mathrm{VCl}_6^{3-},\mathrm{F}} = \frac{nF}{2.3RT}\left(E_{0,\mathrm{VCl}_6^{3-}/\mathrm{VCl}_6^{4-}} - E_{i,\mathrm{VCl}_6^{3-}/\mathrm{VCl}_6^{4-}} \right) + \lg\alpha_{\mathrm{VCl}_6^{4-},\mathrm{F}} \tag{4-41}$$

$$\lg\alpha_{\mathrm{VCl}_6^{4-},\mathrm{F}} = \frac{nF}{2.3RT}\left(E_{0,\mathrm{VCl}_6^{4-}/\mathrm{V}} - E_{i,\mathrm{VCl}_6^{4-}/\mathrm{V}} \right) \tag{4-42}$$

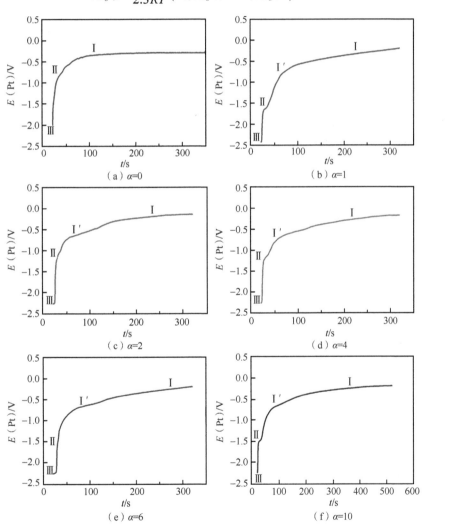

图 4-23　不同 α 下的 OCP 曲线

可以绘制出 $\lg[\mathrm{F}^-]_\mathrm{T}$-$\lg\alpha_{\mathrm{VCl}_6^{3-},\mathrm{F}}$ 的关系，如图 4-24 所示。$\lg\alpha_{\mathrm{VCl}_6^{3-},\mathrm{F}}$ 拟合 $\lg[\mathrm{F}^-]_\mathrm{T}$ 的斜率为 2.13。这表明与 V^{3+} 配位的 F^- 数目可能接近 2 个，这可能对应于 $\mathrm{VCl}_4\mathrm{F}_2^{3-}$ 的形成。

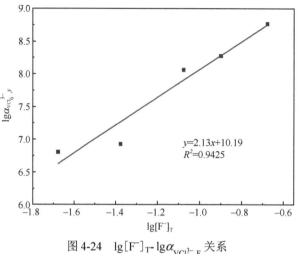

图 4-24　$\lg[\mathrm{F}^-]_{\mathrm{T}}$-$\lg\alpha_{\mathrm{VCl}_6^{3-},\mathrm{F}}$ 关系

样品的拉曼光谱研究证实了在 KF 中加入 LiCl-KCl-VCl$_3$ 后钒的形态演变（图 4-25），LiCl-KCl-VCl$_3$ 的拉曼光谱峰位于 210cm^{-1}、312cm^{-1}、396cm^{-1}、439cm^{-1}、688cm^{-1} 和 857cm^{-1}，这是由于 VCl_6^{3-} 配合物的形成。添加 KF 后，在 202cm^{-1}、294cm^{-1} 和 910cm^{-1} 处出现新的谱带。这可归因于 $\mathrm{VCl}_{6-x}\mathrm{F}_x^{3-}$（$x\leq6$）的形成。在 396cm^{-1} 附近的峰发生了位移，这应该是由于 VCl_6^{3-} 的第一配位壳层外存在 F$^-$。当 F/V 摩尔比低于 20 时，在 652cm^{-1} 处出现了一个新的峰，这可以归因于 VF_6^{3-} 的形成。在 202cm^{-1} 和 439cm^{-1} 处仍有峰存在，表明熔融盐中以该比例存在 VCl_6^{3-}、$\mathrm{VCl}_{6-x}\mathrm{F}_x^{3-}$ 和 VF_6^{3-}。此外，由于 LiCl-KCl 熔盐易吸水，在产品收集过程中容易发生反应生成 VOCl$_3$。在 127cm^{-1}、174cm^{-1} 和 252cm^{-1} 处出现的小峰可归因于 VOCl$_3$ 的形成。

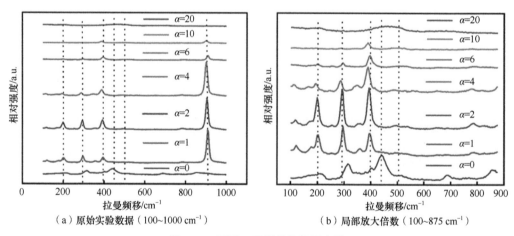

（a）原始实验数据（100~1000 cm^{-1}）　　　　（b）局部放大倍数（100~875 cm^{-1}）

图 4-25　不同 α 下样品的拉曼光谱

为了更全面地研究 V（Ⅲ）与 Cl$^-$ 和 F$^-$ 的配位，进一步对 V（Ⅳ）与一个和两个 F 原子的配位进行了从头算分子动力学模拟，如图 4-26 所示，V^{3+}—Cl 键的平均距离为 2.4Å，V^{3+}—F 键的平均距离为 1.9Å，几乎不随 α 的变化而变化。然而，由于 KF 浓度的增加，随着 F/V

摩尔比的减小，V^{3+}—Cl 峰的强度减小。当 $\alpha=0$ 时，V^{3+}—Cl 键的平均配位数（coordination number，CN）为 6，表明 V^{3+} 以 VCl_6^{3-} 的形式存在于熔盐中。当 α 从 1 增加到 4 时，V^{3+}—Cl 键的平均 CN 从 5.3 降低到 4.0，V^{3+}—F 键的平均 CN 从 0.7 增加到 2.0。这表明 $VCl_4F_2^{3-}$ 在 823K 时在熔盐中保持稳定。随着 α 逐渐增加，熔盐中的 V—Cl 键逐渐被 V—F 键取代，生成相对稳定的 $VCl_{6-x}F_x^{n-}$ 配合物，当 α 足够大时，VCl_6^{3-} 转变为 VF_6^{3-}。

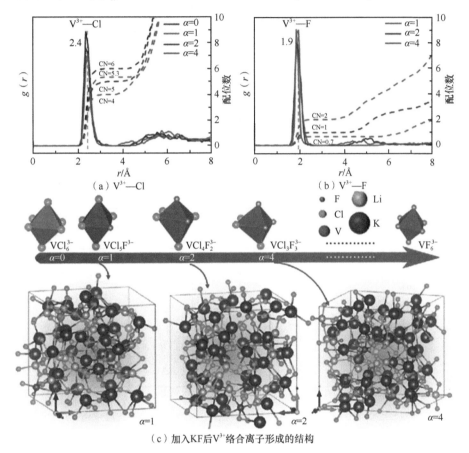

图 4-26　823K 时不同 α 下熔盐中 Cl、F 在 V 周围的 RDF 及结构

4.3.2　氯化氟熔盐钒离子电沉积动力学

如图 4-27 所示，在 823K 时，不同 KF 浓度下，扫描速率从 0.15V/s 到 0.35V/s 得到一系列循环伏安法测试结果。

V^{3+}/V^{2+} 对应该是可逆的，因为 R1 峰值电位随着扫描速率的增加而保持不变（图 4-28）。对于扩散控制的可逆过程，V^{3+} 的扩散系数可由 Randles-Sevick 方程计算。不同 α 下，V^{3+} 在 LiCl-KCl 中的扩散系数见表 4-5。由于电化学测试方法和数据计算方法不同，计算值不同。

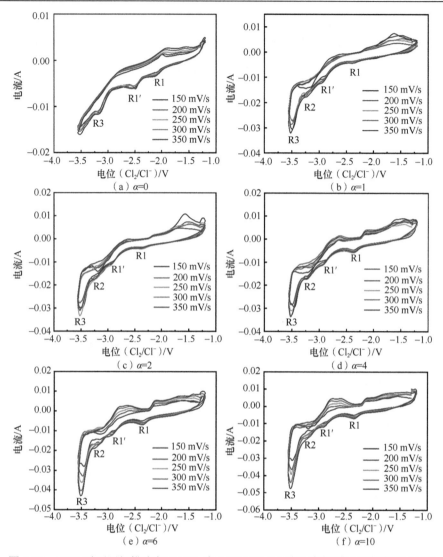

图 4-27　823K 时不同扫描速率下 VCl₃ 在 LiCl-KCl-KF 熔盐中的循环伏安法测试结果

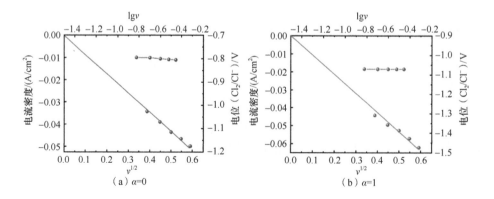

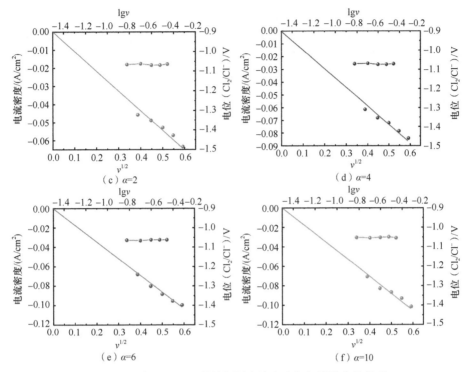

图 4-28　不同 α 下 R1 的峰还原电流密度与扫描速率的关系

表 4-5　不同 α 下 V^{3+} 在 LiCl-KCl 中的扩散系数

熔盐	温度/K	α	$D_{V^{3+}}$/$(\times 10^4 cm^2/s)$
	823	0	2.45
	823	1	3.79
	823	2	3.84
LiCl-KCl	823	4	7.20
	823	6	10.00
	823	10	10.10

可以看出，随着 KF 的加入，扩散系数不断增大。这很可能是由于 F^- 的存在改变了 LiCl-KCl-VCl₃ 熔体中 VCl_6^{3-} 的溶剂化环境。据报道，熔盐中的扩散过程可以用粒子平移运动的斯托克斯机制和中心离子从一个配合物跳到另一个配合物的跳变机制来解释。

当 KF 加入熔盐中时，大多数 F^- 驻留在钒的第一配位壳层外，由氯化物和碱金属离子组成。部分 Cl^- 被 F^- 取代，导致与第一配位层外碱金属离子的相互作用强度增加。最终降低了第一层与相邻层之间的相互作用强度。因此，在 LiCl-KCl-KF-VCl₃ 体系中，钒离子更容易根据跳变机制扩散。相应的扩散系数也大于不含 F^- 熔盐中的扩散系数。

采用电化学阻抗谱（electrochemical impedance spectroscopy，EIS）研究了不同浓度 KF 在钨电极上与 LiCl-KCl 反应的动力学机理。计算了交换电流密度 i_0 和反应速率常数 k。EIS 试验的幅值设置为 10mV，频率为 0.01～10000Hz，V^{3+}/V^{2+} 电位设置在 1～5mV 进行多次试验。记录重现性 EIS 数据，拟合奈奎斯特图得到等效电路图（图 4-29）。

奈奎斯特图由高频区域的半圆和低频区域的 45° 直线组成。结果表明，V^{3+}/V^{2+} 对的电极过程受到电荷转移和扩散的双重控制。高频区域的半圆电弧偏离了标准半圆轨迹，呈现为压缩的半圆电弧，这种现象被称为色散效应。这种现象可能是由于电极表面粗糙、各点电化学活性不同以及电场不均匀等造成的。因此，在拟合等效电路时，引入常相位角元件（constant phase angle element，CPE）来描述由此产生的色散效应。双层电容与理想电容的偏差反映在 CPE 常数 n 上。通过拟合奈奎斯特图得到不同 F/V 摩尔比下的等效电路图，重现性较好。等效电路中的 R_{ct} 表示电荷转移电阻，R_s 表示电解质的溶液电阻。与 R_{ct} 串联，Z_w 表示 Warburg 阻抗；与 R_{ct} 并行，CPE 代表双层电容。

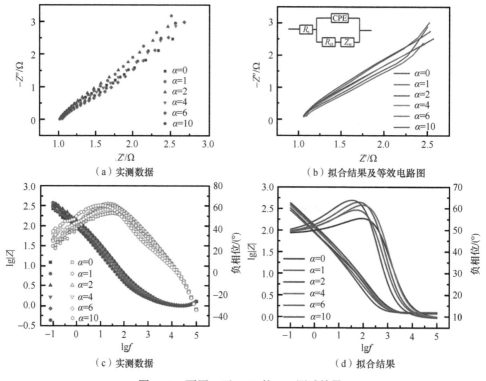

图 4-29　不同 α 下 VCl_3 的 EIS 测试结果

通过比较加入不同浓度 KF 后的 R_s 值（表 4-6），可以发现随着 α 增加，溶液电阻 R_s 基本保持不变，维持在 $1.0\,\Omega$ 左右，但电荷转移电阻 R_{ct} 逐渐降低。利用电荷转移电阻 R_{ct} 计算了 V^{3+}/V^{2+} 对的交换电流密度 i_0（A/cm^2）和反应速率常数 k_0（cm/s）。其中 ε 为传递系数，C 为本体溶液中 V^{3+} 的浓度（mol/cm^3），A 为电极的电活性面积（cm^2）。由以上循环伏安法数据可知，V^{3+} 在电极处的还原反应是一个具有扩散效应的可逆过程，故 ε 取 0.5。由式（4-43）计算得到的交换电流密度 i_0 和反应速率常数 k_0。

$$R_{ct} = \frac{RT}{nFAi_0} = \frac{RT}{n^2 F^2 A k_0 C^{1-\varepsilon}} \tag{4-43}$$

表 4-6　不同 α 下的奈奎斯特图数据及动力学参数

α	R_s/Ω	$R_{ct}/m\Omega$	$i_0/(A/cm^2)$	$k_0/(\times 10^{-3}cm/s)$
0	1.06	795.0	1.27	2.26
1	1.05	787.4	1.29	2.29
2	1.08	673.0	1.51	2.67
4	1.09	500.0	2.03	3.60
6	1.08	460.0	2.20	3.91
10	1.07	350.0	2.89	5.14

采用电化学和光谱学相结合的方法，结合从头算分子动力学模拟，研究了氯化氟熔盐中钒离子的配位结构及其电沉积动力学参数。发现 $VCl_4F_2^{3-}$ 在 823K 时是熔盐中最稳定的络合物。在试验结果的基础上，进一步探讨了 V^{3+} 的电化学行为与溶液结构的关系。通过改变电位扫描速率为 $0.15\sim0.35V/s$，计算出加入不同比例 KF 后 V^{3+} 的扩散系数为 $2.45\times10^{-4}\sim1.01\times10^{-3}cm/s$。

4.4　熔盐电解精炼金属钒电解参数分析

4.4.1　钒以及杂质元素热力学性质分析

从热力学角度评估钒铝合金通过电解实现钒铝分离以及杂质离子去除的可行性时，需要综合考虑吉布斯自由能变化、熔盐组成和杂质离子的行为等多个因素。通过优化这些条件，理论上可以实现钒和铝的有效分离以及杂质离子的去除，为金属钒的电解精炼效率和纯度提升提供坚实的理论基础。

图 4-30 展示了粗钒主体金属与宏量杂质元素 V、Si、Fe、Al 的氯化物基团及氟化物基团的键长比较，提供了这些金属离子与不同阴离子结合时的结构信息。

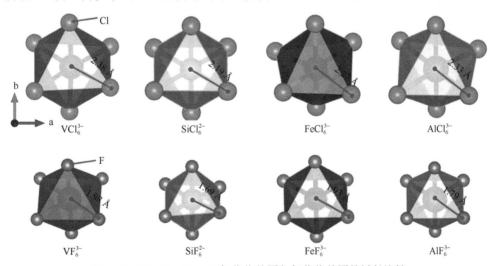

图 4-30　V、Si、Fe、Al 氯化物基团与氟化物基团的键长比较

在氯化物体系中，V—Cl 键键长最长，为 2.38Å，而 Al—Cl 键键长次之，为 2.33Å。相比之下，Si—Cl 键键长最短，仅为 2.19Å。这表明在氯化物中，钒离子与氯离子的结合相对较为松散，而硅离子与氯离子的结合则更为紧密。转向氟化物体系，可以观察到类似的趋势。V—F 键键长仍然最长，为 1.98Å，而 Si—F 键键长依然最短，为 1.69Å。值得注意的是，与氯化物相比，所有金属离子与氟离子形成的键长都有所缩短。这意味着氟离子与这些金属离子的结合更为紧密，这可能是由于氟离子具有较高的电负性。

综上所述，V、Si、Fe、Al 与氟离子的结合相较于与氯离子的结合更为紧密，这从键长的缩短中得到了体现。氯化物基团与氟化物基团键长比较揭示 V、Si、Fe、Al 与不同阴离子的相互作用。

图 4-31 展示了 V、Si、Fe、Al 与 Cl、F 之间在氯化物和氟化物体系中的键能对比。这一数据提供了关于这些金属离子与不同阴离子结合时键强的直接信息。

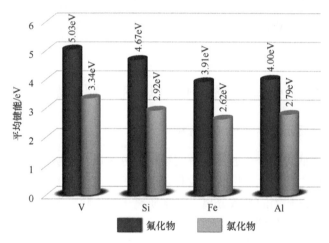

图 4-31　V—Cl、V—F、Si—Cl、Si—F、Fe—Cl、Fe—F、Al—Cl、Al—F 键能

V—Cl 键的键能最大，高达 3.34eV。这表明钒离子与氯离子之间的结合力非常强，形成的化学键相对稳定。相比之下，Fe—Cl 键的键能最小，为 2.62eV，意味着铁离子与氯离子之间的结合相对较弱。氟化物体系具有相似的趋势：V—F 键的键能仍然是最大的，为 5.03eV，而 Fe—F 键的键能仍然是最小的，为 3.91eV。这表明，无论是在氯化物还是氟化物中，钒离子与相应的阴离子之间的结合都是最强的，而铁离子的结合则相对较弱。综合比较氯化物与氟化物的键能，可得：氟化物的键能普遍高于相应的氯化物。这一观察结果说明，当金属离子与氯离子结合时，形成的化学键相对较弱，不如与氟离子结合时稳定。

图 4-32 所展示的 V、Si、Fe、Al 表面氯或氟原子吸附自由能的对比。铁和硅表面吸附氯离子的能量最低，分别为−12.58eV 和−12.77eV。这表明氯离子在这两种金属表面上的吸附非常稳定，释放了大量能量。这种强烈的相互作用可能源于氯离子与铁和硅表面原子之间的电子转移和轨道重叠，形成了稳定的化学键。这种稳定的吸附对于某些应用，如腐蚀防护或催化反应可能是有利的。相比之下，铝和钒表面吸附氯离子的能量相对较高，分别为−1.92eV 和−2.81eV。这意味着氯离子在这两种金属表面上的吸附相对较弱，释放的能量较少。这可能是由于铝和钒的表面电子结构或化学性质与氯离子不太匹配，导致它们之间的相互作用较弱。

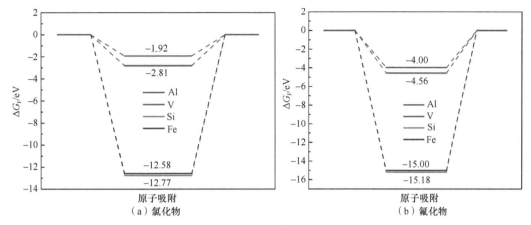

图 4-32　V、Si、Fe、Al 表面氯或氟原子吸附自由能

而硅和铁表面吸附氟离子的能量变得最低，分别为 –15.00eV 和 –15.18eV。这意味着氟离子在这两种金属表面上的吸附非常强烈，释放的能量甚至超过了它们吸附氯离子时的能量。这种强烈的相互作用可能是由于氟离子与硅和铁表面的特殊电子结构或化学性质相匹配，导致了非常稳定的吸附。铝和钒表面吸附氟离子的能量仍然较高，分别为 –4.00eV 和 –4.56eV，但这些值相较于它们吸附氯离子的能量已经有了显著的降低。这表明氟离子与铝和钒表面的相互作用比氯离子更强。这可能是由于氟的电负性更高，更容易与金属表面的原子形成稳定的化学键。

根据之前的分析，可以得出硅和铁在氯化物熔盐中和氟化物熔盐中都能形成相对稳定的基团。对于硅而言，由于其离子半径适中且电荷不高，它与氯和氟离子形成的化学键强度适中，因此无论是在氯化物还是氟化物中，硅的基团都表现出一定的稳定性。同样地，铁在氯化物和氟化物中的键能相对较低，因此，铁的基团也是相对稳定的。鉴于硅和铁的氯化物和氟化物基团均具有一定的稳定性，这为去除熔盐中的铁和硅提供了便利。

然而，铝和钒的基团稳定性较高且相近，这增加了在熔盐电解过程中分离这两种元素的难度。为了更有效地实现钒和铝的分离，需要对它们的电化学行为进行深入研究。

4.4.2　钒以及杂质元素电化学性质分析

图 4-33 展示了加入 F$^-$ 前后 VCl$_3$ 在熔盐中的循环伏安曲线对比图。在未加入 KF 时，VCl$_3$ 还原为金属 V 的电位为 –2.57V，加入 KF 后，VCl$_3$ 还原为金属 V 的电位负移至 –3.20V。

图 4-34（a）展示了在未加入 KF 时的循环伏安曲线，显示了两对明显的氧化还原峰。其中，O1/R1 峰对与金属 Al 的沉积和溶解有关，其还原峰 R1 的电位为 –2.35V。这表明铝离子在此电位下发生还原反应，从而在电极上沉积金属 Al。另一对峰 O2/R2 则对应 Li$^+$ 的沉积和 Li 金属的溶解。此外，循环伏安曲线上出现了一个较弱的还原峰 A，这与 Al-W 合金的生成有关。

当向体系中加入 AlCl$_3$ 和 KF，且它们的比例为 1.0 时，得到的循环伏安曲线如图 4-34（b）所示。加入 F$^-$ 后，与 Al 沉积相关的还原峰 R1 发生了负移，从 –2.35V 变为 –2.52V。这意味着 Al 的还原反应在更负的电位下进行，表明 F$^-$ 的存在影响了铝离子的还原动力学或电极表面的反应机制。

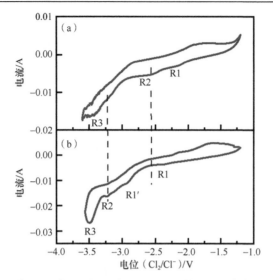

图 4-33　加入不同比例 F⁻后 VCl₃ 的循环伏安曲线

（a）LiCl-KCl-VCl₃；　（b）LiCl-KCl-VCl₃-KF（[F]∶[V]=1∶1）

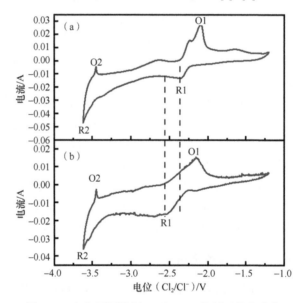

图 4-34　加入不同比例 F⁻后 AlCl₃ 的循环伏安曲线

（a）LiCl-KCl-AlCl₃；　（b）LiCl-KCl-AlCl₃-KF（[F]∶[Al]=1∶1）

基于上述结果，可以初步判断，在 LiCl-KCl 熔盐中，钨电极上 AlCl₃ 的还原是一步完成的。尽管 F⁻的加入导致 Al 的还原电位发生了负移，但并没有改变还原步骤。

通过对比循环伏安曲线，可以观察到在未加入 KF 时，VCl₃ 还原为金属 V 的电位为 −2.57V，而 AlCl₃ 还原为金属 Al 的电位为−2.35V，两者之间的电位差仅为 0.22V。这意味着在电解过程中，通过控制电压来有效分离这两种金属存在难度，因为它们的还原反应可能同时发生。

然而，当向熔盐中加入 KF 后，情况发生了显著变化。VCl₃ 还原为金属 V 的电位负移至–3.20V，而 $AlCl_3$ 还原为金属 Al 的电位负移至–2.53V。这表明加入 KF 后，两种金属的还原电位均有所负移，但 VCl_3 的还原电位降低幅度更大。因此，添加 KF 后，钒和铝之间的还原电位差增大至 0.67V，这为提高它们的电化学分离效率提供了可能性。

4.4.3 多参数调控恒压电解精炼金属钒

通过控制电位可以达到选择性阳极溶解的目的。所以本节对粗钒在 LiCl-KCl 熔盐中恒电位溶解制备金属钒进行了工艺试验探究。本节采用控制单因素试验方法，主要考察了不同氟离子浓度、不同电解电压和不同钒离子浓度等工艺参数对粗钒阳极溶解率、阳极溶解速率、电解产物形貌和纯度的影响。阳极溶解率及阳极溶解速率见式（4-44）和式（4-45）：

$$\Delta m = (m_1 - m_2)/m_1 \tag{4-44}$$

式中：m_1 为电解前 V-Al 合金阳极的质量（g）；m_2 为电解后 V-Al 合金阳极的质量（g）。

$$v = M/(t \times s) \tag{4-45}$$

式中：M 为电解前后粗钒阳极的质量差（g）；t 为电解持续时间（h）；s 为 V-Al 合金与熔盐的接触面积（cm^2）。

1. 氟离子组成对电解精炼钒的影响

氟离子浓度是金属钒电解精炼的重要变量之一。试验采用两电极体系，LiCl-KCl 作为电解质，粗钒作为阳极，钒棒作为阴极。钒离子浓度为 1.0%，α 为 0、1、2、4、6、10，电解电位为 2.4V，电解温度为 823K，电解时间为 6h。

图 4-35 展示了电解原始材料与沉积产物的形貌对比图，通过对比可以直观地观察电解前后材料形貌的变化。电解原始材料为块状，经 ICP-OES 测试可得，其纯度为 96.84%，其中铝质量分数为 2.78%，硅质量分数为 0.16%，铁质量分数为 0.22%。在经过电解后，沉积产物的形貌发生了显著变化，出现了树枝状结构。

（a）原始材料　　　　　　（b）沉积产物的形貌图

图 4-35　在 2.4V，1.0%VCl_3，$\alpha=6$ 条件下电解

图 4-36 展示了在不同氟离子浓度（即不同的 α）下，电解产物金属钒的形貌变化。在 $\alpha=0$ 条件下，电解产物金属钒呈粉末状。即使在粉末状态下，SEM 图像仍然显示出金属钒具有树枝状结构，但颗粒尺寸较小。在没有氟离子的情况下，金属钒的沉积过程仍然倾向

于形成树枝状结构，但可能由于缺乏氟离子的影响，其结构不够发达或分支不够明显。当加入氟离子后，收集到的产物均为树枝状结构。SEM 图像清晰地显示出金属钒的树枝状分叉结构，这意味着在氟离子的存在下，金属钒在生长过程中经历了多次的分支和延伸。

（a）$\alpha=0$ （b）$\alpha=1$ （c）$\alpha=4$

（d）$\alpha=6$ （e）$\alpha=10$

图 4-36 不同 α 下的沉积产物 SEM 图

本节对电解产物进行系统的收集和处理，并通过 ICP-OES 测试了金属钒的纯度，图 4-37 为 ICP-OES 测试结果。

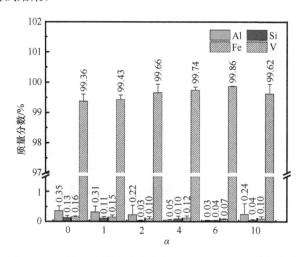

图 4-37 不同 α 下收集的产物中 Al、Si、Fe、V 质量分数

在未加入氟离子的情况下，电解产物金属钒纯度为 99.36%。然而，其中铝的质量分数高达 0.35%，而硅和铁的质量分数分别为 0.13% 和 0.16%。当加入氟离子后，随着氟离子浓度增加，电解产物金属钒的纯度得到了提高。当 α 为 6 时，金属钒的纯度达到了最高值，

为 99.86%。此时，铝的质量分数降低至 0.03%，而铁和硅的质量分数也在一定程度上达到了最低值。这进一步证实了氟离子在提高电解产物金属钒纯度方面的积极作用。

综上，氟离子的加入不仅改变了电解产物金属钒的形貌，还影响了其纯度。这与氟离子和熔盐中金属离子的相互作用以及氟离子对电化学行为的调控有关。

去除率是评估电解过程中杂质元素被有效去除程度的重要指标。在熔盐中可以将某种金属的分离率定义为

$$\eta_{\mathrm{M}} = 1 - X_{\mathrm{M}^{n+}}^{\mathrm{final}} / X_{\mathrm{M}^{n+}}^{\mathrm{initial}} \tag{4-46}$$

式中：$X_{\mathrm{M}^{n+}}^{\mathrm{initial}}$ 和 $X_{\mathrm{M}^{n+}}^{\mathrm{final}}$ 分别为某金属离子在熔盐中分离前后的浓度。

对于金属钒的电解提取而言，铝、铁和硅等杂质元素的存在会直接影响最终产物的纯度。因此，了解氟离子对杂质去除率的影响对于优化电解条件和提高金属钒纯度至关重要。

从图 4-38 中可以看出，在未加入氟离子的情况下，铝的去除率较低，为 89.29%。这意味着在电解过程中，大部分铝没有被有效去除，导致最终产物中铝的质量分数较高。同时，硅和铁的去除率分别为 20.83% 和 28.79%，也表现出较低的去除率。

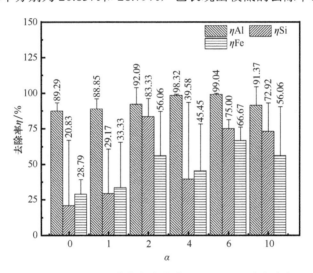

图 4-38　不同 α 下收集的产物中 Al、Si、Fe 的去除率

随着氟离子的加入，铝的去除率呈现逐渐增加的趋势。当 α 达到 6 时，铝的去除率达到最大值，为 99.04%。这表明在这个氟离子浓度下，电解过程中铝的去除率非常高，几乎所有的铝都能被有效去除。这对于提高电解产物金属钒的纯度是非常有利的。然而，对于铁和硅的去除率，虽然加入氟离子后有所提高，但并没有明显的变化趋势。

2. 电解电压对电解精炼钒的影响

已知氟离子在熔盐电解过程中对 V-Al 合金阳极的溶解行为和速率有显著影响，且适当浓度的氟离子可以提高阳极溶解率和溶解速率。这为提取更高纯度的金属钒提供了一个有效的手段。为了进一步优化条件，研究氟离子与电解电压的协同作用显得尤为重要。

氟离子通过改变熔盐的性质和金属离子的电化学行为来影响电解过程。而电解电压是

控制金属离子还原和沉积的关键因素。选择电解电位为 2.1V、2.2V、2.4V、2.6V，α 为 6.0，钒离子浓度为 1.0%，电解温度为 823K，电解时间为 6h。图 4-39 为不同电压下电解的电流–时间曲线。随着电解电压的增加，电流强度也有所增加。在 2.1V 和 2.2V 电解下，电流趋势相同，当电解开始时，电流迅速降低，然后小幅度上升，最后趋于稳定，过程中电流相对平稳。2.1V 电解时，电流稳定在 0.21A 左右；2.2V 电解时平均电流约 0.32A；2.4V 电解时电流在 10000s 左右出现波动，后趋于平稳，平均电流约 0.41A；2.6V 电解时，电流波动较大，电流呈现先降低后增加的趋势。

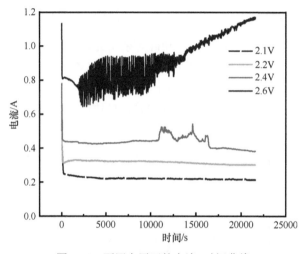

图 4-39　不同电压下的电流–时间曲线

图 4-40 展示了在不同电压下，V-Al 合金阳极的溶解速率和溶解率随电解时间（6h）的变化关系。

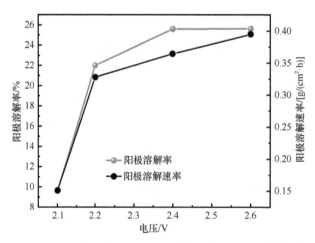

图 4-40　不同电压下 V-Al 合金阳极溶解率、阳极溶解速率

由试验结果可知，随着电解电压增加，阳极溶解率和阳极溶解速率呈现明显的上升趋势。这表明，电解电压与阳极溶解行为之间存在正相关关系。当电解电压增加时，相同面积内的电荷数目增多，从而促进了 V-Al 合金的阳极溶解过程。这种促进作用不仅加快了

电极反应速率，还有助于提高阳极材料的利用率和电解效率。具体来说，当电解电压从较低水平逐渐增加到 2.6V 时，阳极溶解率从 9.61%显著增加到 25.63%。同时，阳极溶解速率也从 0.15g/（cm² · h）快速提升至 0.39g/（cm² · h）。因此，在适当的电压范围内，提高电解电压可以有效地促进 V-Al 合金的阳极溶解，从而增强电解提取过程中金属钒的回收率和纯度。

为了深入探究电压在钒电解提取过程中的作用，本节收集了在不同电压下电解后的产物，并进行了成分测试。图 4-41 为不同电压下收集产物的 ICP-OES 测试结果。通过对测试结果分析，发现电压对电解产物的形貌、纯度以及杂质含量均产生了显著影响。

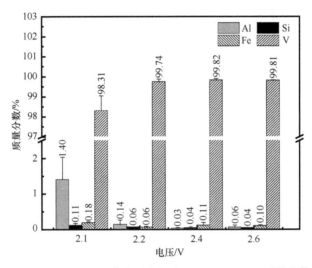

图 4-41　不同电压下收集的产物中 Al、Si、Fe、V 质量分数

当电压为 2.1V 时，电解产物呈现粉末状，其中铝的质量分数高达 1.40%，导致金属钒的纯度仅为 98.31%。这表明在较低的电压下，电解过程对铝等杂质的去除效果不佳。随着电压增加至 2.2V，电解产物的形貌发生了变化，呈现树枝状结构。同时，产物的纯度得到了提升。当电压进一步增加至 2.4V 时，电解产物的纯度达到了最高值 99.82%，而铝的质量分数降低至 0.03%。这表明适当地提高电压有助于增强电解过程中铝等杂质的去除效果，从而提高产物的纯度。即使在电压为 2.6V 时，电解产物的纯度仍然保持在较高水平，为 99.81%，且杂质含量也很低。这说明在较高的电压范围内，电解过程仍能保持较好的稳定性和纯度。

为深入了解电压对电解过程中杂质元素去除率的影响，本节分析在不同电压下产物中 Al、Si、Fe 三种杂质元素的去除情况。通过图 4-42 展示，可以得出以下结论。

首先观察铝的去除率，当电压为 2.1V 时，其去除率最低，仅为 49.76%。这意味着在较低的电压下，电解过程对铝的去除效果不佳。然而，随着电压的逐渐增加，铝的去除率得到了显著提升。当电压达到 2.4V 时，铝的去除率达到了 99.64%，表明在此电压下，铝几乎被完全去除。其次，对于硅和铁的去除率，也可以观察到类似的趋势。在 2.1V 电压下，硅和铁的去除率均较低。但当电压提升至 2.2V 及以上时，它们的去除率均比 2.1V 时的去除率要高。特别地，在 2.6V 电压下，硅的去除率达到了最高值，为 77.08%，而铁的去除率在 2.2V 时达到最高值，为 74.24%。可以发现，在各电压下，铝的去除效果始终是最高的。此外，随着电压增加，杂质元素的去除率普遍得到了提升，表明电压是影响电解过程中杂质元素去除的重要因素。

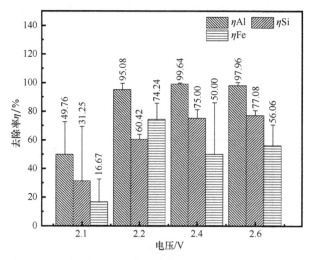

图 4-42　不同电压下收集的产物中 Al、Si、Fe 的去除率

综合以上分析，可以得出结论：电压是影响钒电解提取产物形貌、纯度及杂质含量的重要因素。适当提高电压有助于改善电解产物的形貌、提高纯度、降低杂质含量。在本试验条件下，2.4V 是较为适宜的电解电压，可以获得高纯度的树枝状金属钒。

3. 钒离子浓度对电解精炼钒的影响

为了深入理解钒离子浓度在金属钒电解提取过程中的作用，本节选择钒离子浓度（VCl_3 质量分数）为 0.5%、1.0%、2.0% 和 3.0%，电解电位为 2.4V，α 为 6，电解温度为 823K，电解时间为 6h 条件下进行试验。

图 4-43 展示了在不同钒离子浓度下，V-Al 合金阳极的溶解率和溶解速率随时间（6h）的变化关系。可以发现阳极溶解和阳极溶解速率呈现出先增加后下降的特点，表明在某个特定的钒离子浓度下，阳极的溶解行为达到最优状态。

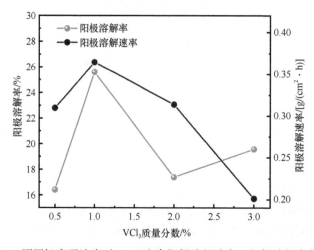

图 4-43　不同钒离子浓度对 V-Al 合金阳极溶解速率、阳极溶解率的影响

　　当钒离子浓度为 1.0%时，阳极溶解率和阳极溶解速率均达到了最大值。具体来说，阳极溶解率达到了 25.60%，而阳极溶解速率则高达 0.36g/（cm^2·h）。这可能是因为在这个浓度下，钒离子与电解质中的其他组分之间的相互作用最为适宜，从而促进了阳极的溶解过程。当钒离子浓度低于或高于 1.0%时，阳极溶解率和阳极溶解速率均有所下降。这可能是因为过低的钒离子浓度导致电解过程中阳极的反应动力不足，而过高的钒离子浓度则可能引发电解质的不稳定性，从而对阳极的溶解行为产生不利影响。

　　图 4-44 展示了在不同钒离子浓度下，电解产物金属钒的形貌变化。当钒离子浓度为 0.5%时，金属钒呈树枝状，但尺寸较小。这可能是由于在低浓度下，钒离子的供应相对有限，导致金属钒的生长受到限制。当钒离子浓度为 1.0%时，金属钒的树枝状结构更加明显，可以清楚地看到枝晶的生长状况，且尺寸也增大。在较高的钒离子浓度下，金属钒的生长得到了更好的促进。由于钒离子供应的增加，金属钒的晶核形成和生长速率加快，导致树枝状结构更加明显，且尺寸更大。当钒离子浓度为 3.0%时，观察到的产物也能清晰地看到分支，但结构变得松散。过多的钒离子可能导致晶核形成的速率过快，使得金属钒的树枝状结构无法紧密地连接在一起，从而呈现出较为松散的形态。

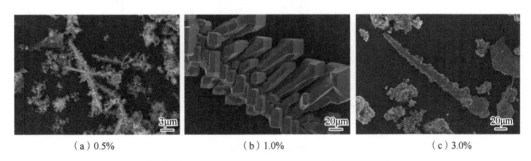

（a）0.5%　　　　　　　　　　（b）1.0%　　　　　　　　　　（c）3.0%

图 4-44　不同钒离子浓度下的沉积产物 SEM 图

　　为了评估不同钒离子浓度对电解提取金属钒产物纯度的影响，本节分析了在不同钒离子浓度下收集的产物中 Al、Si、Fe、V 质量分数，测试结果如图 4-45 所示。

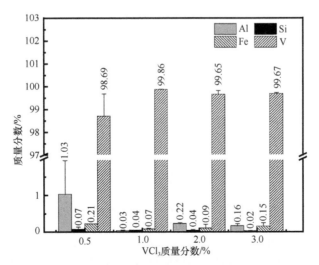

图 4-45　不同钒离子浓度下收集的产物中 Al、Si、Fe、V 质量分数

　　根据 ICP-OES 测试结果可以得到以下结论：在 1.0%、2.0% 和 3.0% 钒离子浓度条件下，金属钒的纯度均达到了 99% 以上。这表明在这些浓度范围内，电解提取过程能够有效地去除杂质元素，从而获得高纯度的金属钒。在 1.0% 的钒离子浓度下，金属钒的纯度达到了最高值，为 99.86%。除了 0.5% 的钒离子浓度条件外，其他浓度下铝、铁、硅的质量分数均较低。这进一步证实了在这些浓度范围内，电解提取过程能够有效地去除这些杂质元素。

　　对不同钒离子浓度下电解提取金属钒过程中杂质元素的去除效果进行分析，如图 4-46 所示，随着钒离子浓度的增加，铝的去除率总体呈现上升趋势。特别是在钒离子浓度为 1.0% 时，铝的去除率达到了最高值，为 99.04%，这明显高于 0.5% 时的去除率。

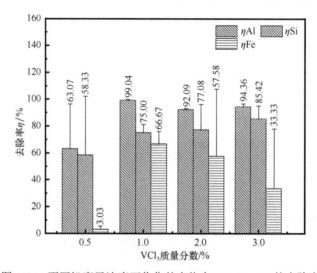

图 4-46　不同钒离子浓度下收集的产物中 Al、Si、Fe 的去除率

　　硅的去除率随着钒离子浓度的增加而持续上升。当钒离子浓度达到 3.0% 时，硅的去除率达到了 85.42%，这是一个相对较高的去除率。这说明钒离子浓度的增加对硅的去除有积极的影响。

　　铁的去除率随着钒离子浓度的增加先增大后减小。当钒离子浓度为 1.0% 时，铁的去除率达到最高值，为 66.67%。然而，当钒离子浓度进一步增加时，铁的去除率开始下降。这表明，对于铁的去除，存在一个最佳的钒离子浓度，超过这个浓度，去除效果反而会下降。

　　综上，钒离子浓度是影响金属钒电解提取过程的重要因素之一。适当的钒离子浓度有助于获得高纯度的树枝状金属钒，并提高杂质元素的去除率。为了获得最佳的杂质去除效果，可将钒离子浓度控制在 1.0% 左右。此时，铝的去除率高达 99.04%，而硅铁的去除率也相对较高。

参 考 文 献

[1] Chen G Z, Fray D J, Farthing T W. Direct electrochemical reduction of titanium dioxide to titanium in molten calcium chloride[J]. Nature, 2000, 407 (6802): 361-364.

[2] Chen G Z, Fray D J, Farthing T W. Cathodic deoxygenation of the alpha case on titanium and alloys in molten calcium chloride[J]. Metallurgical and Materials Transactions B, 2001, 32 (6): 1041-1052.

[3] Suzuki R O, Ishikawa H. Direct Reduction of vanadium oxide in molten $CaCl_2$[J]. ECS Transactions, 2007, 3 (35): 347.

[4] 王川华. 熔盐电化学方法制备金属钒的研究[D]. 沈阳: 东北大学, 2012.

[5] 李世超. 金属钒制备工艺的研究[D]. 沈阳: 东北大学, 2013.

[6] Cai Z F, Zhang Z M, Guo Z C, et al. Direct electrochemical reduction of solid vanadium oxide to metal vanadium at low temperature in molten $CaCl_2$-NaCl[J]. International Journal of Minerals, Metallurgy, and Materials, 2012, 19: 499-505.

[7] Wang S L, Li S C, Wan L F, et al. Electro-deoxidation of V_2O_3 in molten $CaCl_2$-NaCl-CaO[J]. International Journal of Minerals, Metallurgy, and Materials, 2012, 19 (3): 212-216.

[8] Gibilaro M, Pivato J, Cassayre L, et al. Direct electroreduction of oxides in molten fluoride salts[J]. Electrochimica Acta, 2011, 56 (15): 5410-5415.

[9] 于恒渊. 冰晶石熔盐体系电解制备金属钒的研究[D]. 沈阳: 东北大学, 2015.

[10] 徐凯伦. 三氧化二钒熔盐电脱氧制备金属钒的研究[D]. 沈阳: 东北大学, 2019.

[11] 孔亚鹏, 李斌川, 陈建设, 等. 氟化物熔盐中快速电脱氧制备金属钒及其机理[J]. 稀有金属材料与工程, 2018, 47 (6): 1824-1829.

[12] Matsuzaki T, Natsui S, KikuchiI T, et al. Electrolytic reduction of V_3S_4 in molten $CaCl_2$[J]. Materials Transactions, 2017, 58 (3): 371-376.

[13] Gasviani N A, Khutsishvili M S, Abazadze L M. Electrochemical reduction of sodium metavanadate in an equimolar KCl-NaCl melt[J]. Russian Journal of Electrochemistry, 2006, 42 (9): 931-937.

[14] Ramaley L, Krause M S. Theory of square wave voltammetry[J]. Analytical Chemistry, 1969, 41 (11): 1362-1365.

[15] O'Dea J J, Osteryoung J, Osteryoung R A. Theory of square wave voltammetry for kinetic systems[J]. Analytical Chemistry, 1981, 53 (4): 695-701.

[16] Aoki K, Tokuda K, Matsuda H, et al. Reversible square-wave voltammograms independence of electrode geometry[J]. Journal of Electroanalytical Chemistry and Interfacial Electrochemistry, 1986, 207 (1): 25-39.

[17] Zachowski E J, Wojciechowski M, Osteryoung J. The analytical application of square-wave voltammetry[J]. Analytica Chimica Acta, 1986, 183: 47-57.

[18] Zhu T, Wang C, Fu H, et al. Electrochemical and raman spectroscopic investigations on the speciation and behavior of chromium ions in fluoride doped molten LiCl-KCl[J]. Journal of The Electrochemical Society, 2019, 166 (10): H463.

[19] Liu S, Wang L, Chou K, et al. Electrolytic preparation and characterization of VCr alloys in molten salt from vanadium slag[J]. Journal of Alloys and Compounds, 2019, 803: 875-881.

[20] Song Y, Jiao S, Hu L, et al. The cathodic behavior of Ti (Ⅲ) ion in a NaCl-2CsCl melt[J]. Metallurgical and Materials Transactions B, 2016, 47 (1): 804-810.

[21] Quaranta D, Massot L, Gibilaro M, et al. Zirconium (Ⅳ) electrochemical behavior in molten LiF-NaF[J]. Electrochimica Acta, 2018, 265: 586-593.

[22] Aguilar-Sánchez M, Palomar-Pardavé M, Romero-Romo M, et al. Electrochemical nucleation and growth of black and white chromium deposits onto stainless steel surfaces[J]. Journal of Electroanalytical Chemistry, 2010, 647 (2): 128-132.

[23] Polovov I B, Volkovich V A, Shipulin S A, et al. Chemistry of vanadium chlorides in molten salts: An electronic absorption spectroscopy study[J]. Journal of Molecular Liquids, 2003, 103-104: 387-394.

[24] Dracopoulos V, Gilbert B, Papatheodorou G N. Vibrational modes and structure of lanthanide fluoride-potassium fluoride binary melts LnF_3-KF (Ln=La, Ce, Nd, Sm, Dy, Yb)[J]. Journal of the Chemical

Society, Faraday Transactions, 1998, 94 (17): 2601-2604.

[25] Nagarajan R, Tyagi N, Loflang S, et al. Spectroscopic, thermal, magnetic and structural characterization of K_3VF_6 prepared at room temperature [J]. Polyhedron, 2011, 30 (8): 1425-1429.

[26] Wang C, Chen X, Wei R, et al. Raman spectroscopic and theoretical study of scandium fluoride and oxyfluoride anions in molten FLiNaK [J]. The Journal of Physical Chemistry B, 2020, 124 (30): 6671-6678.

[27] Wang X, Huang W, Gong Y, et al. Electrochemical behavior of Th (Ⅳ) and its electrodeposition from ThF_4-LiCl-KCl melt [J]. Electrochimica Acta, 2016, 196: 286-293.

[28] Jafarian M, Mahjani M G, Gobal F, et al. Effect of potential on the early stage of nucleation and growth during aluminum electrocrystallization from molten salt (AlCl_3-NaCl-KCl) [J]. Journal of Electroanalytical Chemistry, 2006, 588 (2): 190-196.

[29] Aguilar-Sánchez M, Palomar-Pardavé M, Romero-Romo M, et al. Electrocrystallization of lead dioxide: Influence of early stages of nucleation on phase composition [J]. Journal of Electroanalytical Chemistry, 2015, 746: 57-61.

[30] Jafarian M, Danaee I, Maleki A, et al. Electrocrystallization of Pb and Pb assisted Al on aluminum electrode from molten salt (AlCl_3-NaCl-KCl) [J]. Journal of Alloys and Compounds, 2009, 478 (1): 83-88.

第5章 熔盐电解制备金属钼技术

5.1 熔盐电解制备金属钼

利用熔盐电解法提取金属钼具有许多优点。熔盐电解提取过程主要涉及将金属离子通过电解在高温熔融的盐溶液中提取出来。通常，金属是以阳离子的形式存在于盐溶液中。这个过程的目的是从矿石或其他含有金属化合物的原料中提取出纯金属。多种熔盐体系，包括卤化物和氧化物，已经被改进为电解质，以提取钼金属[1]。主要考虑以下四类熔盐体系。

（1）含有钼氟化物化合物体系，如 K_3MoF_6，主要在 LiF-NaF-KF、LiF-NaF、NaF-KF 和 LiF 等熔盐体系内。

（2）含有钼氯化物化合物体系，如 K_3MoCl_6，主要在 LiCl-NaCl、NaCl-KCl、AlCl$_3$-NaCl-KCl、KCl-LiCl 和 EMPyrCl-ZnCl$_2$ 等熔盐体系内。

（3）含有钼氧化物化合物体系，如 MoO_3、碱金属钼酸盐和 $CaMoO_4$，这些主要形成在碱性电解液 LiCl-KCl 中；以及钠和锂代硼酸盐、KF-Na$_2$B$_4$O$_7$、KF-B$_2$O$_3$、CaCl$_2$-CaO 和 KF-Li$_2$B$_4$O$_7$。

（4）含有钼硫化物化合物体系，如 MoS_2 在硫化物体系中提取金属钼。

5.1.1 氟化物电解体系

有研究从熔融碱性氟化物熔盐（LiF-NaF-KF）中通过控制电流密度成功沉积出金属钼。与氯化物熔盐类似，从熔融氟化物中沉积金属钼的不可逆步骤也是在 873K 开始观察到的。由于氯化物和氟化物的稀释溶液不稳定性，很难确定不可逆性的情况，但两种熔盐系统之间的行为非常相似，可能是由于钼的多核配合物阴离子与氟或氯发生缓慢的解离反应形成单核离子。氯化物和氟化物之间的差异可能还是由于二核钼氯化物或氟化物在物理性质上的不同（如扩散性、黏度、温度稳定性）造成的。全氟体系在电解过程中容易产生氟化物，对电解设备具有一定的侵蚀，对设备的要求较高[2-3]。

5.1.2 氯化物电解体系

通常情况下是指在氯化物熔盐体系内引入 K_3MoCl_6、$MoCl_5$ 或 $MoCl_3$ 提取金属钼。一般情况下熔盐体系根据温度分为高温熔盐、中温熔盐、低温熔盐。由于钼氯化物沸点低于 1173K，通常情况下利用氯化物体系提取金属钼都集中在中温熔盐和低熔点中温熔盐体系，是介于高温和低温之间的一种温度范围。一般来说，中温熔盐的温度范围大致在 573～1173K。通常情况下，LiCl-NaCl、NaCl-KCl、AlCl$_3$-NaCl-KCl、KCl-LiCl 在各自共晶点附近电解，称为中温熔盐，其优点是电解质的流动性和离解度适中，能在提高电解速率的同时降低能耗，适用于某些金属的提取，可以在较低温度下实现较高的电流效率。

有研究采用六氯钼酸钾盐（K_3MoCl_6）分别加入 KCl-NaCl、LiCl-KCl 的混合物，通过在惰性气氛中进行电解，成功在阴极处获得了高纯度的钼金属沉积物，试验条件为 1173K、电流密度为 100A/m²，电流效率达到 100%，阴极上获得纯度高达 99.9% 的金属钼[4]。之后为了进一步扩大电解法的应用，提出从钼精矿经氯化得到氯化钼，经电解制备出金属钼。即钼精矿经氯化生产五氯化钼和氯化硫。氯化硫被去除，五氯化钼在水溶液中通过电解或与非水体系中的碳氢化合物反应被还原。水还原产物回收为六氯钼酸钾，还原产物加热后回收为三氯化钼。这两种盐中的任何一种都可以溶解在碱氯化物中，并经电解在阴极沉积金属钼[5]。

有研究使用二氯化钼（MoCl₂）在 LiCl-KCl 熔盐体系 873K、100A/m² 条件下进行电解，获得了一种粗糙的钼沉积物，其阴极电流效率仅为 37%（基于 Mo²⁺）和 55%（基于 Mo³⁺），残留的熔盐看起来类似于使用 K₃MoCl₈ 得到的物质，分析结果表明其中所有的钼都以三价形式存在。这些结果表明：熔盐中的 Mo²⁺ 可以很容易地被阳极氧化为 Mo³⁺；Mo²⁺ 在阴极上很难或几乎不能还原为金属。经过后续研究 Mo²⁺ 可能在熔盐中不能稳定存在，会自发地发生歧化反应产生 Mo³⁺。尝试使用将钠钼酸盐加入 KCl-NaCl 熔盐体系中，在阴极收集到的是金属钼及 Mo₂O₃[4]。

在 NaCl-KCl-MoCl₃ 熔盐中，有研究通过脉冲电解法进行钼的电沉积研究，显著提高了电沉积速率，使平均阴极电流密度增加至 6 倍，获得了具有主要（110）取向的致密钼沉积物，发现增加阴极电流密度有助于提高沉积速率，但可能改变产物形貌，调整平均电流密度可实现沉积速率和产品形貌的控制，增加脉冲时间可能提高沉积速率但降低电流效率，调整松弛时间影响产物中氧化态钼的含量，确定了实现电还原并保持 100% 电流效率的脉冲电解法参数，相较于电流稳态电解法，可将金属钼的电沉积速率提高 5 倍[6]。

有研究在 NaCl-KCl-MoCl₅ 熔盐中成功在阴极上收集了大量金属钼。运用循环伏安法和方波伏安法研究了钼离子在 NaCl-KCl 熔盐中的还原和扩散过程，分析了钼离子的扩散系数和形核模式，在 1023K 下，钼离子在 NaCl-KCl 熔盐中的电极还原过程是一个两步反应，Mo（Ⅴ）→Mo（Ⅲ）→Mo，均为可逆过程且由扩散控制。与此同时，钼离子的形核模式为连续形核。为利用 MoCl₅ 提取金属钼提供了理论支持[7]。

低温熔盐通常指的是较低的温度范围，一般在室温到 573K，这种温度范围较低，有助于降低能耗和提高电解质的流动性。有研究通过在 423K 下使用共熔 LiTFSl-CsTFSl（摩尔分数为 0.07∶0.93，熔点 385K）熔盐中电沉积钼，选择 MoCl₅ 作为钼离子源，在镍基底上成功电沉积出金属钼。通过采用恒电流电解和脉冲电流电解等方法，优化了沉积物的质量，在 423K 下，电位低于 2.2V vs. Li/Li⁺ 时可获得金属钼的电沉积，而脉冲电流电解能够改善沉积物的质量和附着力[8]。

有研究在 ZnCl₂-NaCl-KCl-MoCl₃ 体系中，在 523K 下进行了电沉积试验，通过电位恒定法，在 0.15V vs. Zn（Ⅱ）/Zn 电位下进行了 3h 的电解，得到了致密但不具黏附性的金属钼，通过向熔融盐中添加 4mol% 的 KF，观察到在相同电沉积条件下，产生了致密、具有黏附性且更厚的金属钼，发现添加 KF 后阴极形成的金属钼更为致密，具有较好的黏附性和较小的微裂纹[9]。

有研究将等摩尔比例 EMPyrCl-ZnCl₂ 新型熔盐体系用于中温条件电沉积钼金属，该熔盐体系具有阳离子的电化学和热稳定性、高离子电导率、易操作性以及阳极无副产物生成等优点，在 423K 条件下加入 $MoCl_5$（0.9mol%）和 KF（3.0mol%），在 473K 条件下加入 $MoCl_3$（0.2mol%）和 KF（2.0mol%）等摩尔比例熔盐，均获得了良好的电沉积效果，该方法的优势在于能够在较低的温度下实现金属钼的电沉积，避免了传统高温熔盐对底物的损害[10]。

5.1.3　氧化物电解体系

利用含钼氧化物电解体系提取金属钼，电解质包括 LiCl-KCl 以及钠和锂代硼酸盐、$KF-Na_2B_4O_7$、$KF-B_2O_3$、$CaCl_2-CaO$ 和 $KF-Li_2B_4O_7$ 等熔盐。在加入 MoO_3、碱金属钼酸盐和 $CaMoO_4$ 后进行电化学沉积。因此，关于钼氧化物电解体系提取金属钼主要是根据氯化物熔盐、氟化物熔盐、氟氯化物熔盐进行分类。

1）关于氯化物熔盐的研究

有研究在 KCl-NaCl-CsCl 熔盐中引入氧化钼进行电沉积，发现在 823K 不添加含氧酸性添加剂的情况下，仍然能够成功电沉积出钼金属，发现 CO_2 压力较低时，电沉积产物主要为金属钼，压力较高时生成碳化钼，并在 NaF、KBF_4、K_2SiF_6 和磷酸盐等添加剂存在的情况下，观察到电沉积产物形貌的变化[11]。有研究从卤化物–氧化物和氧化物熔盐中沉积金属钼，发现空气到氩气的转变对晶粒尺寸影响较小，但在氩气氛围下可以形成表面更为平滑的晶粒，在电流脉冲作用下，镍板上附着的晶粒尺寸减小，尤其是在脉冲开始时影响更为显著，较小幅度的电流脉冲（30A/cm^2）导致晶粒尺寸减小，而较大幅度的电流脉冲（50A/cm^2）会使涂层变得松散。温度升高有助于降低二氧化碳对涂层的影响，同时促使在较高 CO_2 浓度下形成致密的钼金属沉积[12]。在这些熔盐中，由于含有钠钼酸盐等复杂物质，降低了在碳、铜或镍基底上沉积钼的阴极电位。

2）关于氟化物熔盐的研究

有研究通过在 $Na_3AlF_6-NaF-Al_2O_3-MoO_3$ 熔盐中进行电沉积，成功制备出钼金属，发现随着电流密度从 10mA/cm^2 增加到 70mA/cm^2，涂层厚度从 10μm 增加到 30μm，且电流效率一直保持在 97%以上，在 30mA/cm^2 电流密度下，随着电沉积时间的增加，观察到沉积过程中的三个阶段：首先是大量细晶体形成，然后是向纤维状形态转变，最后是形成良好发育的粒子。通过在 100mA/cm^2 电流密度下进行 3h 的电沉积，制备了相对平坦、致密和连贯的钼沉积，厚度达到了 140μm，电流效率超过 85%[13]。有研究在 $KF-Li_2B_4O_7-Li_2MoO_4$ 熔盐中电沉积制备金属钼，通过在 1073～1173K 温度范围内以及电流密度 110～330A/m^2 范围内进行电解，在铜、镍、钼和不锈钢等基底上实现了外观光滑的钼沉积，在使用石墨阳极的情况下，所得到的钼沉积表现出较低的硬度，并且测试发现其中含有少量 Mo_2C[14]。之后通过电解 $KF-K_2B_4O_7-K_2MoO_4$ 熔盐，在温度为 998～1173K、电流密度在 110～660A/m^2 范围内，获得了表面平滑、附着力强的钼金属沉积物。尤其在 110A/m^2 时获得了良好的沉积效果，通过对比发现该熔盐体系产生的钼沉积物硬度较低，与 $KF-B_2O_3-MoO_3$、$KF-B_2O_3-Na_2MoO_4$、$KF-B_2O_3-K_2MoO_4$ 等熔盐体系相比较为适中，同时明显优于 $KF-Li_2B_4O_7-Li_2MoO_4$ 体系[15]。有研究使用氟化钾–氧化硼（或碱金属四硼酸盐）–氧化钼（Ⅵ）（或碱金属钼酸盐）熔盐可以获得光滑的钼电沉积，由于氟离子与氧化硼（或碱金属四硼酸盐）的酸碱协同反应，形成了某种氧氟钼酸盐离子，很容易还原为金属钼，通过对上述熔盐进行充分净化，可获得高纯度（约 4N 级）光滑的钼电镀层[16]。有研究在 $KF-K_2MoO_4-B_2O_3$（SiO_2）

体系，在 1133K 下，获得表面光滑、无氧化物的非晶态钼金属沉积，在熔融体系中控制了 K_2MoO_4 的电解溶解过程，形成了电化学活性和惰性的两种钼物种，通过添加 SiO_2，发现其对电解质的结构产生积极影响，形成有益的异相聚合物，提高了金属钼的电化学沉积效率，使得在阴极（镍、铜、钢和石墨）上获得了均匀、光滑和牢固附着的沉积层[17]。有研究通过使用 KF-B_2O_3-Li_2MoO_4 熔盐，先进行预电解，成功实现了电沉积制备金属钼，获得了维氏硬度为 183 的电沉积物，与用电子束熔炼常规钼片得到的 185 的硬度相当，熔盐中不使用难以脱水的 B_2O_3，使用 Li_2MoO_4-MoO_3-$Li_2B_4O_7$ 熔盐，并通过去碳化、除氟硅化和脱水的 KF 进行处理时，电沉积产物的维氏硬度达到了 168，这个数值接近高纯度钼锭（99.9999%）的 166 的维氏硬度[18]。有研究通过在 KF-MoO_3 和 KF-B_2O_3-MoO_3 熔融盐体系中进行电解，均在阴极得到了金属钼，但在含有 B_2O_3 得到的金属钼形貌更光滑。KF-B_2O_3-MoO_3 体系中，通过优化 MoO_3 浓度和温度，成功实现了在阴极得到光滑的金属钼，得到了高电流密度[19]。有研究 KF-MoO_3 熔盐中钼离子的电化学行为和在该系统中沉积钼过程，发现在熔盐体系内钼离子的还原过程是一个六电子交换的单步过程，阴极过程受扩散控制，扩散系数为 0.905×10^{-5} cm^2/s[20]。有研究采用了 KF-$Na_2B_4O_7$-K_2MoO_4 三种组分的熔融盐混合物，通过逐步加入 $Na_2B_4O_7$，观察到了两个明显的钼物种的阴极还原峰，表明钼物种的还原是一个扩散受控的两步过程，包括 Mo（Ⅵ）到 Mo（Ⅳ）的大部分准可逆反应，以及 Mo（Ⅳ）到 Mo 的不可逆反应，1133K 是最适合实现最大阴极峰电流密度的条件。在这个温度下，成功获得了良好的体心立方结构的金属钼[21]。

3）关于氟氯化物熔盐的研究

有研究通过在 $NaCl$-KCl-NaF 熔融电解质加入 K_2MoO_4，采用恒电位和恒电流的方式，在 1123K 温度下，成功沉积出金属钼，发现钼最初通过三维扩散控制连续形核过程进行形核和生长，随后转变为瞬时形核过程。在电解过程中，钼的形核密度最初很高，产生了细小均匀的电沉积层。随着电镀时间增长，形核密度显著减小，最终降低到初始阶段的 1% 左右，然后略微随着电沉积时间的增加而减小，某些未明确的抑制过程和反应控制了钼的生长和结构。电流密度对钼的电沉积表面形貌有显著影响，低电流密度下形成薄层，而高电流密度下形成颗粒状或连贯金属钼层状的沉积[22]。有研究在 $NaCl$-LiF 熔盐中，通过溶解 Mo（Ⅵ）氧化物和碱性钼酸盐，实现了金属钼的沉积[18]，之后在 $NaCl$-LiF-Na_2MoO_4-Na_2CO_3 和 Na_2WO_4-Li_2MoO_4(MoO_3)-Li_2CO_3 体系中进行电解，在阴极得到了钼、氧化钼和碳化钼，发现电解产物的相组成和阴极沉积特征是由碳酸锂或碳酸钠熔盐中的碳浓度决定的，其中在 Na_2WO_4-Li_2MoO_4(MoO_3)-Li_2CO_3 体系，钼酸钠和碳酸锂浓度相等时，可成功沉积碳化钼涂层，但其浓度不超过 10mol%。在较低的钼酸钠浓度下，沉淀物中检测到碳、钼和碳化钼，而在较高浓度下主要是氧化钼。对于碳酸锂浓度，较低浓度下的产物主要是钼，而在较高浓度下产物为碳[23]。此外在电解钼环境中引入 CO_2 或碳酸根离子，阴极可以生产碳化物或氧化物。从钼酸钠中回收钼涉及两个步骤，第一步是在 NaF-KF-Na_2BO_3-Na_2CO_3 中对钼盐进行熔盐电解制备纯碳化二钼（Mo_2C）。第二步是在真空条件下利用 Mo_2C 和 MoO_2 相互作用制备金属钼。在另一种情况下，采用辉钼矿电解法制备 Mo_2C，Mo_2C-MoO_2 在惰性氩气中反应生成，之后在真空条件下利用 Mo_2C 和 MoO_2 相互作用制备金属钼[24]。

5.1.4　硫化物电解体系

有研究在 1500K 高温条件下,将硫化钼粉末加入 BaS-Cu_2S-La_2S_3 熔融硫化物电解质中,成功制备了金属钼。在 1500K 高温条件下,硫化钼的加入降低了电解质的电导率,并且证明了硫化钼的还原电位在电解质析出的电化学窗口内,电解时使用 $11A/cm^2$ 电流密度,30min 的电解时间便可得到金属钼,同时产物中检测到硫、硫化物和铜的存在[25]。

5.1.5　阴极原位电解

阴极原位电解制备金属钼是一种利用熔盐作为电解质,在适当的温度和电流密度条件下,通过在阴极表面还原金属离子,实现金属钼的直接沉积的工艺方法。因此根据阴极还原种类,目前直接参与还原到钼化合物有两种,即氧化钼和二硫化钼。

有研究通过在 $CaCl_2$-$NaCl$ 熔盐中,对固体 MoO_3 阴极进行直接电解,还原出金属钼,发现 MoO_3 经过电解首先会转化为中间化合物（$CaMoO_4$、MoO_2 和 $Na_{1.4}Mo_2O_4$）,之后当电位大于 −2.30V,转变为金属钼,并且电位为 −2.30V 时,经过 18.5h 电解,中间产物 $CaMoO_4$ 完全转化为金属钼,此时经过氧含量分析显示 MoO_3 的还原率为 93.7%,单纯延长电解时间无法完全还原中间产物 $CaMoO_4$,需要适度调节电解电位[26]。

有研究在 303K 烧结 MoS_2 多孔颗粒,并在熔融 $CaCl_2$ 中、1.0～3.0V 的氩气下电解成元素 S 和 Mo,在石墨阳极上,产物主要是 S,并从熔盐中蒸发,使电解继续进行,然后在系统的较低温度区域凝结成固体,经多次使用,阳极完好无损,MoS_2 颗粒在高温下具有良好的导电性,可以快速电还原成细粒度的钼粉末,在低于 0.5V 的电压下没有发生还原,在 0.5～0.7V 电压下,MoS_2 转化为 MoS_2 与 Mo_3S_4 或 Mo_3S_4 与 Mo 的混合物,且 Mo 含量随电压升高而增加,MoS_2 粉末在钼腔电极中的循环伏安结果以及电解结果揭示了还原机制包括两个步骤:在 −0.28V vs. Ag/AgCl 下,MoS_2 还原为 Mo_3S_4,然后在 0.43V 下还原为 Mo[27]。

有研究在 973K 下在 $NaCl$-KCl 熔盐中阴极电解 MoS_2 产生钼纳米粉,发现了 MoS_2→L_xMoS_2（$x \leq 1$,L = Na or K）→$L_3Mo_6S_8$ 和 LMo_3S_3→Mo 的还原途径,其中形成金属 Mo 的最后一步在动力学上相对较慢,在 2.7V 电解电压下,MoS_2 以高效率迅速还原为球状钼纳米颗粒,电流效率约为 92%[28]。之后将熔盐电解质换为 $LiCl$[29],将 MoS_2 在 973K 的熔盐中进行电还原,发现相较于 $NaCl$-KCl 体系反应速率更快[30],而 Li_2S 在 $LiCl$ 熔盐中具有一定的溶解度[31-32],因此 S^{2-} 可以迅速从固体阴极扩散到熔盐中并在阳极放电,从而减弱浓度极化,加快反应速率。

在 $NaCl$-KCl 熔盐体系中,有研究采用 MoS_2 作为阴极在 1023K 下通过原位电脱硫得到了高纯度的钼,通过对硫化钼矿电解过程中的电化学行为进行深入研究,揭示了 MoS_2 在 0.37V vs. Pt 和 0.61V vs. Pt 条件下的两步还原反应机制,在电解条件优化的基础上,最终获得了高纯度的钼产物[33]。随后,通过改进电解过程,引入液态锌电极辅助电解,成功加速了 MoS_2 的电解过程,获得了含锌和钼的合金,通过蒸馏去除锌,最终得到了高纯度的钼金属[34]。

有研究对含有 MoS_2 和 ZnS 的磁选尾矿进行共脱硫,在电解过程中,MoS_2 经历两步分解，而 ZnS 则在一步中还原，实际分解电压小于 MoS$_2$，ZnS 的存在使得脱硫过程更为简便，经过脱硫后的锌以液态形式包裹 MoS$_2$ 或其中间产物发生置换反应，促进了 MoS$_2$ 的分解，而由置换产生的 ZnS 又可被还原成液态锌，Zn/ZnS 发挥了还原剂的作用，有助于脱硫过程，并实现了锌的循环利用[35]。

阴极原位电解工艺制备金属钼具有显著优势，包括高纯度产物、直接沉积、可控性强、高效能量利用、适用于特殊合金以及环境友好等特点。通过选择适当的熔盐体系和优化试验条件，实现对金属钼高纯度电沉积，省略传统冶炼中的多个步骤，降低生产成本和能源消耗。该工艺可控性强，通过调节试验参数精确控制金属钼的电沉积过程，适用于特殊合金的制备，为材料科学和工程领域提供新的可能性。

5.2 二硫化钼分离纯化制备金属钼

利用熔盐电解工艺分离纯化金属钼在选择电解质之前需要考察电解质的电化学窗口，以判断其是否适用于硫化钼的电脱硫。根据能斯特方程，可以由反应的吉布斯自由能变化计算出对应的分解电压。由于研究中使用的是共晶熔盐，故各组分的实际活度均小于 1，反应吉布斯自由能高于该条件下的标准吉布斯自由能，故实际分解电压也应大于热力学计算出的理论值。对此，研究中涉及的氯化物及二硫化钼热力学计算结果如图 5-1 所示。随着操作温度上升，选择的几种物质的分解电压均出现了一定程度的下降。虽然不同熔盐的分解电压略有差异，但相较于二硫化钼的理论分解电压，其电化学窗口理论上均可满足对二硫化钼进行原位电脱硫过程的条件。在所选用的氯化物盐中，NaCl 及 CaCl$_2$ 的理论分解电压相对较低，但在选定的操作温度范围内均大于 3.00V，在较低温度范围内甚至大于 3.50V，而二硫化钼在此范围中分解电压不大于 0.75V。

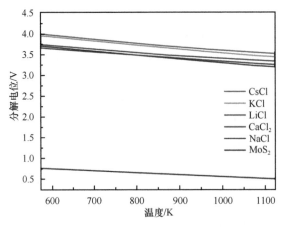

图 5-1　各氯化物及二硫化钼的理论分解电压随温度变化关系

在实施电解之前需要考察二硫化钼在熔盐中的稳定性。首先压制二硫化钼样品以研究不同压力对二硫化钼片的影响，分别在 10MPa、20MPa、30MPa、40MPa 和 50MPa 压力条件下制备了二硫化钼压片，结果如图 5-2 所示。由于二硫化钼粉末自身的黏性，在利用不锈钢模具压制过程中容易出现二硫化钼黏附在模具的内壁上，造成压制出的二硫化钼压片出现表面不平整的现象。二硫化钼所具有的与石墨类似的层状结构也可能是造成这种剥落的原因。为了避免这种现象，可以通过在不锈钢模具中垫放一层锡纸来保证压制出的二硫化钼压片表面的平整和完整性。由于未烧结的压片很容易变成粉末，烧结过程在增强压片的机械强度方面具有重要的作用。当压制压力为 10MPa 时，压制出的压片厚度为试验条件下最大的，由于使用的二硫化钼质量相同，故具有最小的密度，对比烧结前后的结果可以清楚地看到二硫化钼压片在烧结过程中发生了开裂，这说明在 10MPa 条件下压制的压片无法满足烧结过程所需的强度；当施加压力大于等于 20MPa 时，二硫化钼压片可以在烧结后依然保持完整，没有出现开裂的现象；其次，虽然烧结前后二硫化钼的收缩不明显，但是压制压力大于 40MPa 的样品具有致密的形态和更好的机械性能。为了在后续试验过程中将烧结后的二硫化钼片与电极棒相连接，需要对片打孔来进行固定，故分别对不同压力下制备的压片进行钻孔试验。结果表明，当压片的压制压力超过 40MPa 后，烧结后的压片就具有了较高的强度，在钻孔过程中未发生开裂现象。根据以上结果，后续试验过程中制备二硫化钼压片的压力选择为 40MPa。

图 5-2　不同压力下压制的二硫化钼压片烧结前后

（a）～（e）为烧结前，（f）～（j）为烧结后；（a）、（f）对应 10MPa；（b）、（g）对应 20MPa；（c）、（h）对应 30MPa；（d）、（i）对应 40MPa；（e）、（j）对应 50MPa

5.2.1　二硫化钼熔盐中化学稳定性分析

对化学稳定性的考察主要是为了判断在没有电化学作用的情况下二硫化钼在高温下是否会与熔盐发生化学反应产生新物质。对二硫化钼粉末在每一种备选熔盐中充分浸泡后的存在形式进行物相分析，以确认是否有新物质生成。由于在电脱氧过程中 $CaCl_2$ 熔盐中 CaO 的存在与否会对中间产物 $CaTiO_3$ 的形成有明显的影响，故在此试验中考察在各熔盐体系添加与不添加 K_2S 条件下是否有化学反应的发生。

　　首先对 MoS_2 在不同 K_2S 添加量的 NaCl-KCl 共晶盐中的反应情况进行考察。XRD 分析结果如图 5-3 所示。在不同 K_2S 添加量条件下，产物中都出现了明显且单一的 MoS_2 特征峰，没有检测到中间产物或是其他物质的峰。因此，可以得出结论：MoS_2 在 NaCl-KCl 体系中是稳定的，并且 K_2S 的添加量对 MoS_2 没有明显的影响，不会促进中间产物的生成。之后在其他体系中也考察了添加与不添加 K_2S 条件下的浸泡产物，结果如图 5-4 所示。

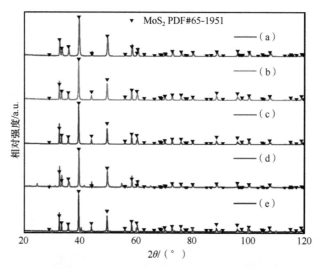

图 5-3　不同 K_2S 添加量条件下 MoS_2 在 NaCl-KCl 熔盐体系中浸泡后沉淀物 XRD 谱图

K_2S 添加量分别为（a）0%，（b）0.5%，（c）1.0%，（d）1.5%，（e）3.5%

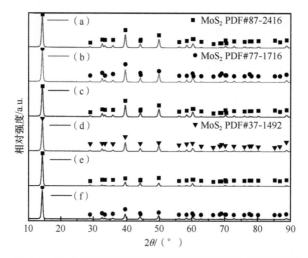

图 5-4　MoS_2 在不同熔盐体系中浸泡后沉淀物 XRD 谱图

（a）LiCl-KCl；（b）LiCl-KCl-K_2S；（c）$CaCl_2$-KCl；（d）$CaCl_2$-KCl-K_2S；（e）CsCl-KCl；（f）CsCl-KCl-K_2S

　　在 LiCl-KCl 和 $CaCl_2$-KCl 以及 CsCl-KCl 熔盐中也得到了类似的结果，产物的特征峰与 MoS_2 完全一致，没有其他相存在。在处理 CsCl-KCl 体系时，加入 K_2S 的盐在进行洗涤时溶液呈黄色，而未加入 K_2S 的 CsCl-KCl 体系的盐溶液为无色。为了考察造成颜色改变的原因，对产物进行 XRD 分析。

从图 5-4（e）～（f）所示的 XRD 谱图可以看出，产品的主要形式仍然是 MoS_2，即沉淀中并未出现其他物质。为了考察溶液中溶解的组分，采用旋转蒸发器将有色溶液的水分蒸干，并对制备的样品进行 XRD 测试。如图 5-5 所示，从旋蒸产物的 XRD 结果中可以看出，其主要成分为 KCl 和 CsCl，这两种并不会造成颜色的改变，具体的引起颜色改变的原因有待进一步的研究，相关文献中有因 Na_2S 的添加而引起熔盐变为红色的报道。

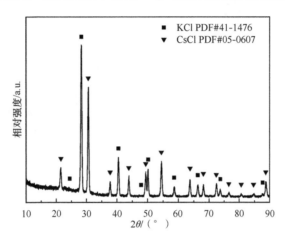

图 5-5　CsCl-KCl 体系溶液旋蒸产物 XRD 谱图

在所选择的盐体系中均没有发现化学反应发生的证据。因此可以得出结论：无论加入或不加入 K_2S，MoS_2 在研究的试验条件下没有与选择的共晶熔盐体系发生化学反应。

电解过程中作为电解原料的二硫化钼压片不可避免地要在熔盐中进行长时间浸泡，为了考察烧结后的二硫化钼压片在此过程中是否具有足够的强度，试验分别在不同熔盐体系下对二硫化钼压片进行浸泡腐蚀试验，通过观察二硫化钼压片与共晶熔盐相接触的交界处的腐蚀情况以及是否出现分层现象来判断其在各熔盐体系中的稳定性。

试验中得到的样品如图 5-6（a）所示，为所得共晶熔盐底部照片。二硫化钼压片由于密度大于熔盐，故沉入共晶熔盐的底部，但在浸泡后仍基本保持完整。通过破碎、镶样、抛光后，制得的待测样品如图 5-6（b）所示。由于二硫化钼自身的性质，在抛光过程中会一定程度上被磨至整个样品表面，但二硫化钼压片与盐的边界仍较为清晰。在试验过程中，由于样品中封装的冷凝共晶熔盐有不同程度的吸水，所以样品制备完成后在保存过程中需要真空密封，并尽量避免与空气接触。试验通过 SEM 对二硫化钼压片表面及与共晶熔盐交界处进行观察，试验结果如图 5-7～图 5-10 所示。

图 5-7 中所显示的是在 NaCl-KCl 体系中未添加 K_2S 和添加 K_2S（1.5%）的试验结果。如图 5-7 所示，为了获得高质量和高对比度的图像，在表征过程中收集了背散射电子（back scattered electron，BSE）进行成像。二硫化钼压片与固体共晶熔盐的边界明显，没有腐蚀现象或分层现象。当在熔盐中加入 K_2S 时，边缘仍然保持清晰，这说明 K_2S 的添加并不会使二硫化钼压片发生腐蚀。图中出现的裂纹主要是由于盐吸水所造成的，在图 5-7（a）中可以看到有部分熔盐被吸入到二硫化钼压片中，抛光后再表面留下一条长裂纹。图 5-7（c）～（d）同样可以看到一条清晰的分界线，并且此处的裂纹仅出现在固态共晶熔盐中，

压片中没有出现开裂的情况。由此可以得出结论，K_2S 的加入并不会强化二硫化钼压片在 NaCl-KCl 共晶熔盐中的腐蚀过程。

（a）共晶熔盐底部照片　　　　　　　　　（b）待测样品

图 5-6　腐蚀熔盐样品

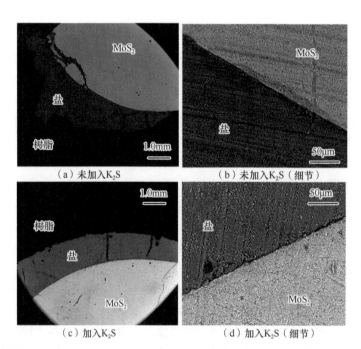

（a）未加入 K_2S　　　　　　　　　（b）未加入 K_2S（细节）

（c）加入 K_2S　　　　　　　　　（d）加入 K_2S（细节）

图 5-7　二硫化钼压片在 NaCl-KCl 及 NaCl-KCl-K_2S 体系中充分浸泡后样品在交界处的 SEM 图

图 5-8 中展示了 MoS_2 在 CsCl-KCl 共晶熔盐中充分浸泡后制取的样品，同样考察了未添加 K_2S 与添加 K_2S 两种条件，同时利用 EDS 对模糊边界的元素分布进行考察。

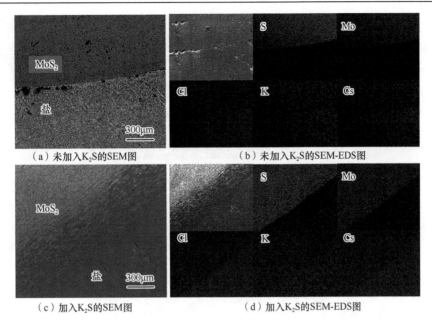

（a）未加入K₂S的SEM图　　　　　　　　（b）未加入K₂S的SEM-EDS图

（c）加入K₂S的SEM图　　　　　　　　　（d）加入K₂S的SEM-EDS图

图 5-8　二硫化钼压片在 CsCl-KCl 以及 CsCl-KCl-K₂S 体系中充分浸泡
后样品在交界处的 SEM-EDS 图

从图 5-8（a）～（b）的 SEM 图可以看出，在 CsCl-KCl 共晶熔盐部分出现了较多的孔洞，这是由共晶熔盐轻微吸水造成的。在此条件下，二硫化钼压片依旧保持完整且分界清晰，可以推断出在熔盐浸泡过程中没有受到明显的侵蚀。但是，随着 K₂S 的加入，如图 5-8（c）～（d）所示，二硫化钼压片与共晶熔盐的边界处变得模糊。通过对样品中各元素的分布进行分析可以发现在共晶熔盐与二硫化钼压片之间仍存在着较为明显的分界线，造成界限模糊的原因可能是共晶熔盐向压片中出现了一定程度的扩散，同时在对样品打磨抛光中二者出现了混合。由这一结果可以得出结论，二硫化钼压片在 CsCl-KCl 和 CsCl-KCl-K₂S 体系中虽然出现了盐的渗入情况，但试验后二硫化钼压片仍完好无损，证明此过程中二硫化钼压片具有足够的物理稳定性。

图 5-9 中显示了二硫化钼压片在 LiCl-KCl 和 LiCl-KCl-K₂S 共晶熔盐体系中充分浸泡后样品的 SEM-EDS 图。可以发现，K₂S 的添加对结果的影响并不明显，在此体系中也存在一个可以观察到的明显边界，同时在二硫化钼压片表面出现了一些盐的分布，这可能由于抛光过程或盐对二硫化钼压片渗入。由于元素锂的原子质量较小，使用 EDS 进行元素分布表征时无法对其进行分析，但是观察其他元素的分布情况仍可以观察到二硫化钼压片与共晶熔盐的分界处。试验发现，LiCl-KCl 共晶熔盐有很大的吸水性，造成二硫化钼压片与固体共晶熔盐之间高度差异。因为在浸泡后二硫化钼压片本身仍保持完整，故 LiCl-KCl 以及 LiCl-KCl-K₂S 体系中不会对二硫化钼压片产生明显的腐蚀现象。

在 CaCl₂-KCl 和 CaCl₂-KCl-K₂S 体系中对二硫化钼压片浸泡后的样品进行 SEM 及 EDS 分析，结果如图 5-10 所示。

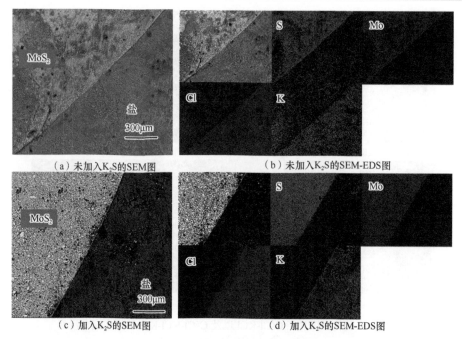

（a）未加入K₂S的SEM图　　　　　　　（b）未加入K₂S的SEM-EDS图

（c）加入K₂S的SEM图　　　　　　　（d）加入K₂S的SEM-EDS图

图 5-9　二硫化钼压片在 LiCl-KCl 及 LiCl-KCl-K2S 体系中充分浸泡后样品在交界处的 SEM-EDS 图

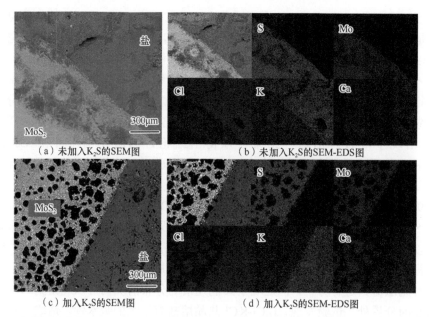

（a）未加入K₂S的SEM图　　　　　　　（b）未加入K₂S的SEM-EDS图

（c）加入K₂S的SEM图　　　　　　　（d）加入K₂S的SEM-EDS图

图 5-10　二硫化钼压片在 CaCl₂-KCl 及 CaCl₂-KCl-K₂S 体系中充分浸泡后样品在交界处的 SEM-EDS 图

　　在 CaCl₂-KCl 体系的 SEM 图中发现二硫化钼压片与共晶熔盐的边界出现了一定程度的模糊，结合 EDS 元素分布结果来看，二硫化钼和盐之间仍有较为明显的边界，同时在二硫化钼压片的表面出现了盐的附着。这可能是由于在样品制备、打磨和抛光过程中将共晶熔盐磨入了质软的二硫化钼表面，揭示了二者间边界模糊的原因。加入 K₂S 的结果，可以看到明显的黑色斑点。结合 EDS 分析结果，这些黑点的主要成分为 CaCl₂。共晶熔盐也呈现多孔状,这应该归因于其较强的吸水性。总的来看 CaCl₂-KCl 体系对二硫化钼压片没有明显的腐蚀,没有出现边界层或压片开裂的现象。

综合上述 XRD 测试结果可以得出结论:二硫化钼在上述熔盐中并没有发生化学变化,同时,K₂S 对化学稳定性不造成影响。通过 EDS 对元素分布进行分析,可以观察到每个系统都有一个清晰的边界。所有收集到的二硫化钼压片在浸泡后都保持完整,但在每个体系中都可以观察到一定程度上盐渗入。

此外,研究模拟和考察二硫化钼作为电极在工作温度下的溶解行为。试验采用浸泡失重法测定二硫化钼压片在盐中的溶解度。由前序的试验结果可以发现,二硫化钼压片在不同熔盐体系的浸泡过程中均有盐的渗入,所以在测量溶解度过程中采用去离子水和超声波对取出的样品进行充分的洗涤,以除去其中夹杂的盐。但是清洗对冷凝后的熔盐的去除作用是有限的,不能保证盐分的绝对清除。

二硫化钼在选定的熔盐体系中的溶解度测量结果如图 5-11 所示。通过记录和对比压片质量的变化,发现在烧结过程中,模压后的二硫化钼压片会发生一定程度的升华,导致近 6% 的质量损失。但是在后续的烧结试验中,当使用烧结过的压片重复烧结时,没有产生更多的质量损失。二硫化钼在不同熔盐体系中的溶解度均不大,由于测试方法的精度有限,在清洗及过滤过程中可能出现部分质量的损耗,故试验结果有一定的波动,但整体趋势较为明显。其中二硫化钼在 LiCl-KCl 和 CaCl₂-KCl 体系中的溶解度较小,由于压片中可能存在未完全去除的剩余盐,使得二者体系的测试结果出现了负值。二硫化钼更容易在 CsCl-KCl 共晶盐中发生溶解,且随溶解时间延长至 6h 左右达到饱和,二硫化钼在 CsCl-KCl 共晶盐中的饱和溶解度约为 4.1%。对于 NaCl-KCl 熔盐体系,饱和溶解度在 12h 左右出现,约为 2.1%。

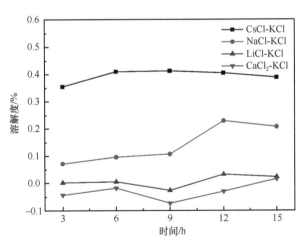

图 5-11　利用质量损失测得不同体系中二硫化钼的溶解度

在所选择的氯化物共晶熔盐中,CsCl-KCl 熔盐体系具有对二硫化钼最高的溶解度,可达到 4.1%,在 LiCl-KCl 和 CaCl₂-KCl 中则溶解较少甚至完全不溶解。

FFC 熔盐电解法作为一种原位电脱氧方法同样有应用于硫化物原位电脱硫的可能性。在传统的钼冶金工艺过程中,在辉钼矿的氧化焙烧过程中不可避免地产生硫的氧化物,而在 FFC 熔盐电解过程中,通过惰性气氛保护可以有效避免硫的氧化物生成,在阳极以硫单质的形式产出,因此具有成为钼冶金新工艺的潜力。

5.2.2 二硫化钼及钼离子的电化学行为

为探究二硫化钼在熔盐电脱硫过程中的反应步骤,同时对不同条件下二硫化钼的恒压电解过程进行记录与分析,并结合对不同条件下的产物表征对反应过程及机理进行系统分析,验证二硫化钼原位电脱硫的可行性。

试验主要利用电化学测试分析技术对电化学过程进行分析表征;使用 XPS 技术对溶解于熔盐中的钼离子价态进行分析;使用 SEM、电子探针显微分析(electron probe micro analysis,EPMA)对收集到的阳极及阴极产物形貌进行观察与分析;使用 XRD 对不同电解条件下的阴极产物组成进行表征分析,进而推测分析出反应机理与过程;使用 EDS 与波长色散 X 射线谱法(wavelength dispersion X-ray spectroscopy,WDS)对产物的形貌与元素分布进行对比分析。试验装置如图 5-12 所示。

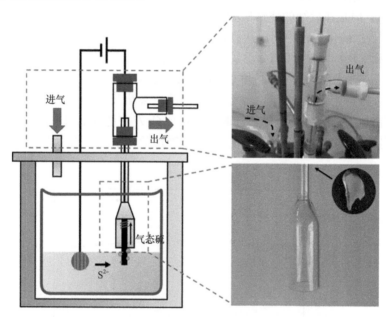

图 5-12 二硫化钼电解装置示意图及尾气集硫装置图

图 5-13 为利用腔电极装载二硫化钼在 NaCl-KCl 体系中循环伏安法测试结果。图中虚线表示的是在不加入二硫化钼条件下利用电极测得空白熔盐的循环伏安法背景测试结果,灰色实线则代表在腔电极中装载二硫化钼后在熔盐中的循环伏安法测试结果。从对 NaCl-KCl 背景测试结果可以看出,在负向扫描过程中,直到相对铂丝参比电极–1.50V 左右才出现了明显的还原峰以及对应的氧化峰,由于此时为空白熔盐,故此还原氧化过程对应着熔盐中碱金属的沉积与氧化,即熔盐的电化学窗口可至约–1.50V。低的背景电流表明预电解后的熔盐可以满足对二硫化钼进行电化学测试的要求。从灰线显示的二硫化钼的循环伏安法测试结果可以看到有两对明显的氧化还原峰 O1/R1 以及 O2/R2。还原峰 R1 在–0.37V 附近对应于第一个还原步骤,还原峰 R2 在–0.61V 左右,对应着第二个还原步骤。图 5-13(b)

是使用计时电位法对二硫化钼在熔盐中的电化学行为进行分析的结果，可以看到三个有明显曲率变化的部分。由于法拉第过程的发生会消耗电荷，所以曲率的变化对应着电化学反应的发生。三处曲率变化中，在–0.37V 与–0.61V 的前两处变化对应着二硫化钼还原过程，最后一处在约–1.20V 出现的平台对应着碱金属的还原，与上述循环伏安法测试结果一致。

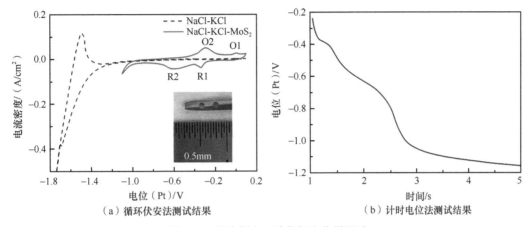

图 5-13　腔电极上二硫化钼电化学测试

　　为了考察和对比在熔盐中 MoS_2 和游离钼离子的电化学行为，本节研究了钼离子在 NaCl-KCl 共晶熔盐中的行为。在选择钼离子的来源时，发现 $MoCl_5$ 并不能直接作为钼源使用，因为操作温度为 1023K，而 $MoCl_5$ 的沸点则仅有 541K，这意味着在试验过程中加入的 $MoCl_5$ 会产生严重的挥发，进而导致较大的质量损失。这不仅使得试验过程中熔盐中钼离子的浓度难以控制，同时还可能会引入不必要的误差。为了避免上述情况的发生，通过钼棒的阳极溶解使得钼以离子形式进入预电解后的 NaCl-KCl 熔盐中。试验用作阳极的钼棒溶解质量约为 1g。为了使反应达到充分平衡，引入了 80%作为电流效率的经验值进行计算。如图 5-14 所示，试验首先使用铂丝作为参比电极对钼棒在 NaCl-KCl 熔盐中的极化曲线进行测试，发现钼在 1023K 下的极化电位约为 0.80V。图 5-14（a）是在恒流作用下钼棒阳极溶解过程中记录的 $V\text{-}t$ 曲线，可以看出，整个过程是相对稳定的，电压稳定在 1.30V 左右，这一电压大于钼棒阳极极化电位。图 5-14（a）中也观察到两个断路的情况，这是由于溶解过程中浸入熔盐部分的钼棒完全溶解造成的，一旦将钼棒再次向下浸入熔盐，电压会继续保持稳定。图 5-14（a2）中显示了钼棒阳极溶解过程前后的对比照片，其中电极在电解后出现了明显的缩短，并且电极的末端呈锥形，充分说明了溶解过程的发生。与此同时，在熔盐的底部发现了一些极细的黑色粉末，经检测为金属钼粉，判断是熔盐中的钼离子浓度达到一定值后在阴极沉积后剥落，沉淀在坩埚底部所得。

　　为了确定溶出的钼离子的价态，试验对钼棒溶解后的熔盐进行了原位采样，并在溶解冷却后对样品进行了 XPS 分析。XPS 的拟合结果如图 5-14（b）所示，拟合峰位于 232.37eV 和 235.57eV 的面积比为 2∶1，判断其分别属于 Mo $3d_{5/2}$ 和 Mo $3d_{3/2}$。根据钼的氯化物的标准光谱数据，发现 Mo $3d_{5/2}$ 在 $MoCl_3$ 中对应的能量为 230.00eV，在 $MoCl_4$ 中 Mo $3d_{5/2}$ 的能量为 230.60eV，在 $MoCl_5$ 中的 Mo $3d_{5/2}$ 则对应 231.00eV。由此可知，钼离子的价态越高，其对应钼氯键的结合能越高。虽然没有 $MoCl_6$ 记录在 NIST XPS 数据库中，但是在样品盐中 Mo $3d_{5/2}$ 结合能为 232.37eV，高于 $MoCl_5$ 中的 $3d_{5/2}$ 对应的结合能，由其键能推断以此方法阳极溶解得到的钼离子价态应为 Mo^{6+}。

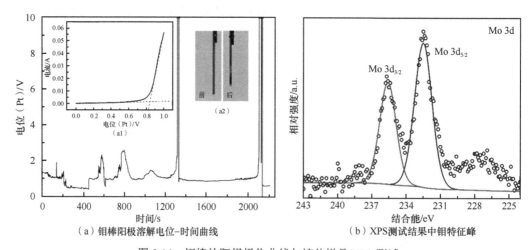

（a）钼棒阳极溶解电位–时间曲线　　　　　　（b）XPS测试结果中钼特征峰

图 5-14　钼棒的阳极极化曲线与熔盐样品 XPS 测试

（a1）钼棒的阳极极化曲线（以铂丝作为参比电极）；（a2）钼棒溶解前后对比照片

随后对含钼离子的熔盐进行电化学测试。图 5-15 为钼离子在 –1.00～0.40V 和 –0.80～0.10V 范围内的循环伏安曲线。可以看出，在钼离子的还原过程中出现了 3 个还原峰 R0、R1 和 R2。由图 5-15（a）可以发现，Mo^{6+} 整体的还原过程分为三个步骤。虽然还原峰 R1 和 R2 在大区间扫描过程中有些相近，但在图 5-15（b）所示的缩小后的扫描区间内，即 –0.8～0.1V，可以确认其包含 R1 和 R2 两个步骤。这三个步骤相对于铂参比电极还原电位分别为 0.15V、–0.40V 和 –0.54V。其中价态较高的钼离子在 0.15V 处出现了较强的还原峰，这一现象与电极附近高价态的钼离子浓度高有关。后续两步 R1 和 R2 对应的还原反应以及电位与二硫化钼还原过程中的两步电位接近，进一步证实了熔盐中二硫化钼的两步还原过程。

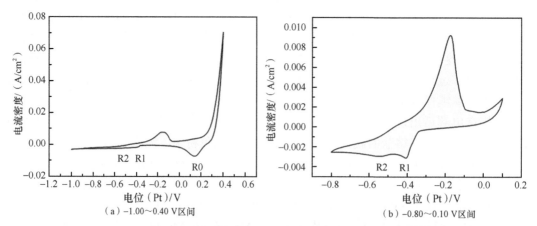

（a）–1.00～0.40 V区间　　　　　　　　　（b）–0.80～0.10 V区间

图 5-15　不同区间内钼离子循环伏安法测试结果（参比电极为铂丝）

在 NaCl-KCl 中还原 MoS_2 的两步间隙约为 0.24V（–0.61～–0.37V），而钼离子的 R1 和 R2 电位差为 0.14V（–0.54～–0.40V），从中可以发现，当钼离子仅被氯离子包围时，后两个步骤之间的还原电位较小。分析后总结出三种可能性。其一，中间体 L_xMoS_2 的存在证明了碱性离子能够插入 MoS_2 的层状结构中，与钼争夺硫离子，从而使得价态较低的钼离子变得稳定；其二，氯离子与硫离子相比具有更小的离子半径，这使得氯离子对钼离子的吸引力更强，这会使得体系极化性更强，导致低价钼离子在熔盐中相对更稳定，使得在氯化物熔盐中第一步和第二步的电位差减少。由于 L_xMoS_2 和 $MoCl_2$ 都不是能够稳定存在的形式，没有可用的热力学数据，上述推论需要进一步的确认；其三，MoS_2 的固态形式相比于熔盐中自由移动的离子也会对 S^{2-} 的扩散起到一定的阻碍作用，导致未反应 MoS_2 周围的 S^{2-} 浓度升高，从而影响了还原至金属钼的平衡电位。

图 5-16 为在同一系统中进行的方波伏安法测试结果。由于 R1 和 R2 在较大的扫描范围内比较接近，为了确认二者的区别，分别在 –0.80～0.30V 以及 –0.80～–0.30V 两个范围内进行扫描。在小范围扫描结果中，可以明显观察到两个峰。

根据方波伏安法测试结果由式（4-11）计算对应于 R0、R1 和 R2 的转移电子数分别为 2.06、2.69 和 1.90，表明其还原过程为 $Mo^{6+} \rightarrow Mo^{4+} \rightarrow Mo^{2+} \rightarrow Mo$。

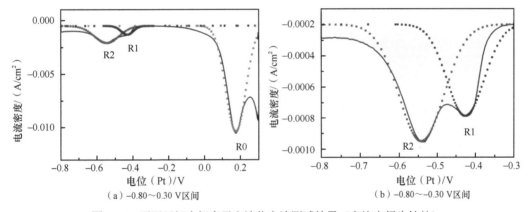

（a）–0.80～0.30 V区间　　　（b）–0.80～–0.30 V区间

图 5-16　不同区间内钼离子方波伏安法测试结果（参比电极为铂丝）

为了研究二硫化钼压片在 NaCl-KCl 共晶熔盐体系中的实际电导率和电阻，试验中对二硫化钼压片进行了 EIS 分析。试验采用二硫化钼压片作为工作电极，使用镍铬丝将二硫化钼压片与电极棒相连，分别考察了不同电压条件下的电极阻抗。

EIS 结果如图 5-17 所示，可以看到一个较清晰的趋势，对应的等效电路与拟合结果如图 5-17（b）所示，拟合计算得到的体系阻抗值见表 5-1。在等效电路中主要包含三个部分，即电解质体系对应的内阻 R_s、双电层电容 CPE 以及法拉第阻抗，其中法拉第阻抗又由电荷转移电阻 R_{ct} 与 Warburg 阻抗 Z_w 两部分组成，二者分别对应着电荷转移过程以及物质转移过程的阻抗。在 EIS 测试结果中包含一个响应半圆与一条相连的直线。响应半圆一般对应着电荷转移步骤的阻抗，受到过程中产生的电阻以及电感的影响，之后的线性部分则对应着受扩散控制的步骤。扩散过程对反应过程的控速作用主要是由于工作电极附近的活性离子不均匀的浓度分布。由图 5-17（b）拟合结果可以看出，随着在工作电极上施加电压增大，电子转移步骤对应的阻抗出现了明显减小的趋势。这一趋势表明电化学还原反应在低电压下受到较大的来自电荷转移过程的阻力，并随着施加电压的增大，阻力来源逐渐转变为扩散过程。分析拟合结果可以得到相似的结论。如表 5-1 所示，当电位大于 –0.60V 时，由于电极上反应的发生，电极的电阻从 74.20Ω 下降到 0.54Ω 以下的水平，说明较大的过电位有利于脱硫反应的进行。

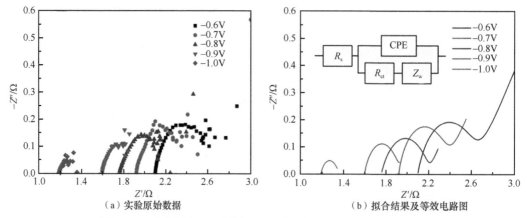

(a) 实验原始数据　　　　　　　　　(b) 拟合结果及等效电路图

图 5-17　不同电压下二硫化钼 EIS 测试结果（参比电极为铂丝）

表 5-1　不同电位下二硫化钼压片 EIS 测试拟合结果

电位（Pt）/V	R_s/Ω	R_{ct}/Ω
0	4.59	74.20
–0.30	3.73	19.20
–0.60	2.10	0.54
–0.70	1.92	0.45
–0.80	1.76	0.45
–0.90	1.60	0.31
–1.00	1.19	0.16

由此可以得出结论：电解过程中施加一个较大的电压（大于 –0.6V vs. Pt）可以有效地降低反应中法拉第阻抗。槽电压的升高将提供一个较大的过电位，帮助电解过程在较小的法拉第阻抗下进行。然而结果同样显示，在长时间电解过程中，S^{2-}通过固体形式扩散可能是整个电脱硫过程的控速步骤，需要对扩散过程进行强化以提高过程的效率。

试验使用二硫化钼压片作为阴极，用定制石英管罩在阳极石墨棒顶部，使阳极产出的气体在尾气流动的带动下沿着石英管上升，并在内壁冷凝，以对阳极产物进行收集。

基于对二硫化钼电化学行为的测试结果，长时间电解试验首先在三电极体系中进行。图 5-18 显示的是在工作电极施加 –0.80V 条件下使用三电极体系电解 8h 记录的电解曲线。可以看出，以铂丝为参比电极的三电极体系的电解过程电流波动较大，说明电解过程较不稳定。在后续试验过程中尝试采用双电极体系进行长时间电解测试，以求获得一个相对稳定的电解过程。图 5-18 的插图为电解进行前后使用二硫化钼压片作为工作电极的对比图。由图 5-18 可知，在三电极体系中虽然电解过程不够稳定，但通过长时间的电还原，二硫化钼压片在电解完成后仍能保持完整，并可以观察到明显的颜色变化。这是由表面粗糙度的变化造成的，一方面是脱硫使得二硫化钼表面变得粗糙，另一方面是由于盐在其表面的附着以及内部渗入。在超声波清洗机的辅助下，使用去离子水对样品进行清洗后，样品片粉碎成细粉沉淀在烧杯底部，使得其中的盐分得以去除，得到纯的金属钼。

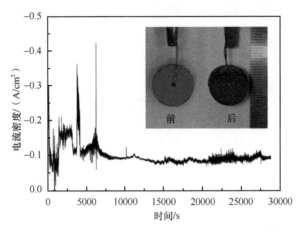

图 5-18　二硫化钼的恒电压电解曲线（相对铂丝参比电极施加-1.00V）

插图为二硫化钼压片电解前后变化

研究讨论了不同电压下二硫化钼电脱硫过程，电流密度-时间曲线如图 5-19 所示。

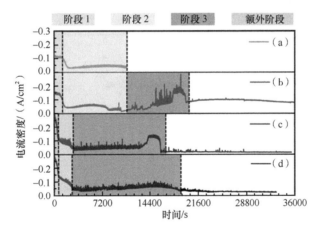

图 5-19　以石墨为对电极记录的二硫化钼电解过程电流密度-时间曲线

（a）与（b）为施加-2.40V 不同时间的电流密度-时间曲线；（c）为-2.55V 电解电流密度-时间曲线；

（d）为-2.60V 电解电流密度-时间曲线

由结果可知，不同电压下电解过程中出现了一些共性的规律。电解过程可以总结为三个阶段：阶段 1，在相同的电极面积条件下，图 5-19（a）和（b）在 1000s 左右的时间内，电流均稳定在-0.30A 左右，这一阶段可能对应于压片表面 MoS_2 的还原，这是一个相对较快的过程；阶段 2，电流强度会迅速减小到-0.13A 左右，然后再缓慢地逐步增大到-0.16A 左右，这部分还原对应的是球团内部的脱硫过程，且过程中会受到 S^{2-} 在固相中的扩散过程的限制；阶段 3，电流将再次上升，达到一个峰值后，代表整个脱硫过程的完成。与此同时，施加过大的过电位会使在第一阶段前出现额外阶段，这可能包括一个短时间内 MoS_2 的快速还原以及部分碱金属的还原。

为了对阳极产物进行表征，试验设计了特殊的异形石英管及密封件，罩在石墨阳极上方，使得阳极产物随尾气一同沿着设计的收集装置上升，并在石英管内壁冷凝附着。在成功捕收阳极产物后，对收集装置内壁附着的物质进行 EPMA 分析，结果如图 5-20 所示。

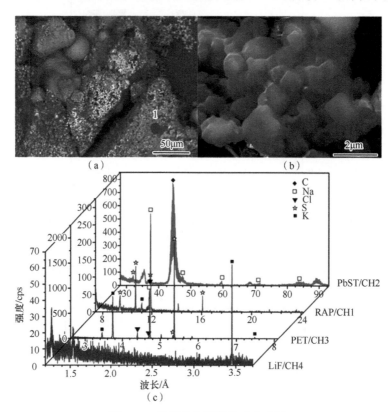

图 5-20　阳极产物形貌及成分表征

（a）低倍与（b）高倍下石英管收集到的冷凝产物 EPMA 图；（c）为对（a）中点 1 进行 WDS 元素成分分析结果

图 5-20 中出现了两种形貌的物质，一类是呈多孔疏松形貌的物质，另一类是较密实且结晶较好的物质。对球状物质进行放大后如图 5-20（b）所示，出现了呈立方体的细小晶粒。进一步对图 5-20（a）中点 1 位置进行成分分析，结果如图 5-20（c）所示。可以发现，多孔疏松的物质主要含有 S、Na、K 及 Cl 元素，结合试验过程进行分析推断，此产物应为混杂有冷凝挥发熔盐的阳极产物单质硫。

对收集到的阳极产物进行元素分布分析，结果如图 5-21 所示。图 5-21（b）、（c）、（d）分别表示 Cl、S、Na 元素在图 5-21（a）中的分布情况。由于碱金属 Na 与 K 在实际使用中性质接近，故此处仅以 Na 元素的分布代表 Na 和 K 元素的分布情况。结合形貌与元素分布进行分析可知，图中的 Cl 元素与 Na 元素分布重合度较高，判断应为试验过程中由于熔盐挥发使得部分以 NaCl 为代表的氯化物随阳极产物一同在石英管内壁冷凝。S 元素的分布则与另两种元素相反，多出现在其余两种元素未出现的位置，判断为冷凝的单质硫固体。由于在随着尾气排出过程中阳极产物与挥发的熔盐一同在收集装置内壁发生了冷凝现象，二者出现了一定程度的混合，但仍有较明显的界限。由元素分布可以看出，冷凝的熔盐组分 NaCl 应主要以球状的形式混杂在其中，而硫单质则是以一种疏松的结构分散在其中，这与图 5-20 中所反映出的结果相一致。

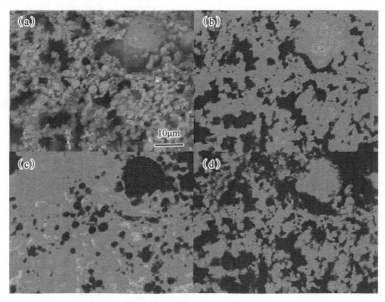

图 5-21　阳极产物元素分布

（a）阳极产物的电子探针分析结果；（b）Cl 元素分布；（c）S 元素分布；（d）Na 元素分布

　　基于图 5-20 与图 5-21 对阳极产物的分析结果，为了进一步确定阳极产物的组分，判断是否是冷凝盐对阳极产物分析造成的干扰，试验中利用盐类易溶于水且单质硫不溶于水的特性，使用去离子水对收集到的阳极产物进行清洗，以除去其中可能混杂的冷凝挥发盐 NaCl 及 KCl 组分。图 5-22 为使用去离子水对阳极产物进行冲洗后的样品的 SEM 和 EDS 图。可以看出，经过去离子水清洗后的阳极产物呈疏松多孔形貌，与之前观察到的疑似单质硫的形貌特征相一致。与此同时，这类疏松多孔的样品出现了大量的球状孔洞，这些孔洞的位置与之前冷凝熔盐在样品中的分布状况类似，且冷凝熔盐多呈球形，故可认为这些较大的球形孔洞是由球形冷凝熔盐被水带走所导致的。进一步使用 EDS 对该样品的元素组成进行分析，结果如图 5-22（d）所示。图中所示结果组成为图 5-22（b）中点 1 处对应的成分，显示的主要元素为 S 元素，Au 元素应归因于样品喷金过程。此时的样品中已没有 Cl 元素以及 Na、K 元素的出现，故可认为阳极产物是硫单质。

　　研究的目的在于通过使用 FFC 法实现二硫化钼原位电脱硫进而获得金属钼，因此对于阴极产物的存在形式的表征尤为重要。

　　为进一步考察不同电解条件下产物的变化规律，同时探索电解所需的条件，试验在两电极体系中考察了不同电压下电解 8h 后的产物。图 5-23 为施加不同电压条件下使用两电极体系对二硫化钼进行恒压电解过程记录的电流–时间曲线，此处为了对比各电压条件下电脱硫过程前期的变化过程，仅展示了反应前 10000s 的电解曲线。从图 5-23 中的电流变化可以看出，随着施加电压的增大，电脱硫过程逐渐增快，反映在图中为对应条件下的电流增大。在施加–1.5V 和–2.0V 条件下，电流始终保持着较低的水平，说明此电压条件下没有明显的反应发生。当电解电压达到–2.2V 时，电流相较之前出现了明显的增长，并出现了之前典型的二硫化钼电脱硫第一阶段的特征——在前 1000s 保持了一段较高的电流水平。继续增加电压，当施加电压达到–2.3V 时，在 8000s 左右电流出现了下降，对应着第二阶段的结束，且这一时间点在–2.5V 以及–2.7V 条件下发生了进一步的提前。

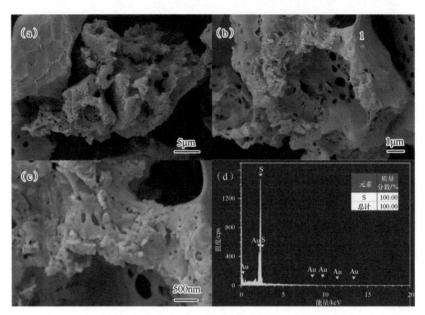

图 5-22　去离子水清洗后阳极产物形貌及成分表征

（a）、（b）、（c）为不同放大倍数下去离子水清洗后阳极产物的 SEM 图；（d）为对图（b）中点 1 处 EDS 成分分析结果

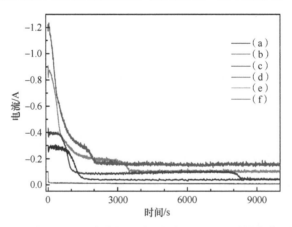

图 5-23　不同电压下对二硫化钼压片进行恒压电解记录的电流–时间曲线

（a）–1.5V；（b）–2.0V；（c）–2.2V；（d）–2.3V；（e）–2.5V；（f）–2.7V

为了考察各电压下发生的反应过程及脱硫程度，对不同电压条件下电解 8h 的产物进行 XRD 分析，结果如图 5-24 所示。

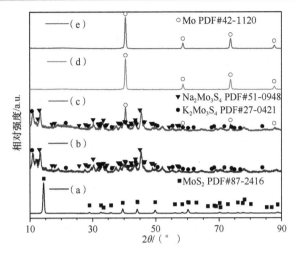

图 5-24　两电极体系下不同电压下 8h 电解产物 XRD 谱图

（a）−1.5V；　（b）−2.2V；　（c）−2.3V；　（d）−2.5V；　（e）−2.7V

可以看出，在较低电位−1.5V 条件下，二硫化钼没有被还原；但随着施加电压的增大，在−2.2V 条件下电解产物出现了 Na$_2$Mo$_3$S$_4$ 以及 K$_2$Mo$_3$S$_4$ 两种中间产物，此时虽然没有还原至金属钼，但有了碱金属离子的嵌入，形成了中间产物。在−2.3V 条件下，电解产物中开始出现金属钼，但由于过电位较小，硫没有得到充分的脱出。随着电压进一步增大，在−2.5V 及−2.7V 条件下，产物均为脱硫较充分的金属钼。

基于图 5-24 的试验结果，−2.3V 已满足二硫化钼脱硫制备金属钼的热力学条件，但其动力学过程表现较差。在考虑施加更大的过电位之后，试验探索了−2.4V 条件下不同时间的电脱硫，如图 5-25 所示。可以看出，随着电解时间的延长，二硫化钼在−2.4V 条件下可以逐渐脱硫还原为金属钼，且中间产物与之前保持一致，为 Na$_2$Mo$_3$S$_4$。结合之前 MoS$_2$ 在

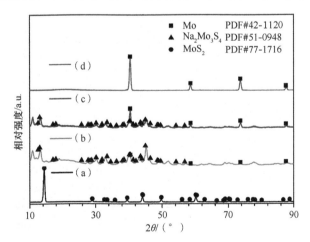

图 5-25　−2.4V 的电解产物 XRD 谱图

（a）为烧结后二硫化钼压片 XRD 谱；　（b）、（c）、（d）分别对应两电极体系加电压−2.4V 电解二硫化钼

条件下电解 4h、5h 和 10h 产物 XRD 谱图

NaCl-KCl 熔盐体系中的电化学行为可以得出结论，MoS_2 在熔盐中的脱硫过程主要分为两步，分别是 $MoS_2 \rightarrow Na_2Mo_3S_4$，以及 $Na_2Mo_3S_4 \rightarrow Mo$。

对图 5-23 所示的 2.50V 电解过程进行能耗分析，通过对电流–时间曲线进行积分可知实际转移电荷量为 3470C，理论上 0.80g 二硫化钼完全还原需 1930C，故电流效率约为 55.6%。若不考虑其他影响因素，进一步估算可知，在该工艺条件下二硫化钼电脱硫制备金属钼过程的电能消耗约为 5kW·h/kg。

为了对产物中残余硫含量进行表征，同时对产物纯度进行评估，恒电位电解后的部分阴极产物进行了碳硫分析。结果显示，在–2.6V 条件下进行 6h 电解后，产物中仍有 3000mg/kg 左右的残余硫；将脱硫时间进一步延长至 20h 后，产物中的残余硫质量分数可降至 372mg/kg，此时对应金属钼产物纯度可达到 99.95%。

产物的微观形貌如图 5-26 和图 5-27 所示。由于钼具有较高的熔点，脱硫产物并未出现明显的团聚现象，在经过去离子水清洗后直接以粉末的形式沉淀在烧杯底部，但由于产物钼粉粒径较小，沉淀过程较为缓慢。如图 5-26 所示，脱硫后的金属钼呈细小的颗粒状，颗粒尺寸大约在 200nm，且颗粒之间有较大的空隙，可能与硫的脱除有关。使用 EDS 进行元素分析，结果如图 5-27 所示，产物的主要元素组成为 Mo，同时有部分喷金引入的 Au 元素被探测到。

图 5-26　阴极产物金属钼 SEM 图

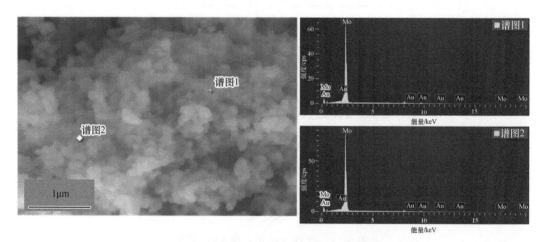

图 5-27　阴极产物 SEM 及 EDS 分析结果

由上述结果可知，二硫化钼原位电脱硫过程的主要速率控制步骤是 S^{2-} 的扩散过程。

为了强化电解过程，需要进一步研究增强 S^{2-} 扩散的方法。

上述研究发现，二硫化钼在熔盐中进行原位电脱硫是可行的，但是反应过程明显受到了 S^{2-} 在固相中扩散速率的限制。有研究引入液态阴极，对二硫化钼在熔盐电解质中的脱硫效率的提升进行探索。液态电极不仅能与反应物接触的更加充分，提供更大的电极接触面积，同时也可以发挥其去极化的作用，减小电解过程所需的过电位。试验通过引入液态锌电极作为集流体，对利用液态电极增强二硫化钼在 NaCl-KCl 共晶熔盐中的电脱硫过程进行探索。利用瞬态电化学技术分别研究了钼离子、锌离子以及二者共存状态的电化学行为，对二者共沉积过程进行了考察。之后通过恒电位电解实现了二硫化钼在阴极的原位电脱硫。

5.2.3 液态锌辅助硫化钼提取以及纯化

为提升电解效率，加速动力学过程，研究利用液态锌辅助硫化钼提取与纯化过程。在电解过程中，整个石墨坩埚将作为阴极完全浸入熔体中。到达设定的电解时限后，将阴极整体从熔盐中取出，在氩气保护的氛围中随炉冷却。待冷却至室温后取出坩埚，使用去离子水对其中附着的共晶盐进行清洗，之后将电解产物取出。对电解产物进行 SEM、EDS、EPMA 及 WDS 分析，判断其存在形式以及反应过程。

为了研究钼离子和锌离子在 NaCl-KCl 熔盐中的电化学行为，采用铂丝作为参比电极的三电极体系进行电化学测试。图 5-28 为在 NaCl-KCl-MoCl$_5$ 体系中的循环伏安法和方波伏安法测试结果。为保证参比电极的可靠性，在每次测试过程中都使用金电极将参比电位标定至氯气析出的电位。图 5-28（a）中的虚线是在预电解后的空白 NaCl-KCl 共晶熔盐中得到的背景曲线。

碱金属在–2.43V 的盐中沉积才出现了明显的反应峰，期间没有出现其他杂质峰且残余电流水平较低，证明预电解后的熔盐在测试区间内不会对钼离子的测试结果产生影响。在图 5-28（a）中的灰色曲线是对 NaCl-KCl-MoCl$_5$ 体系进行循环伏安法测试得到的结果。由分析结果可以看出，MoCl$_5$ 在 NaCl-KCl 熔盐中的还原步骤分为三步，分别为 R0、R1 和 R2，对应的电位分别为–0.95V、–1.54V 和–1.72V。这一测试结果与前述试验结果具有较好的重复性，只有初始价态不同导致的第一步的变化。为了进一步对 MoCl$_5$ 在 NaCl-KCl 熔盐中的还原步骤以及转移电子数进行分析与确认，在同一体系中进行了方波伏安法测试，结果如图 5-28（b）所示。对比可以看出，得到的拟合结果与原始数据的变化趋势较为符合。根据方波伏安法测试结果，利用式（4-11）计算各峰对应的反应步骤的转移电子数。图 5-29（b）中的 MoCl$_5$ 还原反应中最后的 R1 和 R2 两步，分别对应着转移两个电子，即整个过程对应着 $Mo^{5+} \rightarrow Mo^{4+} \rightarrow Mo^{2+} \rightarrow Mo$ 过程。

在确定了 MoCl$_5$ 在 NaCl-KCl 熔盐中的电化学行为后，进一步使用 ZnCl$_2$ 作为锌源，对锌离子在熔盐中的电化学行为进行考察。对 NaCl-KCl-ZnCl$_2$（1%）体系进行循环伏安测试，结果如图 5-29（a）中虚线所示。

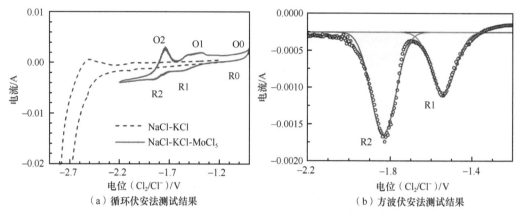

图 5-28　NaCl-KCl-MoCl$_5$ 体系的电化学测试结果

由图 5-29（a）虚线部分可知，在含有锌离子的 NaCl-KCl-ZnCl$_2$ 熔盐体系中，锌的还原过程 R$_{Zn}$ 是一步发生的，还原电位约-1.74V。有一个值得注意的细节是，虽然 ZnCl$_2$ 的还原峰只有一个，但在对应的氧化过程出现了一个较弱的肩峰，通过查阅相关文献，此处的肩峰可能对应着工作电极 Mo 在 ZnCl$_2$ 还原过程中出现了合金化过程。由于锌的熔点较低，仅为 692K，故在试验条件下工作电极上沉积的锌会以液态形式存在，在电极表面形成一层薄薄的锌液膜。分别测定 MoCl$_5$ 与 ZnCl$_2$ 在 NaCl-KCl 熔盐体系中的电化学行为后，在有两种离子同时存在的条件下，NaCl-KCl-ZnCl$_2$-MoCl$_5$ 体系中的循环伏安法测试结果和方波伏安法测试结果如图 5-29 所示。可以看出，钼离子还原步骤 R1 所对应 R1′ 的还原电位仍然是-1.54V，而 R2 对应的电位则与锌离子在-1.74V 电位处的 R3′ 出现了重合，同时在偏低电位处出现了新的较弱的峰 R2′。利用高斯拟合获得各个峰的半峰宽（$W_{1/2}$），分别计算其对应反应步骤的转移电子数，见式（4-11）。根据图 5-29（b）中的方波伏安法拟合结果，计算得到 R1′ 和 R2′ 对应过程的转移电子数分别为 2，R3′ 对应过程的转移电子数估计为 4。总的来说，在 NaCl-KCl-ZnCl$_2$-MoCl$_5$ 体系中相对于 NaCl-KCl-MoCl$_5$ 体系具有使 R2 向正电位偏移的共沉积过程，这说明锌的存在可以改变钼离子的还原步骤，且过程中可能伴随着锌钼合金的生成。

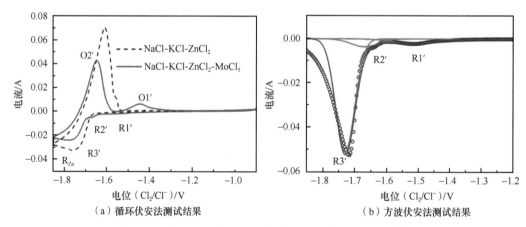

图 5-29　NaCl-KCl-ZnCl$_2$-MoCl$_5$ 体系的电化学测试结果

在循环伏安测试结果中，可以明显地看到钼离子对应的峰值电流强度与锌离子对应的峰值电流强度有较大区别。通过对各因素进行分析，发现 $MoCl_5$ 在熔盐中的挥发是造成这一现象的可能因素，故对 $MoCl_5$ 及 $ZnCl_2$ 在熔盐中的挥发行为进行考察。图 5-30 显示的是加入 5% $MoCl_5$ 的 $NaCl-KCl-MoCl_5$ 熔盐中不同时间下熔盐中钼离子浓度。

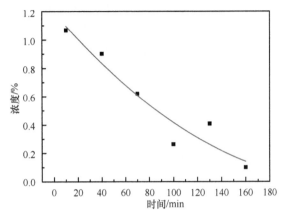

图 5-30　不同时间下熔盐中钼离子浓度 ICP-OES 测试结果

从图 5-30 可知，$MoCl_5$ 在高温下具有较强的挥发性，在升温过程中就有 80%的质量损失，不是一种理想的钼源，但其化学稳定性较强，热力学计算结果显示其较难发生歧化或分解反应。对 $ZnCl_2$ 也进行了类似的测试，但锌离子的浓度变化不大。$MoCl_5$ 的沸点仅为541K，而 $ZnCl_2$ 的沸点则为 1016K，故在操作温度 1023K 下，$ZnCl_2$ 更加稳定，因此试验中应在较短时间内完成相关测试。经过烧结后的二硫化钼压片在试验温度下性质稳定，不会对二硫化钼的电解过程造成影响。

图 5-31 为分别对 $NaCl-KCl-MoCl_5$ 和 $NaCl-KCl-ZnCl_2-MoCl_5$ 进行计时电位分析。图5-31（a）中的 R3 对应的是体系中的碱金属沉积，并且也发现了类似前述钼离子循环伏安法测试结果以及方波伏安法测试结果的最后两步的还原过程，此处表现为两个明显的转折平台，并且与之前的测试结果所显示的相应步骤的还原电位相似，分别对应在−1.54V 处的R1 以及在−1.81V 处的 R2。随着 $ZnCl_2$ 的加入，还原步骤变少，$NaCl-KCl-ZnCl_2-MoCl_5$ 中

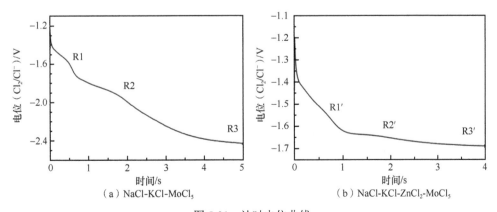

（a）$NaCl-KCl-MoCl_5$　　　　　　　　　（b）$NaCl-KCl-ZnCl_2-MoCl_5$

图 5-31　计时电位曲线

的还原步骤为 R3′，MoCl₅ 的后两步还原 R1 与 R2 在有 ZnCl₂ 存在时会发生一定程度的正移，其中 R2 与锌的沉积电位 R_{Zn} 相近，二者同时存在时可能有共沉淀现象发生。计时电位法的测试结果进一步证明了 MoCl₅ 的还原过程，并为判断锌钼共存时可能发生的反应给出了一定的证据。

在不同电流条件下进行计时电位测定。电流范围的选择取决于循环伏安法测试中获得的峰值电流。如图 5-32（a）所示，NaCl-KCl-ZnCl₂-MoCl₅ 体系分为三个步骤，分别是 Mo^{4+}、Mo^{2+} 和 Zn^{2+} 的还原。图 5-32（b）为 Mo 和 Zn 共沉积后，在工作电极上施加−7mA 电流 15 s 后得到的 OCP 曲线。由图 5-32（b）可知，OCP 测试有四个阶段，分别是−1.71V 时对应 1 阶段，−1.66V 时对应 2 阶段，−1.54V 时对应 3 阶段，−1.50V 时对应 4 阶段。根据 Zn 和 Mo 的二元相图，Mo 与 Zn 之间主要存在两种合金形式，所以相对应的 OCP 测试结果被认为是对应着锌在−1.71V 的氧化，MoZn₂₂ 在−1.66V 氧化，MoZn₇ 在−1.54V 氧化以及 Mo 在−1.50V 氧化。当应用 Nernst 方程时，如式（5-1）所示，可以估算金属间化合物的热力学性质：

$$\Delta G = -nEF = RT\ln\alpha \qquad (5-1)$$

式中：G、n、E、F、R、T、α 分别为反应吉布斯自由能（kJ/mol）、转移电子数（C/mol）、电位差（V）、法拉第常数（96485C/mol）、气体常数[8.314J/（mol·K）]、温度（K）和活度。电位差是通过减去 OCP 测试过程中获得的还原电位来测量的。例如，电位差为−1.71V 减去−1.66V，即−0.05V。计算结果见表 5-2。

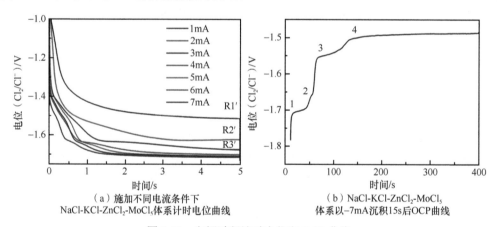

（a）施加不同电流条件下
NaCl-KCl-ZnCl₂-MoCl₅ 体系计时电位曲线

（b）NaCl-KCl-ZnCl₂-MoCl₅
体系以−7mA 沉积15s后OCP曲线

图 5-32　电解过程计时电位和 OCP 曲线

表 5-2　根据试验数据计算出锌钼合金的热力学数据

合金	方程式	$\Delta G/$（kJ/mol）
MoZn₂₂	ΔG（MoZn₂₂）$= -2F\Delta E_1$	−9.65
MoZn₇	ΔG（MoZn₇）$= \dfrac{1}{22}[7\Delta G$（MoZn₂₂）$-2F\Delta E_2]$	−4.39

试验中采用石墨棒作为阳极，组装阴极示意图如图 5-33（a）所示。组装的阴极使用石墨坩埚作为载体，在其底部填充纯锌颗粒，之后在其上部放置烧结后的二硫化钼压片，并使用镍铬丝将组装好的阴极与电极棒连接并固定。当温度提升至试验温度后，理论上

阴极会由于密度差而实现自动排布。在试验温度 1023K 下，液态锌的密度与固体金属类似，故使用固体锌的密度进行估算，约为 7.14g/cm³；熔盐电解质 NaCl-KCl 在此温度下的密度约为 1.55g/cm³；二硫化钼压片的密度则是根据阿基米德定律进行测量，原理如式（5-2）所示：

$$\rho_{tablet} = \frac{m_0}{m_0 - m_i} \tag{5-2}$$

式中：ρ_{tablet} 为 MoS_2 压片的密度；m_0 为压片在空气中的质量；m_i 为压片完全浸入去离子水中的质量，此处假设去离子水的密度为 1g/cm³，故没有在式（5-4）中进行显示。试验过程中分别对二硫化钼压片烧结前后的密度进行测试，结果表明：烧结前后球团的密度分别为 3.0g/cm³ 和 4.60g/cm³，由于二硫化钼的理论真密度为 4.80g/cm³，所以计算得到其烧结前后的相对密度分别为 62.5% 和 95.83%，可以认为这是导致烧结后机械强度变化的原因之一。将试验中各物质密度进行对比可以发现，在 1023K 实验温度下，密度顺序为 $\rho_{锌}>\rho_{压片}>\rho_{熔盐}$，即当组装阴极完全浸入 NaCl-KCl 熔盐中并使其中的锌充分熔化后，在密度差异作用下，液态锌会聚集在石墨坩埚底部，使二硫化钼压片浮于液态锌上，熔盐则会覆盖整个阴极。由于阴极的保护效应，用于连接和导电的镍铬丝并不会在熔盐中受到侵蚀。二硫化钼脱硫产物应为金属钼粉，钼的密度为 10.2g/cm³，大于锌的密度，故在重力作用下钼粉会向下沉淀至石墨坩埚的底部，及时地与未脱硫的部分发生分离，使得二硫化钼的脱硫过程始终可以保持将反应的三相界面暴露出来，同时减小 S^{2-} 在压片内部的扩散距离，更有利于电脱硫过程的发生。

（a）组装阴极示意图　　　　　　　　　（b）电解后产物剖面图

图 5-33　试验组装阴极及电解后产物

在恒压条件下施加 2.40V 电解 10h 后，将阴极从熔盐中提出，并在氩气气氛下随炉冷却至室温。图 5-33（b）为使用去离子水去除表面附着的冷凝盐后，组装阴极的纵截面的拍摄照片。从图 5-33（b）可以看出，产物金属呈现出了较圆滑的外部轮廓，这说明在反应条件下金属的确以液态形式存在，并在表面张力作用下被铺展在石墨坩埚内部。仔细观察可以发现，产物金属的颜色分布并不是均匀的，而是分为亮白色与灰暗色两大块，同时在亮区和暗区之间可以观察到一个明显的边界，使得亮区集中在顶部，暗区集中在底部。结合反应条件及过程推断可以得出，顶部呈亮白色的部分应该是金属锌，而底部灰暗色的区域极有可能是还原钼颗粒沉积的结果。

图 5-34 为在使用锌液态电极装载二硫化钼作为工作电极，石墨棒作为对电极的两电极体系下，使用−2.5V 电压进行恒压电解所记录的电流−时间曲线。从图 5-34 中可知，反应过程与二硫化钼压片相类似，也出现了三个阶段。首先在开始电解的 1000s 内，同样出现了约−0.35A 的电流平台，这一电流数值大于直接对二硫化钼压片进行电解过程的−0.30A；其次在电流迅速降至−0.10A 之后，又出现了缓慢上升的第二阶段；最后在 12500s 左右出现对应第三阶段的峰值，电流出现了下降，过程中出现了一定的短路现象，但结合之前直接电解二硫化钼的经验来看，此时对应的二硫化钼还原过程应已经结束。相对于直接电解二硫化钼压片，使用液态电极辅助电解还原时间更短，速率更快。

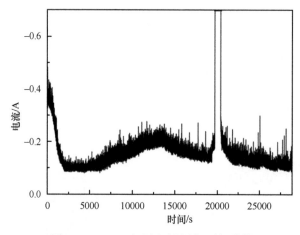

图 5-34　−2.5V 恒压电解电流−时间曲线

在将电解后的产物取出制样后，对其形貌和元素分布进行进一步的表征和分析。图 5-35 为产品不同部位利用光学显微镜得到的照片。图 5-35（a）对应的区域为产物顶部区域，可以看出该区域成分分布较为均匀，仅有少量的较亮的颗粒分散在其中。试验对产物亮白色与灰色的交界处也进行了光学显微镜分析，结果如图 5-35（b）所示，可以看到，在二者边界处的中间区域上部是与顶部类似的形态，下部则有大量亮颗粒存在，此时颗粒间仍相对独立，留有一定的间隙。电解产物底部的光镜放大结果如图 5-35（c）所示，所显示的形态与顶部和中部均不太相同，虽然形态分布较为均匀，但相比与顶部区域，其中明显夹杂着部分较亮的物质，这是由锌钼合金的存在造成的。为了对产物中元素的分布情况进行表征，使用 EPMA 和 WDS 对抛光后的电解产物的不同部位进行形貌及元素分布分析，结果如图 5-36 所示。

（a）上部 （b）中部交界处 （c）底部

图 5-35　电解产物不同部位对应光学显微镜图片

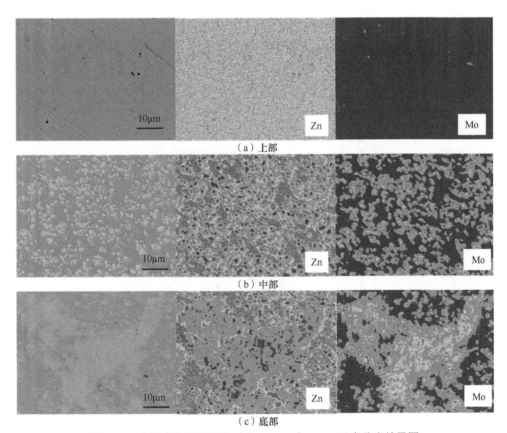

（a）上部

（b）中部

（c）底部

图 5-36　电解产物不同部位对应 EPMA 和 WDS 元素分布结果图

图 5-36 每行的第一张图片为 EPMA 形貌分析图，右边两张图则分别是锌、钼的 WDS 元素分布。从 WDS 检测结果可以看出，钼确实是在重力作用下向锌的底部沉淀。由图 5-36 （a）结果可以看出，在产物的顶部主要组成为金属锌，只有极少数的金属钼颗粒出现，这一部分应该对应着图 5-33（b）中产物上部的光亮部分；在图 5-35（b）中对应着产物的中间部分，这一部分钼分布明显增多，但主要呈细小的颗粒形式散布在锌中，被锌包围且钼颗粒之间的相互联系并不明显，但是在锌与钼元素分布的交界处会出现部分重叠，可能对应着在钼颗粒表面形成的合金组分，此处对应图 5-33（b）中亮白色与深灰色交界处；图 5-35（c）中的结果对应着产物的底部，可以看出，此时的钼元素分布相对于之前两部

分有着明显的增多，并出现团聚现象。这是由于金属钼的密度比锌大，会自发地向底部沉淀，随着还原过程的进行，底部将逐渐被还原后的钼颗粒所占据，同样此处在钼与锌元素的边界处出现了锌和钼元素分布的重叠，并且区域更大，这时锌钼之间随着时间延长，合金化程度和均匀度也有所提升。

通过热力学计算发现，金属锌与二硫化钼之间可以发生金属热还原反应，为了确定液态锌电极对脱硫过程的影响，试验使用二硫化钼压片在没有电化学过程参与的条件下，与试验中使用的液态锌进行混合浸泡试验。经过长时间的浸泡后，二硫化钼压片仍以片状形式存在，但底部已被液态锌所附着和包裹。将二者分开后可以看出，二硫化钼压片的厚度并没有发生明显变化，同时与锌存在着明显的边界。对压片与锌接触部分进行 XRD 分析，结果如图 5-37 所示，可以看出，二硫化钼与锌的确发生了化学反应，但程度十分有限，经过长时间接触浸泡后产物中仍以二硫化钼为主要存在形式，同时伴有少量的还原产物金属钼以及硫化锌。值得注意的一点是，即使锌可以将二硫化钼还原为金属钼，但仍无法使硫组分离开阴极。这些结果证实了 FFC 法仍是阴极脱硫还原过程的主要驱动力。

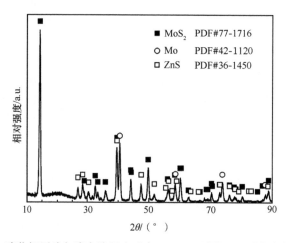

图 5-37　二硫化钼压片与液态锌混合后在 1023K 下保温 8h 后的产物 XRD 谱图

为了确认过程中对硫的脱除，试验中还使用 EDS 对产物进行了元素成分分析，结果如图 5-38 所示，可以看出，产物中主要有两种形貌组成：一种是深灰色的，占据着样品的绝大部分，应该对应着基体；另一种是分散在灰色相中的亮色颗粒，且颗粒与颗粒之间较为分散。对图 5-38 中的两点位置进行 EDS 分析，发现亮色颗粒点 1 处可以同时探测到锌与钼元素，深灰色的点 2 处仅探测到金属锌。对此结果进行分析可知，深灰色的物质为作为基体的锌，而分散在其中的亮色颗粒则对应着还原后产生的钼颗粒，由于颗粒尺寸较小，故在进行 EDS 成分分析时不可避免地将旁边的部分锌同时探测。结合这两种元素的成分分析，没有硫元素的存在，进一步证明了产物中硫的脱除，以及锌液态电极辅助电脱硫工艺的可行性。

图 5-38　电解产物 SEM 图以及对应点位 EDS 成分分析图

　　经过前述二硫化钼脱硫中液态锌电极的引入，在阴极得到了脱硫后的锌钼混合物。由于锌与钼熔沸点差异巨大，试验使用蒸馏方式实现对锌与钼的分离。锌钼混合物在高于1180K 的温度下锌会以气态的形式从混合物中分离。试验在 1273K 条件下对电解产物进行4h 的蒸馏，锌以蒸气的形式脱除。蒸馏过程采用刚玉坩埚代替电解过程中的石墨坩埚，避免了碳在高温下的污染。图 5-39 为蒸馏前后的产物，其形貌变化明显，且伴随着质量损失。锌的脱除使产品尺寸大幅收缩，但产品主要是顶部发生了明显的变化，底部仍较为致密，这是由于底部钼的团聚造成的。

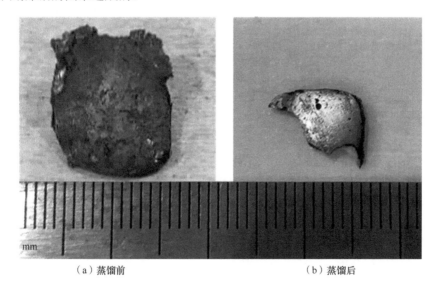

（a）蒸馏前　　　　　　　　　　　　　　（b）蒸馏后

图 5-39　电解产物蒸馏前后对比图

　　用砂纸对蒸馏后产物进行打磨和抛光后进行 XRD 分析，结果如图 5-40 所示。从图 5-40中可以看出，蒸馏后的产物主体是金属钼，同时伴随少量的 MoO_2，可能是由于试验过程中气密性不足造成了金属钼的轻微氧化。

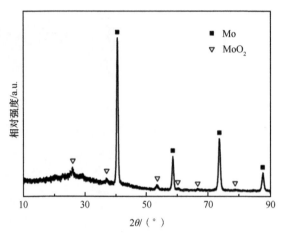

图 5-40　蒸馏后产物 XRD 谱图

综上所述，主要结论如下。

（1）系统地研究了二硫化钼在 NaCl-KCl、LiCl-KCl、CsCl-KCl 及 CaCl$_2$-KCl 熔盐体系中的化学稳定性及物理稳定性。结果表明，二硫化钼以及烧结后的二硫化钼压片在所选择的各氯化物共晶熔盐体系中均具有较好的化学稳定性与物理稳定性，同时具有较小的溶解度。在 CsCl-KCl 熔盐体系中溶解度最大，约为 4.1%。

（2）使用电化学测试技术对二硫化钼及钼离子在熔盐中的电化学行为进行了分析。结果表明，二硫化钼在 NaCl-KCl 熔盐体系中的还原步骤分为两步，分别在 –0.37V 和 –0.61V，对应着 MoS$_2$ 到 Na$_2$MoS$_4$ 再到金属钼的过程；六价钼离子在 NaCl-KCl 熔盐体系中的还原步骤主要分为三步，分别在 0.15V、–0.40V 及 –0.54V，对应着 Mo^{6+} 到 Mo^{4+} 到 Mo^{2+} 再到金属钼的过程。

（3）在不同电压下对二硫化钼进行了 EIS 分析，可以发现，较大的过电位有利于反应的进行；随着电压增大，体系中对应的电化学阻抗呈减小趋势，且逐渐由受电荷转移过程控制变为受扩散过程控制。

（4）对二硫化钼在不同电解条件下的恒电位电解研究发现，二硫化钼的电脱硫过程分为三个阶段，且二硫化钼的脱硫过程可在 6h 内完成；在 –2.4V 以及更高的电位条件下，可以成功地制备金属钼，并使脱除的硫在阳极发生氧化，以硫单质的形式在阳极富集。经过 20h 的长时间电解，钼金属纯度达 99.95% 以上。

（5）通过对钼离子与锌离子电化学行为、共沉积过程以及恒电位电解研究，发现液态锌电极的引入可以有效地强化二硫化钼的电脱硫过程，获得的产物为锌钼混合物。通过蒸馏方式对锌钼进行分离，可获得金属钼。

5.3　多金属硫化物纯化制备金属钼

5.3.1　多金属硫化物分离与制备金属钼

为了新工艺硫化钼和硫化锌共脱硫并分离出金属钼、锌提供基础数据，首先，通过热力学分析、循环伏安法、方波伏安法和恒电位电解法分别探明 MoS_2、ZnS、MoS_2-ZnS（1∶1）混合物的还原步骤，得到 ZnS 的分解电位小于 MoS_2。之后，利用两电极体系在不同时间段下的恒电位电解，探明 MoS_2-ZnS（1∶1）混合物共脱硫的还原机理。最后利用真空蒸馏方法分别得到金属钼和锌。以上试验均在氩气气氛下进行，利用电化学工作站记录电解过程中的电流–时间曲线，用 XRD 和 SEM 对恒电位电解的阴极产物进行表征，利用 ICP-OES 分析蒸馏后钼中的锌、硫质量分数。

以 NaCl-KCl 作为电解质溶液，将装有 250g 无水 NaCl-KCl 的氧化铝坩埚（φ=80mm）放入电解炉中，用氩气替换空气三次，以保证电解炉中没有空气残留。将电解炉以 5K/min 的加热速率加热到 573K 保持 2h，除去熔盐中的水分，以相同速率加热至 1023K 保温 4h 使盐充分融化。然后在 2.90V 电压下，使用两个石墨电极棒（φ=6mm）进行预电解，直到背景电流达到可忽略的水平。预电解后，熔融的 NaCl-KCl 共晶熔盐在氩气流动下随电解炉进行冷却。

研究 MoS_2、ZnS、MoS_2-ZnS 的电化学行为时采用的是三电极系统，以钼金属腔电极（MCE，腔直径 φ=1mm，钼棒直径 φ=3mm）作为工作电极，参比电极为钨丝（φ=1mm），对电极为石墨棒（φ=6mm）。之后将工作电极分别填充 MoS_2 粉末（99.5%）、ZnS 粉末（99.99%）、MoS_2-ZnS 混合粉末（摩尔比 1∶1），在氩气氛围中，分别对其进行方波伏安法测试和循环伏安法测试。在进行恒电位曲线和方波伏安曲线测量时，试验装置相同。

恒压电解采用的是两电极体系，在 1023K 充满氩气的条件下进行试验。首先用 20MPa 的压力将 1.24g MoS_2 粉末、0.76g ZnS 粉末、1g MoS_2-ZnS 混合粉末（摩尔比 1∶1）压成直径 12.5mm 的圆片，之后在充满氩气的管式炉中，加热到 1273K 保温烧结 1h，以确保压片具有足够的机械强度。之后，将三种压片分别放入直径为 20mm（内径为 14mm）、高度为 20mm（内高为 17mm）的石墨坩埚中作为阴极，将直径为 6mm 的石墨棒作为阳极，分别进行不同电压下的电解，探究电解过程中的产物。为了进一步确定 MoS_2-ZnS 的共脱硫机理，在电解电压为–2.3V 条件下，将 MoS_2-ZnS 压片进行不同时间段的电解，得到阴极产物并表征，同时将含有 1.24g MoS_2 和 5g Zn 粒的石墨坩埚放到熔盐中 8h，进一步说明 MoS_2-ZnS 压片共脱硫机理。最后在–2.7V 电压恒压电解 8h 得到阴极，对产物进行洗涤、干燥，之后放入通有氩气的管式炉中。在 3h 内匀速升温至 1273K，并保温 2h，进行真空分离得到金属钼、锌。

式（5-3）和式（5-4）显示了 NaCl 和 KCl 的分解反应，式（5-5）和式（5-6）显示了 MoS_2 和 ZnS 的分解反应，并用 HSC 化学 6.0 计算了标准条件下反应的吉布斯自由能，因此熔盐电解质的电化学窗口和硫化物的还原电位可由式（5-7）估算。分解电位计算结果如图 5-41（a）所示。在 1023K 时，MoS_2（–0.549V）和 ZnS（–0.865V）的分解电位是在 NaCl-KCl（–3.044V）熔盐的电化学窗口内的，因此满足熔盐电解选择电解质的标准。同时理论上 MoS_2 的分解电位小于 ZnS 的分解电位。

$$2NaCl \rightleftharpoons 2Na + Cl_2 \text{（g）} \qquad \Delta G_{1023K} = 624.745 \text{kJ/mol} \qquad (5\text{-}3)$$

$$2KCl \rightleftharpoons 2K + Cl_2 \text{（g）} \qquad \Delta G_{1023K} = 671.400 \text{kJ/mol} \qquad (5\text{-}4)$$

$$MoS_2 \rightleftharpoons Mo + S_2 \text{（g）} \qquad \Delta G_{1023K} = 203.054 \text{kJ/mol} \qquad (5\text{-}5)$$

$$2ZnS \rightleftharpoons 2Zn \text{（l）} + S_2 \text{（g）} \qquad \Delta G_{1023K} = 323.673 \text{kJ/mol} \qquad (5\text{-}6)$$

$$\Delta G = -nEF \tag{5-7}$$

为了测试 MoS_2、ZnS、MoS_2-ZnS 在 NaCl-KCl 熔盐中的电化学行为，使用 MCE 记录循环伏安法测试结果和方波伏安法测试结果。

由图 5-41（b）可知，空 MCE 上的 R0 还原峰是因为熔盐中阳离子还原产生的，同时可以得到熔盐中的阳离子的还原电位相较于 MoS_2、ZnS、MoS_2-ZnS 的分解电位更负，进一步证实了 NaCl-KCl 熔盐满足电脱硫工艺所需要的电化学窗口。随后将 MCE 加载 MoS_2、ZnS 和 MoS_2-ZnS 在电位 0～−1.3V 范围内记录循环伏安法测试结果和方波伏安法测试结果。如图 5-41（c）所示，可以发现除了熔盐阳离子析出峰外，MoS_2 具有两个明显的还原峰 R1（−0.43V）和 R2（−0.65V）；ZnS 具有一个明显的还原峰 R3（−0.39V）；MoS_2-ZnS 具有两个明显的还原峰 R4（−0.29V）和 R5（−0.71V）。因此可以得出 MoS_2 还原经历了两个步骤，ZnS 还原过程为一步，MoS_2-ZnS 混合物还原过程为两步。同时，方波伏安法测试结果与循环伏安法测试结果一致，进一步证实了电化学行为[图 5-41（d）]。

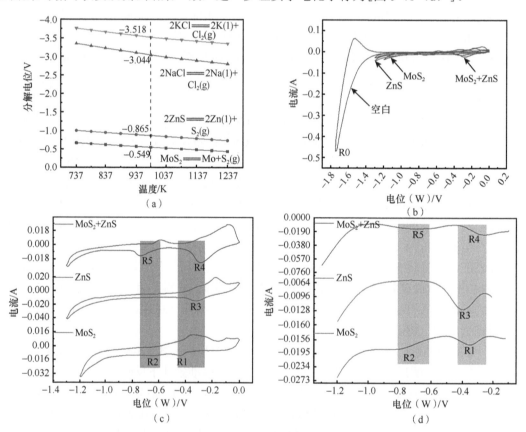

图 5-41　熔盐理论分解电压与钼电解过程电化学测试曲线

（a）氯化物及硫化物的理论分解电压随温度变化关系[所有热力学数据均来自 HSC 化学 6.0，以活性为单位（$a=1$）]；（b）分别在空 MCE 和加载 MoS_2、ZnS 和 MoS_2-ZnS 的 MCE 上记录循环伏安法测试结果，扫描速率为 50mV/s；（c）MCE 加载 MoS_2、ZnS 和 MoS_2-ZnS 在电位 0～−1.3V 内记录循环伏安法测试结果，扫描速率为 50mV/s；（d）MCE 加载 MoS_2、ZnS 和 MoS_2-ZnS 在电位 0～−1.3V 内记录方波伏安法测试结果为了更好地研究电化学还原机理，首先对 MoS_2、ZnS、MoS_2-ZnS 压型烧结以保证其强度，之后分别对其压片进行 8h 不同电压下恒压电解，最后对电解产物收集并表征。图 5-42 为 MoS_2 压片在不同电压下电解 8h，电解产物对应的电流–时间曲线和 XRD 谱图。由图 5-42（a）所知，电解电流随着两电极间电压的增大而增大，并且电解过程分为两个阶段，第一阶段电流迅速上升，对应着 MoS_2 迅速被反应，第二阶段电流缓慢下降，对应着压片内部脱硫过程，并且脱硫速率会受 S^{2-} 在固相中的扩散过程限制。对电解产物进行 XRD 分析，如图 5-42（b）所示，当电压为–2.2V、–2.3V 时，电解产物为碱金属离子嵌入所形成的中间产物 L_xMoS_2 和 $L_xMo_3S_4$（L=Na 或 K，$x<1$，主要物相为 $Na_2Mo_3S_4$、$Na_3Mo_6S_8$、$K_{0.4}MoS_2$），当电压为–2.4V 时，电解产物中出现了之前的中间产物和金属钼，当电压升至–2.7V 时，电解产物只检测出钼金属。因为由图 5-41（c）可知，硫化钼是两步还原，所以硫化钼的还原机理为 MoS_2 先还原为中间体 L_xMoS_2 和 $L_xMo_3S_4$［对应图 5-41（c）中的 R1］，再由中间体还原为金属钼［对应图 5-41（c）中的 R2］。

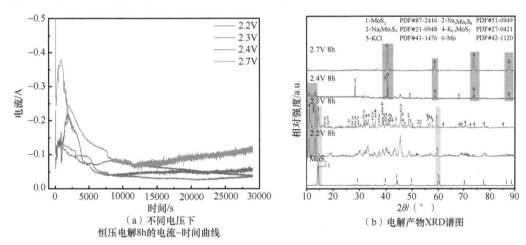

（a）不同电压下
恒压电解8h的电流–时间曲线

（b）电解产物XRD谱图

图 5-42　MoS_2 压片电解过程电流–时间曲线与电解产物 XRD 谱图

将 ZnS 压片在不同电压下电解 8h，由图 5-43（a）电解过程对应的电流–时间曲线可知，电解电流随着两电极间电压的增大而增大，电流较为平缓。电解产物 XRD 谱图如图 5-43（b）所示，ZnS 压片有两种形态，即 Sphalerite 和 Wutzite，这可能是烧结降温过程中所引起的同素异形体结构转变造成的。当电压小于–2.1V，电解产物中只有 ZnS，当电压为–2.2V 时电解产物中出现 Zn，随着电压增大至–2.4V 以上，电解产物已经完全转化为金属锌。由于在分解电压为–2.2V 时，电解产物中仍含有 ZnS，将其电解时间延长至 24h，电流–时间曲线和清洗后的阴极产物如图 5-43（c）和图 5-43（c1）所示，石墨坩埚阴极中存在银白色球体，对其进行 XRD 分析，结果为金属锌。这是因为锌的熔点为 692K，在 1023K 时，硫化锌脱硫后的锌为液态，具有较大的表面张力，所以会自发聚合成球存在于石墨阴极。因此当电压为–2.2V 时，ZnS 可以转变为金属锌，但速率较慢。因为 ZnS 是一步还原［图 5-41（c）中的 R3］，并且在未达到分解电压下（–2.1V）的产物中只有单一的 ZnS 物相，因此还原机理为由 ZnS 直接还原为金属锌。此时 ZnS 的还原电位（–2.2V）比 MoS_2（–2.4V）的还原电位更小。通过之前研究可知，MoS_2 理论分解电位为–0.549V，ZnS 为

–0.865V，但在实际电解时均需要一定的过电位才能保证反应的进行。因此，ZnS 比 MoS$_2$ 所需要的过电位小，这可能和产物的存在形态有关。

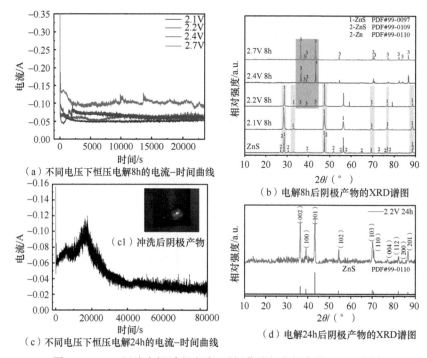

图 5-43　ZnS 压片电解过程电流–时间曲线与电解产物 XRD 谱图

　　将 MoS$_2$-ZnS 压片在不同电压下的两电极体系中电解 8h，得到其电流–时间曲线和电解产物 XRD 谱图如图 5-44 所示。从图 5-44（b）可知，MoS$_2$-ZnS 压片在电压–2.2V 下产物主要相为 L$_x$MoS$_2$、L$_x$Mo$_3$S$_4$ 和 ZnS。在–2.3V 下主要是金属钼和少量的 ZnS、L$_x$MoS$_2$ 和 L$_x$Mo$_3$S$_4$。当电压增加至–2.5V、–2.7V 时，产物的测试结果主要为金属钼，而金属锌的衍射峰强度较小。这是因为在 1023K 时，钼和锌互不相溶，电解产物中粒状的金属锌混合在钼粉中，难以测出。图 5-44（a）对比单一 MoS$_2$ 电流–时间曲线[图 5-42（a）]可知，当两电极间电压大于–2.2V 时，ZnS 的引入可以使得电流出现一个先增大后减小的趋势。此外 ZnS 的引入，可以在更低电压下（–2.3V）得到金属钼。

　　因为 MoS$_2$-ZnS 的电化学测试是两步还原[图 5-41（c）]，R1、R3、R4 的电位相近，R2 和 R5 的电位相近，结合上述 MoS$_2$、ZnS 电解脱硫后的产物，可初步推断在 R4 时发生 MoS$_2$→L$_x$MoS$_2$ 和 L$_x$Mo$_3$S$_4$、ZnS→Zn；在 R5 处发生 L$_x$MoS$_2$ 和 L$_x$Mo$_3$S$_4$→Mo。此外，在 MoS$_2$、ZnS、MoS$_2$-ZnS 压片的恒压电解过程中，均在阳极发现黄色粉末，对其测试可知为单质硫。至于引入 ZnS 可以降低 MoS$_2$ 的分解电压的原因仍需要进一步的探究。

　　因为在–2.3V 未达到 MoS$_2$ 的分解电压（–2.4V），而引入 ZnS 后却得到了金属钼，为进一步探究 MoS$_2$-ZnS 共脱硫机理，则使用两电极体系在 1023K、电压为–2.3V 条件下进行不同时间段的电解。电解所产生的电流–时间曲线及其产物如图 5-45 所示，电流变化和 MoS$_2$ 电解[图 5-42（a）]相比，7200s 之前，电流与 MoS$_2$ 的电流趋势相同，此时电解产物中开始出现 L$_x$MoS$_2$ 和 L$_x$Mo$_3$S$_4$，电流在 7200s 时开始出现缓慢上升，与此同时对应的产物在 4h 后开始出现钼，并且随着电解时间增长，金属钼的衍射峰强度越来越大，说明钼的含量增加。ZnS 在 28800s 的电解过程中始终存在，说明在 MoS_2 大量还原为钼之前 ZnS 并不会大量转换为锌。

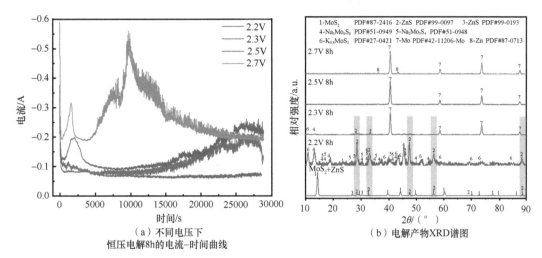

（a）不同电压下恒压电解8h的电流–时间曲线　　（b）电解产物XRD谱图

图 5-44　MoS_2-ZnS 压片电解过程电流–时间曲线与电解产物 XRD 谱图

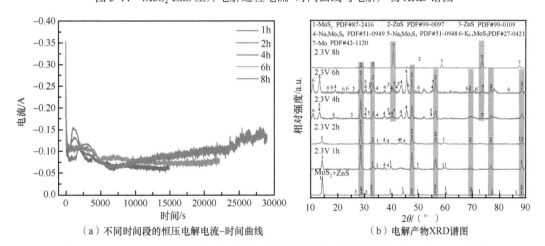

（a）不同时间段的恒压电解电流–时间曲线　　（b）电解产物XRD谱图

图 5-45　MoS_2-ZnS 压片不同时间段的恒压电解电流–时间曲线及电解产物 XRD 谱图

通过之前研究可知，ZnS 的实际分解电压为 –2.2V，MoS_2 的实际分解电压为 –2.4V，ZnS 比 MoS_2 更容易脱硫。然而 MoS_2-ZnS 在电解过程中（–2.3V），在未达到 MoS_2 分解电压的条件下能得到金属钼，且 MoS_2 大量的脱硫先于 ZnS。因此说明 ZnS 脱硫形成的锌不能在 MoS_2 中大量的稳定存在。为了探究锌不能在 MoS_2 中稳定存在的原因，如图 5-46 所示，将装有 MoS_2 和锌的石墨坩埚放入 NaCl-KCl 熔盐中 8h，并对 MoS_2 与锌中间灰色物质进行 XRD 表征，结果表明存在钼、ZnS。因此在熔盐中，锌和 MoS_2 接触的表面可以自发进行如方程（5-8）所示反应。通过查阅 HSC 化学 6.0 可知，该反应 $\Delta G_{1023} < 0$，进一步证实了该反应的自发性。同时说明脱硫后的液态锌和 MoS_2 发生置换反应生成了金属钼。由于 L_xMoS_2 和 $L_xMo_3S_4$ 稳定性比 MoS_2 更低，故也能与液态锌反应生成钼。

$$2Zn（1）+ MoS_2 \Longrightarrow Mo + 2ZnS \quad \Delta G_{1023K} = -121.870kJ/mol \tag{5-8}$$

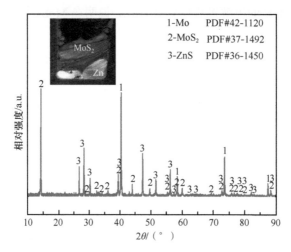

图 5-46　MoS$_2$ 与锌中间灰色物质的 XRD 谱图

插图为在 1023K 含有 MoS$_2$ 和金属锌的石墨坩埚中放入 NaCl-KCl 熔盐 8h 剖面图

为了更好地探究 MoS$_2$-ZnS 共脱硫的微观过程及电解产物的存在形式,对 2.3V 下不同时间段的电解产物进行 SEM 和 EDS 表征。如图 5-47 所示,MoS$_2$-ZnS 压片在未电解时,MoS$_2$ 是光滑的片层状结构,ZnS 是椭圆球状结构[如图 5-47（a）],并且锌和钼的元素分布是独立分布的[图 5-47（a）、（b）]。随着电解时间增长,MoS$_2$-ZnS 压片在结构上和元素分布上都发生了较大的变化[图 5-47（c）～（i）]。结构上,ZnS 的椭球状结构在电解 1h 之前消失;MoS$_2$ 的片层状结构表面变粗糙;结合图 5-45（b）的 XRD 结果,在图 5-47（g）出现了块状结构的 L$_x$MoS$_2$ 和 L$_x$Mo$_3$S$_4$。同时在元素分布上,钼、锌元素随着电解时间的进行重叠面积增大,片状结构和块状结构上均有锌元素的存在。说明在−2.3V 电压下,电解初期 ZnS 快速脱硫形成液态锌,之后附着 MoS$_2$ 及 L$_x$MoS$_2$ 和 L$_x$Mo$_3$S$_4$ 结构的表面上,并可以发生置换反应生成金属钼和 ZnS,生成的 ZnS 再次发生电解生成液态锌。按照该过程进行循环,在未达到 MoS$_2$ 实际分解电压条件下得到了金属钼,且 MoS$_2$ 大量的脱硫先于 ZnS。

对电解 8h 产物的不同结构进行元素分析(图 5-48),其中点 1 和点 3 为脱硫后的结构,此时金属钼和金属锌混合存在,但元素分布并不均匀,存在着钼锌分离情况。这也进一步解释了电解产物中粒状的金属锌混合在钼粉中。同时通过图 5-48（c）中 3 点的元素原子分数对比,结构中锌原子分数越高,结构中含硫量越低,也间接证明了 Zn/ZnS 的引入,促进了 MoS$_2$ 的脱硫。

基于以上结果,可以推断出 MoS$_2$-ZnS 共脱硫的微观机理,如图 5-49 所示,阶段 1 为电解之前 MoS$_2$-ZnS 压片的结构,MoS$_2$ 和 ZnS 均匀分布。当分解电压为−2.2V 以上时进入阶段 2,此时 MoS$_2$ 进行第一步反应,即 MoS$_2$→L$_x$MoS$_2$ 和 L$_x$Mo$_3$S$_4$,ZnS 还原为液态锌和 S^{2-}。如果电解电压控制在−2.2V 和−2.3V 时(方向 a),此时参与阴极还原反应的主要为 ZnS,还原后的液态锌包裹在 MoS$_2$ 及其中间化合物（L$_x$MoS$_2$ 和 L$_x$Mo$_3$S$_4$）上,并发生置换反应,生成金属钼。L$_x$MoS$_2$ 和 L$_x$Mo$_3$S$_4$ 因未达到实际分解电压（−2.4V）,则不会被直接电还原为金属钼。如果电解电压进一步升高到−2.4V 以上时（方向 b）,L$_x$MoS$_2$ 和 L$_x$Mo$_3$S$_4$ 则会发生进一步的反应形成金属钼，此时 Zn/ZnS 依旧能够促进 MoS_2 及其中间化合物的分解。当电解完成之后，则会进入阶段 3，此时金属钼和金属锌混合存在，并存在着少量钼、锌分离的情况。

图 5-47 MoS_2-ZnS 压片−2.3V 电解不同时间段电解产物 SEM 图及 EDS 图

（a）（b）0h；（c）（d）1h；（e）（f）2h；（g）（h）4h；（i）（j）6h；（k）（l）8h；（a）、（c）、（e）、（g）、（i）、（k）为 SEM 图；（b）、（d）、（f）、（h）、（j）、（l）为 EDS 图

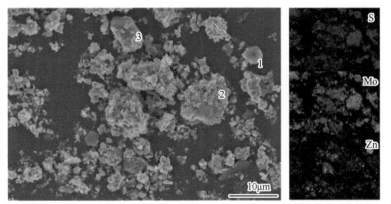

（a）电解产物SEM图　　　　　　（b）图（a）对应的EDS图

点	S/%	Mo/%	Zn/%
1	0.00	7.39	92.61
2	49.06	41.01	9.93
3	3.09	65.10	31.00

（c）图（a）中每个点的元素原子分数

图 5-48 MoS_2-ZnS 压片恒压电解 8h 产物分析

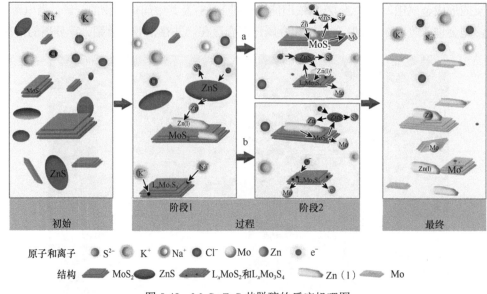

原子和离子　● S²⁻　● K⁺　○ Na⁺　● Cl⁻　○ Mo　● Zn　● e⁻

结构　▬ MoS₂　● ZnS　▬ LₓMoS₂和LₓMo₃S₄　▱ Zn（l）　▬ Mo

图 5-49　MoS₂-ZnS 共脱硫的反应机理图

图 5-50 为样品通过不同阶段处理后的元素质量分数。在 2.7V 下将 MoS₂-ZnS 进行恒压电解，此时的硫元素质量分数降低至 1400mg/kg，得到的产物中钼质量分数为 71.48%，锌质量分数为 27.12%。比理论上钼锌质量分数比高（理论 1.47，实际 2.63），进一步说明了钼、锌元素分布的不均匀。因为锌与钼沸点的差异巨大（锌的沸点 1180K、钼的沸点 5833K），所以在 1273K 条件下对电解后的产物进行 2h 蒸馏，锌以气态的形式随氩气排除并收集，钼以固体的形式保留在刚玉坩埚中。蒸馏后金属钼中的锌质量分数降至 1.18%，用稀盐酸酸洗后降至 0.09%，此时钼的质量分数为 99.72%。由此实现钼和锌的分离与收集。

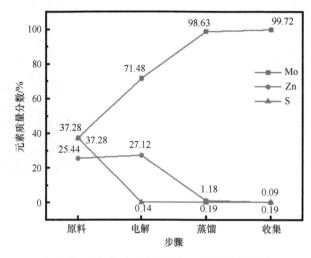

图 5-50　不同阶段处理后样品各元素质量分数

有研究提出一种磁选尾矿中 MoS₂-ZnS 共脱硫实现钼、锌高效萃取分离的新工艺。第一步熔盐电解脱硫，在 1023K 恒电位电解 NaCl-KCl 熔盐时，MoS₂-ZnS 中的硫可以被有效地脱除并以单质硫的形式收集。利用电化学测试证明 MoS_2 的分解是两步进行的，ZnS 的还原是一步进行的，并且 ZnS 的实际分解电位小于 MoS_2，更容易脱硫。脱硫后的 ZnS 以液态的形式包裹在 MoS_2 或其中间化合物的周围发生取代反应，促进 MoS_2 在电解过程中分解。在 MoS_2-ZnS 共脱硫过程中，Zn/ZnS 起到还原剂的作用，有利于脱硫过程的进行，锌可重复利用。第二步分离钼锌，利用钼锌沸点不同，通过真空蒸馏工艺成功分离并得到金属钼、锌。研究工作为磁选尾矿中 MoS_2 和 ZnS 的钼、锌分离和制备提供了一条新的工艺路线，是一种高效、简单、环保的方案。

5.3.2　钼的电化学行为及阴极形核机制

由于 NaCl-KCl 熔盐的成本低，以及 $MoCl_5$ 能够与 KCl 形成稳定存在的络合离子，因此研究 Mo（V）在 NaCl-KCl 中的电化学行为具有重要意义。因此，研究选择 NaCl-KCl（1∶1）作为电解质，并通过各种电化学测试研究钼离子在 NaCl-KCl 熔盐中的还原和扩散过程。研究钼离子的扩散系数和形核模式。当在恒定电压下进行电沉积时，记录电流随时间的变化。采用原位盐萃取法测定熔盐底产物钼在电解过程中的元素浓度和价态变化。

研究中，电解液是以 100g 摩尔比为 1∶1 的 NaCl 与 KCl 共晶盐（NaCl 纯度 99.8%；KCl 纯度 99.8%）。盐混合物在 573K 下保持 4h 以去除残留水分，然后加热到 1023K 并保持 4h，然后预电解 12h，之后进行电化学测试和沉积。钼离子以 $MoCl_5$（纯度 99.9%）的形式引入浴槽中。

采用三种电极，进行电化学测试。在这个例子中，钨丝（φ 1mm，纯度为 99.99%）作为工作电极，石墨棒（φ 10mm，纯度为 99.99%）作为对电极，铂棒（φ 3mm，纯度为 99.99%）作为参比电极。为了使测试更具参考意义，在结果和讨论中将参考电位转换为 Cl_2/Cl^-。标定参考电位时，采用直径为 3mm，纯度为 99.99% 的铂碳棒作为工作电极，铂棒作为参考电极。然后，用粗钼棒（φ 10mm，纯度 99.5%）作为阳极，钼板（长 50mm，宽 10mm）作为阴极的双电极系统进行恒压电解。在测试前，需要对工作电极进行砂纸打磨和抛光，然后用酒精清洗和干燥。采用 AutoLab（PGSTAT 302 N）控制的 Nova 2.1 软件记录试验，采用瞬态电化学技术研究 Mo（V）在 NaCl-KCl 中的电化学行为。在 1023K 电解前后，立即将石英棒（直径 6mm，内径 4mm）放入熔盐中，并拔出以快速冷却连接的熔体至固态并收集。

NaCl、KCl、$MoCl_x$（$x \leqslant 5$）对应的分解反应用 HSC 化学 6.0 软件计算 1023K 下的吉布斯自由能。因此，可以确定氯化钼在各个价态下的分解势和熔盐电解质的理论电化学窗口。常见的氯化钼价态更复杂（包括 0、2、3、4、5 价），歧化反应发生在 1023K。计算得到的分解电压如图 5-51 所示。

由于 $MoCl_x$ 的分解电压（$-0.94V$）远低于 NaCl-KCl 熔融（$-3.04V$）时的分解电压。此外，图 5-51（b）中钼离子各价态的还原顺序为后续的钼离子还原过程提供了理论支持。添加 $MoCl_5$ 前的循环伏安法测试结果如图 5-52（a）中灰线所示。碱金属 Na 在 $-3.0V$ 附近开始析出，这与之前的热力学计算结果接近。在 $-0.4V$ 和 $-3.0V$ 之间没有明显的电流密度峰，说明在此范围内没有发生氧化还原反应。因此，该电解质适合于电化学测试。加入 $MoCl_5$ 后的循环伏安法测试结果如图 5-52（a）中灰线所示。观察到两对不同的电流密度峰

（R1/O1 和 R2/O2），表明钼离子参与了氧化还原反应。还原峰 R1 和 R2 的电位分别为 –0.96V 和–1.69V，氧化峰 O1 和 O2 的电位分别为–0.93V 和–1.44V。从图 5-52（a）可以推断，钼离子的还原是分两步进行的，这种变化是由 MoCl$_5$ 的加入引起的。

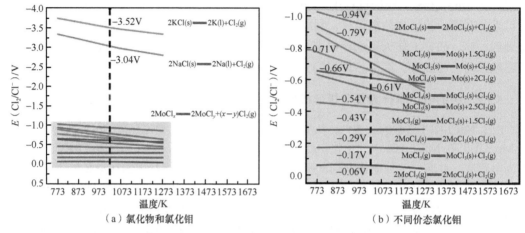

（a）氯化物和氯化钼　　　　　　　　　　　　（b）不同价态氯化钼

图 5-51　氯化物与氯化钼的分解电压

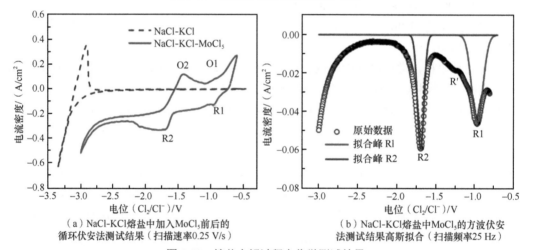

（a）NaCl-KCl熔盐中加入MoCl$_5$前后的　　　　　（b）NaCl-KCl熔盐中MoCl$_5$的方波伏
　　循环伏安法测试结果（扫描速率0.25 V/s）　　　　安法测试结果高斯拟合（扫描频率25 Hz）

图 5-52　熔盐电解过程电化学测试结果

采用更精确的方波伏安法进一步研究了 Mo（Ⅴ）的电化学行为。图 5-52（b）显示曲线上分别画出了在–0.97V 和–1.70V 电位下的两个电极还原反应 R1 和 R2。方波伏安法测试结果（图 5-53）支持上述循环伏安法的发现，表明 Mo（Ⅴ）转化为金属钼有两个过程。此外，在图 5-54 和图 5-55 中，R1、R2 和 R′的峰电位不随扫描速率和频率的增加而变化，因此 R1、R2 和 R′为可逆反应。对方波伏安图中的 R1 和 R2 进行高斯拟合，拟合曲线如图 5-52（b）所示。确定 R1 和 R2 的峰半宽分别为 0.17 和 0.10，测定了各步转移电子数分别为 1.83 和 3.1，表明 R1 峰对应 Mo（Ⅴ）→Mo（Ⅲ），R2 峰对应 Mo（Ⅲ）→Mo。因此，NaCl-KCl 熔盐中 Mo（Ⅴ）的还原步骤为 Mo（Ⅴ）→Mo（Ⅲ）→Mo。这与图 5-51（b）中热力学计算的 Mo（Ⅴ）还原电位的顺序一致。将方波伏安法的扫描速率降低至 10Hz，进一步研究图 5-53（b）中的"之"字形 R′，可以在图 5-54 中更清晰地观察到 R′。通过高斯拟合可知 R′中转移电子数为 1.14，说明 R′为单电子转移过程。新生成的 Mo（Ⅲ）和未反应的 Mo（Ⅴ）可能发生了还原反应生成 Mo（Ⅳ）[式（5-9）]，这是位于还原峰 R1 和 R2 之间的 R′形成的原因。之后，新生成的 Mo（Ⅳ）经过一次单电子转移形成 Mo（Ⅲ），在 R2 电位下还原为金属钼。同时，Mo（Ⅳ）→Mo（Ⅲ）（R′反应）介于 Mo（Ⅴ）→Mo（Ⅲ）（R1 反应）和 Mo（Ⅲ）→ Mo（R2 反应）之间。

$$MoCl_5 + MoCl_3 = 2MoCl_4 \quad \Delta G = -59.417kJ/mol \tag{5-9}$$

随着频率的降低，R′峰变得更加突出。原因可能是随着扫描速率增加，反应时间缩短，导致 Mo（Ⅳ）生成较少，相应的还原峰也不明显。因此，反应产生的将 Mo（Ⅳ）还原为 Mo（Ⅲ）的还原峰 R′仅在低频率下观察到。−0.40～−3.0V 扫描区间内进行了不同扫描速率下的循环伏安法，进一步研究了钼离子在 NaCl 熔盐中的电极过程动力学。循环伏安法曲线如图 5-54（a）所示，还原峰 R1 的电位与扫描速率的对数关系如图 5-54（b）所示。R1 的峰电位几乎不随扫描速率的增加而变化，在−0.96V 时趋于稳定，表明 R1 的还原是可逆的。

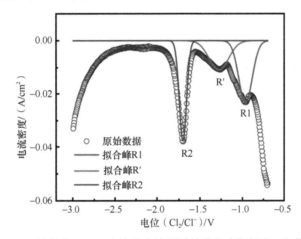

图 5-53　NaCl-KCl 熔盐中 MoCl$_5$ 方波伏安法测试结果的高斯拟合（扫描频率 10Hz）

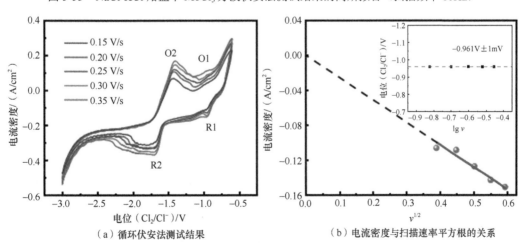

（a）循环伏安法测试结果　　　　　　（b）电流密度与扫描速率平方根的关系

图 5-54　NaCl-KCl 熔盐中 MoCl$_5$ 的循环伏安法测试结果及电流密度与扫描速率平方根的关系

（b）插图为峰电位与扫描速率对数的关系

如图 5-54（b）所示，还原反应 R1 的峰电流密度与扫描速率的平方根呈线性关系，说明电极还原反应 R1 受扩散控制。为了进一步证实上述发现，在不同频率下进行了方波伏安法，结果如图 5-55（a）所示。随着施加频率的增加，响应电位 R1 和 R2 几乎没有变化。此外，随着频率的升高，R′变得不那么明显，这进一步支持了之前关于 R′产生的假设。线性拟合结果如图 5-55（b）所示，峰电流密度与频率的平方根呈线性关系。这与循环伏安法的结果一致，从而得出电极还原反应 R1 为可逆扩散反应的结论。

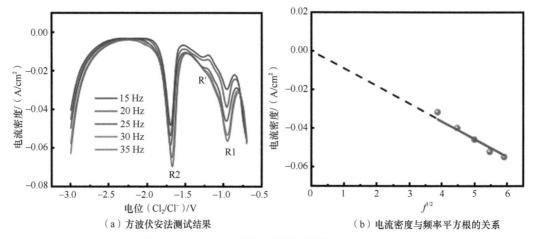

（a）方波伏安法测试结果　　　　　　　　　　　（b）电流密度与频率平方根的关系

图 5-55　NaCl-KCl 熔盐中 MoCl$_5$ 的方波伏安法测试结果及电流密度与频率平方根的关系

采用瞬时电流法研究 Mo（V）的形核，其电流–时间曲线如图 5-56（a）所示。电位设置为–2.8V。随着时间的推移，电流开始上升，后迅速下降，然后稳定下来。总的来说，有两种不同类型的形核：瞬时形核和连续形核。通过比较（I/I_m）^{2} 和 t/t_m 图中无量纲的理论模型值和试验值来区分形核过程。试验电流曲线以无因次形式呈现，如图 5-56（a）插入部分所示。通过对比试验曲线和理论曲线，可以清楚地看出，在这种条件下，钼离子遵循连续形核模式。最后，在三电极体系下，在 NaCl-KCl-MoCl$_5$ 熔液中进行恒电位电解。基于以上电化学方法的分析，选择了测试形状芯电位–2.8V。此时，工作电极为钼片，对电极为石墨棒，参比电极为铂丝。当只加入 MoCl$_5$ 时，记录电流–时间曲线，电流随着电解时间的增加而逐渐减小，如图 5-56（b）所示，这可能是由于钼离子的减少导致浓度降低。同时，对电解后的产物进行 XRD、SEM 和 EDS 检测，如图 5-56（c）和图 5-56（d）所示。产物呈颗粒状，主要成分为钼。

在 2.8V 恒压电解条件下，用钼棒和钼板分别作为阳极和阴极的双电极系统记录电流–时间曲线。如图 5-57 所示，电流突然上升，并没有随着时间的推移而下降。这可能是由于熔盐中钼离子浓度的增加或阴极表面积的增加引起的。为验证钼离子浓度对电流的影响，采用原位提盐法电解 0～4h 得到熔盐，并用 ICP-OES 进行测试。试验结果及提取盐的照片如图 5-57 及其插图所示。钼离子浓度随电解时间延长先升高后降低。相应地，随着电解时间延长，熔盐的颜色先变深后变浅。这表明钼离子浓度并不是电流不断增大的唯一原因。2.8V 电解 4h 后，阴极、阳极和熔盐如图 5-58（a）所示。钼棒的溶解和阴极处黑色沉积物的存在是显而易见的，熔盐中也存在大量黑色物质。用去离子水清洗后，黑色物质主要由灰

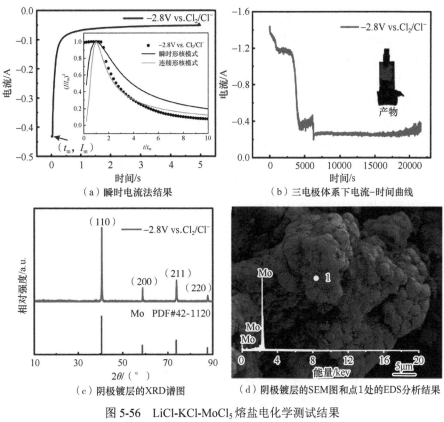

（a）瞬时电流法结果　　　　　　　（b）三电极体系下电流–时间曲线

（c）阴极镀层的XRD谱图　　　　　（d）阴极镀层的SEM图和点1处的EDS分析结果

图 5-56　LiCl-KCl-MoCl₅熔盐电化学测试结果

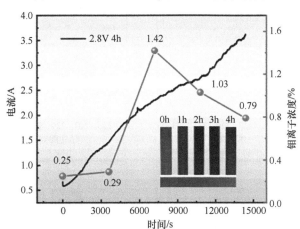

图 5-57　双电极体系下 NaCl-KCl-MoCl₅ 熔盐的电流–时间曲线及
不同时间（0~4h）段的钼离子浓度

插图为不同时间的原位盐提取样品图

黑色薄片组成，如图 5-58（b）所示。对阴极产物和熔盐中的片层产物进行酸洗、超声清洗、真空干燥，然后进行 XRD、SEM、EDS 检测，结果如图 5-59 所示。阴极产物和熔盐中的灰色薄片主要由金属钼组成，呈颗粒状。同时，如图 5-59（b）虚线所示，可以完整地观察到从 A 区→B 区→C 区逐级形核的模式。从熔盐底部原位提取盐，用 XPS 检测其钼元素价态，研究恒压条件下电流持续上升的原因。分析结果如图 5-58（c）～（f）所示，熔盐底部的黑色物质主要由金属钼组成。在恒压电解条件下，熔盐底部有金属钼存在。这可能是由于钼离子在阴极沉积和片层结构快速发展所致。同时，钼片层状结构在阴极附近沉积，增大了阴极工作面积。这也可能是电流增大的原因。底部熔盐中含有少量的 Mo（Ⅲ），与上面 Mo（Ⅳ）的还原步骤完全对应。

　　在钨电极上研究了 Mo（Ⅴ）在 1023K NaCl-KCl 熔盐中的电化学行为。在三电极体系下，Mo（Ⅴ）以两步还原和扩散控制的方式通过一系列电化学方法进行测试。Mo（Ⅲ）是 Mo（Ⅴ）还原过程中的中间价态。同时发现少量的 Mo（Ⅲ）可以与 Mo（Ⅴ）中和形成 Mo（Ⅳ），新生成的 Mo（Ⅳ）首先通过单电子转移还原为 Mo（Ⅲ），然后一步还原为金属钼。利用循环伏安法和方波伏安法计算了 Mo（Ⅴ）在 NaCl-KCl 熔盐中的扩散系数。用瞬时电位法确定 Mo（Ⅴ）的形核模式为连续形核。最后，采用双电极体系进行恒压电解，得到钼。通过阴极产物验证了连续形核过程。

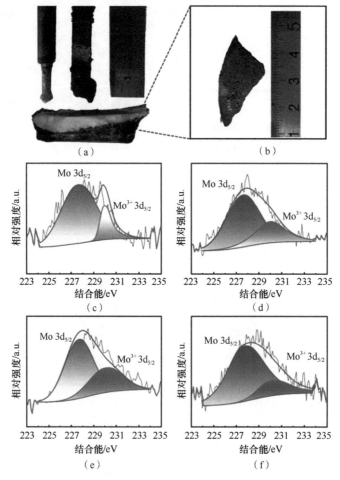

图 5-58　熔盐电解产物分析

（a）电解 4h 后的阳极（左）、阴极（中）、熔盐截面（下）光学照片；（b）熔盐中的产物；（c）、（d）、（e）、（f）为恒电压 2.8V 下不同时间段原位取底熔盐对应的 XPS 图，（c）1h，（d）2h，（e）3h，（f）4h

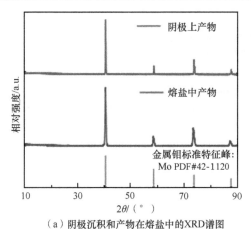

（a）阴极沉积和产物在熔盐中的XRD谱图

（b）熔盐中产物的SEM图和点1处的EDS分析结果

图 5-59　1023K 和 2.8V 下 NaCl-KCl-MoCl$_5$ 体系电解产物表征

参 考 文 献

[1] Moon J，Myhre K，Andrews H，et al. Potential of electrolytic processes for recovery of molybdenum from molten salts for 99Mo production[J]. Progress Nuclear Energy，2022，152：104369.

[2] Senderoff S，Mellors G. Electrodeposition of coherent deposits of refractory metals：V. Mechanism for the deposition of molybdenum from a chloride melt[J]. Journal of The Electrochemical Society，1967，114（6）：556.

[3] Senderoff S，Mellors G. Electrodeposition of coherent deposits of refractory metals：VI. Mechanism of deposition of molybdenum and tungsten from fluoride melts[J]. Journal of The Electrochemical Society，1967，114（6）：586.

[4] Senderoff S，Brenner A. The electrolytic preparation of molybdenum from fused salts：I. Electrolytic studies[J]. Journal of The Electrochemical Society，1954，101（1）：16-27.

[5] Senderoff S，Labrie R J. Electrolytic preparation of molybdenum from fused salts：IV. preparation of reduced molybdenum chlorides from molybdenite concentrate[J]. Journal of The Electrochemical Society，1955，102（2）：77-80.

[6] Chernyshev A A，Apisarov A P，IsakovA V，et al. Molybdenum electrodeposition in NaCl-KCl-MoCl$_3$ melt using pulse electrolysis[J]. Materials Chemistry and Physics，2023，298：127475.

[7] Zhang H，Lv Z，Li S，et al. Electrochemical behavior and cathodic nucleation mechanism of molybdenum ions in NaCl-KCl[J]. Separation and Purification Technology，2023，329（15）：125121.

[8] Gao B，Nohira T，Hagiwara R. Electrodeposition of molybdenum in LiTFSI-CsTFSI melt at 150℃[J]. ECS Transaction，3（35）：323.

[9] Nakajima H，Nohira T，Hagiwara R. Electrodeposition of metallic molybdenum films in ZnCl$_2$-NaCl-KCl-MoCl$_3$ systems at 250℃[J]. Electrochimica Acta，2006，51（18）：3776-3780.

[10] Nitta K，Majima M，Inazawa S，et al. Electrodeposition of molybdenum from molten salt[J]. SEI Technical Review，1993，47（1）：28-31.

[11] Kushkhov K B，Adamokova M N. Electrodeposition of tungsten and molybdenum metals and their carbides from low-temperature halide-oxide melts[J]. Russia Journal of Electrochemistry，2007，43（9）：997-1006.

[12] Malyshev V，Gab A，Shakhnin D，et al. Influence of electrolysis parameters on Mo and W coatings electrodeposited from tungstate，molybdate and tungstate-molybdate melts[J]. Revista de Chimie，2018，

　　　　69（9）：2411-2415.

[13] Kou Q，Jin W，Ge C，et al. Preparation of molybdenum coatings by molten salt electrodeposition in Na₃AlF₆-NaF-Al₂O₃-MoO₃ system[J]. Coatings，2023，13（7）：1266.

[14] Kōyama K，Hashimoto Y，Terawaki K. Smooth electrodeposits of molybdenum from KF-Li₂B₄O₇-Li₂MoO₄ fused salt melts[J]. Journal of the Less Common Metals，1987，132（1）：57-67.

[15] Kōyama K，Hashimoto Y，Terawaki K. Smooth electrodeposits of molybdenum from KF-K₂B₄O₇-K₂MoO₄ fused salt melts[J]. Journal of the Less Common Metals，1987，134（1）：141-151.

[16] Koyama K. Molten salt electrolysis of vanadium，molybdenum and tungsten[J]. Yoyuen-Oyobi-Koon-Kagaku，2000，43：38-63.

[17] Silný A，Daněk V，Chrenková M. Mechanism of the molybdenum electrodeposition from molten salts，refractory metals in molten salts：Their chemistry[J]. Electrochemistry and Technology，1998，53：183-187.

[18] Koyama K，Hamamoto T，Iguchi M. High-purity molybdenum coating by molten salt electrolysis[J]. Denki Kagaku oyobi Kogyo Butsuri Kagaku，1993，61：554-560.

[19] Terawaki K，Koyama K，Hashimoto Y，et al. Electrodeposition of molybdenum in KF-B₂O₃-MoO₃ fused salts[J]. Journal of Japan Institute of Metals，1986，50：303-307.

[20] Jin W，Ge C，Kou Q，et al. Electrochemical preparation of molybdenum coatings on nickel from KF-MoO₃ melts[J]. International Journal of Electrochemical Science，2021，16（3）：210311.

[21] Ghosh S K，Varshney J，Srivastava A，et al. Electrochemical investigation of cathodic deposition of Mo coating from oxofluoride molten salt and characterization[J]. Journal of The Electrochemical Society，2021，168（4）：046502.

[22] Ene N，Donath C. Texture of electrolytic Mo deposition from molten alkali halide[J]. Romanian Academy–Institute of Physical Chemistry，2007，8（2）：708-711.

[23] Malyshev V V，Soloviev V V，Chernenko L A，et al. Management of composition cathodic products in the electrolysis of molybdenum，tungsten and carbon bearing halogenide-oxide and oxide melts[J]. Materialwissenschaft und Werkstofftechnik，2015，46（1）：5-9.

[24] Suri A K，Mukherjee T K，Gupta C K. Molybdenum carbide by electrolysis of sodium molybdate[J]. Journal of The Electrochemical Society，1973，120（5）：622-624.

[25] Sahu S K，Chmielowiec B，Allanore A. Electrolytic extraction of copper，molybdenum and rhenium from molten sulfide electrolyte[J]. Electrochimica Acta，2017，243（20）：382-389.

[26] Ji N，Jiang F，Peng H，et al. The electrolytic reduction of MoO₃ in CaCl₂-NaCl molten salt[J]. Journal of The Electrochemical Society，2022，169（8）：082516.

[27] Li G，Wang D，Jin X，et al. Electrolysis of solid MoS₂ in molten CaCl₂ for Mo extraction without CO₂ emission[J]. Electrochemistry Communication，2007，9（8）：1951-1957.

[28] Gao H P，Tan，Rong L B，et al. Preparation of Mo nanopowders through electroreduction of solid MoS₂ in molten KCl-NaCl[J]. Physical Chemistry Chemical Physics，2014，16（36）：19514-19521.

[29] Gao H，Jin Z，Hu K，et al. A fast and environment-friendly method for preparing nanopowders Mo through electro-desulfidation of MoS₂ in LiCl melt[J]. Separation and Purification Technology，2023，327：124823.

[30] Janz G J，Tomkins R，Allen C，et al. Molten salts：Chlorides and mixtures-electrical conductance，density，viscosity，and surface tension data[J]. Journal of Physical and Chemical Reference Data，1975，4：871-1178.

[31] Seefuth R N，Sharma R A. Solubility of Li₂S in LiCl-KCl melts[J]. Journal of The Electrochemical Society，1988，135（4）：796.

[32] Saboungi M L，Marr J J，Blander M. Solubility products of metal sulfides in molten salts：Measurements and calculations for iron sulfide in the eutectic composition[J]. Journal of The Electrochemical Society，1978，125（10）：1567.

[33] Lv C，Li S，Che Y，et al. Study on the molybdenum electro-extraction from MoS$_2$ in the molten salt[J]. Separation and Purification Technology，2021，258（2）：118048.

[34] Lv C，Jiao H，Li S，et al. Liquid zinc assisted electro-extraction of molybdenum[J]. Separation and Purification Technology，2021，279（15）：119651.

[35] Zhang H，Li S，Lv Z，et al. The role of zinc sulfide in the electrochemical extraction of molybdenum[J]. Separation and Purification Technology，2023，311（15）：123290.

第6章 生物质表面改性吸附技术

6.1 生物质吸附材料的表面改性

6.1.1 生物质以及生物炭概述

1. 生物质

生物质可以认为是一种复杂的非均质混合物，其中的主要有机组分是纤维素、半纤维素和木质素。这三种有机组分可以维持植物细胞的结构完整性，并为植物提供支撑和机械强度[1]。在微观尺度下，植物的细胞壁是由纤维素微纤维组成的，而纤维素微纤维是由半纤维素覆盖着纤维素构成的，而木质素则是填充在微纤维之间的有机成分。而每种组分在生物量中的浓度因物种、植物组织类型、生长阶段和生长条件而异。

纤维素是通过氢键网络连接成为长链的多糖组分。纤维素的主要特征是：①一种天然长链聚合物的饱和线性多糖；②葡萄糖聚合物；③高分子量长链聚合物等。生物质通常包含不同比例的两种晶体形态的纤维素，一种是在低等植物中较多的二斜晶系亚稳态 I_α 型，另一种是在高等植物中占比较高的单斜晶系稳态 I_β 型。由于纤维素完全是由糖单元构成，所以在热解过程中热值较低，且会氧化的较为彻底。一般而言，正常结构的不同生物质中纤维素含量由多到少分别为：草本或者农业生物质＞木质生物质＞动物生物质。对于生物质的部位而言，一般植物的茎、草本或者农业生物质的秸秆中纤维素的量比较大。此外也有一些比较极端的情况，如废纸和棉花絮等这样高纤维素含量的生物质。而在树的细枝或者树皮中纤维素的量则极低[2]。有研究通过分析多种生物质组成成分发现，生物质中的纤维素含量与木质素、氮含量以及灰分中 MgO 的含量呈负相关。此外，生物质的堆积密度和纤维素含量具有显著的负相关性（$R^2=-0.98$），这可能是由于纤维素具有多孔的单元结构。

半纤维素是一种随机无定形并且高度分支化的结构，是由多种糖通过共价键结合而成的长链。半纤维素的主要特征是：①木聚糖、戊聚糖或多糖；②含有 5 种 C5、C6 单糖或葡萄糖和半乳糖醛酸的非均质、多支链的多糖类复杂混合物；③不同糖构成的大分子物质等。和纤维素类似，半纤维素也较容易被热解。而半纤维素在不同种类生物质中的含量略微不同，由高至低依次为：木质生物质＞草本或者农业生物质＞动物生物质。一般在树枝、叶子、树皮还有一些草类中半纤维素的含量较高，而在草本或者农业植物的根、茎和果核中含量较少。半纤维素的含量与生物质中 S、SiO_2 和灰分的含量呈明显正相关，而和木质素以及 CaO 含量呈明显负相关。此外，半纤维素在生物质中的含量和无机组分以及 Si 的含量呈正相关，如流动性较强的 S、Cl、N 和 K，这说明在半纤维素的基质中含有丰富的自生矿物、硫酸盐、氯化物和硝酸盐等。和纤维素相同的是，半纤维素含量也和生物质样品的堆积密度呈负相关（$R^2=-0.72$）[3]。

木质素的颗粒通常呈半球形，并且由于是一种嵌入组分，常和纤维素相邻，是植物纤维成分的主要黏合剂。木质素的主要特征是：①由四个或者更多个不同醇取代的苯丙烷组成的不规则聚合物；②分子量较大且含有较多分支和取代基的芳香族聚合物；③没有确切结构的芳香性交联聚合物；④具有多种官能团的复杂大分子。木质素可以包裹细胞壁，将细胞粘连在一起，使纤维素凝聚在一起，以及保持微纤维具有相对较高的结构刚性。在细胞壁中，木质素主要富集在相邻细胞壁之间的中层，但也可以形成一部分的初生和次生细胞壁物质。木本植物通常有较为紧密的纤维结构，而草本植物的结构一般较为松散，这说明草本植物中的木质素含量较低。木质素是无定形的，而且它的结构决定了个体之间可以大量相互交联形成聚合物。木质素之间主要靠醚键连接，也存在部分碳碳键和共价键。木质素还有一些值得关注的功能，比如木质素在植物生长过程中起到水分运输、强度支撑和生物防御的功能。木质素可以提供疏水表面，使得植物能够运输水分。木质素为植物提供了必要的机械强度，使其能够承受恶劣的环境条件。与其他常见的生物有机成分相比，木质素是最持久的生物分子之一，其对自然降解和生物消化过程都具有很好的抗性，甚至在浓硫酸中木质素都几乎不会溶解，许多常用的其他试剂也同样对木质素无可奈何。使用碱液处理可以将生物质中的木质素提取出来。通常含有较多木质素的生物质会有较高的热值，因为木质素中的能量比纤维素和半纤维素高约30%。木质素在不同种类生物质中的含量和纤维素及半纤维素的规律相反，由高到低分别为：动物生物质＞木质生物质＞草本或者农业生物质。一般在一些植物的核、壳以及类似棕榈皮、椰棕之类的生物质中木质素的含量格外得高。而在一些草本植物的根、杆的生物质中木质素较少[4]。有研究通过相关性分析发现，生物质中木质素含量与其固定 C、MgO 含量呈正相关，而和纤维素、半纤维素以及 S 含量呈负相关。此外，和纤维素、半纤维素不同，生物质的堆积密度和木质素含量呈显著正相关（R^2=0.97），这是因为木质素起黏合剂的作用，所以生物质更为紧实。

全球每年产生的生物质资源约有 1460 亿 t。如果可以利用其中 10%的生物质来生产能源（如通过林业、农业和工业部门来收集废弃生物质），即使按照 50%的转化率也可以产出相当于 3.1 万亿 t 石油的能量，这是 2015 年全球能量消耗总额的 200 倍[5]。此外，如果有 10%的生物质用来生产有机化学品，以 10%的转化率来计算也可以产生 16 亿 t 化学品原料。生物质的储量十分丰富，但由于生物质物理结构和化学组成异常复杂，所以利用时转化率低、成本高且处理工艺较为复杂。

2. 生物炭

生物炭是指富碳生物质（如木材、稻壳、水生植物和藻类、动物粪便等）在无氧或氧气含量很少的条件下高温裂解后除二氧化碳、可燃性气体、焦油类物质和挥发性油类外所产生的一种具有微孔结构和高含碳量的固体物质。生物炭是一类功能碳材料，C、H、O 是其主要组成元素。部分生物炭还含有一些源自生物质本身的特异性组分（如 N、S、P、Si、Al、Fe 等）。因其制备原料（即生物质）为有机固废，种类丰富且价格低廉，所以相较于其他功能材料，生物炭具有低成本的优势。基于不同有机固废的理化特性差异，不同原料制备的生物炭在微观结构（如元素组成、孔隙丰度、表面官能团、形貌结构等）上也存在一定差异，从而影响其吸附、催化等性能。按照生物质的属性，所得的生物炭可以分为三大类。第一类是植物源生物炭，主要源自农林固体废物，如秸秆、稻壳、果皮、树木枝叶等；第二类是动物源生物炭，主要源自动物残骸、壳、畜禽粪便等；第三类为其他源生物炭，如源自剩余污泥等。将生物炭按照组成进行分类解决了生物炭分类难题。生物炭主要由两部分组成，灰分部分和碳质部分，按照这两部分含量不同可以将生物炭分类为高碳、低灰分类，中碳、中灰分类，以及低碳、高灰分类[6]。

将废弃生物质转化为生物炭应用在能源、环境等领域，对固碳减排、农业碳中和、环境与粮食安全具有重要意义[7]。在环境领域，生物炭是一种性能优良的吸附剂，能够吸附无机和有机污染物，实现水体净化和土壤修复。在农业碳中和领域，植物经光合作用吸收二氧化碳，再经热解转化为生物炭还田，间接减少碳排放。在粮食安全领域，生物炭可改良土壤、提高微生物活性，进而陪肥土壤，增加作物产量。在能源领域，生物炭具有热值高、原料可再生等优点，是一种绿色能源。此外，生物炭可有效吸附无机、有机和新兴污染物，吸附质包括农药、甲基蓝、镍离子、抗生素、人类代谢物、废弃原油、二苯并噻吩及重金属等，且表现出较好的性能。由于重金属污染严重危害人类健康和生态环境安全，而生物炭富含官能团、π电子和矿质成分，且性能可调控、原料可再生，在重金属吸附方面表现出优异性能，因此，生物炭是一种环境友好型吸附材料[8]。由此可见，利用农业废弃有机资源制备生物炭基材料，既提高了农业废弃生物质的资源化利用水平，又可以改善生态环境，经济和社会效益显著，具有广阔的应用前景。

6.1.2　生物炭制备及理化特性

1. 生物炭制备方法

生物炭是由生物质制备的、富含碳元素的固体，由于其通常是通过无氧热处理制备，因而也称作热解炭。制备生物炭的原料可分为培植生物质和废料生物质两类。培植生物质可以是高产量、高能含量、培植简单的芒草或禾草类作物，然而这类生物质更多的是用来制备液体生物燃料。废料生物质种类庞杂，包括农林废弃物、动物排泄物、有机厨余、市政污泥等，使用这类生物质，既可以对废料进行资源化利用，又不会与粮食作物竞争土地资源。从生物炭的整个结构来看，其主要是由具有石墨结构的碳和芳香烃碳组成，因此生物炭的原子间存在很强的亲和力，无论是在低温环境还是在高温环境都能表现出良好的稳定性。从微观结构上来说，生物炭大多数是由扭曲程度较大和堆积密度较密的芳香环结构组成，其结构和热解温度也存在很大的关系。温度是生物炭制备中一个重要因素，它既能影响生物炭表面结构和性质，又会影响生物炭产量[9]。

传统制取生物炭的方法很简单。先将废弃生物质堆积起来，在上面涂抹一层稀薄的泥浆，再将窑口封闭，或在封口处点燃火焰（即形成一个缺氧环境），对这些生物质进行加热、燃烧和裂解，最终形成生物炭，也称为"闷炭"[10]。但该技术存在很多不足包括生产环境恶劣、制备周期较长、对自然环境产生严重污染等。在大规模制造生物炭时，可能存在大面积砍伐植被、温室效应严重、环境污染等一系列问题。为此，研究人员致力于开发新型且可行性较高的生物炭的制备方法，包括高温加热裂解法（热解法或裂解法）、水热碳化法等。

1）热解法

热解法是目前应用较广泛的方法，也是最容易实现的方法，其特点是原料来源广泛，操作简单，在一定条件下可操作性比其他方法强。热解过程是指在 473～1173K 高温条件下，生物质被加热升温而分解，并形成固体、液体和气体的化学反应过程[11]。在生物炭的实际生产过程中，根据生物质的热解反应温度、压强、升温速率、时间、加热介质等参数的不同，可将热解方法分为慢速热解和快速高温裂解。

慢速热解是目前应用最广泛的一种制备生物炭的技术，也是一种传统的制备生物炭的方法。它可以通过改变工艺条件来改变生物炭的性质。使物料在 573～923K 停留较长的时间，升温速率较慢，但反应时间过长则会引起一系列的二次化学反应，同时生成焦油以及焦油的碳化。在缓慢地热解过程中，生物质会发生降解、分解和转化，形成富碳固体以及可冷凝和不可冷凝的挥发性产物。与其他热解方法相比，慢速热解产物的固相收率较高，最大产量为 35%。随着热解温度的升高，生物炭的元素组成会随之变化，C 逐渐增加，N、H、O 会减少[12]。不同原料、不同热解温度制备的热解炭，表面官能团组成截然不同。表面官能团与生物炭的阳离子交换能力相关，通常来讲，这种能力会随着热解温度的升高呈现先升后降的变化趋势。将生物炭放入水中会使水呈碱性，产生这种现象的根源是生物质原料中的碱性盐类物质。慢速热解法所得的生物炭使用广泛，但存在一些弊端，包括热解过程会向大气中释放有毒气体，而控制有毒气体排放操作复杂、成本过高；在贮存过程中，生物炭容易发生氧化反应或发酵反应而放热，最终导致自燃；慢速热解不适合从湿生物质物料中制备生物炭。

快速高温裂解又称闪速高温裂解，即生物质材料由低温缺氧、常压、超高的升温速率、超短的产物停留时间状态，迅速升温到相对较高的温度，发生大分子的分解，生成大量的小分子气体产物以及大量可凝性的挥发分，并产生少量的焦炭产物。快速高温裂解过程的主要反应时间极短，升温速率快，生物油产量较高，最大的一次完全液化过程的产率可达到 85%，因此快速高温裂解过程又称为快速生物质液化过程[13]。快速高温裂解法制取生物炭的产量比传统工艺低，通常一次裂解只能生成含量在 12% 及以下的焦炭。有研究了典型的海岸生物质燃料洋蓟和芦苇的快速热解行为和产物分布，表明较快的升温速率可以克服传热传质阻力，加快共价键的分解降解，快速高温裂解的操作条件有利于生物炭的低收率（10%～20%），快速高温裂解产生的生物炭热值低，含氧量高，原因可能是停留时间过短。

2）水热碳化法

水热碳化法作为一项生物质热化学高效转化的新技术，是我国生物质高效资源化利用最具发展潜力和前景的核心关键共性技术之一。水热碳化法通过亚临界水或超临界水作用，将湿生物质转变为高附加值产品，无需对原料进行干燥脱水预处理，操作简便，适用性广，可自成体系，也可作为预处理步骤与其他方法联用，解决了高含水量物料热解碳化处理过程中原料预处理时间长、成本高等问题。水热碳化法会形成三相产品，固相的生物炭、液相的生物油-水混合物和以二氧化碳为主的气相产品；其中以固相生物炭为主，质量占比为 40%～70%，反应条件对三相产品质量分数的影响很大。反应时间和反应温度都会对最终产品的物化性质造成一定影响，但温度依然是决定性因素。将生成的生物炭进行研磨处理的能耗远远低于粉碎生物质原料的能耗，所得的生物炭呈球形，便于进一步处理。

生物炭的表面有大量高度芳构化的含氧基团，使生物炭具有亲水性[14]。另外，水热碳化法的过程可控，容易实现较为均一的碳化过程，制备得到的生物炭中 C 质量分数高于 60%。水热碳化法已成为目前生物质类原材料制备炭材料、降低碳排放的优选途径。此外，温度、压力和停留时间等参数决定了生物炭的独特性质。水热碳化法是自发放热的，因此，存在于原始产物中的碳会被转移到最终产物中。氢化合物普遍存在于氧官能团中，具有很高的阳离子交换容量，因此需要额外的能量才能生成。相比生物炭，氢炭具有更小的比表面积、更低的碳稳定性和更小的孔隙。

3) 高温气化法

高温气化法是使生物质物料在较高温度范围、较短停留时间内进行不完全燃烧。高温气化的产品以一氧化碳、氢气、二氧化碳等混合气体为主，生物炭的收率在 10%以下。这种方法的生物炭产物含有大量的碱金属、碱土金属元素，以及高温产生的毒性稠环芳烃化合物，极大地限制了高温气化法得到的副产物生物炭的应用[15]。鉴于传统气化法的种种弊端，通过在气化过程中引入空气、水蒸气或二氧化碳作为氧化剂，会对生物炭的结构有所改善。这种改良的气化法也称作物理活化法，是一种比较常用的由生物质原料制备活性炭的方法。

4) 限氧热解

限氧热解相较于厌氧热解，氧气隔绝程度较低，使用铝箔纸包裹或者制备前向马弗炉内吹气赶走空气等方法达到限制氧气的效果，由于热解过程中有氧气参与会额外消耗碳，得炭率相对较低，高温条件下灰分更高。有研究以畜禽粪便为原料，进行限氧热解制备生物炭，以此为基础探究热解温度对生物炭理化特性的影响。高温条件下，不同原料的生物炭得炭率在 21%~24%[16]。有研究用限氧热解法制备梧桐树皮生物炭，并用于亚甲基蓝吸附。

5) 微波裂解

微波裂解是指以微波为能量源，微波穿透原材料，引起材料分子与分子之间的运动摩擦，从内部和外部同时产生热能对材料进行加热、裂解。根据微波的特性，加热过程中不需要通过热传递，材料内外部可同时产生热量，具有升温速率快、加热均匀、对加热对象尺寸要求低等优势。微波加热对材料类型有要求，不能对不吸收微波或者能够阻挡微波的材料加热，如玻璃、金属等，原材料内混合有不可加热的物质便无法进行，因此具有一定的局限性[17]。有研究将橘子皮使用微波裂解和二氧化碳活化结合的方法制备了生物炭，在较快的升温速率和较短的热解时间内完成制备，产率较高，达到了 31%~44%，碳质量分数高可以达到 59%~61%，在制炭的同时进行二氧化碳的活化，所制炭的比表面积较大，对刚果红的去除率高。

2. 生物炭理化特性

1) 原料类型和热解温度

农业废弃物、畜禽粪便、尾菜等生物质均可作生物炭原料。有研究分别以动物粪便、木材、农作物残留物、食品废弃物、水生植物和城市垃圾为原料制备生物炭，分析各种生物炭理化特性发现，热解温度对生物炭理化特性（灰分、官能团、零点电位等）的影响大于升温速率和保温时间。有研究以玉米秸秆和稻壳为原料制备生物炭，表明虽然温度相同，但两种生物炭的比表面积、官能团含量等理化特性不同，随热解温度升高，生物炭的比表面积增大，总酸性官能团含量下降，823K 制备的稻壳炭对氨氮吸附性能最好[18]。有研究制备了小麦秸秆、玉米秸秆和花生壳生物炭，用来吸附溶液中的 Cd^{2+} 和 Pb^{2+}，玉米秸秆炭的吸附量远大于小麦秸秆炭和花生壳炭。有研究在 873K 制备了不同原料的生物炭，其灰分含量、零点电位大小差距较大，Cd^{2+} 吸附量大小为棉秆炭＞小麦秸秆炭＞稻草炭＞白杨木屑炭。由此可见，原料类型和热解温度对生物炭理化特性影响较大。

2）孔隙结构和比表面积

孔隙结构决定了生物炭比表面积的大小。比表面积增加有利于提高生物炭吸附性能。有研究发现竹炭粒径越小，比表面积越大，对重金属离子的吸附能力越强[19]。有研究采用 KOH 改性和水热碳化法改性生物炭，发现改性后的生物炭比表面积增加了 2.4 倍，对 Cd^{2+} 和 Cu^{2+} 的吸附量远高于未改性生物炭。有研究芒草生物炭和蒸汽活化芒草生物炭的理化特性及它们对 Cu^{2+} 的吸附性能，发现活化生物炭的比表面积明显增加，但其吸附性能无明显变化，由此可见，比表面积影响生物炭吸附重金属的性能，但并非是生物炭吸附重金属性能好坏的决定性因素。

3）官能团

生物炭含有多种官能团（—OH、—COOH、C＝C、C—H 等），其中，含氧官能团对重金属具有亲和力。有研究制备了 $KMnO_4$ 改性山核桃木生物炭，改性后，生物炭的羟基（—OH）质量分数从 22%增至 23%，羧基（—COOH）质量分数从 6%增至 9%，且改性生物炭对重金属的吸附量明显大于未改性生物炭。含氧官能团使生物炭表面呈负电性，对金属阳离子有更强的静电吸引力和离子交换能力，可以增加生物炭对重金属的吸附量[20]。有研究甜菜渣生物炭吸附溶液中 Cr^{6+} 的机理，表明 Cr^{6+} 迁移到生物炭表面后被还原成 Cr^{3+}，生物炭的—OH 和—COOH 与 Cr^{3+} 络合，实现了 Cr^{6+} 的去除。也有研究表明，生物炭含有的芳香官能团（C＝C、C—H 等）可通过共轭 π 键方式参与重金属的吸附。综上所述，官能团类型和含量对生物炭吸附重金属性能具有重要影响。

6.1.3　生物炭功能化改性方法

为了获得更好的吸附性能，研究人员对生物炭的改性技术做了大量研究，开发了多种改性方法。生物炭的功能化改性技术可以分为物理改性和化学改性[21]。化学改性作为目前主流的改性方法，常见的改性手段包括：酸改性、碱改性、氧化剂改性、金属化合物改性等。

1. 物理改性

物理改性一般使用 CO_2、H_2O 或者空气等气体做活化剂，在高温条件下促使气体与生物炭发生反应，形成孔结构，扩大生物炭的比表面积，提高孔隙度，一般也称为气体活化[22]。最常用的气体是 CO_2 和 H_2O，这两种气体来源广泛，经济易得，适合大规模工业生产，活化效果有不俗的表现。

以 CO_2 活化为例，其活化机理如下：

$$C + CO_2 \longrightarrow C(O) + CO \tag{6-1}$$

$$C(O) \longrightarrow CO \qquad (6\text{-}2)$$

$$CO + C \longrightarrow C(CO) \qquad (6\text{-}3)$$

CO_2 活化主要通过在较高温度 1123～1373K 下，CO_2 与 C 反应生成 CO，对炭骨架进行蚀刻造孔。H_2O 活化温度较 CO_2 活化温度低，也是利用 H_2O 在高温下与碳发生反应造孔的原理进行活化[23]。在 1073K 下经过 1h 的 CO_2 活化制备的生物炭显示出最大的比表面积。通常情况下，水蒸气活化可以很容易地降低生物炭中 H/C、N/C 和 O/C 的摩尔比，从而导致碳元素含量增加。

有研究使用两种不同的活化剂（二氧化碳和水蒸气）通过物理活化从大麦秸秆中生产生物炭，并最大化最终产品的比表面积和微孔体积分数。有研究以 CO_2 为活化剂，发现在 CO_2 活化氛围中生产的橡木生物炭的比表面积和总孔体积分数是 N_2 氛围生产的生物炭的两倍，认为 CO_2 在热解过程中可能有助于 VOCs 去除，对孔结构的形成有帮助。有研究使用水蒸气活化法大规模生产活化蘑菇渣生物炭，活化量达到 1kg，并用于吸附染料。水蒸气活化蘑菇渣生物炭的比表面积和总孔容积有较大的提高，而且对结晶紫的吸附效果提高了 4 倍[24]。

2. 化学改性

化学改性使用较为广泛，使用化学药剂对生物炭进行活化或者改性的方法，主要有酸改性（如 HNO_3、H_3PO_4）、碱改性（如 KOH、NaOH）、盐改性（如 $ZnCl_2$、$CaCl_2$）等[25]。通过改性，可以有效提高生物炭表面官能团的数量和种类，或者进行造孔，提高比表面积，增加孔隙度，以此提高生物炭各方面的性能。

1）酸改性

酸改性的主要目的是去除生物炭中的杂质（如灰分成分等），并引入官能团。常见的用于生物炭功能化改性的酸包括盐酸、硫酸、硝酸、磷酸等。有研究采用不同浓度的硝酸对杂草生物炭进行氧化处理，硝酸处理破坏了生物炭原有的孔隙结构，微孔和介孔向大孔转化，使得生物炭的比表面积变小，且硝酸浓度越高获得的改性生物炭的比表面积越小，但是生物炭表面的官能团含量在硝酸处理后获得了提高。硝酸改性主要是对生物炭进行表面改性，可改变生物炭孔结构，提高介孔体积分数，并添加丰富的官能团，主要是含氧酸性官能团，包括羧基、内酯基和酚羟基等，从而有效提升吸附性能[26]。有研究以玉米秸秆为原料，使用不同浓度的硝酸进行改性，表明硝酸改性后的生物炭表面粗糙，有效提高了中孔体积分数，形成了丰富的含氧酸性官能团，凭借官能团的络合作用，有效提高了对铅离子的吸附。有研究制备了磷酸改性生物炭用于吸附水体中的重金属离子，发现其对镉离子、铅离子的吸附量相比于未改性的生物炭分别提高了 1.4 倍、5.4 倍。除了常见的无机酸外，有机酸也可用于生物炭改性。有研究选用柠檬酸、酒石酸、醋酸为酸试剂，对木屑生物炭进行改性，用于对亚甲基蓝吸附。针对同一种生物炭，不同酸试剂的改性效果存在显著差异。

2）碱改性

碱改性的主要目的是增加生物炭的比表面积和含氧官能团。常见的碱性试剂有：KOH 和 NaOH。KOH 和生物炭混合，并在高温条件下进行反应，被反应的碳在骨架上留下孔隙形成孔道结构。KOH 对于生物炭的反应比较复杂，总体上遵循反应式：

$$KOH + C \longrightarrow K_2CO_3 + K_2O + 2H_2 \qquad (6\text{-}4)$$

KOH 在高温与 C 反应生成 K_2CO_3、K_2O、H_2，还有高温脱附下的结合水，这些物质高温下可以继续分解、反应，生成 H_2O、K、CO，继续与 C 反应造孔或者进入炭层间和孔隙内影响孔结构的进一步发育[27]。

有研究使用 KOH 制备了高比表面积生物炭，经过 KOH 浸渍的原炭在高温活化后生物炭比表面积大幅提高，亚甲基蓝吸附能力增加。有研究使用 KOH 作为活化剂，无须预碳化一步法制备橡子生物炭，主要是微孔提供了主要的比表面积，对分散橙 30 具有较好的吸附效果[28]。有研究制备了 KOH 改性的生物炭，并用于吸附水体中的诺氟沙星、磺胺嘧啶和土霉素，发现经过 KOH 改性的生物炭的比表面积增加了 70%，并引入了部分含氧官能团，对诺氟沙星、磺胺嘧啶和土霉素的吸附效率大幅提高。有研究利用 NaOH 作为改性试剂大幅提高了山核桃木生物炭的比表面积和含氧官能团的含量，对多种重金属（铅离子、镉离子、铜离子、锌离子、镍离子）的吸附性能也得到了显著提升，吸附量提高了 3~6 倍。

3）氧化剂改性

使用氧化剂对生物炭进行氧化作用，可以提高生物炭上含氧官能团的含量，并改变其孔隙结构。常见的氧化剂包括过氧化氢和高锰酸钾等。表面接枝是指增加或改变生物炭表面官能团的数量和类型。通过调整官能团，可以提高其吸附性能和催化能力。通常，通过使用氧化剂如 H_2O_2、O_3、$KMnO_4$ 和 HNO_3，采用氧化来增加含氧官能团，如羧基、羰基和羟基[29]。这可以提高生物炭的亲水性和对某些金属离子（铅、镉）的吸附能力。

有研究利用高锰酸钾作为强氧化剂对生物炭进行改性，发现改性后的生物炭中负载了无定型的 MnO_2，且比原始生物炭具有更加粗糙的表面形貌、更大的比表面积和孔体积，大幅提升了对铅离子和镉离子的吸附量。有研究选用不同浓度的过氧化氢制备了改性生物炭，为生物炭提供了大量的羧基官能团，过氧化氢浓度越高，生物炭羧基含量越多；对铜离子的吸附试验发现，不同浓度的过氧化氢改性的生物炭能够在不同程度上提高对铜离子的吸附性能，但不随过氧化氢浓度的增加而持续提升[30]。

4）金属化合物改性

使用金属盐或金属氧化物进行的改性研究目前已有大量报道[31]。有研究利用 $ZnCl_2$ 对生物炭进行改性，大幅改善了生物炭的孔隙结构、孔体积和比表面积，表明了该改性生物炭对四环素具有较好的吸附效果。有研究选用污泥作为原料，利用 $(NH_4)_2Fe(SO_4)_2$ 作为改性试剂制备了含铁生物炭，并用于吸附水体中的四环素和多西环素，表明该生物炭的比表面积通过 $(NH_4)_2Fe(SO_4)_2$ 的改性得以大幅增加；在一元体系下对四环素的吸附量提高了 1 倍，对多西环素的吸附量也提高了约 1.6 倍。有研究利用 Zr^{4+} 浸渍过的胶原纤维来吸附五价钒，结果表明该吸附剂具有很好的稳定性，钒初始浓度为 306mg/L，吸附量可达 98mg/g。

5）磁改性

生物炭在处理结束后需对吸附了污染物的生物炭分离出来，这一过程一般使用过滤、离心、沉淀等方法，它们低密度、小颗粒尺寸和难以与水分离，造成二次污染和残留污染。解决这一问题的有效方法之一是将生物炭与磁性组分结合以实现固液分离。磁性生物炭复合材料不仅具有优异的吸附性能，而且在外加磁场下具有响应性。磁性生物炭在吸附、净化和环境修复方面具有广阔的应用前景[32]。采用铁盐改性还可用于制备磁性生物炭，有利于生物炭吸附后的分离。鉴于此，将具有磁性的物质负载到生物炭表面，因此整体具有磁性的负磁生物炭便应运而生，负磁后通过外加强磁场便可实现较为便捷彻底的分离，常见方法是负载铁氧化物如 Fe_3O_4，或者纳米零价铁。与生物炭耦合的磁性材料通常是铁或氧化铁。氧化铁具有良好的阳离子交换能力，这是金属吸附的重要机制。

以负载 Fe_3O_4 为例，最常用的方法是共沉淀法，设备和过程简单、制备快速。制备原理是通过将 Fe^{3+} 与 Fe^{2+} 的摩尔比为 2∶1 进行混合，加入氨水做沉淀剂形成铁氢氧化物，再转化成 Fe_3O_4，该过程要一直通惰性气体以防止 Fe^{2+} 被氧化。总体遵循的反应如式：

$$Fe^{2+} + 2Fe^{3+} + 8OH^- \longrightarrow Fe_3O_4 + 4H_2O \qquad (6\text{-}5)$$

在加入氨水之前将生物炭与 Fe^{3+} 和 Fe^{2+} 进行均匀混合，反应完成后即可将 Fe_3O_4 负载到生物炭表面，表明 Fe_3O_4 可能是通过 Fe—O—C 化学键与生物炭进行结合[33]。

有研究选用 $FeCl_3$ 作为铁源，乙二醇作为还原剂，乙酸钠作为静电稳定剂，聚乙二醇作为表面活性剂制备了磁性生物炭，用于去除水体中的六价铬，表明该改性方法使生物炭对六价铬的吸附量提高了 1 倍。有研究用 $ZnCl_2$ 改性的生物炭吸附五价钒，pH 在 4.0～9.0 时吸附能力最强，且随着温度增高吸附量也不断增大，最大吸附量可达 24.9mg/g。有研究通过在橘皮粉上化学共沉淀 Fe^{3+}/Fe^{2+}，在不同温度下制备了三种新型磁性生物炭，并发现与原始生物炭相比，磁性生物炭对有机污染物和磷酸盐的吸附能力更高。也有研究表明生物炭的磁性改性可能会减少其比表面积和孔体积，从而降低其吸附能力[34]。因此，有必要优化合成工艺，以获得最佳的复合材料性能。

6）杂原子掺杂

杂原子掺杂（如氮、氧、硫、硼、磷等）已被广泛研究，以提高炭材料在催化、吸附和能量领域的性能。杂原子掺杂可以有效调节电子结构，增加生物炭表面亲水基团的数量，从而提高其固有活性和润湿性。在多孔炭材料中引入杂原子也会导致相关的氧化还原反应，从而导致伪电容，并使超级电容器的总电容增加 5%～10%。具有高氧含量的生物炭的表面提供了更多的含氧官能团，这有利于促进材料的催化性能，特别是在焦油重整中，含氧官能团的存在会导致焦油化合物不稳定，使其非常活跃，容易分解为自由基。电负性高于碳原子（2.55）的氮原子（3.04）可以有效促进相邻碳原子的电子转移，从而形成具有高电荷密度的表面。生物炭中含有一对孤电子的硫原子以砜/亚砜类的形式存在，这有助于表面极化，从而促进电荷转移。此外，硫的原子半径远大于碳的原子半径，增加了炭材料的缺陷并丰富了孔结构，从而提高了比表面积并使材料表现出更好的电化学性能。基于生物炭框架中磷的存在形式是 C3—P=O，重要的是，磷具有更强的 N 型掺杂行为以及给电子能力，可以显著提高多孔炭材料的导电性。有研究提出由于磷的原子尺寸（0.106 nm）相对于同一主族碳（0.077nm）更大，磷通常位于碳晶格的边缘，赋予材料高度稳定的电容性能。碳骨架中掺杂硼的存在形式有 C2—B—O 和 C3—B 两种。硼掺杂可以改变碳的电子结构，促进电荷转移[35]。此外，它可以增加非晶炭材料的石墨化程度并提高导电性。用含有氨基（—NH_2）的试剂对生物炭进行改性，该试剂可以将氨基连接到生物炭表面，可以增加对部分污染物（Cu、Cd）的吸附能力。

7）化学浸渍

化学浸渍是一种将不同的金属纳米颗粒或其他功能性纳米颗粒添加到生物炭的内部或表面的方法。这有助于性能的提高，特别是在催化和吸附领域中。具有大比表面积和官能团的纳米颗粒可以提供具有高亲和力的活性位点来吸附各种污染物。然而，纳米颗粒的溶解性和聚集性差是主要问题。通过将生物炭的功能与纳米颗粒的优点相结合，可以获得优异的复合材料。此外，金属颗粒具有良好的催化能力，但不是很稳定。制备比表面积大、孔隙率高、导电性好的生物炭作为负载型催化剂的载体，可以有效提高材料的稳定性和催化活性。在无氧环境下生物质热解过程中，一些具有还原能力的挥发性低分子量化合物被分解。当高价金属在热解之前与生物质原料混合时，它们可以被还原为零价纳米金属颗粒，这可以增强生物炭复合材料的催化活性。未经活化的生物炭材料吸附效果不尽人意，并不能有效对污染物进行处理，但经过活化后，可有效改善生物炭理化特性，提高处理效果[36]。其中，相较于物理活化，化学活化后的生物炭具有更大的比表面积和更高的中孔体积分数，可以为吸附质提供巨大的容纳空间和吸附位点，并且可以对表面进行修饰，添加表面官能团，有利于吸附进行，而且在活化过程中会抑制焦油的形成，提高得炭率，改善微孔结构。

6.1.4　生物炭吸附过程的机理

1. 生物炭吸附机理

生物炭具有稳定的芳香碳结构，丰富的含氧官能团，以及功能化的灰分组分，这使其拥有良好的吸附固定重金属的潜力[37]。生物炭对于重金属的吸附过程可以分为以下几个机理。

1）表面络合

生物炭对重金属离子的络合作用与生物炭表面含氧官能团关系密切。研究表明，重金属离子可以与低温生物炭表面离子化含氧官能团（—COO—、—O—）相互作用。生物炭表面官能团随着时间逐渐增加，因为表面被氧化形成羧基官能团，因此与重金属之间形成的络合物也增加[38]。与动物粪便制备的生物炭相比，植物材料制备的生物炭更易与重金属发生络合作用。Cd、Cu、Ni 和 Pb 可以与生物炭表面的酚羟基、羧基形成稳定的络合物而被去除。动物粪便和骨类生物炭则因含较多的碳酸盐和磷酸盐而与重金属离子之间形成沉淀。

2）离子交换

生物炭表面的阳离子与重金属离子之间发生交换作用而吸附重金属是生物炭去除重金属的另一个主要机制。离子交换作用只有在适宜的 pH 条件下才会发生。阳离子交换作用是指在适宜条件下，生物炭表面电离的碱金属离子与溶液中的重金属发生交换。生物炭通过离子交换去除重金属的效率与重金属离子的大小和生物炭表面官能团的化学特性相关。在化学元素周期表Ⅰ～Ⅲ族的金属元素（如 Na、K、Ca、Li、Mg、Be 和 Sc）更容易与族内的其他元素发生交换，因为它们的离子半径、电荷数以及键的特性相似[39]。对于大多数植物材料而言，表面官能团与阳离子交换能力密切相关。对于植物材料制备的生物炭而言，如果阳离子交换量高，则去除重金属的效率高。一般来说，具有高的氧含量和酸性官能团的非木质材料生物炭比含氧量低的木质材料生物炭具有更大的阳离子交换量。

3）沉淀作用

沉淀是吸附过程中在溶液中或炭表面形成的固相物质。沉淀作用被认为是生物炭吸附重金属的主要机制之一。电离能介于 2.5～9.5 的金属元素（如 Cu、Zn、Ni 和 Pb 等）最容易在生物炭表面形成沉淀。当植物中的纤维素和半纤维素在大于 573K 的温度下热裂解时，会产生碱性生物炭，当把生物炭投入重金属溶液中，会引起重金属沉淀。除了生物炭本身的碱性可以引起溶液高的 pH 外，重金属与生物炭中矿物质的反应也可引起溶液 pH 升高。在高温下制得的某些动物粪便和植物秸秆生物炭中本身含有高的钙、镁、铁、铜和硅等元素，如鸡粪生物炭中含有 45% 的矿物质，骨头生物炭中含有 84% 的矿物质。在低温（<473K）生物炭中，这些矿质元素大多可溶，可以直接与重金属反应生成沉淀；而在高温（623～973K）生物炭中，这些矿物质大多不可溶，在吸附过程中会缓慢释放，最终在生物炭表面与重金属离子形成沉淀[40]。

4）静电吸附

生物炭表面电荷通过静电作用吸附带相反电荷的金属离子是生物炭去除重金属离子的一个主要机制。生物炭与重金属离子之间的静电吸附取决于溶液的 pH 和生物炭的零点电势。高温碳化（>673K）促进了生物炭中的碳原子形成石墨烯结构，加强了生物炭与重金属离子间的静电吸附作用。甘蔗渣生物炭就是通过静电吸附作用将带负电荷的 Cr^{6+} 向带正电荷的生物炭表面迁移，Cr^{6+} 被还原为 Cr^{3+}，最后再与生物炭表面的官能团发生络合反应[41]。

5）物理吸附

重金属的物理吸附是指重金属离子通过扩散作用进入吸附剂的孔内，没有化学键的形成。重金属离子在范德瓦尔斯力作用下吸附在生物炭的表面，结合能很低，属于可逆的吸附过程，被吸附的重金属离子很容易脱离生物炭表面重新进入水体中。生物炭粒子微小，表面存在大量微孔，当以 773～973K 的热解温度制备生物炭时，更容易生成多孔结构和大的比表面积。大的比表面积和多孔结构有利于生物炭的物理吸附作用。高温生物炭具有较大的比表面积和孔隙度，有利于生物炭对金属离子的物理吸附。同时，生物炭的粒径对物理吸附作用影响很大，生物炭的粒径越小，比表面积就越大，增大生物炭与重金属的接触面积，提升吸附作用。生物炭吸附土壤中的镉、砷和锌离子主要靠表面吸附[42]。据报道，动物骨生物炭可以通过物理吸附去除镉、铜和锌，并且符合液膜孔内扩散模型。

2. 生物炭吸附热力学模型

吸附等温模型被用来探索吸附剂与吸附质之间的相互作用。常用于描述生物炭吸附重金属的吸附等温模型主要包括 Langmuir、Freundlich、Langmuir-Freundlich（L-F）、双 Langmuir、Dubinin-Radushkevich（D-R）以及 Temkin 模型[43]，其数学表达式为式（6-6）～式（6-13）。

Langmuir 模型：

$$Q_e = \frac{Q_{max} k_1 C_e}{1 + k_1 C_e} \tag{6-6}$$

Freundlich 模型：

$$Q_e = k_f Q_e^{\frac{1}{n}} \tag{6-7}$$

L-F 模型：

$$Q_e = \frac{Q_{max} k_a C_e^m}{1 + k_a C_e^m} \tag{6-8}$$

双 Langmuir 模型：

$$Q_e = \frac{Q_{max1} k_1 C_e}{1 + k_1 C_e} + \frac{Q_{max2} k_{ll} C_e}{1 + k_{ll} C_e} \tag{6-9}$$

D-R 模型：

$$Q_e = Q_{max} \times \exp\left\{ -\beta (RT)^2 \times \left[\ln\left(1 + \frac{1}{C_e}\right) \right]^2 \right\} \tag{6-10}$$

$$E = \frac{1}{\sqrt{2\beta}} \tag{6-11}$$

Temkin 模型：

$$Q_e = B\ln k_t + B\ln C_e \tag{6-12}$$

$$B = \frac{RT}{b_t} \tag{6-13}$$

式中：Q_e 为平衡时的吸附量（mg/g）；Q_{max} 为最大吸附量（mg/g）；Q_{max1} 和 Q_{max2} 分别为与吸附和沉淀相关的最大吸附量（mg/g）；C_e 为吸附平衡时溶液中目标物的浓度（mg/L）；k_a 为表征吸附质和吸附剂之间亲和力的参数（L/mg），数值越大，亲和力越大；k_f 为 Freundlich 平衡常数（$mg^{(1-1/n)}L^{1/n}/g$）；k_1 和 k_{ll} 分别为与吸附和沉淀相关的 Langmuir 亲和力参数（L/mg）；$1/n$ 为指数因子，一般认为 $1/n$ 介于 0～1 之间，其数值越小则吸附性能越好，当 $1/n$ 在 0.1～0.5 时，易于吸附，当 $1/n > 2$ 时，则难以吸附；m 为指数因子；β 为 D-R 模型的等温吸附常数（mol^2/kJ^2）；E 为与吸附有关的自由能（kJ/mol）；R 为气体常数，8.314J/（mol·K）；T 为绝对温度（K）；B 为与吸附热综合相关的 Temkin 常数；k_t 为 Temkin 等温常数（L/mg）；b_t 为与吸附热直接相关的 Temkin 常数（J/mol）。

1）Langmuir 模型

Langmuir 模型广泛应用于等温吸附过程的描述。Langmuir 模型的提出基于三点：①吸附为单层吸附，即吸附表面活性位点是有限的；②每个活性位点只能结合一个微粒；③所有活性位点都是相互独立的，一个位点被占有的概率与邻近位点的状态无关[44]。Langmuir 模型暗示了吸附是被物理作用力驱使的，并且所有活性位点与吸附剂之间的亲和力是等同的。Langmuir 模型常用于描述生物炭对重金属的吸附。该模型成功地应用于甘蔗渣生物炭对铅离子的吸附。该模型的假设对试验条件的变化比较敏感，一旦条件发生变化，模型参数要作相应地改变，因此该模型只适用于单分子层化学吸附的情况。

2）Freundlich 模型

Freundlich 模型应用于异质表面的非理想吸附和多层吸附，不像 Langmuir 模型，Freundlich 模型并没有假设吸附位点的能量是等价且均匀的。相反地，该模型假设各个吸附位点的亲和力是不一样的，亲和力强的位点首先被占据，随着位点不断被占据，亲和力逐渐降低。因此，吸附量是所有位点吸附量的总和，各个吸附位点的能量分布呈指数降低，直到吸附过程结束[45]。Freundlich 模型成功地应用于多种生物炭对铜、铅和锌的吸附。Freundlich 模型既可以应用于单层吸附，也可以应用于不均匀表面的吸附情况。Freundlich 模型作为一个不均匀表面的经验吸附等温式，既能较好地解释不均匀表面的吸附机理，更适用于低浓度的吸附情况，它能够在更广的浓度范围内很好地解释试验结果。但是，Freundlich 模型的缺点是不能得出一个最大吸附量，无法估算在参数的浓度范围以外的吸附作用。

3）L-F 模型

L-F 模型又被称为 Sip's 等式，该模型既可以模拟 Langmuir 吸附过程又可以模拟 Freundlich 吸附过程。Gerente 等认为 L-F 模型是一个灵活的等式，当平衡浓度（C_e）低时，式（6-8）变为 Freundlich 模型，而当 Freundlich 模型线性常数 $1/n$ 为 1 时，式（6-8）变为 Langmuir 模型[46]。该模型很好地描述了栎树皮生物炭在 298~318K 下对 Cr（Ⅵ）的吸附，低浓度时，扩散控制吸附速率，在 298K 拟合相关系数 R^2 达到 0.98；在高浓度时，生物炭表面出现吸附饱和现象，验证了 L-F 模型在平衡浓度较高时符合 Langmuir 单层饱和吸附的理论。

4）双 Langmuir 模型

双 Langmuir 模型用来描述异质表面的吸附过程，假设吸附发生在结合能差异较大的两种类型的表面。铅在牛粪炭上的吸附符合双 Langmuir 模型，吸附位点的模型参数分为两种，第一种是物理吸附的 Q_{max1} 和 k_1，第二种是沉淀吸附的 Q_{max2} 和 k_{ll}[47]。

5）D-R 模型

D-R 模型通常用于判断吸附的类型，当 $E<8kJ/mol$ 时，吸附为物理吸附，当 $8kJ/mol<E<16kJ/mol$ 时，吸附主要是离子交换，当 $E>16kJ/mol$ 时，吸附为颗粒内扩散[48]。

6）Temkin 模型

Temkin 模型是 Langmuir 模型的进一步优化，使用范围增大。该模型中，吸附为多层吸附，吸附位点的能量是不同的，并且吸附质与吸附剂之间存在相互作用[49]。该模型早期被用于酸性溶液中氢在铂电极上的吸附，不考虑在极低或极高浓度下的吸附，该模型假设分子的吸附热随着覆盖度的升高呈线性降低，而不是对数降低。

3. 生物炭吸附动力学模型

应用于生物炭吸附重金属的动力学模型可以分为两类，一类是基于扩散的，另一类是基于反应的。扩散模型主要集中在金属离子向生物炭孔隙和表面活性位点的迁移扩散，而反应模型主要是描述生物炭与特定金属离子之间的相互作用。用于描述生物炭吸附重金属动力学的模型主要为伪一级动力学模型、伪二级动力学模型、颗粒内扩散模型和 Elovich 模型[50]，其表达式如式（6-14）~式（6-17）所示。

伪一级动力学模型：

$$Q_t = Q_e(1 - e^{-k_1 t}) \tag{6-14}$$

伪二级动力学模型：

$$Q_t = \frac{Q_e^2 k_2 t}{1 + k_2 Q_e} \tag{6-15}$$

颗粒内扩散模型：

$$Q_t = k_3 t^{\frac{1}{2}} + C \tag{6-16}$$

Elovich 模型：

$$Q_t = \frac{1}{\beta_E} \ln(\alpha \beta_E) + \frac{1}{\beta_E} \ln t \tag{6-17}$$

式中：Q_t 和 Q_e 分别为在时间为 t 时和平衡时的吸附量（mg/g）；k_1 和 k_2 分别为伪一级吸附速率常数（min^{-1}）和伪二级吸附速率常数 [g/(mg·min)]；k_3 为内扩散速率常数 [mg/(g·$min^{0.5}$)]；C 为一个常数（mg/g）；α 为起始 Elovich 吸附速率 [mg/(g·min)]；β_E 为脱附常数（g/mg），与表面覆盖度和化学沉淀有关。

1）伪一级动力学模型

在所有吸附动力学模型中，伪一级动力学模型是最简单的并且最早描述液相体系中吸附速率的模型，该模型的线性方程如式（6-18）所示：

$$\ln(Q_e - Q_t) = \ln Q_e - k_1 t \tag{6-18}$$

Q_e 是未知的，计算得出的值要比实际吸附量小，该模型一般只应用于起始的 20～30min 的吸附过程，可能不符合整个吸附过程。当把该模型用于整个吸附过程时，$\ln(Q_e - Q_t)$ 与 t 将不呈线性关系。因而吸附数据的精确拟合需要一个更复杂的模型，如伪二级动力学模型。尽管该模型有缺陷，但它成功地描述了一些生物炭对重金属的吸附过程[51]。

2）伪二级动力学模型

伪二级动力学模型假设吸附速率由吸附剂表面未被占有的吸附空位数目的平方值决定，吸附过程受化学吸附机理控制，这种化学吸附涉及吸附剂与吸附质之间的电子共用或电子转移。线性方程如式（6-19）所示：

$$\frac{t}{Q_t} = \frac{1}{Q_t^2 k_2} + \frac{t}{Q_e} \tag{6-19}$$

许多生物炭吸附重金属的动力学过程符合伪二级动力学模型且该模型可用于吸附的整个过程[52]。

3）颗粒内扩散模型

颗粒内扩散过程分为以下几个阶段：①溶液中的吸附质穿过生物炭粒子表面边界层向表面扩散；②吸附质粒子向生物炭外部和内部孔内扩散；③生物炭表面位点对金属离子吸附。颗粒内扩散模型中，Q_t 与 $t^{1/2}$ 进行线性拟合，如果直线通过原点，说明颗粒内扩散是控制吸附过程的限速步骤；如果不通过原点，吸附过程受其他吸附机制的共同控制。当生物炭吸附重金属的过程只被金属离子的扩散速率限制，则该吸附可用颗粒内扩散模型描述。该模型能够描述大多数吸附过程，但是由于吸附起始阶段和最后阶段物质传递的差异，拟合直线往往不能通过原点。有研究发现颗粒内扩散现象更易发生在微孔吸附过程中[53]。近年来，颗粒内扩散模型越来越多地被用于描述吸附剂对金属离子的吸附过程。

4）Elovich 模型

Elovich 模型为一经验式，最开始用于描述化学沉淀过程，后来用于描述异质表面的吸附过程。因此，它可以用于整个吸附过程，来评估吸附剂表面的同质化程度。该模型描述的是包括一系列反应机制的过程，如溶质在溶液相或界面处的扩散、表面的改性与去改性作用等，它非常适用于反应过程中改性能变化较大的过程，如土壤和沉积物界面上的过程[54]。该模型也应用于生物炭吸附重金属的研究，如在甜菜生物炭吸附铅的过程中，Elovich 模型比伪一级动力学模型和伪二级动力学模型更好地重现吸附试验数据。

6.2 浸渍法表面改性配位吸附研究

本节主要对二（2-乙基己基）磷酸—磷酸三丁酯（D2EHPA）浸渍碳化生物质（solvent impregnated carbonized biomass，SICB）表面改性配位吸附机理的研究。以木屑为原料，在 1073K 温度下制备了载体，然后冷却至室温，使用 D2EHPA 浸渍载体 60min，吸附效果最佳。在初始 V^{4+} 浓度为 1.1g/L、pH 为 1.6、固液比为 1∶20g/mL 条件下，吸附 24h 后钒的吸附率可达 98.12%，以 25%硫酸溶液为脱附剂，钒的脱附率可达 98.36%。SICB 对钒的吸附为化学吸附，符合所建立的伪二级动力学模型。由于碳化过程中产生介孔和微孔，SICB 具有高选择性和高饱和容量。因此，以生物质为基材，浸渍萃取剂制备的吸附材料解决了溶剂浸渍树脂进行钒萃取时饱和吸附能力低、溶剂利用率低的问题。SICB 结合了萃取剂和离子交换树脂的优点，对钒具有较高的吸附和解吸性能。

6.2.1 不同生物质基质对吸附效果的影响

研究以果皮、叶片、坚果壳和木屑为原料，在 1073K 条件下制备载体，冷却至室温，后使用 D2EHPA 浸渍 60min，在初始 V^{4+} 浓度为 1.1g/L、pH 为 1.6、料液比为 1∶20g/mL 条件下吸附生物质 24h。不同类型生物质对钒吸附的影响如图 6-1 所示。叶片和坚果壳对钒的吸附性较差，分别为 67.81%和 59.13%，这是由于叶片和坚果壳碳化后气孔较少，比表面积较小，可装载的萃取剂较少。此外，木屑的吸附效果较好，达到 98.12%，果皮的吸附效果最高，达到 99.27%。木屑和果皮经高温碳化后具有更大的孔隙结构和比表面积。

6.2.2 改性生物质吸附钒过程影响因素

1. 温度和时间影响碳化生物质的结构

不同温度和时间条件下制备的生物质对钒的吸附率如图 6-2 所示。随着温度从 673K 增加到 873K，吸附率降低，是由于生物质在加热过程中比表面积变化；随着温度从 873.15K 增加到 1073.15K，吸附率升高，是由于碳化后的生物质形成多孔结构。随着碳化时间增加，孔隙率增加，结构趋于稳定。当保温温度达到 1073.15K，保温时间达到 60min 时，吸附率最高，可达 98.12%。

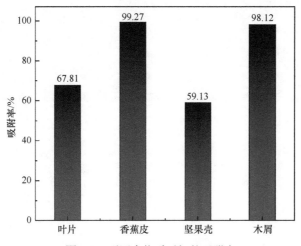

图 6-1　不同生物质对钒的吸附率

生物质制备条件：保温温度＝1073K；保温时间＝60min；浸渍时间＝5min；pH＝1.6；固/液＝1∶20g/mL；吸附时间＝24h

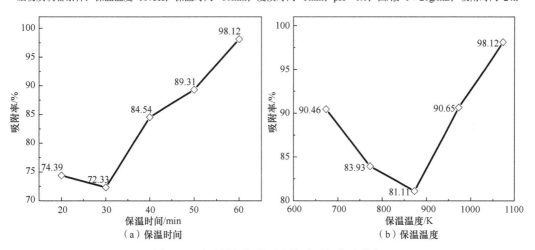

图 6-2　不同制备条件下生物质对钒的吸附率

生物质制备条件：生物质＝木屑；pH＝1.6；浸渍时间＝5min；固/液＝1∶20g/mL；吸附时间＝24h

对保温温度为 673～1073K 的碳化生物质，分别命名为 CB400、CB600 和 CB800，其 SEM 图如图 6-3 所示；对经过 20～60min 保温得到的碳化生物质，分别命名为 CB20、CB40 和 CB60，其 SEM 图如图 6-3 所示。生物质的微观结构没有改变，由一定方向的层状结构组成，并带有一些孔。生物质比表面积大、吸附量大，是由于孔隙排列不规则、分布广。随着碳化温度升高，碳化生物质的孔隙结构明显改善。由于这种行为，生物质的孔隙结构随着碳化温度的升高而显著改善，吸附效果也强。当钒离子到达生物质表面时，一部分钒离子被吸附在外表面，而被吸附的钒离子可能由于生物质的气孔而扩散到内部。

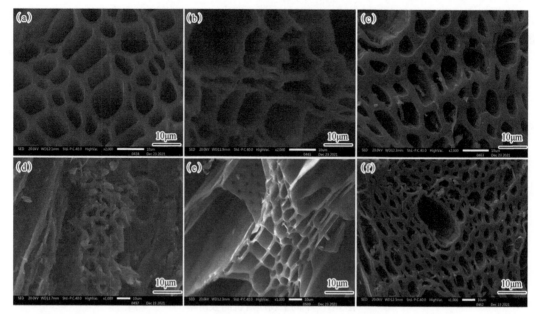

图 6-3　不同制备条件下碳化生物质的 SEM 图

（a）CB400；（b）CB600；（c）CB800；（d）CB20；（e）CB40；（f）CB60

2. 碳化生物质粒径对钒吸附的影响

碳化生物质粒径对钒吸附率的影响如图 6-4 所示。随着粒径减小，吸附率也有减小趋势。钒吸附率的下降是由于颗粒粒径减小，一些微孔和介孔结构被破坏，导致实际用于吸附的比表面积减小。

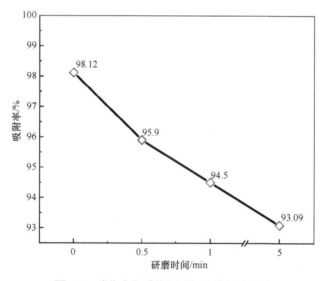

图 6-4　碳化生物质粒径对钒吸附率的影响

生物质制备条件：生物质种=木屑；保温温度=1073K；保温时间=60min；浸渍时间=5min；pH = 1.6；

固/液 = 1∶20g/mL；吸附时间= 24h

3. 浸渍时间对钒吸附的影响

浸渍时间对钒吸附率的影响如图 6-5 所示。随着浸渍时间延长，吸附率有增大趋势。通过测量 SICB 的质量，发现浸渍时间的延长并没有增加负载溶剂的浓度，但延长浸渍时间可以使溶剂更好地分散在 SICB 的表面上。

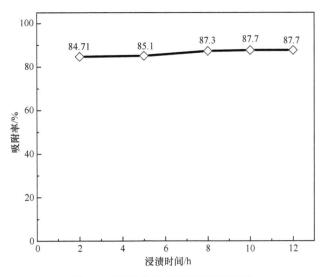

图 6-5　浸渍时间对钒吸附率的影响

生物质制备条件：生物质种=木屑；保温温度= 1073.15K；保温时间= 60min；pH = 1.6；
固/液= 1：20g/mL；吸附时间= 12h

4. 吸附条件对钒吸附的影响

吸附条件对钒吸附率的影响如图 6-6 所示。如图 6-6（a）所示，在 pH = 1.0～1.4 范围内，钒的吸附率随着 pH 的增加而显著增加，然后随着 pH 继续增加而降低。当 pH = 1.6 时吸附率最高，达到 98.12%。pH 的变化代表氢离子的变化。pH 降低时，溶液中有大量氢离子时，D2EHPA 不分解氢离子，因此吸附效果不佳。当 pH 升高时，钒离子的形态转变不能被吸附。如图 6-6（b）所示，SICB 对钒的吸附率随着时间的增加而增加，在 24h 内达到 97.58%。吸附过程是一个缓慢的传质过程，需要一定的时间积累才能达到饱和。如图 6-6（c）所示，不同固液配比对钒吸附率的影响，当固液比为 1：20 时，与固液比 1：10 相比钒吸附率下降了 0.43%，当固液比为 1：40 时，与固液比 1：20 时相比吸附率下降了 20.87%。如图 6-6（d）所示，SICB 在 pH=1.6 时对 V、Fe、Al、Mg、K 和 P 的吸附选择性依次递减。铁的高吸附率可能是由于 Fe^{2+} 部分氧化为 Fe^{3+}，所以铁的吸附率高于其他离子。钒离子吸附率的下降是由于有效吸附量降低，导致其他离子吸附。

生物质吸附前后的 SEM-EDS 分析如图 6-7 所示。通过表面扫描发现，碳化生物质不含氧和磷，而 SICB 则含有氧和磷；钒的存在也从微观角度解释了钒离子的成功吸附。因此，浸渍法是一种有效的溶剂负载法。

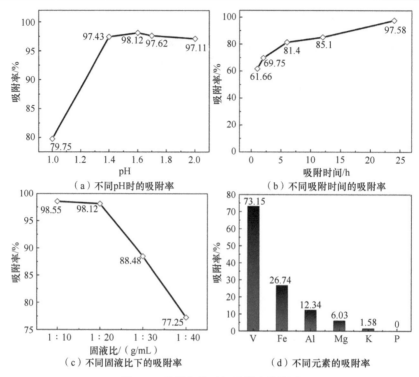

（a）不同pH时的吸附率

（b）不同吸附时间的吸附率

（c）不同固液比下的吸附率

（d）不同元素的吸附率

图6-6 吸附条件对钒吸附率的影响

生物质制备条件：生物质种=木屑；保温温度=1073K；保温时间=60min；浸渍时间=5min；pH=1.5/1.6/1.6；
固/液=1：20g/mL；吸附时间=24h

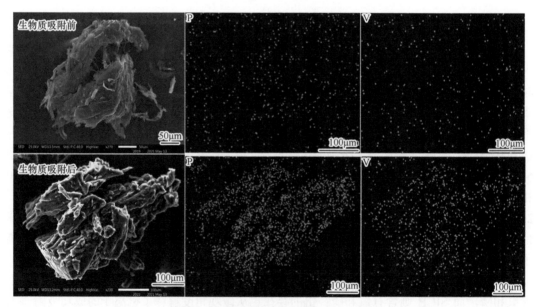

图6-7 生物质吸附前后的 SEM-EDS 图

6.2.3 解吸剂对生物质脱附钒影响因素

解吸剂从生物质解吸钒的影响因素如图 6-8（a）所示。NaCl 对钒几乎没有解吸作用；酸性溶解剂，如 CH_3COOH，也不能作为解吸剂；1mol/L NaOH 的解吸率为 71.50%；8% H_2SO_4 的解吸率达 78.93%。因此采用 H_2SO_4 作为解吸剂，H_2SO_4 浓度对钒脱附剂影响的试验结果如图 6-8（b）所示。当 H_2SO_4 浓度从 8%增加到 25%时，钒的解吸率从 78.93%增加到 98.36%。H_2SO_4 浓度高于 25%时，钒的解吸率降至 90%左右。

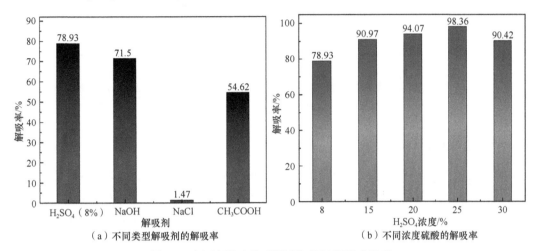

图 6-8　解吸剂从生物质解吸钒的过程影响因素

6.2.4 改性生物质选择性吸附机制模型

1. SICB 对 V^{4+} 的吸附动力学

在恒温条件下，采用 1.1g/L V^{4+} 钒溶液，在 303K 条件下测定 SICB 对 V^{4+} 的吸附速率，SICB 的吸附速率随吸附时间的增加呈函数关系。通过伪一级动力学模型和伪二级动力学模型进行检验，获得了最大的吸附量和定量吸附。将试验数据与上述模型拟合得到动力学结果，见表 6-1。

表 6-1　SICB 吸附 V^{4+} 的动力学参数

伪一级			伪二级		
R^2	Q_e/（mg/g）	k_1/（min^{-1}）	R^2	Q_e/（mg/g）	K_2/[g/（mg·min）]
0.83225	135.114	0.1068	0.9954	21.990	0.0502
$y = 2.1307 - 0.10679x$			$y = 0.0456x + 0.04114$		

采用伪一级动力学模型和伪二级动力学模型模拟 SICB 对 V^{4+} 的吸附动力学如图 6-9 所示。基于数值回归系数（R^2），SICB 的吸附过程更符合伪二级动力学模型。从伪二级动力学模型描述的整个过程来看，溶液的初始浓度对吸附速率影响较大，吸附过程以化学吸附为主。

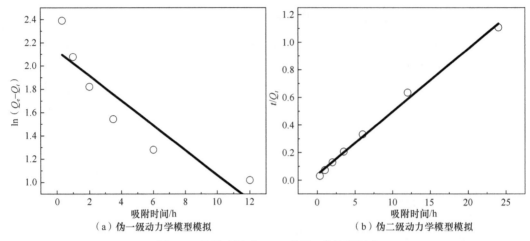

（a）伪一级动力学模型模拟　　　　　　　　（b）伪二级动力学模型模拟

图 6-9　吸附时间对 SICB 吸附 V^{4+} 量的影响

2. V^{4+} 在 SICB 中的吸附过程

碳化生物质本身可以进行物理吸附，但物理吸附的饱和容量较低，吸附不具有选择性。钒页岩含钒量低，浸出液含杂质离子较多。有些杂质离子的浓度高于钒离子，所以只使用碳化生物质对钒离子的吸附效果较差。当使用 SICB 时，它对钒离子有自己特定的吸附位点，因此，它对钒离子有较好的选择性。在 SICB 对钒离子的吸附过程中，碳化生物质不仅作为载体，还具有物理吸附的协同作用。

浸渍过程可分为两类，一类是基于悬浮聚合原理，将萃取剂直接加入原料生产过程中，同时进行反应；另一类是将萃取剂溶解在常见的惰性稀释剂如无水乙醇、煤油、石油醚等有机溶剂中，将萃取剂与萃取溶剂混合，利用萃取剂的烷烃链与载体骨架上的疏水基团的疏水相互作用等物理活性来装载载体。

由于在 pH=1～2 介质中存在钒离子大部分为氧化钒离子 VO^{2+}的形式，D2EHPA 二聚体中的氢键部分断裂，促使单体的 D2EHPA 能够与钒离子发生吸附反应。在吸附过程中，钒基和偏乙烯离子与 D2EHPA 中的 P—OH 基团的氢离子发生阳离子交换反应。磷酰基（P=O）参与了钒基与偏乙烯离子的配位反应。两者共同作用实现了 SICB 对钒离子的吸附。TBP 的主要作用是缩短 D2EHPA 达到吸附平衡的时间。假设溶剂浸渍的生物质是均匀分散在载体生物质中的萃取溶剂，载体仅作为负载萃取溶剂，发生化学反应的主要部分仍然涉及萃取剂和金属离子，也就是说，SICB 不仅与生物质表面的钒离子发生反应，还与生物质内部的萃取剂发生反应，并发生液固传质过程。吸附过程可分为三个连续可控过程：溶液中的钒离子穿过 SICB 表面存在的液膜扩散到生物质表面，称为液膜扩散运动；钒离子在 SICB 内部移动，到达 SICB 萃取剂基团附近，称为颗粒扩散运动；金属离子在 SICB 内部界面与萃取剂基团发生逆向化学交换反应。SICB 吸附钒离子的机理如图 6-10 所示。

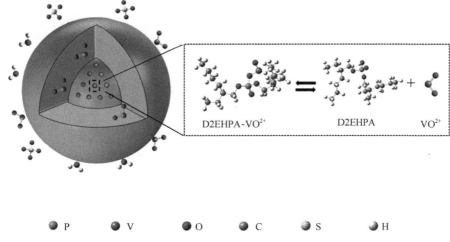

图 6-10　SICB 吸附钒离子的机理

在吸附初期，SICB 周围的溶液中存在大量的钒离子，溶液与 SICB 表面之间产生较大的浓度梯度，加速了钒离子向 SICB 表面扩散；随着放热吸附反应继续进行，钒离子进入 SICB 内部与萃取剂发生化学反应，溶液中钒离子浓度逐渐降低，扩散阻力变大，导致吸附速率变慢。在吸附后期，钒离子浓度越来越低，扩散阻力增大，扩散速率减小，吸附反应最终达到平衡。为反映 SICB 对钒的吸附机理，分别采用液膜扩散、颗粒扩散和化学反应控制方程拟合吸附过程，其中最慢的步骤为速率控制步骤。液膜扩散、颗粒扩散、化学反应控制方程表示为式（6-22）～式（6-24）：

$$F = \frac{3C_0 K_f}{aQr} t = kt \tag{6-20}$$

$$1 - 3(1-F)^{\frac{2}{3}} + 2(1-F) = \left(\frac{6DC_0}{aQr^2}\right)t = kt \tag{6-21}$$

$$1 - (1-F)^{\frac{1}{3}} = \left(\frac{k_c C_0}{r}\right)t = kt \tag{6-22}$$

式中：F 为交换度，$F=Q_t/Q_e$；C_0 为溶液中钒离子的初始浓度（mol/L）；K_f 为液膜扩散控制系数（cm/m）；a 为化学计量因子；Q 为未反应颗粒物核中心反应物的浓度（mol/L）；t 为反应时间；k 为表观速率常数[cm^4/（mol·s）]；D 为有效扩散系数；r 为 SICB 粒子半径（m）；k_c 为化学反应控制速率常数[cm^4/（mol·s）]。

根据 F、$1-3(1-F)^{2/3}+2(1-F)$ 和 $1-(1-F)^{1/3}$ 对试验数据进行线性拟合，并根据线性拟合的相关性判断吸附交换的调速步长。拟合曲线如图 6-11 所示。

由表 6-2 可以看出，V^{4+} 的化学反应控制拟合曲线相关系数为 0.95336，线性度高，且混合充分，扩散快，生物质比表面积大。因此，SICB 对 V^{4+} 吸附过程的速率控制步骤为化学反应。

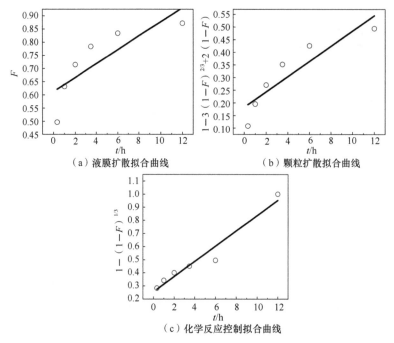

（a）液膜扩散拟合曲线　　　　　　　　　（b）颗粒扩散拟合曲线

（c）化学反应控制拟合曲线

图 6-11　吸附过程速率控制步骤拟合曲线

表 6-2　吸附过程速率控制步骤的拟合参数

参数	颗粒扩散拟合	液膜扩散拟合	化学反应控制
R^2	0.67772	0.82137	0.95226
拟合公式	$y = 0.61261 + 0.02649x$	$y = 0.18305 + 0.03013x$	$y = 0.25508 + 0.05802x$

3. V^{4+} 在 SICB 上的吸附等温模型

在 303K 温度下，以不同初始钒浓度为 0.045～1.5g/L 的溶液进行吸附试验，结果如图 6-12（a）所示。在恒温振荡器（303K）下，从低浓度到高浓度 V^{4+} 溶液在 SICB 上的吸附等温线如图 6-12（b）、（c）所示。将试验数据与上述模型拟合得到吸附等温线，见表 6-2。

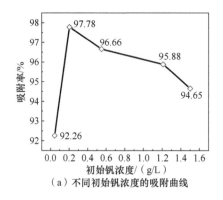

（a）不同初始钒浓度的吸附曲线

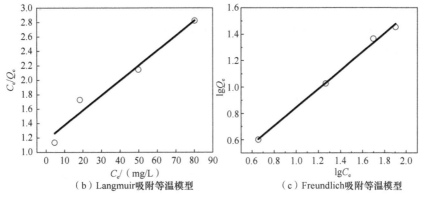

（b）Langmuir吸附等温模型　　　　　（c）Freundlich吸附等温模型

图 6-12　吸附曲线及吸附等温线拟合

通过比较 Langmuir 模型参数和 Freundlich 模型参数的 R^2，可以得出 Freundlich 模型更符合生物质对钒离子的吸附。由 Freundlich 图得到的各项参数见表 6-3。n 是吸附强度的量度。$n<1$ 表示吸附正常，而 $1<n<10$ 表示吸附过程良好。因此，从 $n=1.43$ 来看，在初始测试浓度下，生物质浸渍是一个合理的吸附过程。

表 6-3　吸附等温模型的拟合参数

Langmuir			Freundlich		
Q_{max}/（mg/g）	k_l/（L/mg）	R^2	n	k_f/（mg/g）	R^2
48.34	0.024	0.966	1.43	1.40	0.9962
$y=0.02068+1.16817x$			$y=0.014512+0.70009x$		

不同初始浓度下的最大吸附量为 48.34mg/g，为理论值。三种萃取方法的饱和容量见表 6-4。与 D2EHPA 和 TBP 浸渍树脂相比，D2EHPA 和 TBP 浸渍碳化生物炭的饱和容量提高了 61.40%。

表 6-4　三种萃取方法的饱和容量

类别	饱和容量/（mg/g）
D2EHPA 和 TBP	24.21
D2EHPA 和 TBP 浸渍树脂	29.95
D2EHPA 和 TBP 浸渍碳化生物炭	48.34

研究表明，生物质可以作为吸附材料基质制备有效的 V^{4+} 生物吸附剂。在碳化温度为 1073K、碳化时间为 1h 条件下，木屑是最合适的生物质原料。D2EHPA 浸渍生物质提取钒的最佳条件为：初始纯钒溶液 pH 为 1.6，吸附时间为 24h，萃取时间为 10min，粒径为 1～2mm。该生物吸附剂对 V^{4+} 的吸附性高达 98.12%。浸出后，SCIB 在 303K 条件下对 V^{4+} 的吸附符合 Freundlich 吸附等温模型（1～1.5g/L），吸附动力学可用伪二级动力学模型描述。

通过 SEM-EDS 分析发现，浸渍后的生物质含有有机相，可以作为 V^{4+} 的吸附剂。负载有机相中 98%以上的钒可以用 25%的硫酸溶液定量解吸。与 D2EHPA 和 TBP 浸渍树脂相比，D2EHPA 和 TBP 浸渍碳化生物炭的饱和容量提高了 61.40%。

6.3　氧化法表面改性还原吸附研究

银作为一种相对稀缺的原材料，已被广泛应用于电镀、医疗器械、电子、化工、摄影等众多领域。湖北某地富含钒品位 1.5%的黑色页岩，伴有平均品位 116g/t 的银。目前钒页岩提钒技术产生的废水量大，且未回收的 Ag^+ 浓度低。因此，有必要研究一种富集和回收废水中 Ag^+ 的方法。与化学沉淀法、溶剂萃取法、离子交换法、膜分离法等传统方法相比，生物质吸附具有原料来源广、可再生、操作简单、成本低、回收率高等优点，并已成为一个热门的研究方向。矿区一般位于野外，周围植被丰富，为生物质吸附提供了前提条件。但是，由于纤维素羟基的分子间氢键，天然生物质的吸附能力较差。因此，对天然生物质进行改性，以提高其吸附能力。对 Ag^+ 在柳树、泡桐、麦秸秆和玉米秸秆等木质纤维素水解材料上的吸附研究表明，木质纤维素的最大吸附量在 2.05～6.07mg/g，表明废弃木质纤维素材料具有良好的吸附 Ag^+ 的潜力。通过化学改性可以显著提高吸附量，但这些方法在工业生产中难以实现。有研究表明纤维素或其他多糖经过酸处理后形成的交联凝胶可用于回收金。因此，本节根据不同离子的化学性质，将 Ag^+ 转化为 $Ag(NH_3)_2^+$，以提高 Ag^+ 在生物吸附剂上的选择性吸附。吸附等温线分析表明吸附过程是不可逆的非均相化学吸附过程，生物吸附剂对 $Ag(NH_3)_2^+$ 的吸附动力学符合伪二级动力学模型。吸附机理是由于发生氧化还原反应，且对 $Ag(NH_3)_2^+$ 具有选择性，吸附量为 1285mg/g，表明该生物吸附剂未来在废液二次资源回收 Ag^+ 中具有良好的应用前景。

6.3.1　生物质筛选及改性条件影响因素

研究分别以杨树木屑、香蕉皮、核桃壳和柚子叶四种生物质切片为原料。不同条件下制备的吸附剂的吸附效率如图 6-13 所示。不同类型生物质对银吸附的影响如图 6-13（a）所示。核桃壳和柚子叶对银的吸附性较差，杨树木屑和香蕉皮对银的吸附性较好。由于杨树木屑吸附性最好，价格实惠，本节采用杨树木屑为吸附材料载体。用硫酸对生物质进行活化制备氧化改性生物质（oxidation modified biosorbent，OBS），不同浓度的硫酸对生物质吸附银的影响如图 6-13（b）所示。硫酸浓度越高，改性生物质对银的吸附性越好。当硫酸浓度越高时，硫酸从生物质结构中夺取氧原子和氢原子的能力越强，因此，可以充分破坏生物质结构，提高吸附剂的吸附性能。不同加热时间对生物质吸附银的影响如图 6-13（c）所示。不同加热温度对生物质吸附银的影响如图 6-13（d）所示。温度越高，改性生物质对银的吸附性越好。温度越高和时间越长会提高活性，从而使生物质得到充分的结构转化。在高浓度硫酸条件下，由于反应剧烈，随着改性时间的延长，生物质的性质不会发生明显变化。

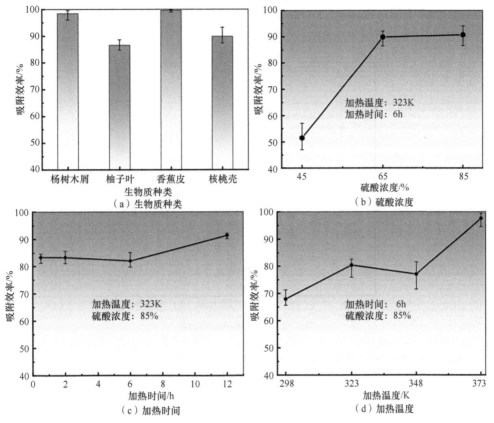

图 6-13　不同条件下制备的吸附剂的吸附效率

OBS 的制备以生物质碎屑为原料，制备步骤如下：粉碎时，取 200g 生物质碎屑，在 373K 干燥箱中干燥 24h。然后用振动磨粉碎干燥的生物质碎屑，得到 0.185～1mm 的均匀粒度。在 500mL 烧杯中，将 20g 生物质与 100mL 硫酸溶液混合。然后将烧杯置于水浴中以 250r/min 的速率搅拌和加热。改性试验完成后，将改性后的生物质用去离子水洗涤至 pH 为 5～6，然后在 373K 下干燥 24h。最后，将粉碎后得到的粒径小于 1mm 的改性生物质标记为 OBS。

6.3.2　改性生物质吸附过程的影响因素

1. 共存离子对吸附过程的影响

实际工业废水中多种金属离子共存，杂质离子主要为 Fe^{3+}、Al^{3+}、Ca^{2+} 和 Na^+。因此，必须考虑杂质离子的竞争效应。本节使用的杂质离子是从实验室模拟废水中获得的。在 pH 调整过程中，大部分 Fe^{3+} 和 Al^{3+} 颗粒形成沉淀，导致溶液中 Fe^{3+} 浓度为 2.90mg/L，Al^{3+} 浓度为 1.86mg/L。Ca^{2+}、Na^+ 和 $Ag(NH_3)_2^+$ 浓度分别为 193.9mg/L、132.5mg/L 和 18.95mg/L。图 6-14 的竞争离子吸附效率表明，OBS 虽然对 $Ag(NH_3)_2^+$ 的吸附效率只有 52.6%，但与其他离子相比，OBS 仍具有吸附优势。由于 Fe^{3+} 和 Al^{3+} 浓度较低，吸附效果不明显。Ca^{2+} 和

Na^+主要与 OBS 上的官能团进行中和反应,但这种作用对 $Ag(NH_3)_2^+$ 与官能团的反应影响不显著。因此,OBS 具有吸附 $Ag(NH_3)_2^+$ 的优势。

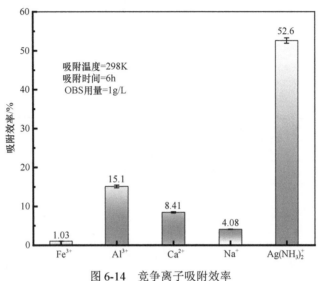

图 6-14　竞争离子吸附效率

2. 改性生物质的微观形貌特征

生物质不同处理方式的 SEM 对比如图 6-15 所示,可以观察到原始生物质具有规则的层状结构,由密集的纤维和沿规则方向取向的长串状纤维素分子组成。硫酸处理后的 OBS

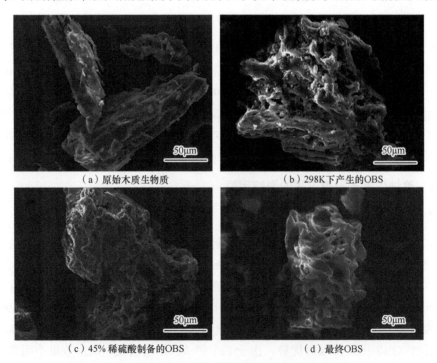

（a）原始木质生物质　　　　　　（b）298K 下产生的 OBS

（c）45% 稀硫酸制备的 OBS　　　　　（d）最终 OBS

图 6-15　生物质不同处理方式的 SEM 对比图

为球形结构,孔隙丰富,这一特征可归因于生物质与硫酸的交联冷凝,破坏了木质生物质的纤维结构。与木质生物质相比,OBS 具有许多孔隙结构,颗粒粗糙且不规则。此外,在硫酸处理过程中不加热制备的样品,尽管表面被破坏,但具有无孔结构。用 45%稀硫酸制备的样品,保留了表面顶部木制细胞的规则串状结构,具有平面和无孔结构。

生物质改性前后的 FTIR 光谱对比图如图 6-16 所示,可看出活性位点的变化。原始木质生物质的 FTIR 光谱显示,在 3434cm^{-1} 处有一个宽峰,这是由于 O—H 引起的,在 2928cm^{-1} 附近有一个尖峰,这是由于杨树纤维素的 C—H 振动引起的。1722cm^{-1} 处的另一个尖峰带是由于 C=O,1634cm^{-1} 和 1510cm^{-1} 附近的两个峰分别归因于 C—C=C 群的不对称和对称拉伸振动。1271cm^{-1}、1161cm^{-1}、1113cm^{-1} 和 1031cm^{-1} 的波段是由 O—H 弯曲以及对称和不对称的 C—O—C 拉伸振动引起的。在 OBS 的 FTIR 光谱中,3434cm^{-1} 和 2928cm^{-1} 处的峰强度在硫酸处理后显示出下降,这是由于多糖单元的长聚合物链被降解成较短的聚合物链。这些较短的链在浓硫酸处理下发生缩合交联反应,这一点得到了 C—O—C 在 1200cm^{-1} 左右拉伸的存在证实,这也在各种多糖凝胶中观察到。1722cm^{-1} 附近的波段强度增加归因于 C=O 基团(羰基或羧基拉伸)的增加。以上分析表明,活性官能团在 OBS 上的负载是 OBS 的另一个主要特征。

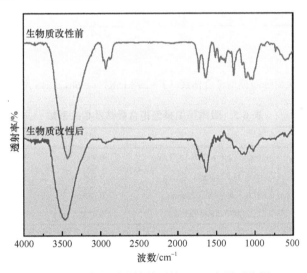

图 6-16　生物质改性前后的 FTIR 光谱对比图

6.3.3　改性生物质吸附过程的热动力学

1. 吸附等温模型

在吸附等温试验数据基础上,将 Langmuir、Freundlich、Temkin 和 D-R 吸附等温模型拟合到图 6-17 中,得到以下吸附等温方程[式(6-27)～式(6-30)]。拟合参数及相关系数见表 6-5。

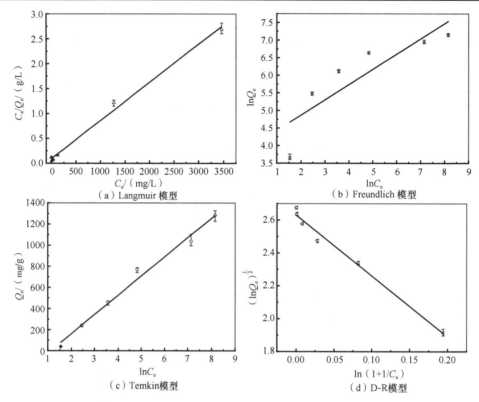

图 6-17 吸附等温模型拟合曲线（$T = 298.15K$，$t = 6h$，OBS 用量= 1g/L）

表 6-5 吸附等温模型拟合参数及相关系数

模型	参数	R^2	χ^2	RMSE
Langmuir	$Q_{max} = 1303mg/g$，$k_l = 8.23 \times 10^{-3}L/mg$	0.993	164.987	114.399
Freundlich	$k_f = 54.82mg/g$	0.704	668.954	297.989
Temkin	$k_t = 0.33L/g$，$b_t = 182.02J/mol$	0.985	55.648	48.464
D-R	$\beta = -2.22 \times 10^{-6}$（$mol^2/kJ^2$）	0.982	116.242	135.468

在线性检验中，不同的吸附等温模型对相关系数的取值和判断有显著的影响，可以采用卡方检验[式（6-23）]和均方误差[式（6-24）]。

$$\chi^2 = \sum_{i=1}^{n} \frac{\left(q_{ei.exp} - q_{ei.cal}\right)^2}{q_{ei.exp}} \tag{6-23}$$

$$RMSE = \sqrt{\frac{\sum_{i=1}^{n} \frac{\left(q_{ei.exp} - q_{ei.cal}\right)^2}{q_{ei.exp}}}{n}} \tag{6-24}$$

式中：$q_{ei.exp}$ 和 $q_{ei.cal}$ 为试验值和计算值；n 为试验吸附等温线中观测值的个数。χ^2 和 RMSE 值越小，曲线拟合越好。

其中，Langmuir 模型的回归系数 R^2（0.993）最好，而 Temkin 模型的 χ^2 和 RMSE 最小，主要原因是吸附等温模型的形式显著影响相关系数的取值和判断。Langmuir 模型假设吸附剂表面是均匀的，Langmuir 模型不适用于高浓度溶液。Temkin 模型是在 Langmuir 模型和 Freundlich 模型的基础上提出的更为合理的模型，它适用于具有异质表面的吸附剂，不受溶液浓度限制。结合试验结果，Temkin 模型更适合描述吸附等温过程。

2. 吸附动力学

$Ag(NH_3)_2^+$ 在 OBS 上的吸附动力学通过数学模型模拟，结果如图 6-18 所示。用伪一级动力学模型和伪二级动力学模型对结果进行检验。如图 6-18 和表 6-6 所示，伪二级动力学模型比伪一级动力学模型更能准确地描述吸附过程。

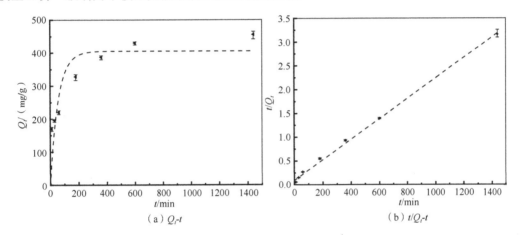

图 6-18　吸附时间对 OBS 吸附 $Ag(NH_3)_2^+$ 量的影响

表 6-6　伪一级动力学模型与伪二级动力学模型数据比较

参数	伪一级	伪二级
$Q_e/$（mg/g）	405	4365
吸附速率常数	$1.77\times10^{-2}\text{min}^{-1}$	$4.90\times10^{-5}\text{g/}(\text{mg}\cdot\text{min})$
R^2	0.855	0.996

吸附动力学的初步拟合符合伪二级动力学模型，表明吸附过程是基于化学吸附的过程。此外，由于硫酸改性的生物质，OBS 具有多孔结构。因此，OBS 与金属离子的反应过程发生在 OBS 颗粒的外表面和颗粒内部的孔表面。液–固传质过程也会发生。根据移动边界模型，吸附过程被描述为三个连续的控制过程。

（1）液膜扩散：溶液中的金属离子通过 OBS 表面的液膜扩散到颗粒表面。

（2）颗粒扩散：金属离子在颗粒内部移动，到达 OBS 颗粒中的活性基团。

（3）化学反应控制：金属离子在 OBS 颗粒的活性界面与相关活性基团发生化学反应。

试验数据按 F、$1-3(1-F)^{2/3}+2(1-F)$ 和 $1-(1-F)^{1/3}$ 对 t 进行拟合，拟合曲线如图 6-19 所示。

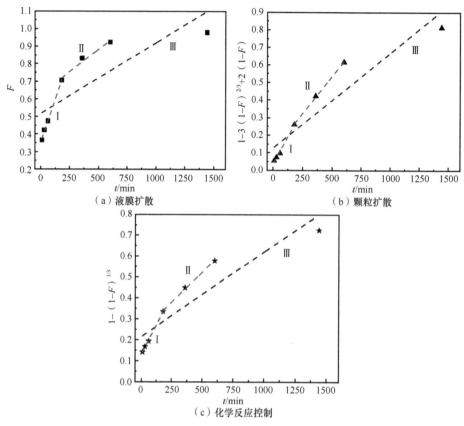

图 6-19 不同控速条件下的拟合曲线

见表 6-7，三个速率控制过程的单个完整过程（Ⅲ）拟合相关性都很低。因此，吸附过程的速率控制主要按照时间段分为两段，分别对两段进行拟合，得到拟合的相关系数见表 6-7。第Ⅰ部分液膜扩散与化学反应控制的相关系数的拟合相关系数非常接近（0.997 和 0.998），均大于颗粒扩散的拟合相关系数（0.989）。同时，第Ⅱ部分的颗粒扩散与化学反应控制的拟合相关系数非常接近（0.998 和 0.996），均大于第Ⅱ部分的液膜扩散的拟合相关系数（0.941）。

表 6-7 三个控制阶跃方程的拟合相关系数

部分	R^2 用于三个连续控制过程		
	液膜扩散	颗粒扩散	化学反应控制
Ⅰ	0.997	0.989	0.998
Ⅱ	0.941	0.998	0.996
Ⅲ	0.608	0.858	0.834

根据拟合结果，整个吸附过程可分为三个阶段：第一阶段 $Ag(NH_3)_2^+$ 主要通过液膜扩散迁移到 OBS 颗粒的外表面，然后与活性基团发生化学反应吸附。第二阶段 $Ag(NH_3)_2^+$ 主要通过颗粒扩散迁移到 OBS 颗粒的内孔表面，然后与活性基团发生化学反应吸附。第三阶段是由于活性基团完全反应，吸附逐渐达到饱和。在后期的吸附平衡中，离子迁移到生物

炭的内部孔隙结构中，在此过程中没有发生化学反应，离子被简单地包裹在生物炭中，这是一个物理吸附过程。

6.3.4　改性生物质的表面还原吸附机制

OBS 吸附银后的 SEM-EDS 图如图 6-20 所示。吸附后的 OBS 表面出现了许多新的颗粒，能谱分析显示颗粒中含有银。吸附银前后的 XRD 光谱如图 6-21 所示。靠近银散射角的尖峰对应的是单质银的典型峰。综合分析表明，银在 OBS 上发生氧化还原。吸附银后，将 OBS 氧化并在 923K 下煅烧 2h，燃烧残留物的 SEM 图（图 6-22）显示残留物中含有大量的银。一方面，通过燃烧挥发性有机组分将分离，银以简单物质的形式吸附在 OBS 上。

XRD 和 SEM-EDS 结果表明，OBS 吸附溶液中的 $Ag(NH_3)_2^+$，$Ag(NH_3)_2^+$ 被还原成银金属沉积在 OBS 表面。FTIR 发现 OBS 的碳结构中含有丰富的—COOH、—OH、—CHO 等含氧官能团。综合分析，$Ag(NH_3)_2^+$ 直接与—CHO 反应：

$$RCHO + 2Ag(NH_3)_2^+ + 2OH^- \longrightarrow R\text{-}COONH_4 + 2Ag(s) + 3NH_3(aq) + H_2O \qquad (6\text{-}25)$$

α-羟基酸中的—OH 受羧基影响，比醇基中的—OH 更容易氧化。例如，Tollens 试剂 [$Ag(NH_3)_2OH$] 可以将 α-羟基酸氧化为 α-酮酸：

$$R\text{-}CH(OH)\text{-}COOH \longrightarrow R\text{-}CO\text{-}COOH + Ag(s) \qquad (6\text{-}26)$$

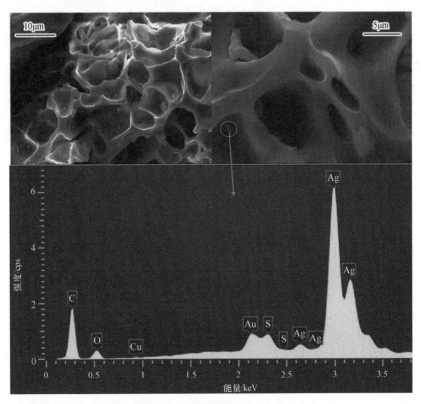

图 6-20　OBS 吸附银后的 SEM-EDS 图

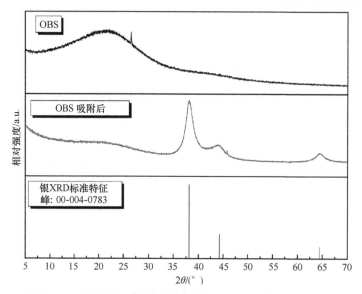

图6-21　OBS吸附银前后的XRD谱图

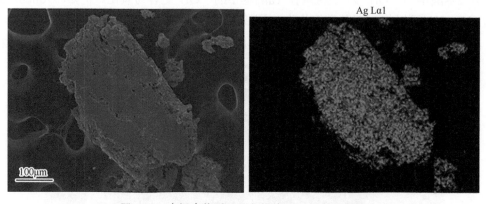

图6-22　含银生物质吸附剂燃烧后形成的银颗粒

α-酮酸容易氧化。由于—CO的氧原子和—COOH的强电子吸收能力，—C（＝O）—和—COOH的碳原子之间的电子云密度减小：

$$R\text{-}CO\text{-}COOH + 2Ag(NH_3)_2^+ + 2OH^- \longrightarrow R\text{-}COONH_4 + 2Ag(s) + NH_4HCO_3 \qquad (6\text{-}27)$$

以上反应表明，OBS上官能团的还原反应生成银金属。此外，—COOH被$Ag(NH_3)_2OH$中和形成—COOAg，吸附在OBS上。

$$3R\text{-}COOH + Ag(NH_3)_2OH \longrightarrow 2R\text{-}COONH_4 + R\text{-}COOAg + H_2O \qquad (6\text{-}28)$$

吸附等温模型和动力学模型分析表明，吸附过程主要分为两个阶段，第一阶段吸附主要受液膜扩散和化学反应控制，第二阶段吸附主要受颗粒扩散和化学反应控制。综合得出吸附机理如图6-23所示。首先，$Ag(NH_3)_2^+$主要通过液膜扩散到达OBS表面，然后与活性官能团（如—CHO）发生还原反应生成银粒子或与—COOH中和生成—COOAg。其次，当OBS表面的活性官能团与$Ag(NH_3)_2^+$完全反应后，$Ag(NH_3)_2^+$主要通过孔隙扩散到OBS内部，与活性官能团发生氧化还原反应。最后，当内部活性官能团完全反应后，吸附达到饱和。

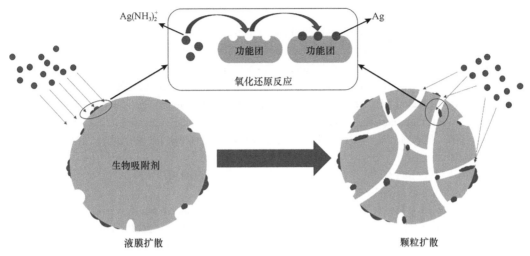

图 6-23　氧化法表面改性还原吸附机理示意图

　　综上所述，生物吸附剂的制备条件为改性时间为 4h，改性温度为 368K，硫酸浓度为 85%。硫酸浓度对改性效果的影响最为显著。性能优异的吸附剂具有多孔物理结构和丰富的活性官能团。吸附等温模型和动力模型表明，吸附过程是一个不可逆的非均相化学吸附过程，吸附量为 1285mg/g，吸附过程主要分为液膜扩散和颗粒扩散两个阶段。$Ag(NH_3)_2^+$ 在生物质吸附剂上被还原为 Ag。生物质吸附剂吸附 $Ag(NH_3)_2^+$ 主要通过一系列的反应，使在碱性条件下吸附 $Ag(NH_3)_2^+$ 比其他阳离子更有利。

参 考 文 献

[1] 杨焕磊. 生物质材料[M]. 广州：华南理工大学出版社，2023.

[2] 胡常伟，李建梅. 生物质转化利用[M]. 广州：华南理工大学出版社，2023.

[3] 邵志勇. 新能源时代背景下的生物质资源转化技术及应用[M]. 北京：水利水电出版社，2020.

[4] 宋先亮，许凤，等. 生物质化学[M]. 北京：水利水电出版社，2022.

[5] 黄进，夏涛. 生物质化工与材料[M]. 北京：化学工业出版社，2018.

[6] 谭小飞，张辰，叶淑静，等. 农村和城市固体废物资源化：生物炭的制备及应用[M]. 北京：科学出版社，2023.

[7] 任晓莉. 生物质衍生碳材料的制备及其性能研究[M]. 北京：化学工业出版社，2022.

[8] 刘荣厚，沈飞，曹卫星，等. 生物质生物转换技术[M]. 上海：上海交通大学出版社，2015.

[9] 张乃明，包立，卢维宏，等. 生物炭的制备与应用作者[M]. 北京：化学工业出版社，2023.

[10] Jiao Y L，Li D，Wang M，et al. A scientometric review of biochar preparation research from 2006 to 2019[J]. Biochar，2021，3（3）：283-298.

[11] 刘青松，白国敏. 生物炭及其改性技术修复土壤重金属污染研究进展[J]. 应用化工，2022，51（11）：3285-3291.

[12] Cai N，Zhang H，Nei J P，et al. Biochar from biomass slow pyrolysis[J]. Conference Series Earth and Envronmental Science，2020，586：012001.

[13] Karunanayake G A，Todd O A，Crowley M，et al. Lead and cadmium remediation using magnetized and nonmagnetized biochar from Douglas fir[J]. Chemical Engineering Journal，2018，331：480-491.

[14] 张晗，付乾，廖强，等. 小麦秸秆水热预处理半纤维素降解动力学研究[J]. 化工学报，2020，71（7）：

3098-3105.

[15] Pei B, Chen J J, Liu P, et al. Hyperbranched polyamidoamine)/TMC reverse osmosis membrane for oily saline water treatment[J]. Environmental Technology, 2019, 40 (21): 2779-2788.

[16] Zhang C, Ho S H, Chen W H, et al. Torrefaction performance and energy usage of biomass wastes and their correlations withtorrefaction severity index[J]. Applied Energy, 2018, 220: 598-604.

[17] Fodahae M, Ghosalmk, Behera D, et al. Bio-oil and biochar from microwave-assisted catalytic pyrolysis of corn stover usingsodium carbonate catalyst[J]. Journal of the Energy Institute, 2021, 94: 242-251.

[18] 陈梅, 王芳, 张德俐, 等. 生物炭结构性质对氨氮的吸附特性影响[J]. 环境科学, 2019, 40 (12): 5421-5429.

[19] 杨选民, 王雅君, 邱凌, 等. 温度对生物质三组分热解制备生物炭理化特性的影响[J]. 农业机械学报, 2017, 48 (4): 284-290.

[20] Lian W, Yang L, Joseph S, et al. Utilization of biochar produced from invasive plant species to efficiently adsorb Cd (Ⅱ) and Pb (Ⅱ)[J]. Bioresource Technology, 2020, 317: 124011.

[21] 梁美娜, 王敦球, 朱义年, 等. 改性甘蔗渣生物炭吸附剂的制备及其对砷和铅的吸附研究[M]. 北京: 中国环境出版社, 2021.

[22] Kim Y, Oh J, Vithanage M, et al. Modification of biochar properties using CO_2[J]. Chemical Engineering Journal, 2019, 372: 383-389.

[23] Franciski M A, Peres E C, Godinho M, et al. Development of CO_2 activatedbiochar from solid wastes of a beer industry and its application for methylene blue adsorption[J]. Waste Management, 2018, 78: 630-638.

[24] Jin Z, Wang B, Ma L, et al. Air pre-oxidation induced high yield N-doped porous biochar for improving toluene adsorption[J]. Chemical Engineering Journal, 2019, 385: 123843.

[25] 马啸, 潘雨珂, 杨杰, 等. 生物炭改性及其应用研究进展[J]. 化工环保, 2022, 42 (4): 386-393.

[26] Chu G, Zhao J, Huang Y, et al. Phosphoric acid pretreatment enhances the specific surface areas of biochars by generation of micropores[J]. Environmental Pollution, 2018, 240: 1-9.

[27] Herath A, Layne C A, Perez F, et al. KOH-activated high surface area Douglas Fir biochar for adsorbing aqueous Cr (Ⅵ), Pb (Ⅱ) and Cd (Ⅱ)[J]. Chemosphere, 2020, 269: 128409.

[28] El-Nemr A M, Abdelmonem M N, Ismail I M A, et al. Ozone and ammonium hydroxide modification of biochar prepared from pisum sativum peels improves the adsorption of copper (Ⅱ) from an aqueous medium[J]. Environmental Processes: An International Journal, 2020, 7 (3): 973-1007.

[29] Tan Z, Zhang X, Wang L, et al. Sorption of tetracycline on H_2O_2-modified biochar derived from rape stalk[J]. Environmental Pollutants and Bioavailability, 2019, 31 (1): 198-207.

[30] 郭炳跃, 杨锟鹏, 张璟, 等. 二氧化锰/氨基改性生物炭对铅、镉复合污染土壤的钝化修复研究[J]. 生态与农村环境学报, 2023, 39 (3): 422-428.

[31] 冯海霞, 张小磊, 张桐, 等. 金属改性生物炭的制备及其吸附除磷性能与机理研究[J]. 环境工程, 2023, 41 (12): 131-141.

[32] Li X P, Wang C B, Zhang J G, et al. Preparation and application of magnetic biochar in water treatment: A critical review[J]. Science of the Total Environment, 2020, 711: 134847.

[33] Yin Z, Xu S, Liu S, et al. Case Study A novel magnetic biochar prepared by K_2FeO_4-promoted oxidative pyrolysis of pomelo peel for adsorption of hexavalent chromium[J]. Bioresource Technology, 2020, 300 (12): 122680.

[34] Michaela T, Pavlína P, Barabaszová C, et al. Regeneration possibilities and application of magnetically modified biochar for heavy metals elimination in real conditions[J]. Water Resources and Industry, 2023, 30 (8): 100219.

[35] 翟作昭，许跃龙，任斌，等. 氮掺杂多孔炭材料的研究进展[J]. 炭素技术，2021，40（2）：6-11.

[36] Anto S，Sudhakar M，Shan A T，et al. Activation strategies for biochar to use as an efficient catalyst in various applications [J]. Fuel，2021，285：119205.

[37] 魏忠平，朱永乐，赵楚岷，等. 生物炭吸附重金属机理及其应用技术研究进展[J]. 土壤通报，2020，51（3）：741-747.

[38] 张军，王薇，储刚，等. 生物炭中溶解性有机质与 Cu（Ⅱ）的络合机制研究[J]. 材料导报，2021，35（22）：22160-22165.

[39] 燕翔，王都留，张少飞，等. 改性核桃壳生物炭的制备及其对 Pb（Ⅱ）的吸附研究[J]. 中国有色冶金，2022，51（2）：125-131.

[40] 周蕾，陈兆兰，严玉波，等. 鸡粪生物炭吸附固定铅的研究[J]. 中国农业科技导报，2022，24（11）：199-207.

[41] 齐国翠，许仁智，刘旭辉，等. 生物炭覆盖处理对受污染河流沉积物中氮磷释放的阻控作用[J]. 扬州大学学报（农业与生命科学版），2023，44（5）：49-56.

[42] 张伟明，修立群，吴迪，等. 生物炭的结构及其理化特性研究回顾与展望[J]. 作物学报，2021，47（1）：1-18.

[43] 陈坦. 污泥基生物炭的表征、改性及对重金属的吸附性能[M]. 北京：清华大学出版社，2018.

[44] Naji A L，Jassam H S，Yaseen M J，et al. Modification of Langmuir model for simulating initial pH and temperature effects on sorption process[J]. Separation Science and Technology，2020，55（15）：2729-2736.

[45] Michael V，Alexander P，Liudmila T，et al. Freundlich isotherm：An adsorption model complete framework[J]. Applied Sciences，2021，11（17）：8078.

[46] Tomczyk A，Sokołowska Z，Boguta P，et al. Comparison of monovalent and divalent ions removal from aqueous solutions using agricultural waste biochars prepared at different temperatures—experimental and model study[J]. International Journal of Molecular Sciences，2020，21（16）：5851.

[47] Ganesh K R，Chandrasekhar G，Ponnusamy S K，et al. Statistical analysis of adsorption isotherm models and its appropriate selection[J]. Chemosphere，2021：276130176.

[48] Bożena C，Magdalena K，Magdalena R，et al. Engineered biochars from organic wastes for the adsorption of diclofenac，naproxen and triclosan from water systems[J]. Journal of Cleaner Production，2021，288：125686.

[49] 齐景凯，张玉芬，于秀英，等. 蓖麻秸秆对铅、汞、镍和镉的吸附特征[J]. 中国农业大学学报，2017，22（3）：85-93.

[50] Hatice E G，Berkay İ，Yusuf T，et al. Adsorption performance of heavy metal ions from aqueous solutions by a waste biomass based hydrogel：Comparison of isotherm and kinetic models[J]. International Journal of Environmental Analytical Chemistry，2023，103（6）：1343-1360.

[51] Cortes J C，Navarro-Quiles A，Santonja F-J，et al. Statistical analysis of randomized pseudo-first/second order kinetic models. Application to study the adsorption on cadmium ions onto tree fern[J]. Chemometrics and Intelligent Laboratory Systems，2023，240：104910.

[52] Ghorbani K S，Behnajady A M. Chromium（Ⅵ）adsorption from aqueous solution by prepared biochar from Onopordom Heteracanthom[J]. International Journal of Environmental Science and Technology，2016，13（7）：1803-1814.

[53] Afroze S，Sen T K，Ang M，et al. Adsorption of methylene blue dye from aqueous solution by novel biomass Eucalyptus sheathiana bark：Equilibrium，kinetics，thermodynamics and mechanism[J]. Desalination and Water Treatment，2016，57（13）：5858-5878.

[54] Inyang M，Gao B，Yao Y，et al. Removal of heavy metals from aqueous solution bybiochars derived from anaerobically digested biomass[J]. Bioresource Technology，2012，110：50-56.

第7章 生物质复合改性吸附技术

7.1 生物质吸附材料的复合改性

物质吸附材料作为一种备受关注的材料，其优势在于成本低廉、资源丰富、无毒且具有良好的生物相容性，这使得它在金属离子吸附领域具有巨大的潜力。这种材料内部含有大量可与金属离子结合的活性官能团，因此，与金属离子具有高的亲和力，使其成为一种理想的吸附剂[1]。然而，尽管生物质吸附材料具有诸多优点，但也存在着一些局限性和问题，例如比表面积小、吸附量低、机械强度较弱、粒径小导致回收困难，以及在溶液中可能留下固体残留物等。

为了克服这些问题并优化生物质吸附材料的性能，研究人员提出了多种策略。一种有效的方法是通过复合其他活性物质来增强生物质吸附材料的机械强度和吸附性能。通过引入纳米材料来增加材料的比表面积和孔隙结构，进而提高吸附量和速率。此外，化学修饰手段也可被用来改善材料的吸附特性，如引入更多的吸附基团或调整表面性质以增强对目标金属离子的亲和力和选择性。另外，交联处理也是一种有效的手段，可以提升生物质吸附材料的机械强度和化学稳定性。通过交联处理，可以增强材料的结构稳定性，防止材料在吸附过程中破损或溶解，从而延长其使用寿命并提高吸附效率[2]。综上所述，通过复合其他活性物质、引入纳米材料、化学修饰以及交联处理等手段，可以优化生物质吸附材料的性能，提高其吸附量、选择性和稳定性，从而推动其在金属离子吸附领域的应用和发展。这些策略的综合应用将为生物质吸附材料的研究和应用带来新的突破和进展，为解决环境污染和资源回收等问题提供更加有效的解决方案。

7.1.1 聚乙烯亚胺

聚乙烯亚胺（PEI）是一种多胺类高分子聚合物，分子结构有两种形式：直链型聚乙烯亚胺（L-PEI）和支化聚乙烯亚胺（B-PEI）。其中 L-PEI 通过 2-乙基-2-恶唑啉开环聚合再水解得到，故 L-PEI 分子链中间只含有仲胺；B-PEI 由氮杂环丙烷聚合得到，所以 B-PEI 分子链上含有伯胺。因此 PEI 分子链上含有大量的亲水性基团氨基，以静电吸附、螯合作用和离子交换等方式表现出对金属离子的高吸附性。同时，PEI 分子结构上的伯胺、仲胺和叔胺在水溶液中可以质子化，使得 PEI 具有很高的阳离子电荷密度，当 PEI 完全质子化时，其阳离子电荷密度可达 23.3mmol/g[3]。PEI 作为吸附剂具有多重优点。首先，PEI 的分子结构含有大量胺基，这些胺基上的氮原子易于形成络合物，从而能够高效吸附重金属离子。其次，胺基具有较高的反应活性，能够快速吸附重金属离子，并且容易进行功能化改性，增强吸附性能。此外，PEI 具有环境友好性，不会对环境造成二次污染，符合可持续发展的要求。然而，PEI 也存在一些挑战。首先，PEI 具有很强的亲水性，因此直接作为吸附剂存在回收困难和流失严重的问题。但是，相对于市场上的商用吸附剂，PEI 的成本较高，优势较小。为了克服这些缺点并降低吸附剂的成本，最有效的方法是利用 PEI 作为改性剂，并选择合适的吸附基材。将 PEI 通过改性的方式嫁接或者负载到基材表面，从而提高吸附剂的回收率和稳定性，降低成本，使其更具竞争力。

1. PEI 合成

PEI 主要是通过聚合单体乙烯亚胺合成，以下为工业中多种不同制备 PEI 的方法：①将浓硫酸滴加至乙醇胺水溶液中，在生成的氨乙醇硫酸氢酯中加入苛性碱，得到乙烯亚胺，将乙烯亚胺水溶液置于聚合釜中并通入 HCl 和 CO_2，最终聚合得到 PEI 水溶液。②乙醇胺在喷雾塔中与 HCl 反应生成乙醇胺盐酸盐，乙醇胺盐酸盐在流化床反应器中与氯化亚矾反应生成氯乙胺盐酸盐并调碱得到其碱性水溶液。乙烯亚胺水溶液通入反应釜中并通入 HCl 和 CO_2，开环聚合得到 PEI 水溶液。由于 PEI 的酸性水溶液不稳定，容易产生凝胶，需要将 pH 调整到 8～11 便于保存。将乙醇胺直接一步脱水环化生成乙烯亚胺，然后在酸性催化剂作用下，气相聚合得到 PEI[4]。

2. PEI 改性生物炭

利用 PEI 改性生物炭，可增加生物炭表面的活性位点，从而提高吸附材料的性能。然而，生物炭的制备过程通常需要在高温无氧环境下进行，这就造成了能耗高、生产成本过大的问题。为了解决这一问题，近年来对生物质直接进行改性成为研究热点。这种直接对生物质进行改性的方法可以避免高温无氧环境下的制备过程，从而降低能耗和生产成本。有研究利用 PEI 接枝到环氧化木质素上，并通过沉淀法制备出胺官能化的磁性木质素纳米复合生物吸附剂，当 pH 为 3.0 时，对磷的吸附效果最好，能够达到 43mg/g。有研究利用醚化反应通过 N-羟基琥珀酰亚胺将聚乙烯亚胺接枝到稻草秸秆上以达到高效去除重金属离子的目的，在初始溶液 pH 为 5、吸附温度为 308K、吸附剂用量为 0.2g、吸附时间为 2h 条件下，对 Cu（Ⅱ）和 Cr（Ⅵ）的吸附率达到 94%以上，且吸附速率快，有利于实际应用。通过化学改性接枝方法可以达到调节生物质表面官能团和结合位点的目的，从而提高其吸附性能和选择性，但是存在吸附材料制备过程复杂、涉及多个反应、能耗较大、成本较高的特点，使其工业规模应用存在一定的局限[5]。因此，制备过程简单、能耗低、适用性广、高效快速的生物质吸附材料成为当前研究的重点。

7.1.2　二维无机化合物

新型二维无机化合物（MXene）是由过渡金属碳化物、氮化物或多个原子层的碳氮化物组成的。MXene 具有灵活的元素组成、高导电性、良好的亲水性、高比表面积和丰富且可调的表面官能团等优势，可以活化金属氢氧根，电子丰富度高，吸附能力强，提供大量用于离子交换的反应位点，同时它自身具备表层吸附与插层吸附的共同作用[6]。这些特性使 MXene 能够应用于能量储存、传感器、催化、薄膜、电磁波干扰屏蔽或吸收以及吸附等领域。氨基化后的 MXene 表面带正电荷，携带的氨基通过强络合效应更容易捕获金属离子，因为氨基上的孤对电子能与重金属离子发生强烈的相互作用，同时扩大了层间距，能够提升吸附性能。

1. MXene 结构

MXene 主要来源于 MAX 相。MAX 相的化学式可写成 $M_{n+1}AX_n$，其中 M 指的是过渡金属，包括 Ti、Sc、V、Cr、Zr 等；A 为Ⅲ主族和Ⅵ主族的元素，如 TI、Al、Ga、Ln、Si 等；X 通常为 C 或 N；n 取 1、2、3。当 $n=1$ 时，MAX 相为 211 结构，如 TigSiC 和 TizAIC；当 $n=2$ 时，MAX 相为 312 结构，如 Ti_3AlC_2 和 Ti_3SiC_2；当 $n=3$ 时，MAX 相为 413 结构，如 Ti_4AlN_3。据统计，目前 MAX 相有 70 多种，MAX 相还可通过 M 原子之间相互交叉混合生成诸如 $(Ti_{0.5}, Nb_{0.5})_2AlC$ 材料；或者 A 原子之间相互混合，如 $Ti_3(Al_{0.5}, Si_{0.5})C_2$；还有 X 原子间相互混合，如 $Ti_2Al(C_{0.5}, N_{0.5})$。MAX 相的空间结构具有 P63/mmc 对称性，是一种层状陶瓷材料。MAX 相中的 M 层由密排堆积形成，X 原子填充到其八面体的位置；A 原子在 M 与 X 形成的 $M_{n+1}X_n$ 层间，并与 $M_{n+1}X_n$ 交替排列得到 MAX 晶体结构[7]。

2. MXene 合成

MXene 材料首次发现是通过在水解后剥离二维 MAX 相可以得到层状的 $Ti_3C_2T_x$（其中 T_x 代表表面官能团，如—OH、—F 等）等样品。而随着 MXene 家族壮大，对 MXene 材料的研究也日益增多[8]。MXene 材料的发展越来越迅速，制备 MXene 材料的工艺流程也越来越丰富，并且逐渐从高毒性和高腐蚀性的 HF 溶液的制备方法发展到通过熔融盐、高温碱溶液和电化学方法剥离等更丰富更绿色健康的方法和工艺。

1）含氟试剂刻蚀

由于 M—A 键要比 M—X 键活跃，成键更弱，对 MAX 相高温热处理可致使 A 元素缺失。但是，高温也会使得 $M_{n+1}X_n$ 层发生去孪反应，从而生成三维 $M_{n+1}X_n$ 结构，因此，需要探索其他新的技术。2011 年，研究人员首次利用 HF 水溶液在室温下将 Al 从 MAX 中刻蚀掉，得到了层状二维纳米材料 MXene-Ti_3C_2。刻蚀反应完成后，Al 被溶液中的 OH^-、F^- 和 O 所替代。Al 的缺失大大减弱了 $M_{n+1}X_n$ 层间的作用力，使得 $M_{n+1}X_n$ 层更容易分开。通常 $M_{n+1}X_n$ 中 n 的值为 1、2、3，所以单层的 MXene 包括 5、6、7 原子层，化学式分别为 M_2X、M_3X_2 和 M_4X_3，单层 MXene 的理论层厚度均小于 1nm，层半径常常能够达到几十微米。目前，含 F^- 的化学试剂也成为制备 Mxene 的最常用刻蚀剂，有学者利用强刻蚀剂氯气在高于 473K 条件下将 A 和 M 元素都刻蚀掉，从而生成碳化物衍生碳。也有研究将 Ti_2AlC 置于 HF 水溶液中加热至 328K，生成一种新的三元金属氟化物 Ti_2AlF_9。为了能够有选择性和更好地刻蚀 A 元素，并最大限度地保留 $M_{n+1}X_n$ 的二维层状结构，需要控制好刻蚀剂的浓度和温度[9]。同时，考虑到 HF 水溶液对人体和环境的危害性，科学家又陆续开发出使用更安全的 LiF 和 HCl 混合物或 NH_4HF_2 溶液作为刻蚀剂，均成功制备出不同的 MXene 材料。

2）碱溶液化学刻蚀

含 F^- 的溶液被广泛应用于刻蚀 MAX 前驱体制备 MXene 材料，是一种高效的化学刻蚀剂之一。然而，尽管其提取 MXene 的效率较高，但也存在着一些缺点需要解决。首先，这种溶液对人体和环境有较大危害，因此在操作时需采取严格的安全措施。其次，惰性的氟官能团可能会影响制备的 MXene 材料的性能，如电容等。此外，HF 水溶液不仅会腐蚀 MAX 前驱体中的 A 层，还可能对 MXene 结构中的过渡金属元素产生腐蚀作用。更严重的是，某些蚀刻副产物可能在温和条件下难以溶解，因此难以从制备的 MXene 材料中去除。为克服这些问题，迫切需要研发一种新的无氟去除 MAX 前驱体 A 层原子的方法。研究显示，含 F⁻溶液会优先攻击除去碱性或两性元素，而非酸性元素[10]。因此，含 F⁻溶液可刻蚀大多数 A 原子为 Al 和 Ga 的 MAX 相，进而制备 MXene 材料。

3）电化学刻蚀

科学家已经证明，可以通过电化学刻蚀在 HCl 溶液中从 Ti$_2$AlC 中制备出相应的 MXene（Ti$_2$CT$_x$）相。与传统的使用 HF 或混合溶液的化学刻蚀方法相比，这种电化学刻蚀过程中不含任何 F⁻，制备的 MXene 表面仅含有—Cl、—O 和—OH 基团，避免了 F⁻带来的潜在危害。进一步研究发现，Ti$_2$AlC 会被电化学蚀刻成三层结构。从外到内，这个结构包括碳化物衍生的碳、MXene 和未蚀刻的 MAX。通过超声法，可以将 MXene 从这个三层结构中分离出来，得到纯净的 MXene[11]。这个结果成功地证明了使用电化学刻蚀可以在不含 F⁻的情况下选择性地从 MAX 相中去除 A 层，形成不带—F 基的 MXene 材料。因此，电化学刻蚀具有应用前景，为 MXene 材料的制备提供了一种更加环境友好和可控的途径。

4）熔融盐刻蚀

晚期过渡金属卤化物（如 ZnCl$_2$）在熔融状态下是路易斯酸，这些熔融盐可以产生强电子接受性配体。这些配体与 MAX 材料中的 A 元素发生热力学反应。同时，在此过程中，周围的 Zn 原子或离子可以扩散到二维原子平面上，并与不饱和的 M$_{n+1}$X$_n$ 纳米片键合，形成相应的 MAX 相。随后，过量的 ZnCl$_2$ 可以刻蚀新形成的 MAX，生成 MXene[12]。利用该方法已经成功合成了多种新颖的 MAX 相，如 Ti$_3$ZnC$_2$、Ti$_2$ZnC、Ti$_2$ZnN 和 V$_2$ZnC 等，并进一步制备了相应的 MXene。

3. MXene 改性

目前，MXene 通常采用 HF 或含氟化合物刻蚀 MAX 得到。通过这种化学刻蚀 MAX 制备的 MXene 暴露在外层的为 M 金属，且携带正电荷。而在溶液相制备的 MXene 表面不是裸露的，所以表面会吸附溶液中的基团来平衡电荷，这些基团主要为—O、—F 和—OH[13]。但是在不同的应用中需 MXene 表面附带不同的官能团，因此可通过改性方法来达到此目的。MXene 改性通常有插层和分层两种方式，插层又包括直接插层和官能团替代。

1）碱土金属阳离子对 MXene 改性

MXene 层与层之间的间距以及表面带负电的官能团为一些离子进入它的层间或吸附在其表面提供了位点[14]。研究人员利用第一性原理计算了碱土金属 Li、Na 和 K 插层的 Ti$_3$C$_2$ 对重金属 Pb、Cu、Zn、Pd 和 Cd 的可能吸附行为。结果发现，在碱土金属插层后，Ti$_3$C$_2$ 表现出对重金属更好的吸附性能，对于改性用的不同碱土金属和受试污染物重金属而言，吸附性能还取决于碱土金属插层的量以及 Ti$_3$C$_2$ 与重金属之间的结合能。有研究进一步利用密度泛涵理论计算了 Na⁺、K⁺、Li⁺、Mg²⁺、Ca²⁺、Al³⁺和 As⁵⁺多种碱土金属离子插层对 Ti$_3$C$_2$ 表面官能团和层间距的影响，研究结果发现，不同碱土金属阳离子对 Ti$_3$C$_2$ 插层和分层的效果受碱土金属阳离子的离子半径和 Ti$_3$C$_2$ 表面的官能团影响。有研究则通过吸附试验研究了 LiOH、NaOH 和 KOH 改性 Ti$_3$C$_2$ 对阳离子型污染物亚甲基蓝的吸附性能，研究结果表明，碱处理后，Ti$_3$C$_2$ 的层间距变大，表面的官能团也相应改变，Ti$_3$C$_2$ 对亚甲基蓝的吸附等温模型遵循 Langmuir 吸附等温模型，经 NaOH 处理的 Ti_3C_2 对亚甲基蓝具有最大的吸附能力。

2）溶剂对 MXene 改性

当一些分子的尺寸与 MXene 的层间距相差不大时，它可克服 MXene 层与层之间的引力从而留在里面达到插层的效果[15]。有研究探索了乙醇、尿素、丙酮、氯仿、水合肼、二甲基亚砜（DMSO）、N, N-二甲基甲酰胺（DMF）等有机溶剂对 Ti_3C_2 插层的效果，发现尿素和 DMSO 对 Ti_3C_2 插层和分层后能够明显增大其层间距，DMSO 插层后经超声还能形成 Ti_3C_2 纸。研究还发现，DMSO 对其他 MXene，如 TiNbC 和 Ti_3CN 也具有很好的插层效果。有研究用四甲基氢氧化铵（TMAOH）插层 Ti_3C_2，结果发现 TMAOH 也能够很好地提高 Ti_3C_2 的层间距和改变其表面的官能团。异丙醇（IPA）由于属于胺类以及具有合适的分子尺寸也被用于 MXene 的改性。有研究在没有超声的情况下利用 IPA 插层 Ti_3C_2，明显提升了层间距，电化学性能也得到了很大的提升。

3）其他材料对 MXene 改性

除了用上述提到的碱土金属和无机/有机溶剂对 MXene 进行改性外，也有相关学者利用聚合物、芳基重氮盐溶液、二氧化硅、碳纳米材料等对 MXene 改性[16]。有研究用聚二烯丙基二甲基氯化铵（PDDA）和电中性聚乙烯醇（PVA）合成了一种 Ti_3C_2/聚合物复合薄膜材料，表现出更强的韧性和更高的电导率，在用作超级电容器的电极时也表现出更高的电容容量。有研究用芳基重氮盐插层后的 Ti_3C_2 制作电池的电极，大大增强了电池的电容，并增加了电池的可循环利用次数。有研究将 SnO_2 和十六烷基三甲基溴化铵（CTAB）一同插层到 Ti_3C_2 层间，使得 Ti_3C_2 的层间距由于支柱效应得到明显增大，并得到了具有优良电化学性质的复合材料。有研究将碳纳米涂层插层到 Ti_3C_2，合成了一种可大大增强锂电池电容和具有强析氢能力的二维分级纳米复合材料。因此，可以通过不同的策略和手段实现对 MXene 材料性能的调控和优化，从而拓展其在各种领域的应用潜力。

7.1.3　金属–有机框架

金属–有机框架（metal-organic frameworks，MOFs）是一种由金属离子（或簇）和有机配体通过配位键自组装形成的三维有序多孔材料，具有周期性的网状骨架结构。MOFs 的出现成功地将晶体工程的设计理念引入超分子领域，形成了一个跨越有机化学、无机化学、晶体工程、拓扑学和材料科学的新兴交叉领域[17]。迄今为止，MOFs 材料已经在多个领域广泛应用。例如，在气体储存和分离领域，MOFs 因其优异的吸附性能而备受关注；在化学传感领域，MOFs 的结构调控能力使其成为高灵敏度和选择性的传感材料；在膜技术领域，MOFs 的多孔性能使其被应用于分离和过滤过程中；在催化领域，MOFs 因其大量的活性位点和可调控性而成为重要的催化剂载体；在药物递送领域，MOFs 的孔道结构能够有效地载运药物并实现控释。总的来说，MOFs 作为一种新型功能材料，具有广泛的应用前景，其独特的结构和性能为多个领域的研究和应用带来了新的可能性和机遇。

1. MOFs 结构

MOFs 的空间结构取决于无机金属中心（金属离子节点或金属簇节点）和有机桥联配

体的选择，通过金属–配体的键合可"无限"延伸为一维链状、二维层状和三维框架结构[18]。

1）无机金属中心

在已知的金属元素中，除锕系外，大多数都可以充当构筑 MOFs 的无机节点。构成无机金属中心的金属离子，一价中常用的有 Cu^+ 和 Ag^+；二价金属离子较为常用，特别是第一过渡系的 Mn^{2+}、Fe^{2+}、Co^{2+}、Ni^{2+}、Cu^{2+}、Zn^{2+}；三价金属离子中，Fe^{3+}、Al^{3+}、Cr^{3+} 较为常用，它们较小的半径和较高的电荷，使其具有较强的极化能力，易于形成具有高化学和热稳定性的 MOFs 材料；此外，稀土金属离子如 La^{3+}、Nd^{3+}、Pr^{3+} 等也可用于 MOFs 的制备；而四价金属离子中，Zr^{4+} 和 Ti^{4+} 最为常用。由于不同金属离子配位模式（配位数和配位立体环境）差异，形成的立体构型也各有不同，如 T/Y 形、四面体、平面四方、四方锥、三角双锥、八面体等[19]。例如，ZIF（沸石咪唑酯骨架结构材料）系列就具有典型的四配位金属离子与含氮杂环类配体构成的 SOD 型分子筛拓扑结构。一般情况下，MOFs 材料主要采用单一金属离子作为无机节点，但近年来，采用简单的一锅合成和后合成离子交换法，一系列含有两种或两种以上的金属离子作为骨架节点的混合 MOFs 也被成功制备。

除金属离子节点外，金属簇节点是 MOFs 材料最重要的组成部分。金属簇化合物的普遍刚性导致其与有机桥联配体之间具有明确的键合方向，使得金属簇形成的 MOFs 具有较高的可设计性。这些金属簇又被称为二级构筑单元（secondary building unit，SBU），其配位几何对于 MOFs 的空间结构具有重大影响[20]。典型的金属簇基以及相对应的 MOFs 材料有：轮桨状双核 SBU—$[Cu_3(TMA)_2(H_2O)_3]$—HKUST-1(Cu-BTC)、正八面体 SBU—$[Zn_4O(1,4\text{-}BDC)_3]$—MOF-5(IRMOF-1)等。

2）有机桥联配体

构建 MOFs 的有机桥联配体必须具有两个或更多个供体原子，以确保其具有多端配位能力，从而架桥连接金属离子（或簇）。在 MOFs 构建中，氧和氮供体有机桥联配体起着关键作用。氧供体配体可根据其基团的种类分为有机羧酸、膦酸和磺酸配体；而氮供体配体则主要包括吡啶、咪唑、吡唑、三氮唑及其衍生物等各种含氮杂环化合物。为满足特定多核金属簇的配位及电荷需求，通常采用氧和氮供体有机桥联配体组合或混合使用的方式构建 MOFs 的框架结构。这种配位组合的灵活性使得可以调节 MOFs 材料的结构和性能，实现对其吸附、催化、光电等功能的定制化。通过合理设计和选择有机桥联配体，可以实现对 MOFs 结构和性能的精确调控[21]。因此，有机桥联配体的选择和设计是 MOFs 合成和功能性能调控中至关重要的一环。

2. MOFs 合成

早在 20 世纪初，学者就开始研究由金属离子和有机配体组成的配位化合物。然而，直到 20 世纪 50 年代后期和 60 年代初期，人们才开始意识到这些化合物的潜在应用价值。20 世纪 80 年代，一些 MOFs 的合成方法被提出，但是由于缺乏对其结构和性质的深入理解，其应用受到限制。到 20 世纪 90 年代，化学家开始合成更稳定的 MOFs，其中最具代表性的是用溶剂热/水热法制备 MOFs 材料，这标志着 MOFs 材料研究进入一个新的阶段，MOFs 材料逐渐成为材料化学和纳米科学的研究热点[22]。直至现在，这种方法仍是世界各地实验室获取克级 MOFs 材料最常见的方法。此后，又有多种合成方法被提出，但它们也都各有优劣。以下主要介绍几种常见的 MOFs 合成方法。

1）溶剂热/水热法

溶剂热/水热法是指密闭体系如高压釜内，以水或液态有机物为溶剂，将 MOFs 的前驱体（金属离子和有机桥联配体的混合物）放入聚四氟乙烯水热釜内衬中加热反应，在一定温度和溶液的自生压力下，原始混合物进行反应的一种合成方法。通过这种方法在加热条件下就可以很容易得到 MOFs 微晶产物，甚至可以得到适合单晶解析的单晶产物，这主要是因为通过这种高温高压的溶剂热/水热反应，可以促进反应物在反应溶剂中溶解，进而有利于反应的发生与结晶过程的进行，该类合成的 MOFs 一般具有高度的热稳定性[23]。

2）电化学合成法

MOFs 的电化学合成法，具有快速合成、孔隙率高等优点，能在温和的反应条件下连续合成可控的颗粒形态并且降低溶剂需求量，但该方法产量较低并且容易出现副产物[24]，而根据电子转移方向和形核过程发生的位置，可分为三类：电极表面形核、间接双极电沉积和电泳沉积。电极表面形核方法最为常用，又可分为阳极溶解和阴极沉积，该方法通过施加外部电压来诱导电子在电路中转移，从而使溶液中的离子倾向于附着电极以完成 MOFs 材料形核。电泳沉积则是通过直流电场对极性溶剂中带电粒子悬浮液施加电压，导致粒子传输并沉积到导电基板上，该方法被广泛应用于薄膜制造，尤其是纳米 MOFs 颗粒构建块的薄膜制造，该过程可分为两个步骤：MOFs 颗粒的预合成和电沉积。

3）微波辐射法

微波辐射被广泛用于无机纳米沸石和 MOFs 等材料的合成。该方法制备出 MOFs 材料的反应速率相比传统的溶剂热/水热法有极大的提升，这主要是因为与传统加热过程不同，微波辐射具有内热效应，施加的高频磁场能迅速使分子产生热效应，使反应体系的温度迅速升高进而发生化学反应，在这一过程中，整个反应体系的温度都很均匀，无局部过热的情况发生[25]。微波加热主要涉及两种机制：离子传导（用于离子）和偶极极化（用于偶极子），前者通过碰撞产生热量，后者通过分子摩擦和介电损耗产生热能。与常规加热方法中产物结晶发生在反应器壁不同，微波辅助合成中的结晶发生在溶剂直接加热形成的热点处。因此，其反应速率相比传统的合成速率更快，并且往往导致更小粒径的 MOFs 形成。该方法制备的 MOFs 材料具有很高的相纯度，而且适用于制备小尺寸的 MOFs 晶体。

4）机械研磨法

机械研磨法是一种合成 MOFs 的方法，其特点是在没有任何溶剂或仅有极少量溶剂的情况下，将固体金属盐前驱体和有机桥联配体直接置于球磨机中进行研磨反应。在这种方法中，传统的溶剂热反应器被砂浆和锤子或自动球磨机所取代，整个机械铣削过程的能量较高，能够保证批间重现性[26]。因此，相较于传统的溶剂热/水热法，机械研磨法具有速率更快、效率更高并且不需要任何溶剂参与的优势。

5）喷雾干燥法

喷雾干燥法是一种利用热气体将液体或浆料迅速蒸发干燥，从而得到分散粉末的方法。在喷雾干燥过程中，MOFs 前驱体溶液首先被高温气流雾化成微滴喷雾，然后在高温条件下发生反应，形成 MOFs 纳米颗粒。这些纳米颗粒随后通过颗粒聚集合并成致密或空心的球形 MOFs 微粒。在整个过程中，随着溶剂的完全蒸发，位于喷雾干燥器末端的收集器内可以收集到干燥的 MOFs 粉体材料[27]。喷雾干燥法是一种高效、快速地制备 MOFs 粉体材料的方法，其优点包括操作简便、生产效率高、能够控制颗粒大小和形貌等。通过调节喷雾干燥参数，如气体流速、温度、喷雾液料比等，可以实现对 MOFs 粉体材料的特定控制，从而满足不同应用场景的需求。

3. MOFs 活化

活化是指在不损害 MOFs 材料结构完整性和孔隙率的情况下去除其中的客体分子，这是实现最大比表面积、孔体积以及增强其吸附能力、催化活性和其他特定性能的关键步骤。在活化过程中，溶剂分子、金属盐离子、有机桥联配体甚至孔道中结晶不良的配合物都可以被去除。然而，该步骤通常需要较长的时间（通常为 3～7 天）。不同的活化方式和条件会导致活化后 MOFs 的比表面积不同，但普遍低于模拟值。这种差异主要归因于活化过程中溶剂去除时毛细管力引起的孔隙堵塞和塌陷[28]。目前，MOFs 材料的活化策略有以下几种：常规活化法（真空/加热）、溶剂交换法、超临界 CO_2 活化法、冷冻干燥法、化学处理法等。

1）常规活化法

常规活化是指在高温下对材料进行真空排气以去除残留溶剂或其他客体分子，是一种类似活化沸石和多孔碳材料"热活化"的方式。MIL-101（Cr）和 UiO-66 都被证明可以通过该方法实现完全活化，Cr—O/Zr—O 的高键强度使得材料具有优异的热稳定性和化学稳定性，从而在活化过程中能保持结构稳定性[29]。但若 MOFs 材料没有强的 M—O 键和高热稳定性，其结构可能会在一定程度上坍塌，因此，常规活化法难以获取大部分 MOFs 的全部孔隙率。

2）溶剂交换法

溶剂交换法是大多数 MOFs 活化所采用的方法，特别是含有 Zn、Cu、Ni、Co、Mn 等二价金属时。该过程是将合成所需的高沸点或高表面张力溶剂与低沸点或低表面张力溶剂交换，然后在真空下进行更温和的活化过程[30]。常见的实验室溶剂如甲醇、丙酮、乙醇、乙醚和乙腈都具有更低的沸点和较弱的分子间相互作用，能使活化过程中的表面张力和毛细管力最小化。因此，尽管溶剂交换法在 MOFs 合成过程中已被广泛使用，但在某些情况下，它仍然导致活化后的材料表现出低于单晶结构预测的孔隙率。

3）超临界 CO_2 活化法

超临界 CO_2（supercritical carbon dioxide，$scCO_2$）活化法具有绿色、无毒和较好的通用性，遵循在较温和条件下使用较低表面张力溶剂活化 MOFs 的逻辑，选用无表面张力的超临界流体以交换有机溶剂。在超临界 CO_2 活化前，使用可与液态 CO_2 混溶且不会对干燥器中组分造成任何损坏的溶剂先进行溶剂交换，再在高压（>73atm[①]）下交换为液态 CO_2；在此之后，将样品置于 CO_2 超临界温度（304K）以上，使得 $scCO_2$ 充满整个框架结构，最后在保持温度高于临界点的同时，缓慢排空 $scCO_2$。溶剂从超临界相直接进入气相，避免

———————————

① 1atm=1.01325×10^5Pa。

了液气相变过程中产生的毛细管力的不利影响[31]。该方法更适用于稳定性较低材料的活化，可以有效防止介孔塌陷并增强具有精细结构的 MOFs 的微孔可达性，得到比常规活化法更高的比表面积。

4）冷冻干燥法

冷冻干燥法是近年来发展起来的一种新型 MOFs 活化技术。首先，将样品交换至与 MOFs 相容的高冰点溶剂（例如，冰点为 278.5K 的苯）中，然后将其置于真空条件并在 273K 下冷冻，并多次恢复至室温。在冷冻循环中，温度和压力低于溶剂的三相点，减压加热时，高冰点溶剂通过升华被去除，避免了液气相变及其相关毛细管力对材料结构的影响[32]。

5）化学处理法

化学处理法主要针对一些在合成过程中使用调节剂（苯甲酸、乙酸等）来调控形核和生长动力学的 MOFs 材料。由于残余的调节剂分子可以与 MOFs 的金属节点保持配位，难以通过常规活化法去除[33]。因此，需要额外的化学预处理来疏散客体分子，以便完全利用其内部孔隙，以及获取部分开放的金属位点。

7.1.4　生物质复合改性

生物质复合改性是指利用一种或多种生物质材料和其他类型的材料，通过化学、物理等方法进行处理，以制备具有特定性能和应用的复合材料。这种方法能够充分利用生物质资源和其他材料的优点，并在改性过程中相互弥补缺点，从而提高复合材料的性能、降低成本和环境影响。有研究复合水葫芦中提取的纤维素纤维与壳聚糖的天然生物聚合物合成 TiO_2，涉及在强酸条件下生物质带负电荷的—OH 基团与壳聚糖带正电荷的—NH_3^+基团静电吸引，这改善了复合物的整体性能。TiO_2 与壳聚糖的过量未反应氨基的氮原子形成络合物，并通过分子间氢键在水葫芦生物质的表面形成壳聚糖-TiO_2 薄层[34]。有研究通过聚乙烯亚胺和戊二醛在生物质表面进行交联反应，制备改性真菌生物质，利用氨基官能团对腐殖酸进行静电吸附，取得较好成果。广泛的金属氧化物如氧化铁、氧化镍、氧化镁、氧化锌、氧化锰、氧化钛、氧化铜已被用于吸附去除水污染物。因此，以生物质为载体通过负载金属氧化物制备复合材料，能够得到吸附能力较好且在水体中分散性能也好的材料。通过对生物质进行预处理，将其与 MXene、MOFs 等具有优异性能的材料复合，并在交联剂存在下进行聚合，制备基于生物质的复合材料，这已成为当前研究的热点。

然而通过常规方法制备的 MXene/MOFs 吸附剂容易团聚，难以与重金属离子溶液分离，导致吸附性能较差。而将 MXene/MOFs 转变为三维网络结构的气凝胶，可以显著改善自身的致密堆叠问题，并且独特的气凝胶结构能够提高表面及插层活性位点的利用率，最大限度地发挥优势[35]。因此引入可以形成凝胶的材料作为骨架与 MXene/MOFs 进行复合，通过将聚乙烯亚胺引入果皮生物质中制备气凝胶，然后以此作为骨架引入氨基化的 MXene/MOFs，可更好地分散各组分，提高表面及插层活性位点的利用率，丰富材料的活性官能团，增大材料的比表面积，并构建出丰富的三维网络结构，同时通过组分之间的相互作用（如共价键、氢键和范德瓦耳斯力）以及聚乙烯亚胺优异的物理性能大幅增强复合气凝胶吸附剂的机械强度和比表面积，并拥有良好的可再生性和循环使用性、无二次污染的优点，极大提升复合气凝胶的吸附性能。

因此，开发吸附量大、与吸附溶液易分离且可重复利用的生物质基复合气凝胶材料用于吸附钒钼，对实现钒钼提取、降低生态风险具有重要意义。

7.2 橘皮生物质复合氨基化 MXene 吸附钒研究

7.2.1 生物质材料的制备以及试验方法

用超声波将得到的橙皮先后用去离子水、乙醇和异丙醇清洗 10min，然后干燥，最后粉碎，得到大约 200 目橙皮粉末。Ti$_3$AlC$_2$ MAX 合成是将 Ti、Al 和石墨粉混合在一起，然后放入模具中，在 30MPa 压力下压制成致密的圆柱体。得到的颗粒在氧化铝坩埚中加热至 1773K，管式炉中的氩气流量为 200cm^3/min，加热 4h 后冷却至室温。从室温到 1473K，加热速率为 10K/min，从 1473K 到 1773K，加热速率为 2K/min。取出样品后，用硬质合金锤敲碎烧结块，然后用玛瑙研钵和研磨杵研磨成 200 目颗粒。Ti$_3$C$_2$T$_x$ MXene 的合成是将 1.5gMAX 粉末逐渐加入 30mL 49%的氢氟酸水溶液中，在 318K、400r/min 的油浴中搅拌 72h。然后用去离子水多次洗涤混合物，再离心。然后通过真空过滤将 MXene 收集并在 333K 真空烘箱中干燥 24h。在一定体积的乙醇溶液中加入 1g 的 MXene 和 10g 的 APTES。混合物在 303K 下机械搅拌 24h。然后用乙醇和去离子水洗涤产品，并离心得到氨基功能化的 MXene（MXene-NH$_2$）。将干燥的粉末加入 10mL 的蒸馏水中，得到 100mg/mL 的 MXene-NH$_2$ 分散体。

复合气凝胶的制备是先将 2g PEI 加入 20mL 去离子水中并混合均匀。然后将 1g 橘皮粉末和 x mL MXene-NH$_2$ 悬浮液（x=1，3，5，7）加入溶液中，并在 1500r/min 下机械搅拌 30min。然后将 2mL 的 10% ECH 溶液逐滴加入混合溶液中进行交联反应，得到复合水凝胶。将复合水凝胶密封并在 333K 下烘干 12h，用去离子水洗净，然后在 213K 下冷冻 2h，最后在 253K、5Pa 压力下冷冻干燥 48h，得到复合气凝胶（OPM-1，3，5，7）。材料的主要制备步骤如图 7-1 所示。

通过在 50mL V（V）溶液中使用 20mg OPM 进行吸附试验，研究了 MXene-NH$_2$ 负载量、初始 pH、吸附时间和初始污染物浓度对 V（V）去除的影响。通过用 0.1M HCl 和 0.1M NaOH 改变 V（V）溶液的 pH 来研究初始 pH 的影响。在吸附过程中，在预定的时间间隔内检查了残留 V（V）的浓度，并拟合了相关的吸附动力学模型。溶液的初始浓度是变化的（25～500mg/L），并拟合了相关的吸附等温模型。用式（7-1）和式（7-2）计算了平衡吸附量 Q_e（mg/g）和 V（V）去除率 R（%）。

$$Q_e = (C_0 - C_e) \times V \times m^{-1} \tag{7-1}$$

$$R = (C_0 - C_e) \times C_0^{-1} \times 100\% \tag{7-2}$$

式中：C_0 和 C_e 分别为初始浓度和平衡浓度（mg/L）；V 为初始溶液体积（L）；m 为吸附剂的质量（g）。

通过添加不同的阴阳离子盐（NaCl、NaNO$_3$、Na$_2$CO$_3$、Na$_2$SO$_4$、KCl、MgCl$_2$ 和 CaCl$_2$），研究了共存的普通阴阳离子对 V（V）去除的影响。此外，将饱和的 OPM-5 加入到 100mL 的 0.05M NaOH 溶液中，并将混合物摇晃 4h 后完全解吸。为了评估 OPM-5 的重现性，该吸附试验重复了五个周期。

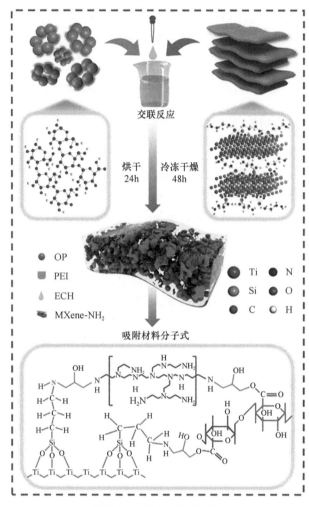

图 7-1　OPM 合成路线图

7.2.2　吸附材料的结构表征与电镜分析

1. XRD 分析

对 OP、Ti$_3$AlC$_2$ MAX、MXene、MXene-NH$_2$ 和 OPM-5 进行 XRD 分析，探究了其晶格结构，结果如图 7-2（a）所示。OP 呈典型的非晶态结构，对应生物质材料的碳基长链结构。在从 Ti$_3$AlC$_2$ MAX 到 MXene 的蚀刻过程中，39.1°处（104）峰的消失表明 Ti$_3$AlC$_2$ 上 Al 原子层在氢氟酸的刻蚀作用下被去除。同时由于—OH 和—F 基团在 MXene 表面发生取代反应以及层间距在刻蚀之后增大，位于 9.25°的（002）峰在蚀刻后逐渐向更低的角度移动。MXene 峰变宽且强度变低是由于蚀刻引起的晶体结构无序度升高。随后，氨基化处理导致 MXene-NH$_2$ 的（002）峰进一步向低角度移动。这是由于 APTES 接枝导致的取代反应，以及 NH$_2$ 基团的插入进一步增加了层间距。通过计算得出 Ti$_3$AlC$_2$ MAX、MXene 和 MXene-NH$_2$ 沿 c 轴的层间距分别为 18.5Å、19.85Å 和 28.65Å。层间距的增加促进了材料比表面积的增加，并提供了更多的吸附位点。图 7-3（b）所示的 MXene 和 MXene-NH$_2$

的氮气等温吸脱附曲线进一步证明了该结论。相比之下，对于气 OPM-5，由于在接枝和交联过程中 MXene-NH$_2$ 的修饰，材料呈现无定形的宽峰，破坏了晶体性质。复合气凝胶的无定形特性通常有利于提升材料的吸附能力。

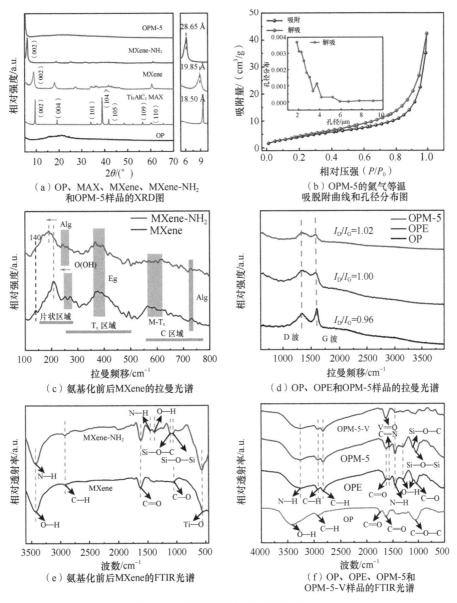

（a）OP、MAX、MXene、MXene-NH$_2$
和OPM-5样品的XRD图

（b）OPM-5的氮气等温
吸脱附曲线和孔径分布图

（c）氨基化前后MXene的拉曼光谱

（d）OP、OPE和OPM-5样品的拉曼光谱

（e）氨基化前后MXene的FTIR光谱

（f）OP、OPE、OPM-5和
OPM-5-V样品的FTIR光谱

图 7-2　不同吸附材料的结构表征对比

2. BET 分析

进行氮气等温吸脱附试验，考察材料的比表面积和孔径分布。如图 7-2（b）所示，OPM-5 呈现典型的 Ⅳ 型曲线，具有 H2（b）滞回线，表明吸附剂是具有网状结构的复杂介孔材料。采用 BET 模型进一步拟合等温曲线，测得 OPM-5 的比表面积为 14.10m^2/g，大于 OP

（2.73m²/g）和 MXene-NH₂（7.29m²/g）的比表面积［图 7-3（a）］。这表明复合气凝胶形态增加了材料的比表面积，这有助于提高吸附性能（图 7-3）。同时，利用 BJH 模型计算相应的孔径分布［图 7-2（b）］，发现材料在 2～5nm 范围内以介孔为主。此外，在较高的相对压力下（P/P_0=0.95～1.0），OPM-5 的吸附/解吸等温线呈轻微上升趋势，表明 OPM-5 也含有大孔隙。这表明 OPM-5 具有由冰晶生长形成的中孔和大孔组成的梯度孔隙结构，这种梯度孔隙结构可以促进材料的吸附能力。

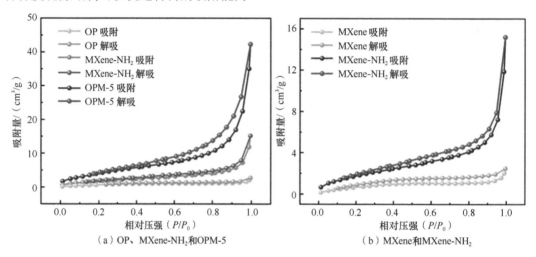

图 7-3　MXene、MXene-NH₂、OP 和 OPM-5 的氮气等温吸脱附曲线

3. 拉曼分析

对 MXene 和 MXene-NH₂进行拉曼表征，进一步分析材料的结构，如图 7-2（c）所示。在 100～800cm⁻¹ 范围内划分了三个区域：片状区域对应碳、两层钛和表面基团的基团振动；T_x 区域表示表面群的振动；C 区域表示碳原子的面内和面外振动。从图 7-2（c）可以看出，片状区域的 140 峰减弱，A1g 峰向左偏移，表明材料的层间距增大。同时，T_x 区域的峰发生偏移，峰强度变强，而 C 区域的 A1g（720）峰变窄更强。这是由于基团数量的增加和化学环境的变化，进一步证实了氨基引入的成功。OP、OPE（OP@PEI 气凝胶）和 OPM-5 的拉曼光谱分别在 1350cm⁻¹（D 波段）和 1590cm⁻¹（G 波段）处观察到特征峰，如图 7-2（d）所示。D 波段与 G 波段的强度比（I_D/I_G）通常反映了碳材料的缺陷程度。OP、OPE 和 OPM-5 的 I_D/I_G 分别为 0.96、1.00 和 1.02，说明 OPM-5 含有更多的缺陷，这可能是由于材料中介孔和大孔数量增加。此外，通过对比 OPE 和 OPM-5 在 100～800cm⁻¹ 的拉曼光谱（图 7-4），可以观察到 OPM-5 上 A1g 和 Eg 峰的振动，同时伴随着 M-T_x 的振动，证明了 MXene-NH₂与复合材料交联成功。

4. MXene 和 MXene-NH₂的 FTIR 分析

图 7-2（e）为 MXene 和 MXene-NH₂的 FTIR 光谱。2919cm⁻¹（C—H）、1622cm⁻¹（C═O）和 550cm⁻¹（Ti—O）峰属于 MXene 的特征峰。与 MXene 相比，MXene-NH₂在 3421cm⁻¹处与 N—H（O—H）拉伸振动相关的峰值明显更强，表明 MXene-NH₂中引入了更多的氨

基。1044cm^{-1}和1100cm^{-1}处的 Si—O—C 和 Si—O—Si 峰是由于 APTES 通过水解和缩合反应锚定在 MXene 表面，而1375cm^{-1}处的 O—H 峰和1457cm^{-1}处的 N—H 峰的峰强变强代表了 MXene-NH$_2$ 表面羟基和氨基官能团的增加。此外，由于 Ti—F 键部分转化为 Ti—O 键，MXene-NH$_2$ 上的 Ti—O 键强度比 MXene 上的强得多。

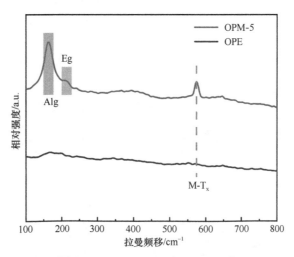

图 7-4　OPE 和 OPM-5 的拉曼光谱

5. 不同吸附剂的 FTIR 分析

对 OP、OPE、OPM-5 和 OPM-5-V［V（V）吸附后的 OPM-5］的 FTIR 光谱进行表征，探索吸附材料的特征官能团，结果如图 7-2（f）所示。OP 的典型特征峰位于1063cm^{-1}（C—O—C）、1638cm^{-1}（C=O）、1739cm^{-1}（C=O）、2927cm^{-1}（C—H）和3421cm^{-1}（O—H）。在复合材料中，3260cm^{-1}处的峰值证实了 O—H（N—H）拉伸振动的存在。该波段的宽度表明 O—H 和 N—H 官能团在氢键形成过程中关联，而波段强度的减小表明这些官能团参与了混合、接枝和交联过程。PEI 和 MXene-NH$_2$ 加入后，OP 的 O—H 和 N—H 基团与 PEI 和 MXene-NH$_2$ 的 N—H 基团之间通过自由基聚合反应机制形成新的键，水分子被消除，从而降低了 O—H 的强度。从3421cm^{-1}到3260cm^{-1}，波段向低波段移动，证实了所有聚合物之间的强相互作用。2827cm^{-1}和2919cm^{-1}的波段是由 C—H 的对称和非对称拉伸振动引起的，进一步证实了 PEI 的存在。此外，OP、PEI 和 MXene-NH$_2$ 中 CH$_2$ 基团数量的增加增强了2827cm^{-1}和2919cm^{-1}处的 C—H 拉伸带强度。在进行交联反应后，OP 与 PEI 和 MXene-NH$_2$ 交联形成了一个新的亚胺键（C=N），在1568cm^{-1}处出现峰，表示存在亚胺键。1457cm^{-1}处的峰值是由于引入 PEI 导致新的二级胺基团（N—H）拉伸振动。N—H 拉伸振动的增强表明 MXene-NH$_2$ 的加入引入了更多的 N—H 基团。1100~1400cm^{-1}的小峰值是由于碳材料变形时 O—H 平面内的弯曲和拉伸。OPM-5 还显示了由于 MXene-NH$_2$ 的加入，Si—O—Si 和 Si—O—C 基团在1044cm^{-1}和1100cm^{-1}处拉伸振动。此外，环氧基（1250cm^{-1}和910cm^{-1}）在气凝胶中没有观察到相关的振动，表明材料成功交联。吸附 V（V）后，OPM-5-V 中1645cm^{-1}处的新峰是由 V=O 拉伸振动引起的。此外，1457cm^{-1}处的 N—H 振动和1100~1400cm^{-1}的含氧吸收峰的显著减弱证实了 OPM-5 上的基团与 V（V）形成配合物。

6. SEM 分析

用 SEM 对 Ti$_3$AlC$_2$ MAX、MXene 和 MXene-NH$_2$ 的形貌和结构进行表征。Ti$_3$AlC$_2$ MAX 相呈块状条纹结构，C 层、Al 层和 Ti 层致密地结合在一起[图 7-5（a）]。HF 蚀刻后，Ti$_3$AlC$_2$ MAX 相中的 Al 层被剥离，分离薄片，形成多层 MXene[图 7-5（b）]，层间距变大。随后使用 APTES 对 MXene 进行修饰，可以看到 MXene-NH$_2$ 保留了原来的层状结构，并且结构更松散，层间距更大，这与 XRD 中（002）峰的位移一致[图 7-5（c）和图 7-5（d）]。此外，对 MXene-NH$_2$ 进行 EDS 元素分析，其中 Si 和 N 元素来源于 APTES 分子。这些分子通过

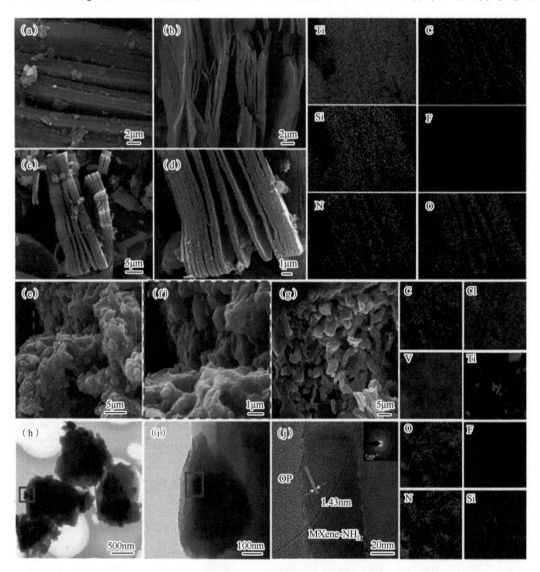

图 7-5 吸附材料微观形貌及结构表征分析

（a）Ti$_3$AlC$_2$ MAX；（b）MXene；（c）、（d）不同放大倍数下的 MXene-NH$_2$ 的 SEM 图和图（d）中对应的 EDS 图；（e）、（f）不同放大倍数下的 OPM-5；（g）OPM-5-V 及其对应的 EDS 图；（h）、（j）OPM-5 在不同放大倍数下的透射电子显微镜（transmission electron microscope，TEM）图及相应的 SAED 图

共价键或静电相互作用接枝到 MXene 上。它们均匀分布在 MXene 表面，证实了 MXene 氨基化成功。随后，利用 SEM 观察了复合气凝胶的结构形态。OPM-5 呈现出多层光滑的表面，而 PEI 基气凝胶形成了许多纳米级和微米级的孔隙，暴露出许多促进 V^{5+} 传质和促进吸附过程的活性官能团[图 7-5（e）和图 7-5（f）]。从 EDS 光谱结果[图 7-6（f）]可以看出，OPM-5 含有 C、O、N 和 Ti 元素。高氮质量分数进一步证实了材料中引入了大量的氨基。通过对比不同吸附材料的形貌，如图 7-6（a）所示，简单的橙皮粉末颗粒较大，孔隙较少。同时，简单的橙皮气凝胶（OPE）形成的孔隙不多，PEI 负载量较高，导致吸附位点暴露不足[图 7-6（b）]。可以看到，随着 MXene-NH$_2$ 负载量增加[图 7-5（f）、图 7-6（c）和图 7-6（d）]，OPM 中吸附位点的数量逐渐增加，活性官能团更加丰富。然而，当 MXene-NH$_2$ 负载量过高时，组分堆积和团聚，掩盖了吸附位点[图 7-6（e）]。通过形貌观察，OPM-5-V 的结构保持稳定，无明显变化，证明了 OPM-5 的优异稳定性[图 7-5（g）]。同时，EDS 图显示吸附后吸附剂上 V 元素分布均匀，说明反应基团也均匀分布在吸附剂上。反应后 V 元素的质量分数为 11.38%（表 7-1）。

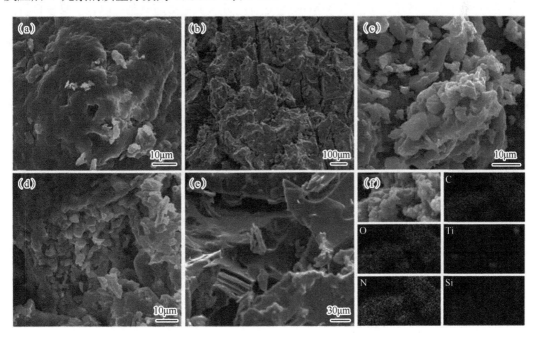

图 7-6　不同吸附材料的微观形貌对比

（a）OP；（b）OPE；（c）OPM-1；（d）OPM-3；（e）OPM-7；（f）OPM-5 的 SEM 图及其 EDS 图

表 7-1　OPM-5 吸附 V（Ⅴ）后 EDS 的元素质量分数

元素	C	N	O	F	Si	Cl	Ti	V
质量分数/%	37.74	16.90	17.86	1.01	4.69	5.93	4.49	11.38

7. TEM 分析

用 TEM 进一步研究了 OPM-5 的微观结构。图 7-5（h）和图 7-5（i）证实了 OPM-5

的多层状复合结构，其形貌与 SEM 一致。图 7-5（j）中可以观察到 OP 与 MXene-NH$_2$ 的复合界面，其中观察到 MXene-NH$_2$ 的晶格条纹间距为 1.43nm，对应于图 7-2（a）中 MXene-NH$_2$ 的（002）峰，证明了 MXene-NH$_2$ 的成功复合，同时纳米层面的复合界面反映了复合吸附材料的协同吸附作用。

7.2.3　吸附材料批量吸附钒的试验研究

1. MXene-NH$_2$ 负载的影响

复合在 OPM 上的 MXene-NH$_2$ 负载量是决定 OPM 对 V（V）吸附能力的关键因素。合成过程中 MXene-NH$_2$ 负载量越高，通过交联反应引入的氨基越多。因此，在 OPM 中加入不同质量的 MXene-NH$_2$（100mg、300mg、500mg、700mg），考察 MXene-NH$_2$ 负载量对 V（V）吸附的影响。图 7-7（a）显示了 MXene-NH$_2$ 负载量与平衡吸附量和去除率的关系。试验条件为 $m/V = 0.4$g/L；pH $= 4.0$；$C_0 = 250$mg/L；$t = 120$min；$T = 293$K。不难看出，随着 OPM 中 MXene-NH$_2$ 负载量增加，OPM-5 的吸附量逐渐增大，达到 600.57mg/g，去除率为 96.09%。这是由于加入 MXene-NH$_2$ 后，引入了丰富的氨基，改善了复合材料的多孔结构，暴露了更多的吸附活性位点，提升了材料的吸附能力。随着 MXene-NH$_2$ 负载量的进一步增加，OPM-7 的吸附量略有下降（567mg/g）。结果表明，高 MXene-NH$_2$ 负载量可能会导致过量的 MXene-NH$_2$ 覆盖孔隙，减少吸附剂上的吸附位点，使其难以与 V（V）结合，这与之前的 SEM 结果相吻合。OP 和 OPE 对 V（V）的吸附量和去除率分别为 62.2mg/g、324mg/g 和 9.95%、51.84%，均低于 OPM。综合分析表明，OPM-5 是最佳吸附剂，对 V（V）具有优异的吸附性能，可用于后续吸附试验。

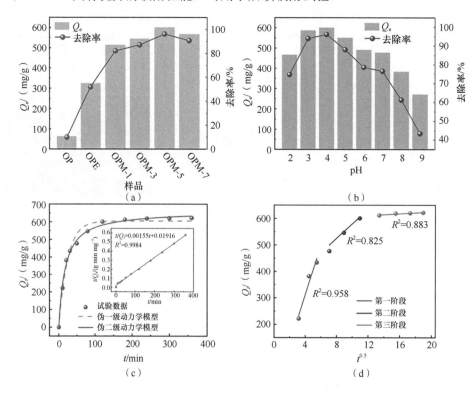

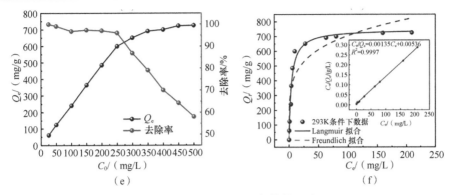

图 7-7　MXene-NH$_2$ 负载的影响

（a）不同样品对 V（V）的吸附量和去除率；（b）pH 对 OPM-5 吸附剂吸附 V（V）的影响；（c）吸附动力学和 V（V）吸附伪二级动力学模型的插图；（d）V（V）吸附的颗粒内扩散模型；（e）初始浓度 V（V）对 OPM-5 吸附剂的影响；（f）V（V）吸附的试验等温线和 Langmuir 吸附等温模型的插图

2. pH 的影响

pH 是影响 V（V）吸附过程的重要因素。在不同的 pH 下，吸附剂与溶剂发生不同程度的质子化或去质子化反应，从而改变吸附剂的表面电荷，影响吸附效果。此外，pH 会改变 V（V）的结构和电离程度。V（V）在不同浓度和 pH 下的离子形态如图 7-8 所示。在 pH=2～4 内，V（V）主要以 VO^{2+} 和 $H_2V_{10}O_{28}^{4-}$ 形式存在。在 pH=4～9 内，V（V）主要以络合阴离子形式存在，如 $H_2VO_4^-$。通过测量 OPM-5 的 Zeta 电位（图 7-9），可以观察到 pH ＜4 时 Zeta 电位超过 20mV。在 pH=2～9 内，OPM-5 均带正电荷，有利于吸附带负电荷的 V（V）。为了确定吸附过程的最佳 pH，在 pH=2～9 范围内进行了吸附试验，结果如图 7-7（b）所示。试验条件为 $m/V = 0.4\text{g/L}$；$C_0 = 250\text{mg/L}$；$t = 120\text{min}$；$T = 293\text{K}$。在 pH = 2～4 范围内，V（V）的吸附量逐渐增大。这是因为 pH 越低，溶液中的 VO^{2+} 浓度越高。吸附剂的正

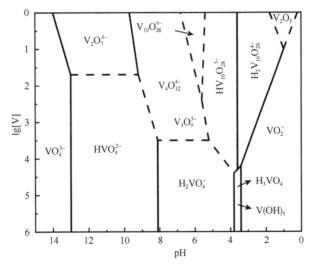

图 7-8　水溶液中 V（V）离子种类

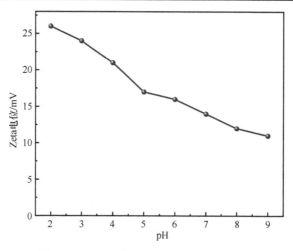

图 7-9　OPM-5 在 pH=2～9 时的 Zeta 电位

电荷越多，所携带的质子化氨基越多，对 VO^{2+} 的静电斥力就越强。pH=4 时吸附量最大（600.57mg/g）。这是因为在该条件下，V（V）以复杂阴离子的形式存在，如 $H_2VO_4^-$，它可以与 OPM-5 上的许多带正电的官能团相互作用。在 pH=4～9 范围内，吸附 V（V）的能力逐渐降低，特别是在碱性条件下。这是由于随着 pH 增加，质子化氨基数量减少。同时，氢键减弱，水溶液中 OH^- 浓度增加，与 V（V）竞争吸附。在碱性介质中，PEI 的去质子化进一步增加了羟基与 V（V）的竞争，导致吸附性能显著下降。因此，OPM-5 吸附V（V）的最佳 pH 为 4，并在此条件下进行后续吸附试验。

3. 吸附动力学

为了考察材料的吸附效率，进行了吸附动力学试验，并采用不同的模型对试验数据进行拟合。试验条件为 $m/V = 0.4g/L$；pH = 4.0；$C_0 = 250mg/L$；$T = 293K$。试验结果如图 7-7（c）和图 7-7（d）所示。V（V）的吸附速率最初非常快，这可以归因于 OPM-5 表面有丰富的活性官能团。然后速率逐渐减慢，最终趋于平衡。这也与 OPM-5 复杂的多孔结构有关，其中 V（V）需要时间通过孔隙扩散到内部并被吸附。在 120min 后，V（V）的去除率达到 96.09%。伪一级动力学模型、伪二级动力学模型和颗粒内扩散模型的动力学参数见表 7-2。拟合结果表明，对 V（V）的吸附与伪二级动力学模型一致，R^2 为 0.998。这表明 OPM-5 对 V（V）的吸附受化学吸附控制，OPM-5 与 V（V）之间存在电子共享或交换。如图 7-7（d）所示，颗粒内扩散模型拟合结果表明，V（V）的吸附分为三个步骤。首先，V（V）在 OPM-5 表面被快速吸附，随后有效吸附位点减少导致吸附速率减慢，最后达到稳定平衡。可以得出结论，V（V）的吸附过程是由化学吸附和颗粒内扩散共同控制的。

表 7-2　OPM-5 吸附 V（V）的动力学模型参数

伪一级动力学模型			伪二级动力学模型			颗粒内扩散模型						
k_1/(min^{-1})	Q_1/(mg/g)	R^2	k_2/[g/(mg·min)]	Q_1/(mg/g)	R^2	第一阶段 k_3/[mg/(g·min$^{0.5}$)]	R^2	第二阶段 k_3/[mg/(g·min$^{0.5}$)]	R^2	第三阶段 k_3/[mg/(g·min$^{0.5}$)]	R^2
0.042	604.23	0.983	8.99×10^{-5}	662.16	0.998	93.33	0.916	27.15	0.825	1.73	0.883

4. 吸附等温线

为了进一步证明 OPM-5 吸附剂对 V（V）的吸附能力，通过改变 V（V）的初始浓度进行试验，结果如图 7-7（e）所示。试验条件为 $m/V = 0.4\text{g/L}$；$pH = 4.0$；$t = 120\text{min}$；$T = 293\text{K}$。可以观察到，在较低 V（V）浓度下，吸附量几乎与浓度的增加成正比，去除率保持在 95% 以上，这可能是因为吸附剂上的吸附位点足以吸附 V（V）。然而，在高浓度（≥250mg/L）时，吸附量的增幅逐渐变小，去除率逐渐降低。这是由于相对于 V（V）的数量，吸附剂上的吸附位点数量较少。此外，根据不同温度下溶液中平衡 V（V）浓度与吸附量之间的关系，拟合了不同的吸附等温模型来描述吸附过程[图 7-7（f）和图 7-10]。相关系数和拟合常数见表 7-3。

表 7-3　OPM-5 吸附 V（V）吸附等温模型参数

模型	相关参数		
Langmuir	$Q_{\max}/$（mg/g）	$k_l/$（L/mg）	R^2
	748.42	0.0081～0.14	0.999
Freundlich	$k_f/$（mg/g）	n	R^2
	268.80	4.77	0.864
Temkin	$k_t/$（L/g）	$b_t/$（J/mol）	R^2
	7.16	5.31	0.909

结果表明，与 Freundlich 模型[图 7-11（a），$R^2=0.864$]和 Temkin 模型[图 7-11（b），$R^2=0.9094$]相比，OPM-5 对 V（V）的吸附可以用 Langmuir 模型（$R^2=0.9997$）很好地描述，表明 V（V）主要以单层吸附在 OPM-5 上[图 7-7（f）]。吸附量也随着温度的升高而增加，证实吸附是通过吸热进行的（图 7-10）。Langmuir 模型中的平衡参数 k_l 与吸附剂是否有利于吸附过程有关，包括有利于吸附（$0<k_l<1\text{L/mg}$）、不利于吸附（$k_l>1\text{L/mg}$）、线性关系（$k_l=1\text{L/mg}$）或不可逆过程（$k_l=0$）。OPM-5 对 V（V）的吸附 k_l 在 0.0081～0.14L/mg 之间，表明 OPM-5 有利于 V（V）的吸附。Temkin 模型与试验数据也有很好的相关性[图 7-11（b），

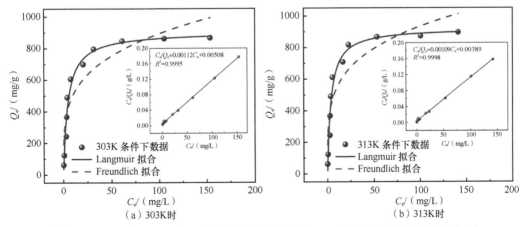

图 7-10　303K 和 313K 时 V（V）吸附等温线及 Langmuir 吸附等温模型的拟合插图

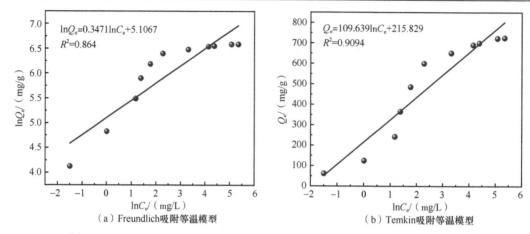

图 7-11　298K 下 Freundlich 吸附等温模型与 Temkin 吸附等温模型的拟合结果

$R^2=0.9094$]。涉及吸附热的常数 b_t 为 5.31J/mol（1J/mol<b_t<20J/mol），表明吸附过程中存在离子交换。

计算吸附的相关热力学，吸附过程对应的热力学参数焓变（ΔH）、熵变（ΔS）和吉布斯自由能变化（ΔG）由范霍夫方程计算：

$$K_D = 1000 X_e / C_e \tag{7-3}$$

$$\Delta G = -RT \ln K_D \tag{7-4}$$

$$\ln K_D = \Delta S / R - \Delta H / RT \tag{7-5}$$

式中：K_D 为配分系数；X_e 为吸附剂中钒元素平衡浓度（mol/g）；C_e 为平衡溶液中单质钒的浓度（mol/L）；T 为反应温度（K）；R 为气体常数，8.314J/（mol·K）。表 7-4 为吸附钒的热力学参数。

表 7-4 的数据为ΔG<0，说明反应是自发的。ΔG 的绝对值随温度的升高有增大的趋势，说明反应过程的驱动力随温度的升高而增大。这与ΔH>0 表示反应过程中吸热，温度升高吸附效果增强的解释是一致的。在相同温度下，ΔG 的绝对值随初始浓度的增加有减小的趋势，说明反应过程的驱动力随浓度的增加而减小。此外，ΔS>0 在固液吸附中，溶液的无序程度随着反应的进行而增加。

表 7-4　OPM-5 吸附 V（V）的热力学参数

C_0/（mg/L）	ΔG/（kJ/mol）			ΔH/（kJ/mol）	ΔS/[kJ/（K·mol）]
	293K	303K	313K		
25	−30.53	−30.90	−32.76	34.51	221.13
50	−28.57	−29.09	−30.23	25.96	185.74
100	−27.35	−27.54	−27.98	9.87	126.88
150	−27.85	−28.24	−28.77	14.35	143.92
200	−27.59	−28.53	−28.93	20.98	166.06
250	−26.86	−27.49	−28.39	23.84	172.85
300	−24.54	−25.41	−25.96	22.22	159.75

$C_0/$（mg/L）	$\Delta G/$（kJ/mol）			$\Delta H/$（kJ/mol）	$\Delta S/[kJ/（K \cdot mol）]$
	293K	303K	313K		
350	−22.66	−24.70	−25.55	45.46	233.08
400	−22.11	−23.23	−23.63	23.84	157.20
450	−20.51	−21.95	−22.09	24.93	155.78
500	−19.85	−21.04	−21.32	23.17	147.32

5. 共存离子对可回收性的影响

考察了溶液中 Cl^-、SO_4^{2-}、NO_3^-、CO_3^{2-}、K^+、Na^+、Mg^{2+}、Ca^{2+} 等不同阴离子和阳离子共存对 V（V）吸附的影响，结果如图 7-12（a）和图 7-12（b）所示。试验条件为 $m/V = 0.4g/L$；pH = 4.0；$C_0 = 250mg/L$；$t = 120min$；$T = 293K$。这些离子可以与 V（V）竞争吸附位点。当阴离子共存浓度分别为 0.001M 和 0.01M 时，对 V（V）的吸附几乎不受影响。当负离子浓度达到 0.1M 时，SO_4^{2-}、NO_3^- 和 CO_3^{2-} 对 V（V）的吸附有轻微抑制作用。这可能是由于与共存的阴离子竞争吸附位点。而共存阳离子对 V（V）的吸附影响不大，即使在高浓度下也保持在 93% 以上。这可能是由于共存阳离子的吸附主要是基于离子交换或静电吸引，它们的相互作用不如 V（V）的表面络合作用强。结果表明，OPM-5 对 V（V）具有较高的吸附选择性，受共存离子的影响较小。在实际应用中，重复使用性能是吸附剂的一项重要性能。因此，对 OPM-5 进行回收再利用试验。图 7-12（c）显示了 5 个循环对 V（V）的吸附量和去除率的变化。OPM-5 对 V（V）的吸附量随着循环次数的增加而降低，经过 5 次循环后，其吸附量可保持在 510.19mg/g，去除率为 81.63%。这可能是由于解吸后 OPM-5 的胺基数量减少所致。此外，金属离子与吸附剂之间强而稳定的配位会影响解吸，占据部分活性位点。循环过程也伴随着不可避免的质量损失。此外，OPM 与其他吸附剂对 V（V）的吸附能力比较如图 7-12（d）所示。根据 Langmuir 吸附等温模型计算，在 293K 下，OPM-5 的 Q_{max} 为 748.42mg/g，优于以往报道的大多数 V（V）吸附剂。

总之，这项工作强调了一种开创性的解决方案，即新型复合材料 OPM 可解决传统生物质吸附能力的固有限制，以及从水溶液中分离 MXene 所面临的挑战。通过将氨基化 MXene 复合到橘皮生物质中，产生的气凝胶结构可有效缓解 MXene 的聚集，从而增加活性位点的可用性并提高整体吸附性能。这种创新设计使 OPM 不仅具有出色的钒去除能力，而且还具有更好的可回收性和机械稳定性，最终实现了更高效的资源回收和卓越的环境修复效果。因此，OPM 中的有机生物材料和 MXene 之间的协同作用为回收重金属提供了一种变革性方法，确保了资源利用和环境保护应用的可持续性和有效性。

7.2.4　生物质吸附材料对钒的吸附机理

对氨基化前后的 MXene 进行 XPS 分析，如图 7-13 所示。在图 7-13（a）中可以观察到 N 1s 和 Si 2p 的存在。这是由于 APTES 缩合锚定在 MXene 上，引入了氨基和 Si—O—Ti 键，证明了氨基化 MXene 的成功合成。从图 7-13（b）中可以观察到 N 1s 的精细光谱，N 1s 在 400.98eV、399.38eV、398.68eV 和 396.08eV 分别对应于—NH_2^+/—NH_3^+、—NH—/—NH_2、

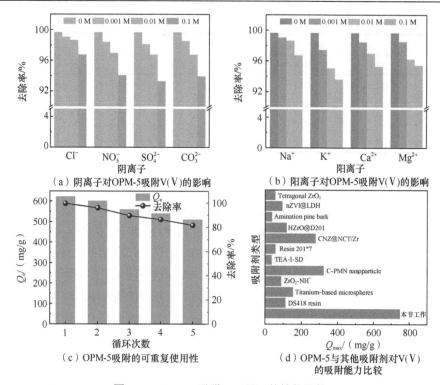

图 7-12　OPM-5 吸附 V（V）的性能比较

N—C 和 N—Ti，其中—NH$_2^+$/—NH$_3^+$是由—NH—/—NH$_2$ 质子化引起的。结果表明，MXene-NH$_2$ 含有丰富的氨基官能团。MXene 和 MXene-NH$_2$ 的 C 1s 精细光谱如图 7-13（c）和图 7-13（d）所示。氨基化后在 286.48eV 处出现新的 C—N 峰。同时，由于层间距的增大和氨基化后表面配位环境的改变，C—Ti 峰在氨基化后减弱。MXene 和 MXene-NH$_2$ 的 O 1s 精细光谱如图 7-13（e）和图 7-13（f）所示。氨基化后在 531.98eV 处引入了一个新的 Ti—O—Si 峰，这是由于 APTES 与 MXene 发生缩合反应。同时由于—NH$_2$ 取代了表面的—OH，使得—OH 的相对含量降低。MXene 和 MXene-NH$_2$ 的 Ti 2p 精细光谱如图 7-13（g）和图 7-13（h）所示。由于氨基的引入，在氨基化后可以观察到一个新的 Ti—N 峰在 460.58eV。它的存在与图 7-13（b）一致。

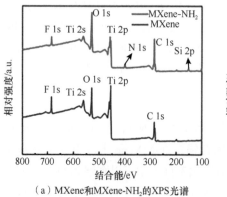

（a）MXene和MXene-NH$_2$的XPS光谱

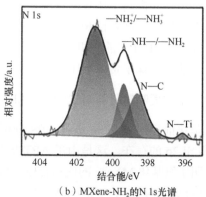

（b）MXene-NH$_2$的N 1s光谱

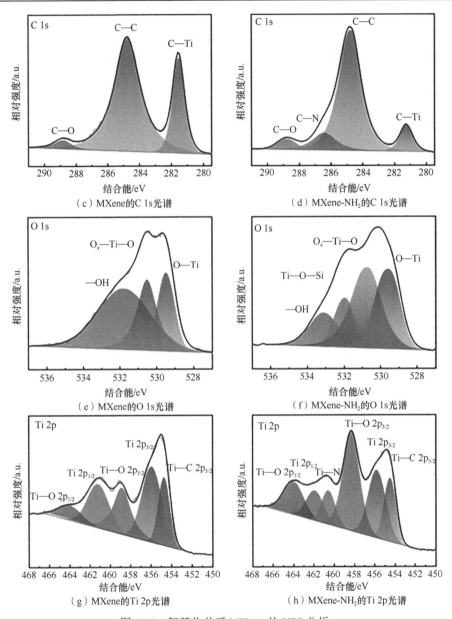

（c）MXene的C 1s光谱　　　　　　　（d）MXene-NH₂的C 1s光谱

（e）MXene的O 1s光谱　　　　　　　（f）MXene-NH₂的O 1s光谱

（g）MXene的Ti 2p光谱　　　　　　　（h）MXene-NH₂的Ti 2p光谱

图 7-13　氨基化前后 MXene 的 XPS 分析

对 MXene、MXene-NH₂、OP、OPM-5 和 OPM-5-V 进行 XPS 分析（图 7-14）。从图 7-14（a）中可以观察到 N 1s 的精细光谱，N 1s 在 400.98eV、399.38eV、398.68eV 和 396.08eV 分别对应于—NH₂⁺/—NH₃⁺、—NH—/—NH₂、N—C 和 N—Ti，其中—NH₂⁺/—NH₃⁺是由—NH—/—NH₂ 质子化引起的。结果表明，MXene-NH₂ 含有丰富的氨基官能团。MXene 和 MXene-NH₂ 的 O 1s 精细光谱如图 7-14（b）所示。氨基化后在 531.98eV 处引入了一个新的 Ti—O—Si 峰，这是由于 APTES 与 MXene 的缩合反应。同时由于—NH₂ 取代了表面的—OH，使得—OH 的相对含量降低，证实了 MXene 的成功氨基化和复合材料的成功杂化交联。

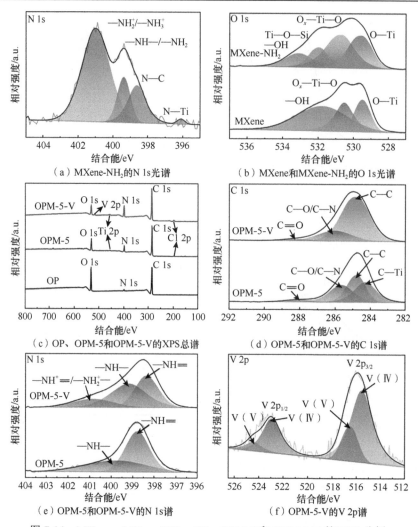

图 7-14　MXene、MXene-NH₂、OP、OPM-5 和 OPM-5-V 的 XPS 分析

对 OP、OPE 和 OPM-5 进行 XPS 分析，如图 7-15 所示。与 OP 和 OPE 的 C 1s 光谱相比［图 7-15（a）和图 7-15（b）］，OPM-5 由于添加了 MXene-NH₂，在 284.28eV 处显示出 C—Ti 键［图 7-15（c）］。此外，随着 PEI 和 MXene 的加入，C═O 和 C—O 键都向结合能较低的方向移动，表明组分的交联混合成功。同样，与 OP 和 OPE 的 O 1s 光谱相比［图 7-15（d）和图 7-15（e）］，OPM-5 由于加入了 MXene-NH₂，在 529.98eV 处显示出 O—Ti 键［图 7-15（f）］。随着 PEI 和 MXene-NH₂ 的加入，由于氨基官能团的增加，OP、OPE 和 OPM-5 的相对—NH₂ 含量逐渐增加［图 7-15（g）、图 7-15（h）和图 7-15（i）］。结果还表明，PEI 共混和 MXene-NH₂ 掺入后，材料中苯胺基团的相对含量逐渐增加。此外，OP、OPE 和 OPM-5 的 O 1s 和 N 1s 由于组分交联混合成功，逐渐向较低结合能移动。

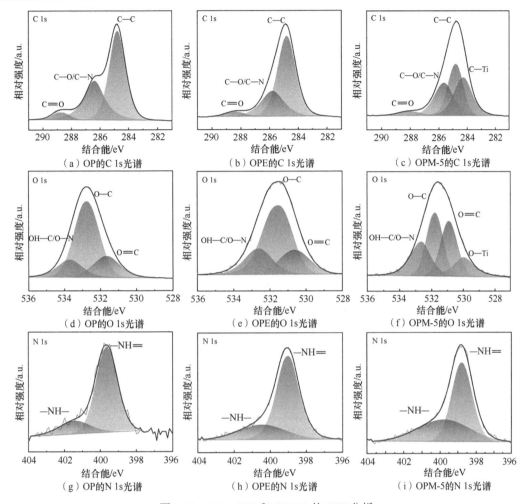

图 7-15 OP、OPE 和 OPM-5 的 XPS 分析

XPS 表征进一步揭示了 OPM-5 对 V（V）的吸附机理。如图 7-14（c）所示，由于加入了 MXene-NH$_2$, OPM-5 的 XPS 光谱中出现了 Ti 2p 峰, N 1s 峰增强。通过对比 OPM-5 和 OPM-5-V 的光谱, 可以在 OPM-5-V 中观察到一个与 V 2p 相对应的新峰, 证实了钒的成功吸附。如图 7-14 （d）所示, 吸附 V（V）前后 C 1s 的精细光谱变化, 吸附后 C—O/C—N 峰强度变弱, 这可能 是由于 V（V）与含碳的官能团（如羟基或羧基）之间的静电相互作用。在图 7-14（e）中, OPM-5 上的 N 1s 峰分别与醌亚胺（—N=，398.78eV）和苯胺（—NH—，399.78eV）对应的 两个特征峰拟合。相比之下, 在 V（V）吸附后, OPM-5-V 的 N 1s 出现了一个新的峰, 归因 于质子化胺（—NH$^+$=/—NH$_2^+$—，400.88eV）, 而—N=的强度降低, 并与—NH—转移到较低 的结合能。这表明—N=和—NH—基团氧化并吸附带负电荷的 V 阴离子, 并将其原位还原为 V （IV）。这些观察结果与上述伪二级动力学模型的结果一致, 即 OPM-5 对 V（V）的吸附是一 个化学吸附过程。分析了吸附前后 V 2p 峰的变化, 如图 7-13（f）所示。524.48eV 和 516.58eV 处的峰分别为 V（V）的 V 2p$_{1/2}$ 和 V 2p$_{3/2}$ 轨道, 522.98eV 和 515.58eV 处的峰为 V（IV）轨道。 反卷积分析表明, 吸附过程中约 77.22% 的 V（V）被还原为 V（IV）, 其余部分通过静电相互

作用或离子交换吸附到活性位点。因此，根据所得结果，探究了 OPM-5 吸附 V（V）的吸附机理为：①OPM-5 上包括胺基（—N═/—NH—）在内的基团被质子化，部分五价钒离子通过静电相互作用被吸附到活性位点；②OPM-5 的胺基或亚胺基与 V（V）发生氧化还原反应，V（V）还原为 V（Ⅳ）[式（7-6）]；③还原生成的 V（Ⅳ）与 OPM-5 上的氮或氧电子对螯合结合，最终固定在 OPM-5 上[式（7-7）]。OPM-5 吸附 V（V）的吸附示意图如图 7-16 所示。

$$H_2VO_4^- + 4H^+ + e^- \longrightarrow VO^{2+} + 3H_2O \tag{7-6}$$

$$—NH — +VO^{2+} \longrightarrow —NH — VO^{2+} \tag{7-7}$$

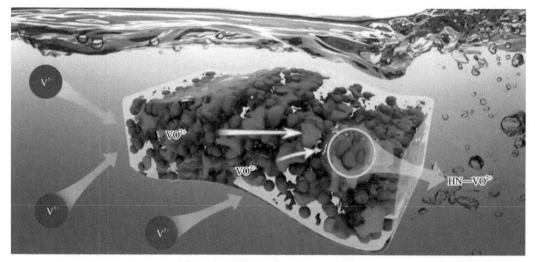

图 7-16　吸附 V（V）机理示意图

综上所述，开发一种高效选择性吸附 V（V）的 MXene 复合橘皮气凝胶吸附材料（OPM）。该材料具有丰富的微孔和无序的大孔，具有较大的比表面积，有利于吸附 V（V）传质过程。同时，氨基的引入和各组分的协同作用使其能高效吸附 V（V）。吸附试验结果表明，V（V）的吸附符合 Langmuir 吸附等温模型，其吸附速率服从伪二级动力学模型和颗粒内扩散模型的混合控制。pH = 4 时，对 V（V）的最大吸附量可达 748.42mg/g。吸附过程是一种吸热过程。复合气凝胶对 V（V）的高吸附能力即使受到阴离子和阳离子的干扰也能保持。即使经过 5 次循环吸附，材料的吸附量仍保持在 80%以上。最后，揭示了 V（V）吸附机理。五价钒离子通过静电相互作用吸附在活性位点上，并与胺或亚胺发生部分氧化还原反应，还原后的 V（Ⅳ）通过螯合配体固定在复合气凝胶上。综上所述，制备的复合气凝胶具有优异的 V（V）吸附性能，以及广阔的应用前景。

7.3　橘络纤维素复合氨基化 ZIF-8 吸附钼研究

7.3.1　生物质材料的制备以及试验方法

1. 生物质的处理以及 ZIF-8 的合成

将橘络粉末加入到 373K、2mol/L 的 NaOH 中搅拌 2h，用去离子水抽滤洗涤多次后真空干燥。将得到的产物 1g 悬浮于含有 TEMPO（0.016g，0.1mmol）和溴化钠（NaBr，0.1g，1mmol）的水（100mL）中。随后加入 12% NaClO 溶液 45mL 在室温下以 500r/min 搅拌 12h 进行氧化。氧化完成后用无水乙醇与去离子水抽滤洗涤多次后放置在真空烘箱内 12h，最后取粉末配置成 2%纤维素悬浮液。关于 ZIF-8 的合成，首先，将 0.5358g ZnCl$_2$ 溶解在 8g 去离子水中。其次，将 11.35g 2-甲基咪唑溶解在 80g 去离子水中。然后在搅拌下将 ZnCl$_2$ 溶液与 2-甲基咪唑溶液混合。所有操作均在室温（298±2K）下进行。当两种溶液混合后，合成溶液几乎立即变成乳白色。搅拌约 5min 后，通过离心收集产物，然后用去离子水洗涤数次。取 1g ZIF-8 粉末加入 100mL 无水乙醇中，并加入 10mL APTES，室温搅拌 12h，然后通过离心（8000r/min，5min）分离改性颗粒并用乙醇洗涤 3 次。最后，将它们放置在真空烘箱内 12h，用于去除残留在孔中的溶剂和材料，制得 ZIF-8-NH$_2$。

2. 复合吸附剂的合成

取 20mL 纤维素悬浮液和 x mg ZIF-8-NH$_2$ 悬浮液（x=100~600mg）混合于 30mL 去离子水中，混合均匀后加入 2g PEI 并在 1500r/min 下机械搅拌 30min。然后将 10%的 ECH 溶液逐滴加入混合溶液中进行交联反应，以获得复合水凝胶。最后，将复合水凝胶密封并在 333K 下烘焙，然后用去离子水洗涤并冷冻干燥 48h，获得最终的复合气凝胶（CPEZN）（图 7-17）。同时如上述步骤一样制备未添加 ZIF-8-NH$_2$（CPE）和添加 ZIF-8（CPEZ）的复合气凝胶。

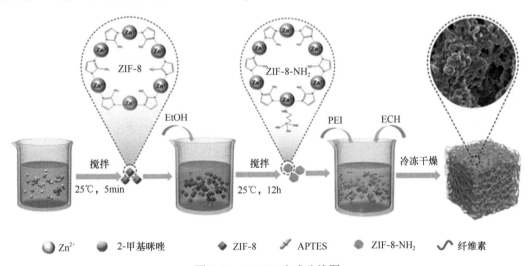

图 7-17　CPEZN 合成路线图

3. 吸附试验设计

进行间歇吸附来研究样品对于 Mo（Ⅵ）的去除率。通过在 50mL 含有钼离子的溶液中使用 20mg CPEZN 进行吸附试验，研究了 ZIF-8-NH$_2$ 添加量、PEI 添加量、初始 pH、吸附时间和初始污染物浓度对去除 Mo（Ⅵ）的影响。溶液 pH 使用 0.1M HCl 和 0.1M NaOH 调节。在吸附过程中，以预定的时间间隔检测残留 Mo（Ⅵ）的浓度，并拟合吸附动力学模型。溶液的初始浓度在 50~600mg/L 范围内变化。此外，还拟合了吸附等温模型。试验中使用的吸附量 Q_e（mg/g）和去除率 R（%）可以分别使用式（7-1）和式（7-2）计算。

竞争吸附法研究了 CPEZN 对 Mo（Ⅵ）的亲和力。竞争试验根据真实的地下污水成分（主要存在形式为硫酸盐、磷酸盐及硝酸盐），设计了共存离子的类型，包括 Cl^-、NO_3^-、SO_4^{2-}、PO_4^{2-}、K^+、Mg^{2+}、Na^+ 和 Cu^{2+}。吸附剂的可重复使用性是评价其经济价值的重要指标。通过吸附–脱附试验对 CPEZN 的重复使用性进行评价。用 0.5M NaOH 作洗脱剂进行 5 个循环，以解吸 Mo（Ⅵ）。在每个吸附或脱附试验后，用去离子水将 CPEZN 清洗至中性并干燥以进行下一个循环。

7.3.2 吸附材料的结构表征与分析

1. XRD 分析

对 ZIF-8、ZIF-8-NH$_2$、CPEZ、CPEZN 和 CPEZN-Mo 进行 XRD 分析，研究它们的晶格结构，结果如图 7-18（a）所示。氨基化处理后，ZIF-8-NH$_2$ 的所有峰位都向左偏移了 0.6°，这是由于 ZIF-8 与 APTES 交联后，APTES 接枝在 ZIF-8 上，使得 ZIF-8 中的 Zn 被部分氧化，致使晶胞参数变大，晶面间距变大，这点从图 7-18（a）与图 7-18（d）中也可以得到印证。对于气凝胶 CPEZ、CPEZN，由于在接枝和交联过程中改性，该材料表现出无定形宽峰，同时由于后者与 ZIF-8-NH$_2$ 交联，使得峰位向左偏移。此外，比较 CPEZ、CPEZN 和 CPEZN-Mo 的 XRD 谱图，每个样品的峰位置都显示出良好的恒定性，表明它们的晶体结构保持不变，并表现出良好的稳定性。CPEZN-Mo 的晶体结构与 CPEZN 的晶体结构非常相似，表明 Mo（Ⅵ）在 Mo（Ⅵ）和 CPEZN 之间的吸附行为可归因于钼均匀分散在吸附剂上，并与吸附剂上的—OH、—NH 等官能团络合形成络合物。

2. 氨基化前后 ZIF-8 的 FTIR 分析

氨基化前后 ZIF-8 的 FTIR 光谱如图 7-18（b）所示。3135cm^{-1} 和 2929cm^{-1} 处的峰分别与芳香族和脂肪族 C—H 的不对称拉伸振动有关。1583cm^{-1} 处的谱带对应于 C=N 拉伸振动。1300～1460cm^{-1} 处的信号用于整个环拉伸，而 1143cm^{-1} 的谱带来自芳香 C—N 拉伸振动。类似地，995cm^{-1} 和 759cm^{-1} 处的峰值可分别归属为 C—N 弯曲振动和 C—H 弯曲模式。693cm^{-1} 处的谱带是由于咪唑的环平面外弯曲振动引起的。在 426cm^{-1} 位置观察到了明显的 Zn—N 拉伸振动带，这表明锌离子与甲基咪唑基团的氮原子化学结合形成了咪唑酸酯。ZIF-8 的红外光谱在 3421cm^{-1} 处显示宽峰，主要是由于在水相中合成的 ZIF-8 吸收水，而

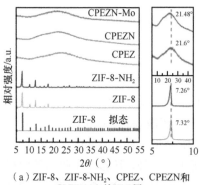

（a）ZIF-8、ZIF-8-NH$_2$、CPEZ、CPEZN和CPEZN-Mo的XRD图

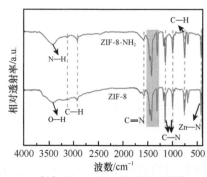

（b）ZIF-8、ZIF-8-NH$_2$的FTIR光谱

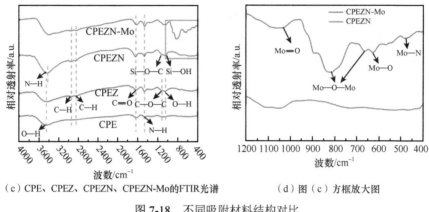

（c）CPE、CPEZ、CPEZN、CPEZN-Mo的FTIR光谱　　　　（d）图（c）方框放大图

图 7-18　不同吸附材料结构对比

在胺化后峰增强且变得尖锐，向低区域移动，从 3421cm^{-1} 移动到 3428cm^{-1}。ZIF-8-NH$_2$ 在 530cm^{-1} 处观察到来自 Zn—O 的弯曲振动，由于 APTES 接枝在 ZIF-8 上，部分 Zn 与 APTES 中的氧原子相结合。

3. 不同吸附剂的 FTIR 分析

对 CPE、CPEZ、CPEZN 和 CPEZN-Mo（吸附 Mo 后的 CPEZN）的 FITR 光谱进行表征，以研究吸附材料的特征官能团，结果如图 7-18（c）和图 7-18（d）所示。CPE 和 CPEZ 的典型特征峰相似，位于 1120cm^{-1}（C—O—C）、1631cm^{-1}（C═O）、2843cm^{-1} 和 2329cm^{-1}（C—H）和 3444cm^{-1}（O—H/N—H）。证明引入 ZIF-8 后，ZIF-8 主要以负载的形式混合在气凝胶中。在加入 ZIF-8-NH$_2$ 后与 PEI 引入了更多的 N—H 基团，使得 CPEZN 在 3437cm^{-1} 处的峰强增加，变得尖锐，并且带向较低区域移动，从 3444cm^{-1} 到 3437cm^{-1}，证实了所有聚合物之间的强相互作用。2843cm^{-1} 和 2929cm^{-1} 处的谱带是由于属于 C—H 的对称和不对称拉伸振动，进一步证实了 PEI 的存在。此外，在 2827cm^{-1} 和 2919cm^{-1} 处的 C—H 伸缩带的强度通过纤维素、PEI 和 ZIF-8-NH$_2$ 中 C—H 基团数量的增加而增强。1464cm^{-1} 处的峰值是由 PEI 引入新的仲胺基团（N—H）的拉伸振动引起的。1039cm^{-1} 处的小峰是由于碳材料变形时 O—H 平面内的弯曲和拉伸。在吸附 Mo（Ⅵ）前后，如图 7-18（d）所示，出现了吸收峰和新峰的位置差异，在 1034cm^{-1} 处观察到对应于 Mo═O 的拉伸模式，并且在 628cm^{-1} 处出现对应于 Mo—O 的振动。在 813cm^{-1} 和 667cm^{-1} 处的峰归属于 Mo—O—Mo。在 480cm^{-1} 处的峰归属于 Mo—N。这表明在吸附剂的表面处发生多核物质的形成。此外，3418cm^{-1} 处归属于 N—H/O—H 的峰发生位移和加宽，并且 1100～1400cm^{-1} 的含氧吸收峰的减弱证实了 Mo（Ⅵ）与 CPEZN 上的基团形成了络合物。

4. SEM 分析

通过 SEM 对 ZIF-8、ZIF-8-NH$_2$、CPEZN 及 CPEZN-Mo 的表面形貌进行表征，如图 7-19 所示。可以观察到，ZIF-8 呈现规整的十二面体结构，氨基化后 ZIF-8-NH$_2$ 结构没发生改变，这表明氨基化过程没有破坏 MOF 结构，图 7-19（a）和图 7-19（b）发现 ZIF-8-NH$_2$ 整体的粒径变大，这是由于氨基化后接枝了 APTES，这与 XRD 中峰的偏移一致，对

ZIF-8-NH$_2$进行 EDS 元素分析[图 7-20（a）]，Si 以及 O 元素来源于 APTES 分子，这些分子通过共价键或静电相互作用接枝在 ZIF-8 上，Si、O 的分布和 Zn 的分布相吻合，均匀地分布在 ZIF-8 上，证明 ZIF-8 成功的氨基化。图 7-19（c）中 CPEZN 的表面显示出多层光滑表面，而基于 PEI 的气凝胶形成了许多纳米和微米大小的孔，暴露出许多活性官能团，这些官能团有利于促进 Mo（Ⅵ）的传质并促进去除过程。同时可以看到，随着 PEI 添加量增加，吸附位点的数量逐渐增加，活性官能团更加丰富。然而，当 PEI 添加量过高时，组分堆积和团聚，掩盖了吸附位点[图 7-20（b）~（d）]。吸附 Mo 后吸附剂各个元素的质量分数见表 7-5，图 7-19（d）中吸附 Mo（Ⅵ）后 CPEZN-Mo 的结构仍然保持稳定，同时观察到吸附剂的部分孔洞消失，这是由于钼离子占据了 CPEZN 的部分空位，EDS 图显示出吸附后 Mo 均匀分布在吸附剂上，反应后 Mo 原子的质量分数为 9.36%，说明 CPEZN 上的基团分布均匀并且成功吸附了 Mo（Ⅵ）。

5. TEM 分析

　　通过 TEM 进一步分析了 ZIF-8-NH$_2$ 和 CPEZN。从图 7-19（e）中可以发现，APTES 主要接枝在 ZIF-8 表面，这证实了 ZIF-8-NH$_2$ 在胺化后的较大粒径。据观察，ZIF-8-NH$_2$ 成功地与纤维素络合和交联，并固定在吸附剂上[图 7-19（f）]，在 CPEZN 上观察到许多纳米级缺陷，这些结构有利于吸附。

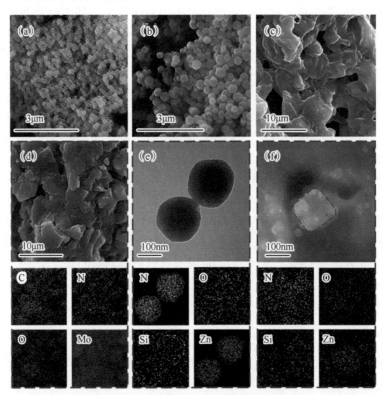

图 7-19　不同吸附材料表面形貌表征

（a）ZIF-8、（b）ZIF-8-NH$_2$、（c）CPEZN 的 SEM 图；（d）CPEZN-Mo 的 SEM 图及其相应的 EDS 图；（e）ZIF-8-NH$_2$ 的 TEM 图及其相应的 SAED 图；（f）CPEZN-Mo 的 TEM 图及其相应的 SAED 图

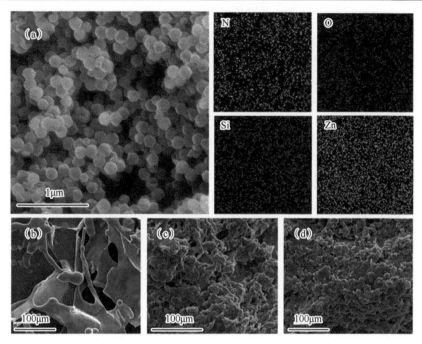

图 7-20　CPEZN 的微观形貌及元素分布

（a）CPEZN 的 SEM 图和相应的 EDS 图；PEI 添加量为（b）0.5g、（c）5g、（d）10g 对应的 SEM 图

表 7-5　CPEZN 吸附 Mo（Ⅵ）后 EDS 的元素质量分数

元素	C	N	O	Si	Cl	Zn	Mo
质量分数/%	41.03	17.79	28.68	1.09	0.78	1.28	9.36

7.3.3　吸附材料批量吸附钼的试验研究

负载在 CPEZN 上的 ZIF-8-NH$_2$ 的量是吸附 Mo（Ⅵ）的关键决定因素。合成过程中 ZIF-8-NH$_2$ 的添加量越高，通过交联反应将越多的氨基引入气凝胶中。因此，将不同质量的 ZIF-8-NH$_2$（100mg、200mg、300mg、400mg、500mg、600mg）引入 CPEZN 中，以研究 ZIF-8-NH$_2$ 添加量对 Mo（Ⅵ）去除率的影响。图 7-21（a）中显示了 ZIF-8-NH$_2$ 的添加量与平衡吸附量和去除率之间的相关性。试验条件为 m/V=0.4g/L；pH=3.0；C_0=250mg/L；t=6h；T=298K。可以很容易地观察到，CPEZN 对钼的吸附量随着 ZIF-8-NH$_2$ 添加量的增加而逐渐增加，在添加量为 500mg 时 CPEZN 的吸附量达到 590.58mg/g，去除率为 94.49%。然后随着 ZIF-8-NH$_2$ 添加量的增加，吸附量下降（600mg 时为 535.4mg/g）。这些结果表明，当 ZIF-8-NH$_2$ 添加量过高时会导致团聚，同时过量的 ZIF-8-NH$_2$ 会覆盖孔隙，减少吸附剂上的吸附位点，使其难以与 Mo（Ⅵ）结合。然后由图 7-21（b）可知，ZIF-8 与 ZIF-8-NH$_2$ 的吸附量与去除率极低，分别为 21.24mg/g、5.35% 和 28.33mg/g、6.45%，而随着 PEI 与 ZIF-8 引入交联体系后，吸附量有着明显提升，CPE 和 CPEZ 的吸附量和去除率分别达到 170.7mg/g、27.2% 和 297.58mg/g、49.92%，但是都低于 CPEZN。由此分析表明，CPEZN 对 Mo（Ⅵ）具有优异的吸附性能，并在随后的试验中得到了应用。

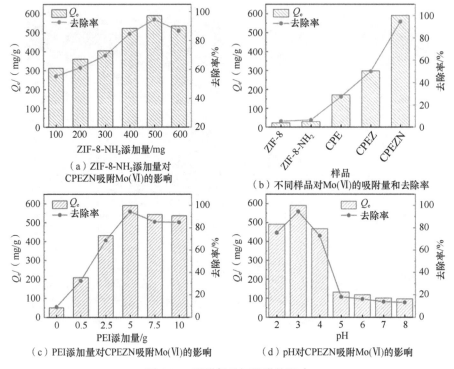

图 7-21　吸附剂对钼吸附的影响

1. PEI 添加量的影响

PEI 添加量的多少影响整个交联程度，同时起着调控 CPEZN 中孔径大小的作用，由图 7-21（c）可知，当添加量低于 5g 时，吸附量逐渐上升，这是由于 PEI 的引入使得 CPEZN 中的胺基基团变多，吸附位点更多有利于吸附，当添加量为 5g 时吸附量达到最大，590.58mg/g。而当添加量大于 5g 时吸附量有所下降，由图 5-20（b）～（d）可以发现，过量的 PEI 引入使得 CPEZN 中的部分孔洞被覆盖，导致吸附时与 Mo（Ⅵ）结合的位点变少，使得吸附量下降。

2. 初始 pH 的影响

pH 是影响 Mo（Ⅵ）吸附过程的一个重要因素。研究了 pH 为 2.0～8.0 时，CPEZN 对溶液的去除效果。研究结果如图 7-21（d）所示，在不同 pH 下，吸附剂与溶剂发生不同程度的质子化或去质子化，从而改变吸附剂的表面电荷，影响吸附效果。此外，pH 改变了 Mo（Ⅵ）的结构和电离。不同浓度和 pH 下，Mo（Ⅵ）的离子形式如图 7-22 所示。为了确定吸附过程的最佳 pH，在 pH=2～8 范围内进行吸附试验，结果如图 7-21（d）所示。试验条件为 m/V=0.4g/L；C_0=250mg/L；t=6h 和 T=298K。Mo（Ⅵ）的吸附量在 pH=2～3 范围内逐渐增加，在 pH=3 时达到最大吸附量，590.58mg/g。这是由于 pH 越低，在较高的 H^+ 浓度下，由于氨基和羟基的显著质子化，CPEZN 也有更多的正电荷，通过 CPEZN 和 Mo（Ⅵ）之间更强的静电吸引力，大大增强了 CPEZN 对 Mo（Ⅵ）的吸附。随着 pH 变化，Mo（Ⅵ）容易水合形成不同的阴离子，以复杂阴离子的形式共存，可以与 CEPZN 上的许多带正电的官能团相互作用。由图 7-22 可知，Mo(Ⅵ)在水溶液中的主要阴离子类型为 MoO_4^{2-}、$HMoO_4^-$、H_2MoO_4、$HMo_7O_{24}^{5-}$、$H_2Mo_7O_{24}^{4-}$ 和 $H_3Mo_7O_{24}^{3-}$。随着 pH 增加到 3 时，$H_3Mo_7O_{24}^{3-}$ 的比例逐渐增加，使得 Mo（Ⅵ）与 CPEZN 之间的络合程度增加。Mo（Ⅵ）的吸附量在 pH=4～8 范围内逐渐降低，尤其是在碱性条件下。这是由于随着 pH 增加，质子化氨基的数量减少，静电排斥和多金属离子的还原作用，Mo（Ⅵ）的吸附量降低。同时，氢键减弱，水溶液中的 OH^- 浓度增加，与 Mo（Ⅵ）竞争吸附。在碱性介质中，PEI 的去质子化增加了羟基与 Mo（Ⅵ）之间的竞争，导致吸附性能显著下降。综上所述，Mo（Ⅵ）在 pH=1～4 时容易发生聚合反应，形成多聚物。因此，CPEZN 吸附 Mo（Ⅵ）的最佳 pH 为 3，随后在该条件下进行了试验。

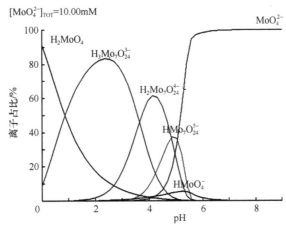

图 7-22　不同 pH 下水溶液中 Mo（Ⅵ）的离子种类

3. 吸附动力学

为了研究材料的吸附速率，进行了吸附动力学试验，并使用不同模型拟合了试验数据。试验条件为 m/V=0.4g/L；pH=3.0；C_0=250mg/L；T=298K。试验结果如图 7-23（a）和图 7-23（b）所示。Mo（Ⅵ）的吸附速率在最初非常快，这可归因于 CPEZN 表面活性官能团的丰富，随后速率逐渐放缓，最终接近平衡。这也与 CPEZN 的复杂多孔结构有关，其中 Mo（Ⅵ）需要时间通过孔隙扩散到内部并被吸附。在 180min 开始后不久，Mo（Ⅵ）的去除率就达到了 90.99%。表 7-6 显示了相关的动力学参数。

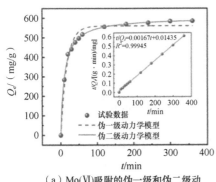

（a）Mo(Ⅵ)吸附的伪一级和伪二级动力学模型的吸附动力学和拟合插图

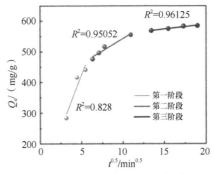

（b）Mo(Ⅵ)吸附的颗粒内扩散模型

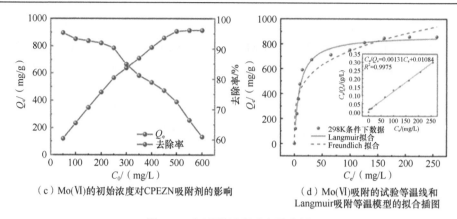

（c）Mo(Ⅵ)的初始浓度对CPEZN吸附剂的影响　　（d）Mo(Ⅵ)吸附的试验等温线和
　　　　　　　　　　　　　　　　　　　　　　　　　　Langmuir吸附等温模型的拟合插图

图 7-23　钼吸附过程动力学分析

拟合结果表明，相比于伪一级动力学模型 Mo（Ⅵ）的吸附过程，伪二级动力学模型的拟合度最高，R^2 为 0.999。这表明 Mo（Ⅵ）的吸附是由化学吸附控制的。同时，颗粒内扩散模型描述的吸附分为三个步骤。首先，被吸附物快速地吸附在吸附剂表面，随后有效吸附位点的减少导致速率减慢，最终达到稳定平衡，因此可以得出结论，Mo（Ⅵ）的吸附过程是由化学吸附控制的，这归因于 CPEZN 上丰富的官能团。

表 7-6　CPEZN 吸附 Mo（Ⅵ）的动力学参数

伪一级动力学模型			伪二级动力学模型			颗粒内扩散模型					
$k_1/$ (min^{-1})	$Q_e/$ (mg/g)	R^2	$k_2/$ [g/ (mg/min)]	$Q_e/$ (mg/g)	R^2	第一阶段 $k_3/$ [mg/ (g/min$^{0.5}$)]	R^2	第二阶段 $k_3/$ [mg/ (g/min$^{0.5}$)]	R^2	第三阶段 $k_3/$ [mg/ (g/min$^{0.5}$)]	R^2
0.042	559.67	0.978	8.99*10^{-5}	602.35	0.999	69.77	0.914	16.12	0.95	3.07	0.961

4. 吸附等温模型

为了进一步证明 CPEZN 吸附剂对 Mo（Ⅵ）的吸附能力，通过改变 Mo（Ⅵ）的初始浓度进行测试，结果如图 7-23（c）所示。试验条件为 m/V=0.4g/L；pH=3.0；t=6h，T=298K。可以观察到，在较低的 Mo（Ⅵ）浓度下，吸附量几乎与浓度的增加呈比例增加，并且去除率保持在 95% 以上，这可能是因为吸附剂上的吸附位点足以吸附 Mo（Ⅵ）。然而，在高浓度（>250mg/L）下，吸附能力的增加逐渐变小，而去除率逐渐降低。这是由于吸附剂上的吸附位点相对于 Mo（Ⅵ）的数量较少。此外，基于不同温度下溶液中平衡 Mo（Ⅵ）浓度和吸附量之间的关系，拟合了不同吸附等温模型描述吸附过程[图 7-23（d）、图 7-24、图 7-25]，表 7-7 中给出了相关系数和拟合常数。

结果表明，与 Freundlich 模型（R^2=0.833）和 Temkin 模型相比（R^2=0.948），CPEZN 对 Mo（Ⅵ）的吸附过程可以用 Langmuir 模型（R^2=0.998）很好地描述，表明 Mo（Ⅵ）在 CPEZN 上主要以单层形式吸附，这些结果与吸附剂中活性吸附位点的均匀分布有关，从而导致单层吸附。吸附量也随着温度的升高而增加，这证实了吸附是通过吸热进行的。Langmuir 模型中的平衡参数 k_1 与吸附剂是否有利于吸附过程有关，包括有利（0<k_1<1L/mg）、不利（k_1>1L/mg）、线性（k_l=1L/mg）或不可逆（k_l=0）。Mo（Ⅵ）在 CPEZN 上的吸附 k_l 在 0.015～0.154 之间，表明 CPEZN 有利于 Mo（Ⅵ）吸附。Temkin 模型也与试验数据密切相关。涉及吸附热的常数 b_t 为 16.65J/mol（1J/mol＜b_t＜20J/mol），表明吸附过程中存在离子交换。

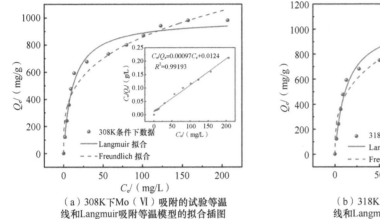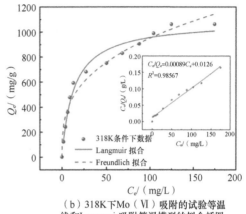

（a）308K下Mo（Ⅵ）吸附的试验等温线和Langmuir吸附等温模型的拟合插图　　（b）318K下Mo（Ⅵ）吸附的试验等温线和Langmuir吸附等温模型的拟合插图

图 7-24　钼吸附过程等温模型拟合分析

表 7-7　CPEZN 吸附 Mo（Ⅵ）的吸附等温模型参数

模型	相关参数		
Langmuir	Q_{max}/（mg/g）	k_l/（L/mg）	R^2
	872.39	0.015～0.154	0.998
Freundlich	k_f/（mg/g）	n	R^2
	168.84	2.99	0.833
Temkin	k_t/（L/g）	b_t/（J/mol）	R^2
	1.821	16.65	0.948

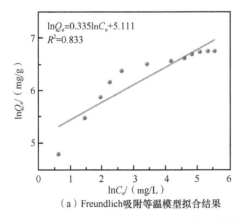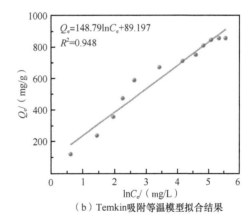

（a）Freundlich吸附等温模型拟合结果　　（b）Temkin吸附等温模型拟合结果

图 7-25　钼吸附过程等温模型拟合分析

　　计算吸附的相关热力学，吸附过程对应的热力学参数焓变（ΔH）、熵变（ΔS）和吉布斯自由能变化（ΔG）结果见表 7-8。

表 7-8　CPEZN 吸附 Mo（Ⅵ）的热力学参数

C_0/（mg/L）	ΔG/（kJ/mol）			ΔH/（kJ/mol）	ΔS/[kJ/（K·mol）]
	298K	308K	318K		
50	−27.47	−28.46	−29.46	2.265	99.77
100	−27.1	−28.08	−29.07	2.278	98.58
150	−26.84	−27.82	−28.79	2.2886	97.73
200	−26.83	−27.89	−28.789	2.289	97.7
250	−26.43	−27.39	−28.36	2.3	96.42
300	−24.78	−25.69	−26.75	4.57	98.41
350	−23.06	−24.23	−25.41	11.95	117.49
400	−22.14	−23.58	−24.85	18.31	135.83
450	−21.74	−23.19	−24.43	18.36	134.69
500	−21.23	−22.9	−24.21	23.28	149.54
550	−20.64	−22.37	−23.92	28.28	164.25
600	−20.1	−21.67	−23.03	23.55	146.61

表 7-8 中数据显示 $\Delta G < 0$，表明反应是自发的。ΔG 的绝对值倾向于随着温度升高而增加，这意味着反应过程的驱动力随着温度增加而增加。在相同温度下，ΔG 的绝对值倾向于随着初始浓度增加而减小，表明反应过程的驱动力随着浓度增大而减小。同时，$\Delta H > 0$，表明热量在反应过程中被吸收，温度升高改善了吸附。此外，$\Delta S > 0$，表明在吸附过程中，溶液中的无序程度随着反应的进行而增加。

5. 共存离子影响和循环测试试验

研究了溶液中不同阴离子和阳离子共存对 Mo（Ⅵ）吸附的影响，如 Cl^-、NO_3^-、SO_4^{2-}、PO_4^{2-}、K^+、Mg^{2+}、Na^+ 和 Cu^{2+}，这些离子可以与 Mo（Ⅵ）竞争吸附位点，结果如图 7-26（a）和图 7-26（b）所示。试验条件为 m/V=0.4g/L；pH=3.0；C_0=250mg/L；t=6h 和 T=298K。共存阴离子对于 Mo（Ⅵ）的吸附都略有抑制。这可能是由于共存阴离子对吸附位点的竞争，但即使在 0.1M 高浓度下，CPEZN 对于 Mo（Ⅵ）仍有优先吸附性。相比之下，共存的阳离子对 Mo（Ⅵ）的吸附几乎没有影响，即使在高浓度下依然保持着 86%以上的去除率，这可能是因为共存阳离子的吸附主要基于离子交换或静电吸引，它们的相互作用不如 Mo（Ⅵ）的表面络合作用强。这些结果表明，CPEZN 与 Mo（Ⅵ）之间的亲和力强于其他共存离子，表明 CPEZN 对 Mo（Ⅵ）具有良好的选择性。

在实际应用中，回收性能是吸附剂的一个非常重要的性能。因此，在 CPEZN 上进行了回收和再循环试验。图 7-26（c）显示了 5 次循环中 Mo（Ⅵ）的吸附量和去除率的变化。CPEZN 对 Mo（Ⅵ）的吸附能力随着循环次数的增加而降低，5 次循环后仍可保持 508.94mg/g 的吸附量和 81.43%的去除率。吸附能力降低可归因于解吸后 CPEZN 的胺基数量减少。此外，金属离子与吸附剂之间的强而稳定的配位可能会影响解吸并占据部分活性位点。循环过程也伴随着不可避免的质量损失。根据 Langmuir 模型，在 298K 下，CPEZN 的 Q_m 计算为

872.39mg/g，CPEZN 与其他吸附剂的 Mo（Ⅵ）吸附性能比较如图 7-25（d）所示。可以发现这比以前报道的大多数 Mo（Ⅵ）吸附剂要好。CPEZN 是一种很有前途的 Mo（Ⅵ）吸附剂，因为它具有高吸附量、高稳定性和表面活性，同时，即使在 5 次循环后也具有高吸附性能。

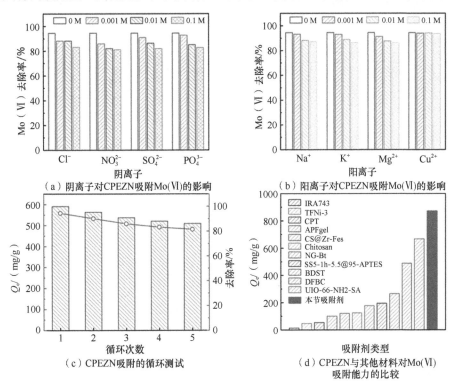

（a）阴离子对CPEZN吸附Mo(Ⅵ)的影响　　　（b）阳离子对CPEZN吸附Mo(Ⅵ)的影响

（c）CPEZN吸附的循环测试　　　（d）CPEZN与其他材料对Mo(Ⅵ)吸附能力的比较

图 7-26　吸附材料性能评价

7.3.4　生物质吸附材料对钼的吸附机理

对 ZIF-8、ZIF-8-NH$_2$、CPE、CPEZ 和 CPEZN 进行 XPS 分析。图 7-27（a）表明 ZIF-8-NH$_2$ 含有丰富的氨基官能团。ZIF-8 和 ZIF-8-NH$_2$ 的 O 1s 精细光谱如图 7-27（b）所示。氨基化后，在 531.98eV 处引入了一个新的 Si—O 峰，这是由于 APTES 与 ZIF-8 的缩合反应。ZIF-8 的成功氨基化和复合材料的成功杂化交联得到了证实。图 7-28 表明，随着 PEI 和 ZIF-8-NH$_2$ 加入，材料中苯胺基团的含量增加。

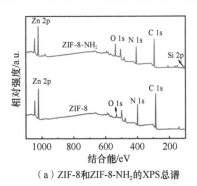

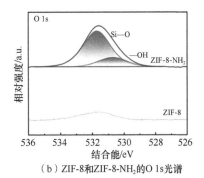

（a）ZIF-8和ZIF-8-NH$_2$的XPS总谱　　　（b）ZIF-8和ZIF-8-NH$_2$的O 1s光谱

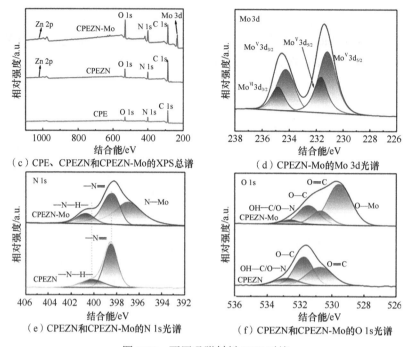

（c）CPE、CPEZN和CPEZN-Mo的XPS总谱

（d）CPEZN-Mo的Mo 3d光谱

（e）CPEZN和CPEZN-Mo的N 1s光谱

（f）CPEZN和CPEZN-Mo的O 1s光谱

图 7-27　不同吸附材料 XPS 对比

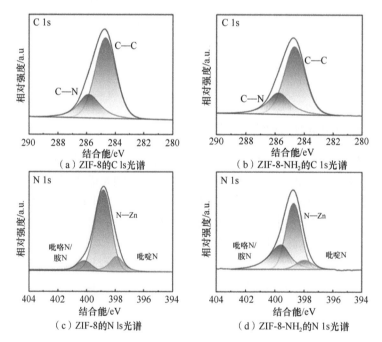

（a）ZIF-8的C ls光谱

（b）ZIF-8-NH₂的C 1s光谱

（c）ZIF-8的N ls光谱

（d）ZIF-8-NH₂的N 1s光谱

图 7-28　ZIP-8 和 ZIP-8-NH₂ 的 XPS 对比

对 CPE、CPEZ 和 CPEZN 进行 XPS 分析，如图 7-29 所示。与 CPE、CPEZ 和 CPEZN 的 C 1s 光谱相比［图 7-29（a）～（c）］，随着 PEI 和 ZIF-8-NH₂ 的加入，C═O 和 C—O 键都向较低的结合能移动，表明组分的交联混合成功。同时，由于氨基官能团的增加，CPE、CPEZ

和 CPEZN 的相对—NH—含量随着 PEI 和 ZIF-8-NH$_2$ 的加入而逐渐增加[图 7-29（d）～（f）]。类似地，与 CPE 和 CPEZ 的 O 1s 光谱[图 7-29（g）和图 7-29（h）]相比，CPEZN 显示，由于 ZIF-8-NH$_2$ 添加，每个峰都向低结合能移动[图 7-29（i）]。

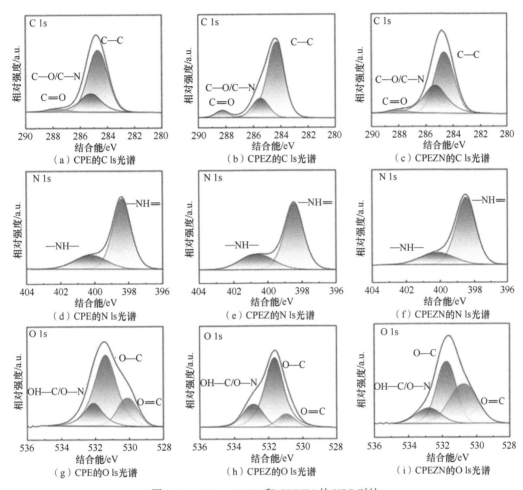

图 7-29　CPE、CPEZ 和 CPEZN 的 XPS 对比

XPS 表征进一步揭示了 CPEZN 对 Mo（Ⅵ）的吸附机理。如图 7-27 所示，由于 ZIF-8-NH$_2$ 的加入，在 CPEZN 的 XPS 光谱中观察到 Zn 2p 峰的出现和 N 1s 峰和 O 1s 峰的增强。通过比较 CPEZN 和 CPEZN-Mo 光谱，在 CPEZN-Mo 中可以观察到对应于 Mo 3d 的新峰，证实了对钼的成功吸附。如图 7-29 所示，碳的精细光谱在吸附钼前后发生变化。C—O/C—N 峰的强度在吸附后变得较弱且向较低结合能降低，这可能是由于钼和含碳官能团（如羟基或羧基）之间的静电相互作用。在图 7-29（e）中，CPEZN 上的 N 1s 峰被拟合为两个特征峰，分别对应于喹啉（—NH＝，398.48eV）和苯胺（—NH—，399.99eV）。相反，在钼吸附后，CPEZN-Mo 的 N 1s 出现了一个新的 Mo—N 峰（396.58eV），归因于钼原子与 O—H 的氧原子和 C—N/N—H 的氮原子相互作用并形成席夫碱络合物，而—NH＝的强度降低并与—NH—转移到较低的结合能。这表明—NH＝和—NH—基团氧化并吸附带负电荷的钼阴离子，并将

其原位还原为 Mo（V）。这些观察结果与上述伪二级动力学模型的结果一致，即 CPEZN 对 Mo（Ⅵ）的吸附是一个化学吸附过程。还分析了吸附前后 Mo 3d 峰的变化，231.18eV 和 234.28eV 处的峰是 Mo（Ⅵ），而 231.68eV 和 234.88eV 的峰是 Mo（V）。因此，基于所获得的结果，CPEZN 吸附 Mo（Ⅵ）的机理假设如下（图 7-30）：①CPEZN 上包括胺基（—NH═/—NH—）的基团被质子化，部分钼阴离子通过静电相互作用吸附到活性位点；②钼原子与 O—H 的氧原子和 C—N/N—H 的氮原子相互作用并形成席夫碱络合物；③通过 CPEZN 的胺基或亚胺基与 Mo（Ⅵ）的氧化还原反应，Mo（Ⅵ）被还原为 Mo（V）并螯合连接在 CPEZN 上的氮或氧电子对上。

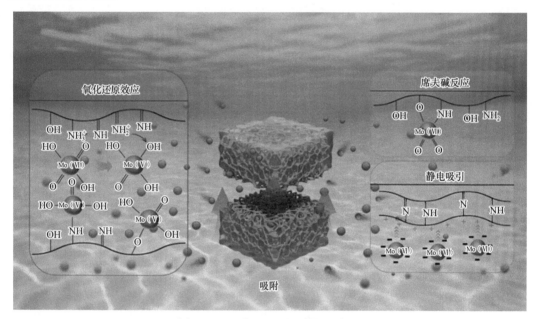

图 7-30　吸附 Mo（Ⅵ）机理示意图

综上所述，制备了一种氨基化 ZIF-8 复合纤维素气凝胶吸附材料（CPEZN），该材料对 Mo（Ⅵ）具有优异的高效选择性吸附性能。该材料具有丰富的微孔和无序的大孔，有利于吸附传质过程。胺化 ZIF-8 的掺入增强了反应性基团的可用性。独特的气凝胶结构有效地防止了 MOF 的积累，从而增加了比表面积，促进了活性位点的暴露，促进了 Mo（Ⅵ）的有效吸附。吸附试验表明，Mo（Ⅵ）吸附遵循 Langmuir 吸附等温模型，吸附速率受伪二级动力学模型控制。在 298K 和 pH=3 下吸附 6h 后，测得 Mo（Ⅵ）的最大吸附量为 872.39mg/g，并计算出 $\Delta H>0$，表明整个吸附过程是一个吸热过程。对单一共存离子的吸附试验表明，所制备的吸附剂对钼离子具有较高的去除能力，去除率超过 80%。即使经过 5 次吸附循环，该材料仍保留了 80%以上的吸附能力，突出了其强大的稳定性和可回收性。因此，本节开发的纤维素/ZIF-8-NH₂ 复合气凝胶在处理 Mo（Ⅵ）废水方面显示出巨大的潜力和应用前景。

参 考 文 献

[1] 李坚. 生物质复合材料学[M]. 北京：科学出版社，2022.

［2］ 胡英成，张利，薛冰. 生物质复合材料的性能预测与优化及可靠性分析［M］. 北京：科学出版社，2015.

［3］ 贾晋，栾胜基，吴爱华. 聚乙烯亚胺对重金属离子的吸附和应用［J］. 高分子通报，2014，11：34-44.

［4］ 黄开麟，伊卓. 聚乙烯亚胺的合成及应用［J］. 精细与专用化学品，2019，27（12）：4-9.

［5］ 吴艳玲，左德松，张丛玉. 聚乙烯亚胺改性稻草秸秆对 Cu（Ⅱ）和 Cr（Ⅵ）的吸附研究［J］. 粮食与油脂，2020，33（9）：81-85.

［6］ 张天一，宋柏青，李欣峰，等. 基于 MXene 的复合功能纤维制备及其应用研究［J］. 功能材料，2023，54（9）：9080-9092.

［7］ Wang Y，Zhang P，Soomro R A，et al. Advances in the synthesis of 2D MXenes［J］. Advanced Materials，2021，33（39）：2103148.

［8］ 丁姗姗，娄耀元，汪滨，等. MXene 的制备及应用进展［J］. 高分子通报，2022，9：16-26.

［9］ Cockreham C B，Goncharov V G，Hammond-Pereira E，et al. Energetic stability and interfacial complexity of $Ti_3C_2T_x$ MXenes synthesized with HF/HCl and CoF_2/sub/HCl as etching agents［J］. ACS Applied Materials Interfaces，2022，14（36）：41542-41554.

［10］ Li T，Yao L，Liu Q，et al. Fluorine-free synthesis of high-purity $Ti_3C_2T_x$（T=—OH，—O）via alkali treatment［J］. Angewandte Chemie International Edition，2018，57：6115-6119.

［11］ Pang S Y，Wong Y T，Yuan S，et al. Universal strategy for hf-free facile and rapid synthesis of two-dimensional MXenes as multifunctional energy materials［J］. Journal of the American Chemical Society，2019，141：9610-9616.

［12］ Xi W，Guo T，Xie Z，et al. Molten salt etching synthesis of $Ti_3C_2T_x$/Ni composites for highly efficient capacitive deionization［J］. Desalination，2024，574：117241.

［13］ Zou J，Wu J，Wang Y，et al. Additive-mediated intercalation and surface modification of MXenes［J］. Chemical Society Reviews，2022，51（8）：2972-2990.

［14］ Lu M，Zhang Y，Chen J，et al. K^+ alkalization promoted Ca^{2+} intercalation in V_2CT_x MXene for enhanced Li storage［J］. Journal of Energy Chemistry，2020，49（10）：358-364.

［15］ 管可可，雷文，童钊明，等. MXenes 的制备、结构调控及电化学储能应用［J］. 化学进展，2022，34（3）：665-682.

［16］ Luo J M，Zhang W K，Yuan H，et al. Pillared structure design of MXene with ultralarge interlayer spacing for high-performance lithium-ion capacitors［J］. ACS Nano，2017，11（3）：2459-2469.

［17］ 张景梅，高歌. 金属有机框架多孔材料（MOFs）的制备及其应用研究［J］. 现代化工，2018，38（11）：53-57.

［18］ 陈小明，张杰鹏. 纳米材料前沿金属-有机框架材料［M］. 北京：化学工业出版社，2017.

［19］ Kalmutzki M J，Hanikel N，Yaghi Q M. Secondary building units as the turning point in the development of the reticular chemistry of MOFs［J］. Science Advances，2018，4（10）：9180.

［20］ Jeoung S，Kim S，Kim M，et al. Pore engineering of metal-organic frameworks with coordinating functionalities［J］. Coordination Chemistry Reviews，2020，420：213377.

［21］ Liu J Z，Yang J F，Song Y，et al. Introducing non-bridging ligand in metal-organic framework-based electrocatalyst enabling reinforced oxygen evolution in seawater［J］. Journal of Colloid And Interface Science，2023，643：17-25.

［22］ Raptopoulou C P. Metal-organic frameworks: Synthetic methods and potential applications［J］. Materials，2021，14（2）：310.

［23］ 张晓东，李红欣，侯扶林，等. 金属有机骨架材料 MOF-5 的制备及其吸附 CO_2 性能研究［J］. 功能材料，2016，47（8）：8178-8181.

［24］ 周杰，杨明莉. 电化学方法制备 MOF 膜的研究进展［J］. 材料导报，2020，34（19）：19043-19049.

［25］ 张万珍，占传威，时双琴，等. 微波法制备 MOFs 的研究进展［J］. 应用化工，2022，51（5）：1485-1489.

［26］陈丹丹，衣晓虹，王崇臣. 机械化学法制备金属-有机骨架及其复合物研究进展［J］. 无机化学学报，2020，36（10）：1805-1821.

［27］Javier T，Ceren C，Luis G T，et al. Spray-drying synthesis of MOFs，COFs，and related composites［J］. Accounts of Chemical Research，2020，53（6）：1206-1217.

［28］Zhang X，Chen Z J，Liu X，et al. A historical overview of the activation and porosity of metal-organic frameworks［J］. Chemical Society Reviews，2020，49（20）：7406-7427.

［29］韩慧敏，袁静珂，何柏，等. UiO-66 的合成、结构及应用进展［J］. 精细化工，2023，40（6）：1187-1201.

［30］Corral O P，Yanez S P，Yrezabal I J V，et al. A metal-organic framework based on Co（Ⅱ）and 3-aminoisonicotinate showing specific and reversible colourimetric response to solvent exchange with variable magnet behaviour［J］. Materials Today Chemistry，2022，24：100794.

［31］Monteagudo O R，Cocero J M，Coronas J，et al. Supercritical CO_2 encapsulation of bioactive molecules in carboxylate based MOFs［J］. Journal of CO_2 Utilization，2019，30：38-47.

［32］Yang K N，Wang X Y，Lynch I，et al. Green construction of MBI corrosion-resistant interfaces modified NZVI@MOFs-regulated 3D PAN cryogel film to enhance Cr（Ⅵ）removal［J］. Separation and Purification Technology，2024，333：125902.

［33］Guo G Z，Xi B J，Li Y S，et al. Three novel Co（Ⅱ）-MOFs with a conjugated tetrabenzoic acid supported noble metal nanoparticles for efficient catalytic reduction of 4-nitrophenol［J］. Journal of Solid State Chemistry，2022，307：122867.

［34］张云秀，曹明慧，郑少笛，等. 生物质基复合材料及其铀吸附应用的研究进展［J］.复合材料学报，2022，39（1）：111-125.

［35］石宇航，刘颖，黄艳辉，等. MOFs/生物质基复合材料及其应用进展［J］. 复合材料学报，2023，40（11）：5977-5988.

第8章 高钙硫尾渣碳氮吸储技术

8.1 全球变暖与二氧化碳减排计划

8.1.1 温室气体排放现状和影响

气候变化是指全球范围内的气候平均状态随时间的巨大改变,会引发冰川消融、土地沙化、飓风海啸、物种灭绝等一系列连锁反应。第二十八届联合国气候变化大会(《联合国气候变化框架公约》第二十八次缔约方大会,COP28)由阿拉伯联合酋长国主办,大会发布的《十年期气候状况报告》指出,2011~2020 年全球平均温度比 1850~1900 年的平均水平高 $1.1\pm0.12K$,这 10 年中最暖的年份是 2016 年和 2020 年,原因是发生了强烈的厄尔尼诺事件。同时,这 10 年报告创纪录高温的国家比任何其他 10 年都多。自 2020 年以来,全球海平面已上升了近 10mm,达到了历史新高,海平面升速与 1993 年相比翻了一番。据 2022 年世界气象组织(World Meteorological Organization,WMO)《厄尔尼诺/拉尼娜最新通报》显示,21 世纪或将出现首个"三峰"拉尼娜现象,旷日持久的拉尼娜现象引发了非洲、南美洲等地的致命性干旱,以及印度半岛的严重洪水。全球变暖的根本原因在于人类活动对于气候变化的显著影响[1]。《联合国气候变化框架公约》对于气候变化一词的定义为"排除自然变化后由人类活动直接或间接地改变全球大气组成所导致的改变",凸显了人类活动在气候变化中的重要性。早在 2007 年政府间气候变化专门委员会(Intergovernmental Panel on Climate Change,IPCC)发布的第四次气候评估报告就指出人类活动导致全球变暖的可能性为 90%,2013 年第五次气候评估报告将这个数字提高到了 95%,而 2021 年发布的第六次气候评估报告中则用了 unequivocal 一词来强调人类活动导致气候变暖的结论是毋庸置疑的。这种人类活动最典型的表现为通过使用化石燃料排放大量温室气体,全球热量不断累积,因而全球变暖的步伐从未停下[2]。根据 IPCC 的第六次气候评估报告估计,2011~2020 年这 10 年气温平均值比工业化前的基线高出 1.09K,WMO临时报告显示 2013~2022 年该值提高到了 1.14K,而 2022 年全球平均温度较工业化前平均温度高出约 1.15K,非常接近《巴黎协定》所承诺较低的 1.5K 目标。WMO《2023 全球气候状况报告》确认,2023 年平均气温较工业化前(1850~1900 年)的基线高出约 1.4K。

据 2022 年 WMO 发布的《温室气体公报》,在 1990~2021 年,主要温室气体对气候的增温效应(或称辐射强迫)增加了近 50%,其中 CO_2 约占 80%,是最关键的温室气体。已有数据表明,全球气候增温幅度与累计 CO_2 排放量呈高度线性关系,因此减少大气中 CO_2 含量成为全球性共识。2022 年 IPCC 发布了《2022 气候变化:减缓气候变化》,要求全球温室气体排放量在 2025 年达到峰值。IPCC 的警告被《自然》杂志引用并使用了"迄今为止空前强烈的警告"(the most forceful warning yet)等字眼进行描述。图 8-1 为 IPCC 描绘到 2050 年 5 种可能情景下碳排放量所导致的温度变化,根据模型预测,只有在 2025

年达到峰值，随后碳排放量迅速下降，才有 50% 的机会将全球升温控制在 1.5K 之内。这是一个极为严峻的挑战，因为按照目前全球排放增量趋势，即使各国完全落实第二十六届联合国气候变化大会所做出的承诺（包括净零承诺），到 21 世纪末全球温升也将达到 1.7K。不容乐观的是，目前大气中 CO_2 浓度已经达到了 $415.7mg/m^3$（2021 年数据），为 1850～1900 年工业化前水平的 149%，而与能源相关的 CO_2 排放量高达 363 亿 t，比 2020 年增加了 6%，创下历史新高[3]。因此，亟须对未来短期内 CO_2 排放进行更加强有力的控制与减排。

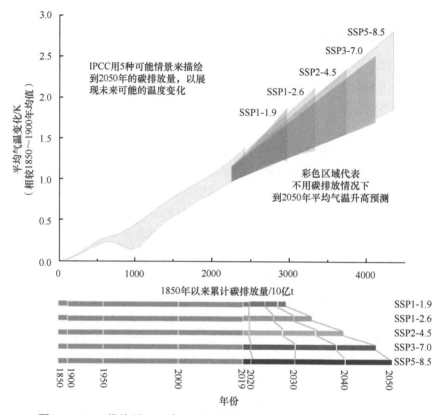

图 8-1　IPCC 描绘到 2050 年 5 种可能情景下碳排放量所导致的温度变化

8.1.2　全球的碳减排计划及进展

历年召开的《联合国气候变化框架公约》缔约方大会记录了国际社会为碳减排所做的努力，诞生了《京都议定书》《巴黎协定》《阿联酋共识》具有标志性意义的里程碑。碳达峰（碳排放由升转降过程中的最高点）与碳中和（碳排放与碳消纳达到平衡，等同于净零排放）的概念也被提出，各个国家陆续确认碳达峰碳中和目标，将应对气候变化作为国家重大战略部署。表 8-1 为世界主要国家碳中和目标，截至 2020 年底，全球 54 个国家实现了碳达峰，127 个国家和地区以立法、法律提案、政策文件等不同形式对碳中和目标做出承诺[4]。近 10 年，欧美日等发达国家和地区在已经实现碳排放与经济发展脱钩的基础上，不断从法律法规、战略规划、计划部署、技术研发等多个维度细化其碳中和目标，并将碳减排技术的发展作为战略重点，加快创新研发新能源、零碳工业、碳捕集利用与封存（carbon capture utilization and storage，CCUS）等技术的步伐。

表 8-1　世界主要国家碳中和目标

碳中和目标	2035~2045 年	2050 年	2060 年	暂未宣布
法律文件	德国、瑞典	日本、加拿大、英国、法国等 9 国以及欧盟		印度、伊朗、俄罗斯、沙特阿拉伯、土耳其等
政策文件	奥地利、芬兰、冰岛	美国、南非、巴西、意大利等 30 国	中国、印度尼西亚、哈萨克斯坦、乌克兰	
拟议法规		韩国、智利、爱尔兰、斐济		
目标探讨		墨西哥、巴基斯坦、荷兰等 79 国		
二氧化碳排放总量	约 9 亿 t	约 128 亿 t	约 110 亿 t	约 120 亿 t

在《巴黎协定》框架下，目前已有 160 多个国家都基于自己的国情提出了国家自主决定贡献目标，图 8-2 是美国、欧洲和中国的碳达峰、碳中和计划图。2015 年 6 月中国在《强化应对气候变化行动——中国国家自主贡献》中确定了二氧化碳排放 2030 年左右达到峰值并争取尽早达峰，单位国内生产总值二氧化碳排放比 2005 年下降 60%~65%[5]。在此基础上，2020 年 9 月，习近平总书记表示，我国二氧化碳排放力争于 2030 年前达到峰值，努力争取 2060 年前实现碳中和。2020 年 12 月，习近平总书记在气候雄心峰会上明确提出，到 2030 年，中国单位国内生产总值二氧化碳排放将比 2005 年下降 65% 以上。

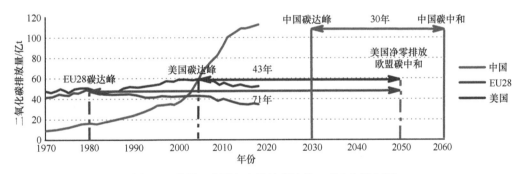

图 8-2　美国、欧洲和中国的碳达峰、碳中和计划图

除我国外，当前还有部分国家提出了碳强度下降目标乃至碳中和目标来应对愈加严峻的减排形势。北欧地区的瑞典、丹麦以及包括法国、英国在内的老牌工业强国都已经从通过立法手段确定了碳中和以及碳减排在未来国家政策中的重要地位及意义，而欧盟、韩国以及西班牙等国家和地区的碳中和进程已经进入立法提案阶段。图 8-3 为可持续发展情景下全球能源行业零排放的减排路径。美国于 2021 年发布《清洁能源革命和环境正义计划》，将在可再生能源发电领域投入巨资，计划 2035 年前完成零碳电力体系，2050 年前实现碳中和目标；日本于 2021 年发布《2050 年碳中和绿色增长战略》，在 14 个领域确定技术发展路线图并计划于 2050 年实现碳中和目标。至此，已做出碳中和承诺的国家覆盖了全球 65% 以上的二氧化碳排放量，占世界经济规模的 70% 以上。不仅是发达国家和地区正在向碳中和迈进，部分发展中国家如南非、巴基斯坦、墨西哥等也将碳中和相关政策纳入讨论中[6]；一方面一定程度上反映出应对全球气候变化的举措迫在眉睫；另一方面也反映出全球范围内节能减排的广泛努力。中国作为国际舞台上负责任大国，也是全球

最主要的温室气体排放经济体，更应承担起转型发展与低碳减排的重要国际责任。

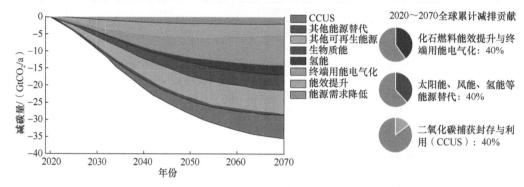

图 8-3　可持续发展情景下全球能源行业零排放的减排路径

8.1.3　中国的碳减排计划及进展

中国作为一个负责任的大国，自始至终积极应对全球变化，并付诸实际行动。早在 1990 年，国务院就成立了"国家气候变化协调小组"负责应对我国气候重大变化；2007 年 6 月，我国作为第一个制定并实施气候变化方案的发展中国家，率先发布了《中国应对气候变化国家方案》；2022 年 8 月，科技部等 9 部门印发《科技支撑碳达峰碳中和实施方案（2022—2030 年）》，强调未来将重点突破碳减排关键核心技术，构建碳减排技术创新体系。国家主席习近平在第七十五届联合国大会一般性辩论上指出，应对气候变化《巴黎协定》代表了全球绿色低碳转型的大方向，是保护地球家园需要采取的最低限度行动，各国必须迈出决定性步伐。中国将提高国家自主贡献力度，采取更加有力的政策和措施，二氧化碳排放力争在 2030 年前达到峰值，努力争取 2060 年前实现碳中和。中国《联合国气候变化框架公约》国家联络人向《公约》秘书处正式提交的《中国落实国家自主贡献目标进展报告》中重申了"2030 年前碳达峰、2060 年前碳中和"的总体目标，到 2030 年，中国单位国内生产总值二氧化碳排放将比 2005 年下降 65% 以上，非化石能源占一次能源消费比重将达到 25% 左右，森林蓄积量将比 2005 年增加 60 亿 m^3，风电太阳能发电总装机容量将达到 12 亿千瓦以上[7]。中央经济工作会议年度重点工作都包含了碳中和，明确污染防治攻坚战的长期战略意义，减少污染和降低碳排放协同发力，并对我国土地开展大规模绿化行动，提升生态系统的碳汇能力。党的二十大报告中指出积极稳妥推进碳达峰碳中和，逐步转向碳排放总量和强度"双控"制度，健全碳排放权市场交易制度，提升生态系统碳汇能力。

中国的碳排放在进入 21 世纪后呈现急剧的快速增长，并在 2014 年出现首次碳排放量降低，但是在 2017 年又开始增加，并且高于 2013 年碳排放量，国际能源署给出的预估数据是我国在 2025 年碳排放量将会达到历史高点 96.9 亿 t，约占同期全球碳排放量的 28.58%。我国目前处于经济高速发展阶段，且短期内无法改变对化石燃料类能源的依赖[8]。我国尚未实现经济发展与碳排放的脱钩，并且我国碳排放总量大（约占全球碳排放总量的 1/3）、碳中和周期短（碳达峰到碳中和间仅有 30 年），图 8-4 显示"双碳"目标下推荐情景全部温室气体排放部门构成，可知我国实现"双碳"目标将面临更大的挑战。与此同时，国际社会已开始加速奔向低碳发展的未来。2022 年 6 月欧洲议会通过了碳边境调节机制提案草案，拟将正式全面开征碳关税，倒逼企业加速低碳化发展，这正中我国现有碳减排技术供给不足的软肋。科技部《碳中和技术发展路线图》研究表明，我国碳减排技术发展水平整体偏低，有 85%碳中和适用技术仍处于研发阶段，而 15%的成熟技术尽管体量不断攀升、成本不断下降，但在性能、可靠性、经济性等方面离大规模商业应用还有一定差距，支撑我国碳中和目标的碳减排技术供应及储备尚显不足[9]。

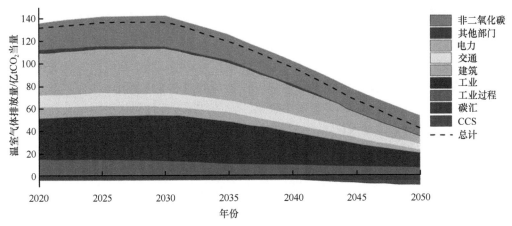

图 8-4 "双碳"目标下推荐情景全部温室气体排放部门构成

CCS 为碳捕集与封存技术

随着我国目前经济的快速发展，CO_2 排放量在短期内还将继续增长，给"双碳"目标带来一定的挑战。图 8-5 是中国实现碳中和目标的战略路径。根据清华大学气候变化与可持续发展研究院的预测，我国碳中和路径分四步实现：①2020~2030 年达峰期，碳排放总量增长，碳强度以更快的速率持续下降；②稳中有序期，确保 2035 年 GDP 较 2020 年翻番的前提下，实现稳中有降；③快速去峰期，实现第二个百年目标，完成关键行业深度减排，实现电力行业零碳排放；④碳中和期，着重针对难减部门深度脱碳，最终实现碳中和目标。在这个过程中，通过化石燃料能效提升与终端用能电气化以及可再生能源布

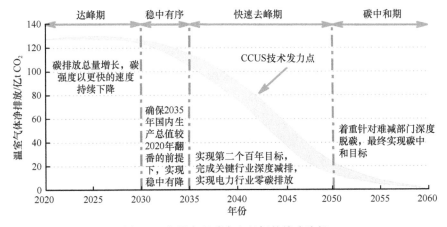

图 8-5 中国实现碳中和目标的战略路径

局替代传统化石燃料燃烧的减排量占75%以上。同时《中共中央 国务院关于完整准确全面贯彻新发展理念做好碳达峰碳中和工作的意见》中指出，到2060年，非化石能源消费比重达到80%以上，碳中和目标顺利实现[10]。由此可见，在碳中和情境下，我国化石能源消费比占仍为10%～20%。而针对该部分化石能源的CO_2排放进行捕集、利用与封存将是目前实现该部分近零排放、深度脱碳的最主要技术选择，是完成碳中和目标的必不可少的重要组成部分。

8.1.4 二氧化碳捕集利用与封存

面对严峻的气候变化形势，全球碳减排的压力不断增大，CCUS将在未来数十年内成为有效实现碳脱除目标最强有力的技术途径[11]。根据国际能源署、政府间气候变化专门委员会评估，在21世纪末实现1.5K温升控制目标，全球CCUS累积减排在万亿吨规模。IPCC报告定义CCS为将二氧化碳从排放源中分离，输送并封存在地质构造中与大气长期隔绝的过程。中国在碳捕集领导人论坛上结合本国资源化利用实际情况在CCS原有的三个基础环节上增加了二氧化碳利用环节，正式提出CCUS。图8-6为CCUS技术路径。

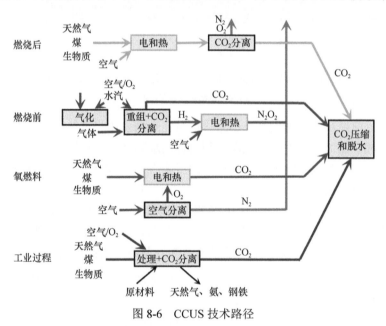

图8-6 CCUS技术路径

中国21世纪议程管理中心编写的《中国碳捕集利用与封存技术评估报告》从广义的角度将CCUS重新定义为，将二氧化碳从工业、能源生产等排放源或空气中捕集分离，并通过罐车、船舶、管道等方式输送到适宜的场地加以利用封存，最终实现二氧化碳减排的技术。CCUS全链由二氧化碳捕集，二氧化碳运输，以及将捕获下来的二氧化碳安全储存在地下的贫化油气田、深盐水含水层中，或者进行再利用（如强化采油、合成化工产品等）组成[12]。图8-7为可持续发展情境下2050年与2070年的CCUS占比。

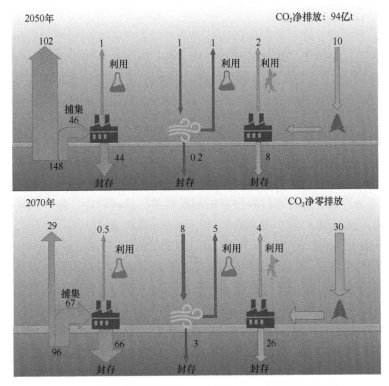

图 8-7　可持续发展情境下 2050 年与 2070 年的 CCUS 占比

1. 二氧化碳捕集

二氧化碳捕集，一般可分为燃烧前捕集（pre-combustion capture）、富氧燃烧（oxygen-rich combustion capture）、燃烧后捕集（post-combustion capture）。燃烧前捕集，实质是煤气化技术，即燃料与空气的反应产物包含二氧化碳和氢气，二氧化碳利用溶剂进行收集，氢气则可作为清洁能源应用于众多领域，然而这个气化过程的设备具有较高的成本[13]。富氧燃烧，是将燃料放在接近纯氧的环境下燃烧，提高烟气中的二氧化碳浓度，以便于将其直接处理和封存的过程，其对氧气的需求量大，成本与能耗高，仍处于小规模试验阶段。燃烧后捕集技术，是指将二氧化碳在燃料燃烧后以相对简单的工艺将其从烟气中去除，只需在烟道尾部添加碳捕集装置，因此较为普遍地应用于燃煤发电厂，以实现二氧化碳的减排。燃烧后二氧化碳的捕集，基于分离方法的差异性，主要包含化学吸收法、固体吸附法、膜分离法、低温蒸馏法。

1）化学吸收法

主要利用二氧化碳与吸附剂（碱性水溶液，以有机胺类为主）的可逆化学反应，实现二氧化碳的捕集。这个方法可能存在低温（313K）下二氧化碳的吸收、高温（393K）下二氧化碳的解吸两个过程。化学吸收法因其较高的捕集率、成熟的工艺以及实用性强等优势，已广泛应用于工业中，然而，这个过程是高耗能和强腐蚀性的，因此，迫切需要开发性能优越、经济可行的新型吸附剂[14]。

2）固体吸附法

以活性炭、分子筛、沸石等固体作为吸附剂与二氧化碳之间发生物理作用从而达到气体捕集的目的，通常适用于二氧化碳气体分压较高、气体流量较小的混合气体中二氧化碳的捕获。固体吸附法中，虽然工艺简单且投资成本低，但是吸附剂的选择是至关重要的，优异的二氧化碳吸附剂应当具备热稳定性、吸附量高、吸附速率快、选择性强以及可循环再生等特点[15]。

3）膜分离法

借助于半渗透膜材料对二氧化碳进行选择性分离。常见的膜材料包含沸石、金属等较为稳定的无机膜，但其具有较低分离效率；也开发出了聚合物类的有机膜，一般选择性高的有机膜，其渗透性低，而且膜材料本身的耐温性差、易被污染。膜分离技术比较适用于从二氧化碳分压较高、杂质较少的混合气体中除去二氧化碳[16]。

4）低温蒸馏法

低温蒸馏法也称深冷分离法，被广泛应用于天然气液化过程及空气分离领域，主要原理是在高压低温条件下，依据气体的沸点不同，采用蒸馏工艺将二氧化碳从混合气体中分离出来[17]。即将烟气冷却至 $173\sim138$K 的液化温度，冷凝后的二氧化碳从其他气体中分离，加压后（$100\sim200$bar，1bar$=10^5$Pa）储存，适用于二氧化碳浓度较高（90%以上）的排放源，对于含量较低的混合气，需经过多次压缩和冷凝后才能使二氧化碳液化。低温蒸馏法的优点在于能够生产出高纯度的液态二氧化碳，便于船舶运输或管道运输；最主要的缺点是该技术需要大量的能量提供制冷，这是非常耗能的（回收 1kg 二氧化碳需要 $6\sim10$MJ 能量）。另外，低温分离过程可能会出现结冰现象，导致管道系统堵塞，增加设备安全风险，这就需要在低温分离前除去烟气中的水分，因此在脱水预处理方面增加更多的投资，除此之外，化石燃料燃烧后的烟气温度较高，并且排放量较大，其中的二氧化碳浓度和分压又都较低，所以单独使用低温蒸馏法从烟气中回收利用二氧化碳具有很大的局限性。

2. 二氧化碳利用

二氧化碳利用技术是指通过物理或化学手段将二氧化碳进行利用，转化为各种产品的过程[18]。根据利用方式不同，主要分为地质利用、生物利用、化工利用和矿化利用四大类。

1）二氧化碳地质利用

二氧化碳地质利用是指将二氧化碳用高压的方式注入深层地质层，进而强化资源开采过程，其主要资源产品为石油、天然气、地热、铀矿。二氧化碳强化石油开采技术在国外已商业化应用，在我国多个油田成功开展了应用，并将成为封存二氧化碳的主要手段，单项目规模达百万吨级[19]。预计 2030 年我国二氧化碳地质利用减排潜力可达 2 亿 t。二氧化碳地质利用技术实施过程中，都需要使用钻探工具向地下储层输入二氧化碳流体，鉴于二氧化碳的特殊性质，遇水成酸，呈现腐蚀特性，一些金属仪器和设备会受到腐蚀，影响工程质量和安全，因此监测封存二氧化碳地层的状态，对于降低泄露、地面变形等安全风险非常关键。

2）二氧化碳生物利用

二氧化碳生物利用是指通过生物作用（如光合作用、生物矿化作用等）将二氧化碳用于物质合成，实现资源化利用的过程，其主要产品为肥料、饲料、食品等。工业化技术有二氧化碳微藻生物利用、二氧化碳气肥利用、微生物固定二氧化碳合成苹果酸。二氧化碳微藻生物利用技术是借助微藻将二氧化碳转化为生物燃料、功能食品、饲料添加剂等化学品。每吨微藻干粉可固定 1.83t 二氧化碳，预计到 2030 年减排潜力可达 110 万～180 万 t。二氧化碳气肥利用技术是将提纯的二氧化碳注入温室，增加二氧化碳浓度，加强光合作用，提高作物产量，还可增强作物的抗虫病能力，制备和使用过程无污染[20]。

3）二氧化碳化工利用

二氧化碳化工利用是指通过化学转化将二氧化碳封存固定于反应物中，从而转化为目标产物的资源化利用过程，其主要产品为材料、化学品、食品等。二氧化碳转化成的产品可大致分为通过还原作用生成 C—H 键构成的燃料产品，以及通过羧化作用生成 C—O、C—C、C—N 键构成的化工原料[21]。按照产品类型进行分类，可分为合成能源化学品、高附加值化学品及材料三大类。该方法可实现二氧化碳的资源化利用，并进一步推动传统产业的转型升级。二氧化碳可用于合成尿素、阿司匹林、碳酸盐和水杨酸及其衍生物，也可以通过加氢和其他方式生产烃、碳酸二甲酯、醇类、高级羧酸类和醚类等化工产品。

4）二氧化碳矿化利用

二氧化碳矿化利用主要通过工业固废中钙、镁等碱性金属对二氧化碳进行碳酸化固定，得到化学性质稳定的碳酸盐，如二氧化碳矿化水泥和工业固废（粉煤灰、钢渣、高炉渣等）制备建材，二氧化碳矿化电石渣和磷石膏制备纳米碳酸钙、硫酸铵等产品。一方面可消纳二氧化碳和工业固废；另一方面可生产具有经济附加值的产品，实现资源化利用。目前，主要用二氧化碳注入来提高石油和天然气的采收率，但考虑到碳的生命周期，这些过程仍然会向大气中释放二氧化碳[22]。

3. 二氧化碳封存

二氧化碳封存按照封存地点一般可分为海洋封存、地质封存、矿化封存。海洋封存技术，是将捕获的二氧化碳气体直接运输至海洋底部，促使其发生溶解，形成重于水的物质或者是转化成水合物，是一个自发的过程。然而，海洋中大量的二氧化碳富集，致使海洋酸化，影响海洋生物生存，破坏海洋生态系统[23]。我国 CCUS 地质封存是指将气态和液态混合的二氧化碳注入地质结构中，包括废弃的油气田和煤矿等。地质封存的最佳方式是将二氧化碳封存在地下的咸水层，其原理与自然界中地质封存天然气等气体的原理非常类似，是非常有潜力的二氧化碳封存技术。全球各区域都存在适合封存二氧化碳的沉积盆地，且地质封存能力巨大，其中深盐水层可能有近 10000Gt 的封存潜力，油气田和深海则分别有 1000～4000Gt 的潜力[24]。然而由于地质封存潜在的诸多不确定性和安全风险，近年来该技术进展缓慢。一些国家如芬兰、韩国等没有足够的地质封存容量或者没有合适的封存地层，而且有时二氧化碳排放源与封存地点距离较远，而长距离管道运输成本昂贵。另外，从经济角度讲，将二氧化碳从大的排放源捕获并永久封存在目标地层的过程没有产生新的有价值的产品，是一个纯投入的无经济效益的环保技术，并且在技术实施过程中，也需要消耗能量，会导致新的二氧化碳排放。因此，对新的二氧化碳封存利用技术的研究被提上日程。

二氧化碳矿化封存，即二氧化碳矿化或矿物碳酸化，是对自然风化过程的加速模拟，即气态二氧化碳与含 Ca/Mg 的矿石或固体废弃物反应形成更加稳定的固体碳酸盐，然后将二氧化碳永久封存的技术。由于碳酸盐的吉布斯自由能远低于二氧化碳气体，碳酸盐是碳的稳定形态。这种技术可同时完成二氧化碳的捕集和封存，缩短技术链，具有无须监测、可永久储存二氧化碳、环境风险小的特点，是一种有效固定二氧化碳的潜在技术。其中，含钙或含镁的天然矿物（蛇纹石、镁橄榄石、硅灰石等）和工业固体废弃物（钢渣、粉煤灰等）是二氧化碳矿化储存的主要原料。这些原料的存储量大、地域限制小、成本较低，尤其是一些典型的粒径较小的工业固体废弃物，较大的比表面积使其对二氧化碳具有良好的矿化储存能力。此外，固定二氧化碳后的产物也可在道路回填、建筑材料等方面得以充分应用[25]。因此，二氧化碳矿化封存技术，在燃煤电厂行业具有广阔的应用前景。总而言之，相比于化学吸收等二氧化碳捕集技术，二氧化碳的矿化封存，对于无法进行地质封存的中小型二氧化碳气体排放源，具有更强的适用性。根据工艺的不同，又可以将矿化封存技术分为二氧化碳的直接矿化、间接矿化两种工艺。

1）直接矿化工艺

直接矿化工艺的实质是在同一个反应容器中，二氧化碳与碱性矿物之间进行一步碳酸化反应，最终生成稳定的固体碳酸盐。在气-固矿化工艺中，二氧化碳直接与碱性矿物发生沉淀反应。这种工艺的反应速率和二氧化碳的转化率均达不到工业化应用的标准，因而未广泛应用于二氧化碳矿化储存。在气-固-液湿法矿化工艺中，以水作为反应介质，二氧化碳从气相转换成液相的碳酸。在弱酸性环境下，碱性矿物逐步溶解，与电离出的碳酸根离子生成碳酸盐沉淀[26]。湿法矿化工艺下，二氧化碳的反应速率以及矿化能力均明显地提升。

2）间接矿化工艺

间接矿化工艺基本上分两步完成，第一步是将碱性矿物与特定的酸性浸出剂（氢氧化钠类的强碱、醋酸类的弱酸、铵盐类的强酸弱碱盐等）混合，以浸出 Ca、Mg 等碱性离子，过滤后获得富含钙镁离子的溶液；第二步，将含钙镁离子的溶液与通过捕集工艺获得的二氧化碳气体或者碳酸盐共混，碳酸化反应后得到碳酸钙或者碳酸镁固体沉淀，从而实现二氧化碳的矿化储存[27]。间接矿化的优点是可以生产有较高价值的高纯度碳酸盐产品来降低工艺成本，因为可以在碳酸盐沉淀之前除去杂质，如二氧化硅和铁。缺点是原来矿石仍然需要进行破碎、碾磨等高能耗的预先处理，并且酸性浸出剂难以回收并循环利用。因此，在间接矿化研究中，酸性浸出剂的筛选是关键，一方面要求浸出剂能迅速浸出钙镁离子，另一方面要求酸性浸出剂容易回收和循环利用。

8.2　尾渣亲碳特性及固碳技术进展

8.2.1　高钙建筑固体废物

1. 废弃混凝土

随着我国建筑行业的迅猛发展，大量商品房的修建、旧城改造以及基础建设工程的施工中都会产生大量废弃混凝土。我国《城市建筑垃圾和工程渣土管理规定》指出，建设单位、施工单位和个人对各类建筑物和构筑物进行建设、修缮和拆迁过程中所产生的水泥浆、废渣、碎块等均属于建筑废弃物。世界大多数国家建筑行业产生的建筑垃圾和废弃物在城市垃圾总量中占比很大，高达 30%～40%。对数量如此巨大的建筑废弃物应该采取恰当处理措施，若处置不当比如单纯填埋，不仅消耗人力物力，无法从根本上解决问题，而且还会造成新的环境污染。另外，现阶段我国大规模的基础建设和房屋工程又需要消耗大量砂石作为混凝土的骨料，每方混凝土大约需要 2t 砂石骨料[28]。粗骨料、细骨料及硬化水泥浆体是废弃混凝土的三个主要组成部分，其主要元素包括硅、铝、铁、钙、钠、镁、钾、硫等，主要氧化物种类为二氧化硅、氧化铝、氧化铁、氧化钙。典型废弃混凝土的主要化学成分：CaO 16%～35.5%、SiO_2 30%～55%、Al_2O_3 6%～9%、MgO 1.7%～7.5%、Fe_2O_3 1.8%～2.6%、K_2O 1.5%～4.4%、Na_2O 0.6%～1.5%。废弃混凝土的矿物组成一般包括石英、钙矾石、水化硅酸钙、氧化钙、氢氧化钙、白云母等，其主要成分为石英。

随着建筑垃圾治理工作的开展，国家对于建筑垃圾处置问题逐渐重视起来，其中废弃混凝土的资源化利用是重点之一。但是，废弃混凝土本身来源复杂，其原料及配比多样化，组成波动较大，客观上导致废弃混凝土整体利用率较低[29]。废弃混凝土资源化利用主要集中在以下几个方面：①制备再生混凝土制品；②用于建筑基础回填和筑路材料；③生产再生骨料；④再煅烧制备水泥熟料；⑤用作矿物外加剂以取代部分水泥；⑥制备地聚合物水泥[30]。此外，废弃混凝土还被用于制备植生混凝土和植被屋面层、透水砖、混凝土面板等再生建筑材料。实际上废弃混凝土即使在使用过程中经历水化、风化等过程，仍存在较多的活性成分，这些活性成分在重新激活后，可以得到高效利用。混凝土碳化技术作为一种能够将废弃混凝土重新焕发活性的一种技术，其作用机理为废弃混凝土成分中的 $Ca(OH)_2$、水化硅酸钙凝胶（C-S-H）等与 CO_2 反应后生成碳酸钙以及活性纳米硅胶等有利产物。其中碳酸钙作为产物能填充再生骨料的孔隙，降低吸水率、增强骨料的界面强度，而活性纳米硅胶作为活性较强的成分可以与 $Ca(OH)_2$ 反应生成 C-S-H，为再生产品提供强度，降低再生产品中水泥的添加量[31]。此外，碳化技术在强化骨料的同时能在短时间内固定大量 CO_2，为废弃混凝土资源化利用以及开辟建材行业低碳路径提供了一种很好的技术手段。

2. 再生微粉

再生微粉是一种绿色再生建筑材料，一般粒径不超过 0.16mm，主要来源为建筑物建设、重建、改建、扩建和拆除过程中产生的建筑微粉以及建筑与拆除废弃物经分选、破碎、研磨、过筛制得的混合微粉，约占废弃混凝土总质量的 5%～20%。再生微粉主要含有硬化水泥石，其化学成分包括 CaO 20%～40%、SiO_2 30%～50%，其余为 Al_2O_3、Fe_2O_3、碱性金属氧化物、碱土金属氧化物和少量硫酸盐等。在矿物组成方面，硬化水泥石的矿物组成中 50%以上为 C-S-H，约 20%为 $Ca(OH)_2$，其余为钙矾石和未水化水泥熟料。再生微粉质地疏松，颗粒形状不规则，整体颜色呈灰白色，主要成分包括未完全水化的水泥、惰性物质、硬化水泥石以及集料粉末，具有一定的潜在活性。由于具有良好的微集料填充效应以及火山灰效应，再生微粉部分取代水泥等胶凝材料，为建筑固废的再利用提供一种新思路[32]。再生微粉具有粒径小、表面疏松等特点，其堆积密度和表观密度分布在 900～920kg/m³ 和 2500～2700kg/m³，而比表面积的分布更为离散，4500～7500cm²/g 的再生微粉均有[33]。再生微粉包含的未水化水泥颗粒能够进一步反应，具有继续水化生成强度物质的能力，作为掺合料取代部分胶凝材料是可行的。再生微粉具有很高的利用价值，有效资源化不仅可以提高建筑固废的再生利用率，促进相关产业的拓展与深化，还能减少建筑固废对土地资源的无效占用和对环境的污染，因此开发利用再生微粉对于建筑固废资源化利用具有重大意义。

国内对再生微粉的研究主要集中于再生微粉活性激发以及水泥基复合材料的复配等方面。有研究对比了五种不同激发剂对再生微粉活性的激发效果，发现添加了激发剂的再生微粉活性激发效果优于未添加激发剂的，且激发效果 $CaCl_2$＞$CaSO_4$·$2H_2O$＞NaOH、$Ca(OH)_2$、Na_2SO_4[34]。有研究了再生微粉对水泥净浆、砂浆及混凝土的影响，表明再生微粉具有潜在活性，随着掺量增加，抗压强度呈先降后升再降的趋势，掺量为 20%时强度达到最高，且再生微粉混凝土的后期强度增长较快。有研究不同掺量再生微粉对超高性能工程胶凝复合材料的力学性能的影响，表明由于早期的稀释和加速作用以及后期的火山灰和填料作用，适量的再生微粉将有利于提高材料的抗压强度，并显著降低混凝土的自收缩。有研究了再生微粉对水泥基复合材料强度的贡献机制，表明再生微粉的强度贡献主要是通过微集料效应、水化和火山灰活性来实现的，再生微粉的水化活性主要影响早期强度，火山灰活性主要影响后期强度，再生微粉的火山灰反应性可以被氢氧化钠和氧化钙激活。

3. 废弃黏土砖

实心黏土砖是世界上最古老的建筑材料之一，也是我国用了上千年的最传统的墙体材料，直至 2005 年，为保护耕地、减少生产能耗和环境污染，国务院印发关于"城市限粘，县城禁实"的指令，实心黏土砖才开始逐渐被其他墙体材料所替代。典型废弃黏土砖的主要化学成分：CaO 0.7%～10%、SiO_2 50%～70%、Al_2O_3 14.5%～20%、MgO 0.9%～5.5%、Fe_2O_3 5%～9%、TiO_2 0.8%～2.3%、K_2O 0.9%～4.4%、Na_2O 0.4%～1.8%。我国 20 世纪至今的建筑多以砖混结构为主，主要材料是黏土砖。过去 50 多年我国至少生产了 200 多亿 m^3 黏土砖，而这些黏土砖在未来 50 年大都将转化为建筑垃圾，废弃黏土砖的产出量基本在每年 5200 万 t 左右。欧洲的水泥基自流平在地坪行业中的应用已达到每年 150 万 t，应用面积达到了 1 亿 m^3，其中德国的应用面积在 2000 万 m^3 左右，每年 27 万 t，我国的用量大约在每年 15 万 t[35]。在建筑垃圾中，废弃黏土砖往往与砂浆、混凝土等黏结在一起，大部分被直接填埋处理，资源化利用程度不高。目前，国内废弃黏土砖再生利用的途径主要有生产再生骨料以及墙体材料。

我国的城市建筑固废综合利用研究相对于欧美等发达国家起步较晚。近年来，随着我国建筑废弃物相关法律法规和行业标准不断出台，在国家政府政策引导和建筑行业牵头示范的大力推动下，我国在建筑固废综合利用方面取得了长足发展，已在全国建设了多个百万吨以上的建筑废弃物生产再生骨料及资源化产品示范基地[36]。运用建筑垃圾吸收二氧化碳并将其重新用到建筑里面是解决建筑垃圾的很好手段。作为建筑垃圾中的主要部分废弃混凝土，其骨料表层老砂浆中的氢氧化钙和水化硅酸钙与二氧化碳反应生成碳酸钙和硅胶，可以填充表层老砂浆中的孔隙和裂缝。改善的骨料可用于代替天然骨料[37]。生产 1t 再生骨料对比天然骨料可减少 23%～28%的碳排放和 34%左右的开采成本[38]。因此，可以通过碳化手段处理再生混凝土，将二氧化碳以矿物态形式固定，并且使再生混凝土产生胶凝特性，然后将其用于制备性价比优良的建材制品，这不仅能有效缓解生产水泥以及建筑垃圾引起的资源消耗和环境问题，还能为建筑垃圾高附加值利用和降低二氧化碳排放提供广阔的应用前景，推进土木工程材料的可持续发展。

8.2.2　高钙低硫工业尾渣

烟气中二氧化碳与碱性工业固废之间的矿化是实现二氧化碳大规模减排和工业固废资源化的重要途径。碱性工业固废如钢渣、高炉渣、粉煤灰、电石渣和赤泥等被广泛用于矿化固定二氧化碳。上述工业固废矿化固定二氧化碳是基于 Ca^{2+}（aq）$+CO_3^{2-}$（aq）$\longrightarrow CaCO_3$（s），即含钙组分先溶出 Ca^{2+}，然后 Ca^{2+} 与 CO_3^{2-} 反应生成 $CaCO_3$[39]。图 8-8 是尾矿库二氧化碳吸储概念图。

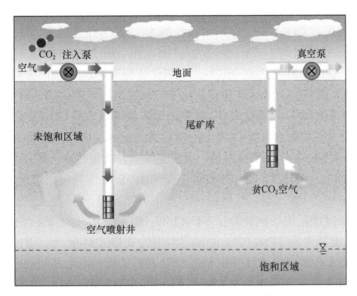

图 8-8　尾矿库二氧化碳吸储概念图

1. 高炉渣

高炉渣作为冶金工业生产过程中排放的主要工业固废，是一种易熔的硅酸盐混合物。它是由铁矿石中的铝矾土（Al_2O_3）和二氧化硅与熔剂发生高温反应生成的。从宏观上讲，高炉内一切非金属的液相都可以称为炉渣。高炉渣的处理方法有很多，可以分为化学处理工艺、干法处理工艺和水淬处理工艺，其中我国的主要处理工艺是水淬处理工艺。高炉渣的化学成分取决于炼铁过程中生铁的种类和所选铁矿石的化学成分。一般情况下，高炉渣的化学成分与普通的硅酸盐水泥和天然矿石的化学成分极其相似，常见钢铁企业生产的高炉渣的主要化学成分：CaO 23%～43%、SiO_2 25%～40%、Al_2O_3 7%～15%、MgO 3%～9%、Fe_2O_3 1%～4%、MnO 0.1%～2%、TiO_2 0.2%～23.5%。投入的原料和冷却方式影响高炉渣中的矿物组成，高炉渣的矿物组成会因为高炉内温度和凝固速率的不同而不同。碱性高炉渣（碱度系数＞1）的主要矿物组成包括钙镁黄长石和钙铝黄长石，其次还含有硅酸二钙、钙长石、假硅灰石、钙镁橄榄石和镁方柱石等少量矿物；酸性高炉渣（碱度系数<1）的主要矿物组成则包括假硅灰石、辉石、黄长石及斜长石等。由玻璃体组成的急冷渣，在相同的冷却速率下，酸性高炉渣的玻璃体含量远远高于碱性高炉渣中的玻璃体含量。熔融态的高炉渣冷却速率越快，它的玻璃体含量就越高，高炉渣的凝胶活性就会越强。在目前的实际生产中，我国冶金行业排放的急冷渣中，玻璃体含量大约在 80%[40]。全球高炉渣产量约 400 万 t，每生产 1t 生铁产生 250～350kg 高炉铁渣。目前我国的高炉铁渣利用率为 70%～85%，堆存的高炉铁渣超过 1 亿 t，不但占用了大量土地，也造成了严重的环境污染[41]。因此，开展高炉铁渣的综合利用对于解决其所造成的环境问题具有重要意义。高炉渣常用处理方法有水淬法、半急冷法和热泼法，分别得到水淬渣、膨胀渣和重矿渣产品。就我国而言，高炉渣的综合利用途径包括生产水泥混合料、混凝土、矿渣微晶玻璃、矿渣棉、膨珠和硅肥等。

由于高炉渣中 CaO 和 MgO 的含量较高，被认为是潜在的 CO_2 矿化原料。有研究提出了一种利用高炉渣进行 CO_2 矿化，采用可回收的 $(NH_4)_2SO_4$ 作为助剂，在 $(NH_4)_2SO_4$ 与高炉渣质量比为 2∶1，焙烧时间为 2h，温度为 623K，然后用 2.5% H_2SO_4 进行浸出，随后在 375K 下水解 4h，钛的水解率达到 95.7%，二氧化钛纯度可达 98%，去除钛的浸出液用氨中和溶液至 pH=5，用共沉淀法可选择性析出 99.7%的铝，沉淀中镁的质量分数小于 1%，焙烧过程中产生的 NH_3 可以资源化利用，可以用于捕获烟气中的 CO_2。矿化产生的 $NHHCO_3$ 和 $(NH_4)_2CO_3$ 被用来矿化富含 $CaSO_4$ 和 $MgSO_4$ 的浸出液，在整个过程中，高炉渣中大约 82%的 Ca 和 84%的 Mg 发生了矿化反应，生成碳酸盐，每吨高炉渣可以固定 239.7kgCO_2。有研究利用 NH_4NO_3、NH_4Cl、CH_3COONH_4 和 $(NH_4)_2SO_4$ 作为浸出溶剂，在 303K、1bar 条件下浸出高炉渣中的 Ca 元素，然后和 CO_2 发生矿化反应，Ca 的浸出效率与反应所需要的时间、温度和浓度成正比，$NHNO_3$、NH_4Cl 和 CH_3COONH_4 的钙浸出效率约为 52%，$(NH_4)_2SO_4$ 的钙浸出效率为 38%，CO_2 的固定效率为 0.13gCO_2/g 渣。无论铵盐的类型是什么，最终生成的 $CaCO_3$ 均为方解石型，钙的浸取效率受高炉渣结晶相的影响显著。有研究高炉渣直接气固矿化反应，高炉渣与 CO_2 气体在密闭室中反应 28d，矿化效率达到 39%，碳酸钙产物为方解石。通过 NaOH 溶液对高炉渣进行表面改性，发现表面改性后的高炉渣矿化效率约为未表面改性的 10 倍。利用各种盐溶液可以强化高炉渣的矿化过程，在 423K、CO_2 压力 3MPa 条件下，1mol/L 氯化钠溶液作为反应试剂，反应时间 24h，高炉渣的 CO_2 固碳能力达到 280kg/t[42]。氯化钠溶液可以有效促进钙的溶解，从而提高 CO_2 矿化过程，但是该过程仍面临着反应动力学缓慢和效率低等问题，需要高温高压来强化 CO_2 矿化作用。

2. 钢渣

钢渣是在炼钢过程中排出的熔渣，是炼钢过程中的副产物，主要来源于金属炉料中的硅、锰、磷和少数的铁氧化物，以及加入的造渣剂如石灰石、白云石、萤石、硅石等。钢渣还包括金属炉料带入的杂质以及氧化剂、脱硫产物和被侵蚀、剥落下来的炉衬材料与补炉料等。目前我国采用的炼钢方法主要有转炉和电炉炼钢，按冶炼方法不同，钢渣分转炉钢渣和电炉钢渣。转炉钢渣按不同生产阶段，可分为转炉渣和精炼渣；电炉钢渣分氧化渣与还原渣。按熔渣性质不同，可分为碱性渣、酸性渣。钢渣按形态可分为水淬粒状钢渣、块状钢渣和粉状钢渣等。此外，在炼铁和转炉炼钢的流程之间还会产生脱硫渣。我国目前产生和堆存的钢渣 80%以上都是转炉渣。钢渣的化学成分因入炉原料成分、冶炼工艺不同而有很大差异，通常含有 CaO 45%～60%、SiO_2 10%～15%、Al_2O_3 3%～9%、MgO 3%～13%、Fe_2O_3 7%～20%。炼钢的基本工艺是去除金属铁料中有害元素的氧化还原过程，在炼钢过程中，大多数冶金反应是在渣钢界面完成的，所以转炉钢渣必须保持较高的碱度，以保证炉渣向熔池中传递氧化物完成炼钢任务，因而大多数转炉钢渣都具有较高的碱度，即 CaO 含量较高。此外，在炼钢环节的氧化气氛下，部分铁液被氧化为 Fe_2O_3，因而钢渣中 Fe_2O_3 含量也较高。钢渣的主要矿物组成是钙的硅酸盐和铁酸盐矿物，渣中的矿物有硅酸二钙（Ca_2SiO_4）、铁酸二钙（$Ca_2Fe_2O_5$）、硅酸三钙（Ca_3SiO_5）、钙镁蔷薇辉石[$Ca_3Mg(SiO_4)_2$]、钙镁橄榄石（$CaMgSiO_4$）、镁铁尖晶石（$MgFe_2O_4$）、磁铁矿（Fe_3O_4）、钙铁榴石[$Ca_3Fe_2(SiO_4)_3$]、游离氧化钙（f-CaO）以及铁、镁、锰的氧化物形成的固溶体相等。钢渣中 Mg^{2+}、Fe^{2+}、Mn^{2+} 半径较为接近，因而它们之间可相互取代形成固溶体[43]。钢渣的综合利用一般分为内循环和外循环，内循环一般把钢渣经破碎、筛分、磁选以后含铁部分回到钢铁主流程，尾渣部分用于外循环。尾渣外循环主要包括以下几方面：生产水泥及建筑材料、用于公路建设、生产微晶玻璃、用于污水处理、用于改良土地和生产肥料等。目前，钢渣主要用作道路建设的集料，如交通道路的路基和底基层，以及热拌沥青混凝土和沥青铺路混合料，土方工程的填料，或作为水泥熟料生产的添加剂和磷肥等。目前在日本、德国等一些国家钢渣利用率已接近 100%，我国的综合利用率有待提高[44]。

采用钢渣作为 CO_2 矿化原料，可以将不稳定组分转化为碳酸盐，同时实现 CO_2 减排及钢渣稳定利用的双重效益。另外，钢渣本身是碱性的，溶解游离 CaO、MgO 和 C_2S 后反应活性较高，更适合 CO_2 矿化。因此，钢渣 CO_2 矿化利用技术受到了广泛关注[45]。荷兰能源研究中心针对 CO_2 直接液相矿化转炉钢渣的固碳性能进行了研究，分别考虑了粒径、温度、压力、水固比、搅拌速率和反应时间对固碳速率的影响，表明粒径小于 38μm 的钢渣在温度 373K、CO_2 压力 1.9MPa 和水固比为 10 条件下矿化反应 30min，固碳率约 15%，相对于总钙的转化率达到 74%；决定矿化反应速率的两个重要因素分别为原料粒径（38μm～2mm）和反应温度（298～498K），其原因在于钢渣颗粒中 Ca^{2+} 的析出是动力学的限制步骤，表层 $CaCO_3$ 沉淀层和低钙富硅层的形成阻碍了 Ca^{2+} 的扩散，外围 $CaCO_3$ 层为 1～2μm。已有研究除探究钢渣在不同工况下的固碳性能外，还从不同角度对钢渣本征组分对固碳性能的影响开展了探究。有研究从矿物单组分的角度探讨钢渣的固碳和力学性能，分别探究了 β 相和 γ 相硅酸二钙（β-C_2S、γ-C_2S）、硅酸三钙（C_3S）以及 C-S-H 的固碳量及碳酸钙产物的生长和演变规律；粒径小于 80μm 的钢渣粉末在纯 CO_2 压力 0.2MPa、水固比 0.12 和温度 293K 条件下循环 5 次矿化反应后的最高固碳率约为 21%，对应转化率约为 56%；而压实成型后矿化 2h 的固碳率为 6%～11%；并且各硅酸钙的单位固碳率带来的抗压强度的增长各不相同，定义为矿化比强度。从钢渣化学组分的角度研究钢渣的固碳性能，在 CaO 中分别添加 Fe_2O_3、Fe_3O_4、SiO_2、MgO 和 Al_2O_3 等氧化物以探究对 CO_2 矿化效率和速率的协同或抑制作用，表明酸性氧化物 SiO_2 对反应具有抑制作用，而碱性氧化物 Fe_2O_3、Fe_3O_4、MgO 和两性氧化物 Al_2O_3 能够促进 CO_2 矿化反应；进一步，通过超音速蒸汽磨将钢渣粉碎活化至中粒径小于 50μm，对钢渣和电石渣混合复配的固碳性能进行研究[46]。有研究从 Ca

元素的活性和惰性矿物组分角度探讨钢渣的固碳性能,计算了 CaO 元素中赋存于硅酸钙中的活性钙与赋存于铁铝酸钙和水钙铝榴石中惰性钙的比例,通过浸出试验验证了钢渣中活性钙占钢渣中总钙(约 40%)的 74%～90%;进一步在高湿度矿化反应(纯 CO_2 压力为 1bar,室温,水固比 0.15,湿料平铺)30～40d 后,钢渣中总钙的转化率可达 68%,约占理论活性钙(80%)的 85%。

3. 粉煤灰

粉煤灰是燃煤电厂的副产品。粉煤灰在化学上可以被认为是复合氧化物的混合物,可以由 SiO_2-Al_2O_3-MeO 表示,其中 MeO 是碱金属(Na_2O、K_2O)、碱土金属(CaO、MgO)和/或过渡金属氧化物(MnO、ZnO)。SiO_2、Al_2O_3 和 Fe_2O_3 是粉煤灰的主要成分,其次是 Ca、Mg、Na、K 以及微量元素如 As、B、Hg、Co、Se、Sr 和 Cr。原煤产地、燃煤方式及煤炭燃烧程度不同,得到的粉煤灰成分也不同,通常我国粉煤灰的化学组成如下:SiO_2 35.6%～57.2%、Al_2O_3 18.8%～55%、Fe_2O_3 2.3%～19.3%、CaO 1.1%～7%、MgO 0.7%～4.8%、Na_2O 0.6%～41.3%、K_2O 0.8%～0.9%。粉煤灰可以分为两类:F-class 和 C-class。根据美国材料与试验协会,SiO_2-Al_2O_3-Fe_2O_3 氧化物质量分数大于 70% 且 CaO 质量分数小于 10% 的粉煤灰定义为 F-class 粉煤灰,而 SiO_2-Al_2O_3-Fe_2O_3 氧化物质量分数处于 50%～70% 且 CaO 质量分数处于 12%～25% 的粉煤灰定义为 C-class 粉煤灰。C-class 粉煤灰通常是由低阶煤(褐煤或次烟煤)燃烧产生的,而 F-class 粉煤灰通常是由高阶煤(烟煤)燃烧产生的。在 F-class 粉煤灰中,钙元素主要以 $Ca(OH)_2$、$CaSO_4$ 和无定形相的形式与 SiO_2 和 Al_2O_3 混合存在。另外,C-class 粉煤灰中的碱金属和硫酸盐含量通常高于 F-class 粉煤灰的量[47]。

由于无烟煤很少直接用于燃烧发电,所以无烟煤粉煤灰的量非常有限。从矿物学角度看,粉煤灰由三种类型的组分组成:结晶相、未燃烧碳和无定形相。烟煤粉煤灰的矿物组成与次烟煤及褐煤飞灰有很大差异,控制这种差异的因素包括原料煤中灰分的矿物组成及元素组成,以及燃烧条件。烟煤粉煤灰中的主要结晶相包括莫来石($Al_6Si_2O_{13}$)、石英(SiO_2)、磁铁矿(Fe_3O_4)、磁赤铁矿(γ-Fe_2O_3)、赤铁矿(α-Fe_2O_3)和石灰(CaO),而低阶煤粉煤灰中的主要结晶相是石英、石灰、钙长石($CaAl_2Si_2O8$)、莫来石和石膏($CaSO_4$)。近年来电力工业迅猛发展,粉煤灰的排放量也随之增加,通常每消耗 1t 煤就会产生 250～300kg 粉煤灰。全球每年产生粉煤灰为 60 亿～80 亿 t,其中中国的粉煤灰产量约占 18%。与发达国家相比,我国粉煤灰的平均综合利用率偏低,仅为 70%。国内外已经相继开发很多粉煤灰利用技术来提高粉煤灰的利用率以减少其堆放,全球约有 20% 的粉煤灰用于水泥[48]。其他用途包括道路铺设和堤防建设、矿山回填、混凝土生产以及土壤改良等。在我国,粉煤灰利用率每年都在增加,但近年来一直保持在 70% 左右。未来粉煤灰利用将面临更多挑战,如更严格的处置选址限制、废弃物填埋可用空间减少和处理成本增加等,因此开发粉煤灰利用的新技术是必不可少的。

由于粉煤灰中含有来自烟气的污染物,导致其具有潜在的毒性,所以这种材料的再利用优于直接处理。由于粉煤灰中含有氧化钙和氧化镁等,而且在 CO_2 排放源的附近产生,因此其具有矿化 CO_2 的优势。粉煤灰矿化固定 CO_2 的潜力与市政固废灰渣相似,与其他碱性固废相比,其矿化 CO_2 的能力较低。目前大部分的研究集中于粉煤灰的直接碳酸化工艺,直接碳酸化工艺又可细分为气固干法和湿法两种工艺。低 CO_2 分压条件下，粉煤灰的气固干法碳酸化工艺是技术可行的，然而由于反应动力学缓慢，该工艺需要极高的温度条件，温度为 443～774K，CO_2 压力为 0.1～10bar，这是非常耗能的。即使在高温和高压下，动力学缓慢和 CO_2 封存能力低，气固干法碳酸化工艺仍然经济可行。有研究考察了不同条件下（298～333K，CO_2 分压 1～4MPa，固液比 50～150g/L，搅拌速率 450r/min）法国褐煤粉煤灰的 CO_2 封存能力。有研究通过分析碳酸化反应过程中的 pH、电导率和 CO_2 转化率的变化，验证了德国褐煤粉煤灰在水体系中的碳酸化机理，而粉煤灰的湿法碳酸化工艺，可提供更好的气固液三相间的传质和更高的反应转化率。有研究探讨了不同固液比 100～330g/L，CO_2 通量 20～80mL/min 以及添加剂（去离子水，1mol/L NH_4Cl 溶液和海水）下韩国粉煤灰的 CO_2 封存能力。有研究探讨了澳大利亚粉煤灰在不同条件下（293～353K，CO_2 分压 3MPa）在高压反应釜中的 CO_2 封存能力。此外，另一些研究尝试引入添加剂来促进粉煤灰的碳酸化效率。在高压反应釜中 298～353K，搅拌速率 1000r/min 下，通过添加 NaOH 和卤水来提高粉煤灰碳酸化效率，表明有这些添加剂的粉煤灰的 CO_2 封存能力比分别使用粉煤灰和卤水时要高[49]。

4. 电石渣

电石渣是氯碱工业产生的固废，电石水解后产生电石渣和 C_2H_2，电石渣被称为劣质 $Ca(OH)_2$，主要化学组成包括：$Ca(OH)_2$ 72%～96%、$CaCO_3$ 和 SiO_2 1%～10%；因其碱性物质含量多，可被用作矿化固定 CO_2。电石渣的产生量为 1.5～1.9t 电石渣/1t PVC，全球电石渣的年产量为 1.5 亿～1.9 亿 t。我国是电石渣的主要生产国，PVC 产量达到 2300 余万 t，从而导致电石渣的排放量接近 4000 万 t。大多数企业只是对其进行部分回收，或将其堆放干燥后再处置，造成土地占用、资源浪费、土壤污染和环境污染[50]。电石渣具有颗粒分散性好、比表面积大、孔隙结构大、钙元素丰富等特点，对电石渣资源化利用主要分为制备胶凝材料、土壤稳定剂、重金属场地处理。由于电石渣中含有丰富的 $Ca(OH)_2$ 且具有一定的反应活性，常将其与尾砂、矿渣、粉煤灰、赤泥等具有凝胶活性的材料混掺进行复合胶凝材料的制备[51]。

电石渣作为 CO_2 矿化的优良原料，不仅可以固定 CO_2，还可以制备高附加值的 $CaCO_3$ 产品。有研究用电石渣和 CO_2 储存材料合成了方解石型 $CaCO_3$ 微球，过滤后的滤液可重复用于吸收 CO_2，并可与 CO_2 反复反应生成同一晶相 $CaCO_3$ 微粒。有研究将电石渣用于加速矿化固定 CO_2，表明油酸钠的存在对浆液的矿化起一定的抑制作用，在未添加油酸钠的试验中 CO_2 转化为固体碳酸盐相的比率更高，$CaCO_3$ 颗粒大小在 11.55～38.11nm，所得 $CaCO_3$ 颗粒为方解石。有研究对电石渣通过气-液-固三相流化系统吸附 CO_2 的机理进行分析，发现在环境温度和压力下，Ca 通过三相流化系统可以完全转化为 $CaCO_3$，该工艺可获得 18%的吸收值，高于其他钙基吸收剂，该研究提供了一种清洁和节能的方法来捕获 CO_2，并且是一种很好的工业固废回收利用途径[52]。电石渣用于吸收 CO_2 的另一个途径为钙循环技术。钙循环技术的基本原理是在温度为 923～973K 的矿化炉内，CaO 与烟气中的 CO_2 发生矿化反应，从而实现 CO_2 固定，而生成的 $CaCO_3$ 进入温度高于 900℃的煅烧炉进行受热分解，所需热量由燃料在 O_2/CO_2 燃烧提供，尾气经冷凝后即得到 CO_2 浓度高于 95%

的气流，煅烧生成的 CaO 则继续进入矿化炉吸收 CO_2，该反应循环进行，CaO 一旦失活即被排出，而钙基吸收剂同步被补充[53]。电石渣捕集 CO_2 过程中的失活限制了钙循环技术的应用。

5. 赤泥

赤泥是以铝土矿为原材料制备氧化铝时附带产生的粉泥状工业固废。赤泥的化学成分和矿物组成取决于铝土矿的成分和氧化铝的生产方法。不同地区的赤泥的主要元素组成基本类似，但是各元素含量却有所不同。赤泥的主要化学组成包括：CaO 2%～14%、SiO_2 3%～50%、Al_2O_3 5%～30%、Fe_2O_3 5%～60%、TiO_2 0.3%～15%、Na_2O 1%～10%。赤泥含水率较高，其初始固体质量占总质量为 20%～80% 不等，矿物相主要是水合铝硅酸钠（$Na_2O \cdot Al_2O_3 \cdot xSiO_2 \cdot yH_2O$）、水合铝硅酸钙（$3CaO \cdot Al_2O_3 \cdot xSiO_2 \cdot yH_2O$）、方晶石（$SiO_3$）、赤铁矿（$Fe_2O_3$）、方解石（$CaCO_3$）和锐钛矿（$TiO_2$）。近年来，我国氧化铝产业发展迅猛，已成为全球最大的生产和消费国。全球氧化铝产量约为 1.3 亿 t，我国氧化铝产量为 7000 余万 t。我国的铝土矿资源主要分布在山西、河南、贵州、广西四省份，储量占全国储量的 90% 左右，其中山西占 42% 且其氧化铝产量接近全国产量的 30%。大约每生产 1t 氧化铝会产生 1～2t 的赤泥。我国每年氧化铝的产量占世界总产量的 40%，随之产生的赤泥处置费用约占氧化铝生产成本的 5%[54]。国内外主要采用输送堆场筑坝露天堆存的方式对赤泥进行处理，这种处置方式不仅会占用有限的土地资源，且赤泥的长期堆存会产生大量的强碱性渗滤液，会对赤泥堆场的地基土产生腐蚀，影响土体的结构稳定性，存在一定的溃坝危险。此外，赤泥粉尘会造成空气污染，其所具有的碱性在雨水的冲刷下会对土壤以及地下水造成污染，对人类和动植物的生存造成严重影响[55]。赤泥的综合利用仍属世界性难题，鉴于赤泥含有一定量的活性物质及潜在活性物质，具有碱性、良好的塑性和较大的比表面积，可将其用于制备胶凝材料、土壤稳定剂以及治理重金属污染。

有研究了反应时间和固液比对赤泥碳酸化捕获 CO_2 的影响，发现赤泥可以有效地封存 CO_2，在适当的反应条件下 1t 赤泥能够固化 53kg CO_2。此外，拜耳法炼铝产生的赤泥通过湿法碳酸化方式能够有效地捕获和封存 CO_2，同时可以中和赤泥废渣，避免其对环境造成污染。有研究分别对三水赤泥和一水赤泥进行钙化碳化法处理，经过多级的碳化分解—溶铝循环后得到三水赤泥，最终渣中的铝硅比可降低到 0.22，钠碱质量分数可降低到 0.175%；得到一水赤泥，最终渣中的铝硅比可降低到 0.68，钠碱质量分数可降低到 0.5%。之后有研究了水化石榴石的生成及分解规律，得出了高温生成的水化石榴石稳定性过高是导致一水赤泥氧化铝回收效率低的主要原因[56]。有研究以钙化碳化法分别处理了三水铝石矿及三水赤泥拜耳法溶出赤泥，经两级碳化溶出循环后，氧化铝提取率达到 80% 以上，利用新型叠管式搅拌溶出反应器、射流式碳化反应器，进行了 200L 规模的放大试验，三水铝石矿经过两级碳化溶出循环后，最终渣中的铝硅比从 4.24 降到了 0.89，钠碱质量分数降低到 1.01%；三水赤泥经过两级碳化溶出循环后，最终渣中的铝硅比从 1.47 降到了 0.76，钠碱质量分数从 10.27% 降低到 0.35%。

8.2.3　高钙高硫工业尾渣

1. 脱硫石膏

脱硫石膏又叫烟气脱硫石膏，是燃煤电厂中对锅炉燃烧含硫煤所产生的烟气进行脱硫净化处理后得到的工业副产石膏。脱硫石膏是我国目前年排放量最大的工业副产石膏，约占总排放量的 37%，其纯度高、杂质成分简单、放射性低，与天然石膏性质最接近，是一种理想的可再生资源。脱硫石膏一般呈白色或浅灰色，部分因烟气中杂质的影响而呈黄色。脱硫石膏颗粒较细，大多数颗粒粒径介于 30~60μm，比天然石膏更细。脱硫石膏的晶体类型以短柱状、球状和片状为主，径长比一般介于 1.5~2.5。脱硫石膏的 pH 一般在 5~9，通常含有 8%~12%的结合水，具有一定的黏性，自身不具备毒性。脱硫石膏的主要化学成分为 $CaSO_4 \cdot 2H_2O$，其质量分数超过 90%（干重），高于天然石膏中 $CaSO_4 \cdot 2H_2O$ 的质量分数（约 82%）。脱硫石膏由于是通过沉淀快速结晶形成，所以杂质通常以 Na、K、Mg 等离子的可溶性盐为主，还含有少量的有机碳、飞灰、酸性物质等，而天然石膏是随着时间变化沉积而成，因此其杂质一般以黏土类矿物为主。此外，脱硫石膏还具有良好的机械性、抗冻性以及热稳定性等特性。近年来，随着国家对燃煤电厂超低排放的严格要求，脱硫石膏的生产量逐年增长，给环境带来的危害也越来越大，目前我国已制定《烟气脱硫石膏》（GB/T 37785—2019）国家标准，对脱硫石膏的排放品质进行规定，尤其是对氯离子含量进行限制，以保证其在建筑材料等领域安全应用[57]。我国脱硫石膏综合利用主要体现在建筑、建材行业，如用于水泥混凝剂、公路路基回填材料以及制备石膏板、半水石膏、粉刷石膏等。然而随着国家对火电厂二氧化硫排放控制越来越严格，必然导致脱硫石膏的生产量迅猛增长，因此，必须寻找出更多、更加广阔的道路来实现对脱硫石膏的进一步综合利用[58]。

脱硫石膏矿化 CO_2 是一种双赢的策略，可一步实现 CO_2 减排和脱硫石膏的资源化利用。脱硫石膏矿化 CO_2 需要在碱性介质中反应，否则反应无法进行。脱硫石膏矿化 CO_2 技术主要分为直接湿法矿化和间接湿法矿化[59]。

直接湿法矿化工艺是指 CO_2、脱硫石膏和碱性物质（如 NH_4OH 或 NaOH）在一个反应器中发生矿化反应。首先，在浆液槽中配制脱硫石膏和氨水的悬浊液，之后将配制好的悬浊液加入矿化反应器中，并通入 CO_2 进行矿化反应，反应结束后进行固液分离，固体产物是 $CaCO_3$。液体进入结晶器中进行结晶，结晶完成后对体系进行固液分离可获得较纯的硫酸铵产品，母液返回结晶器中进行回收利用。通过氨回收槽回收挥发的氨气，回收的氨气进一步用于配制脱硫石膏和氨水的悬浊液，产品 $CaCO_3$ 和 $(NH_4)_2SO_4$ 可以广泛用于建筑、化肥等行业[60]。有研究氨浓度、CO_2 流速、固液比和 CO_2/N_2 浓度（15% CO_2，85% N_2）等参数对脱硫石膏转化率以及 CO_2 封存效率的影响，表明随着氨浓度增加，脱硫石膏转化率逐渐提高，在 10min 内转化率可达 95%以上。尽管较高的 CO_2 流速可以提高碳酸化反应速率，但是 CO_2 固定效率随 CO_2 流速先增大后减小。脱硫石膏直接湿法矿化 CO_2 是气液固三相反应体系，固液比并不影响脱硫石膏的转化率（95%以上），因此脱硫石膏直接湿法矿化 CO_2 更容易在实际操作中进行。此外，在低浓度 CO_2 条件下，脱硫石膏矿化反应速率比高浓度 CO_2 条件下的矿化反应速率小，其主要原因是大量惰性 N_2 降低了反应温度导致反应速率降低，但是脱硫石膏的最终转化率基本不变（95%）[61]。因此，燃煤电厂排放的 CO_2 有望不需要经过捕集过程，而直接被脱硫石膏矿化固定。脱硫石膏含有丰富的钙、硫等元素，经矿化反应后其产物是 $CaCO_3$、硫酸盐 [$(NH_4)_2SO_4$、Na_2SO_4]。矿化产物的再利用可以产生一定的经济价值，从而降低矿化工艺成本，增强脱硫石膏矿化 CO_2 在实际应用中的经济竞争力。通常，由于硫酸盐的溶解度比 $CaCO_3$ 高，所以很容易获得高纯硫酸盐产品。

脱硫石膏间接湿法矿化 CO_2 包括多个步骤，首先使用酸、碱和其他萃取剂从脱硫石膏中萃取反应活性组分（Ca），然后反应活性组分在水溶液中和 CO_2 进行碳酸化反应[62]。有研究利用 NaOH 先和脱硫石膏反应生成 $Ca(OH)_2$，然后 $Ca(OH)_2$ 与 CO_2 进行矿化反应。反应中脱硫石膏中的杂质会转移到 $Ca(OH)_2$ 中。因此，矿化产物 $CaCO_3$ 的纯度仍然不高，而且该过程需要更多的操作单元，使得该技术复杂难以推广。有研究通过氯化铵溶液对脱硫石膏进行盐浸处理以促进脱硫石膏的溶解，使其与不溶杂质高效分离，着重探讨了氯化铵浓度、盐浸温度、盐浸时间等因素对脱硫石膏溶解性的影响，获得了盐浸促溶的最佳工艺参数，同时以盐浸液为钙源对 CO_2 进行碳酸化固定，通过控制碳酸化条件（添加剂、溶液 pH、CO_2 流速、搅拌速率等），获得了制备菱形方解石和球形球霰石型 $CaCO_3$ 的工艺参数。虽然脱硫石膏间接湿法矿化 CO_2 可以制备较纯的 $CaCO_3$，但由于工艺复杂、成本高等导致其难以大规模应用。

2. 磷石膏

我国是全球第一大磷肥生产国，也是第一大磷石膏副产国。磷石膏的主要化学组成除包含 90% 以上的 $CaSO_4 \cdot 2H_2O$ 外，还含有少量杂质，如磷酸盐 [$Ca_3(PO_4)_2$、$CaHPO_4 \cdot 2H_2O$ 和 $Ca(H_2PO_4)_2 \cdot H_2O$ 等]、氟化物（NaF、CaF_2 和 Na_2SiF_6 等）、重金属（Cr、Cu、Zn 和 Cd 等）和有机物质等[63]。每生产 1t 磷酸有 4.5～5.0t 磷石膏附带产生。全球每年磷石膏产量约 1.5 亿 t，但其综合利用率不及 10%，具有较大的堆存量。我国每年磷石膏新增约 7500 万 t，累计储量近 6 亿 t，目前其利用率仍不足 40%，磷石膏所带来的环境风险和压力依然巨大。目前仅有少数发达国家如日本、韩国和德国的利用率较高，其多数用于生产熟石膏粉和石膏建材，也将其用于生产水泥缓凝剂，只有少数用于食品及医疗等行业[64]。大多数主要采用堆存方式进行处理，不但占用有限的土地资源，同时其粉尘及酸性有害物质会对空气、地下水和动植物造成危害，严重制约磷化工企业的健康发展[65]。磷石膏排放量大、利用率低已经制约了我国磷化工企业的可持续发展。因此如何低成本、规模化地利用磷石膏是目前亟须解决的问题[66]。

磷石膏中 CaO 干基质量分数约 35%，1t 磷石膏可矿化固定 CO_2 约 250kg。按我国每年磷石膏排放量 7000 万 t 计算，则每年可固定 CO_2 约 1750 万 t。磷石膏平均粒径只有 47μm 左右，颗粒细小，无须研磨且具有较高的碳酸化反应活性。磷石膏矿化固定 CO_2 的产物为粒径更小的碳酸钙，经过处理可制得高品质碳酸钙产品，广泛用于塑料、油漆和纸张添加剂等高端途径，因此附加值较高。此外，由于湿法磷酸过程生产的磷酸主要用于制备磷铵，因此大型磷肥企业除具有湿法磷酸装置外，还有配套的合成氨装置。然而合成氨过程是化肥行业主要的 CO_2 排放源，在其生产过程中排放大量高浓度 CO_2（纯度 98% 以上）。因此，采用磷石膏矿化固定合成氨过程的高浓度 CO_2，不仅能有效解决磷石膏堆存、污染问题，而且可以极大地缓解化肥行业减排 CO_2 的压力。同时由于合成氨过程排放的 CO_2 纯度高以及省去远距离运输环节，因此捕集成本较低且可以实现 CO_2 的近距离矿化固定。磷石膏矿化固定 CO_2 需要在碱性介质中反应，否则反应无法进行。采用合成氨过程的产品氨作为碱性介质，既生成硫酸铵肥料又省去了原料氨的购买，因此成本可以进一步降低[67]。早期的研究主要关注于通过湿法路线利用碳酸氨溶液与磷石膏废弃物反应制备硫酸铵产品。近年来，在 CO_2 减排的大背景下，有研究开始致力于磷石膏矿化封存 CO_2 的研究，利用 NaOH 溶液处理磷石膏废料，将其中的 $CaSO_4$ 转化为 $Ca(OH)_2$，同时获得副产品 Na_2SO_4，而 $Ca(OH)_2$ 进一步用来捕获 CO_2 生产 $CaCO_3$ 产品。此外，有研究还利用磷石膏制备纳米碳酸钙浆料并合成纳米 CaO 基 CO_2 吸收剂，发现在钙循环高温 CO_2 吸收过程中，由磷石膏合成的纳米 CaO 基 CO_2 吸收剂能够具有良好的 CO_2 吸收性能。

3. 钛石膏

钛石膏是生产钛白粉时，为了中和硫酸酸解钛铁矿产生的大量含硫酸根的酸性废水，加入氧化钙或电石渣而产生的工业副产物，主要化学组成包括：CaO 30%～40%、SiO_2 3%～7%、Al_2O_3 0.5%～3%、MgO 0.5%～3%、Fe_2O_3 8%～18%。钛石膏主要杂质成分为 $Fe(OH)_3$、$FeSO_4$、$Al(OH)_3$ 等，附着水质量分数 30%～50%，呈红色。钛石膏中游离水含量高，杂质含量高，力学性能差，难以回收，其综合利用率仅为 20% 左右。钛石膏是我国目前排放量第三的工业副产石膏，约占总量的 13%[68]。目前，仅我国一年的钛石膏排放量就已达到3000 万 t。我国对废弃钛石膏大多是露天存放，一方面钛石膏存储占用了大量的土地资源，运输储存成本也加大了企业的负担，另一方面在雨水的冲刷作用下可能将有害物质溶出造成地下水、地表水、土壤等污染以及风干后扬尘导致的大气污染等环境问题，威胁人体健康，成为钛白粉企业和相关环保部门的难题，因此，钛石膏的资源化利用和安全处置问题亟待解决。

对钛石膏的研究主要集中在以下几个方面：水泥缓凝剂的生产、筑墙材料的制备、土壤的改良，以及二氧化碳的固定生成轻质碳酸钙[69]。由于钛石膏中含有部分的 Fe_2O_3，所以其碳酸化产物是 $CaCO_3$ 和 $FeCO_3$ 的混合物。研究发现在常压条件下，钛石膏碳酸化效率低于 5%，但是当 CO_2 的分压增加至 70bar 时，铁和钙的转化率分别提高至 26% 和 41%。在常压下，即使在最佳的 NH_4OH 浓度下，钛石膏的转化率约为 20%。为了提高钛石膏的碳酸化效率，钛石膏间接湿法矿化 CO_2 工艺备受关注。首先，用 H_2SO_4 在低 pH 条件下萃取钛石膏中的活性组分（Ca 和 Fe）。其次，在活性组分溶液中缓慢加入 NH_4OH 以去除主要杂质 Fe。最后，将上述去除杂质的富 Ca 溶液与 CO_2 进行碳酸化反应。通过间接湿法矿化路线实现钛石膏的高效转化。另外，除了氨水作为碱性介质，单乙醇胺（MEA）也用于钛石膏间接湿法矿化 CO_2 过程，进一步拓宽了碱性介质的选择[70]。综上可知，该工艺不仅可以提高钛石膏的转化率，还可以生产高纯 $CaCO_3$。然而，在实际应用中，该工艺需要消耗很多化学物质，同时需要精准控制体系的 pH 来去除 Fe 杂质，从而导致 CO_2 矿化成本增加，不利于其规模化应用。

4. 钒尾渣

页岩提钒尾渣是钒页岩经过破碎、磨矿、焙烧、浸出等工艺提取有价金属组分钒后剩余的尾渣。以高品位钒的独立矿物形式存在的很少，通常伴生在钛磁铁矿、含钒热液矿脉、风化堆积残留矿、含钒铁矿、含钒磷矿等矿床中。因此钒矿进行冶炼时，必须用到多种化学试剂，虽然采用了新型的页岩钒矿湿法提钒工艺，仍有大量的含钒废水，其中产生的大量酸性高氨氮、高钠盐沉钒废水既是危害极大的污染源，又是具有一定价值的二次资源。作为钒产品大国，我国每年钒产品产量约占全球产量的一半，生产钒产品的同时，沉钒工序有大量沉钒废水产生，沉钒废水的成分复杂，常常含有氨氮、重金属离子（五价钒、六价铬等）[71]。常见的沉钒工艺有：①钙盐沉钒。以钙盐为沉淀剂，将溶液中的钒以钒酸钙形式沉淀下来，适合低浓度钒溶液。②铁盐沉钒。以铁盐或者溶解铁屑为沉淀剂，将溶液中的钒以钒酸铁形式沉淀下来，具有沉钒率高、沉钒工艺简单等特点。③铵盐沉钒。以铵盐为沉淀剂，沉钒产品主要为钒酸铵等产品，具有沉钒率高、产品纯度高等优点。④水解沉钒。早期工业上多采用水解沉钒工艺，将浸出液中的钒由四价氧化至五价后，调节溶液至酸性，加热水解使溶液中产生红色沉淀。近年来由于环保要求越来越严格，水解沉钒工艺被部分企业重新采用。⑤其他沉钒方式。采用水热—还原等形式从含钒溶液中制备 V_2O_5、VO_2 及 NaV_2O_5 等产品。

钠化焙烧的沉钒废水主要产生于沉钒过程中的上清废渣以及过滤脱水中的滤液。废水中的主要污染因子包括 V^{5+}、Cr^{6+}、Fe、NH_4^+、Na^+ 和 SO_2^{2-}、Cl^- 等[72]。综合分析沉钒废水的主要成分，主要有以下特点，一是沉钒废水均呈酸性。由于生产过程中均采用酸来浸出，并且工艺要求沉钒过程需在一定的酸性条件下进行，因此沉钒废水均呈酸性。二是废水中第一类污染物 V^{5+}、Cr^{6+} 含量较高，远远高于《污水综合排放标准》（GB 8978—1996）中第一类污染物最高允许排放浓度。三是废水中硫酸根浓度较大，盐含量较高。钠化焙烧过程中使用的酸为硫酸，这是硫酸根浓度高的根本原因。四是钠化焙烧在沉钒过程中采用铵盐沉钒，铵根离子全部转移到废水中，因而产生的沉钒废水氨氮浓度较高，达到 1200mg/L。

平均每生产 1t V_2O_5 就会产生 10～40t 沉钒废水，意味着每年产生的沉钒废水高达数百万吨。目前提钒工艺的迅猛发展，沉钒废水的处理需求也日益旺盛，如何高效处理沉钒废水是提钒工业中废料处理的关键环节。尽管沉钒废水中含有多种杂质，并且对环境、人体健康等具有危害，但是沉钒废水仍保有大量水资源，同时还含大量有价元素，意味着沉钒废水属于废物的同时也是一种具有重要价值的二次资源[73]。目前我国对沉钒废水的处理方式相对粗放，未能对沉钒废水进行合理处理与利用，造成了大量资源流失。故而科学且经济地处理沉钒废水既可以有效节约水资源，带来可观的经济效应，又进一步防止环境恶化，同时对回收有价金属有着十分重要的现实意义。尾渣中的主要污染成分有提钒工艺中残存的化学药剂以及矿石中的微量毒重金属，如钒、铬、镉、砷。由于钒页岩的产地和提钒工艺不同，其成分含量会有差异。因此，在页岩提钒尾渣的综合利用中，需要根据尾渣物理化学性质和化学成分含量特点，需要选择最合适的利用方法，确定最佳的综合利用途径。

8.3　页岩高钙硫尾渣碳氮吸储研究

8.3.1　页岩尾渣的基础特性及高值利用

由于钒页岩是在 0.7%工业品位和 0.5%截止品位条件下提取的，钒品位较低，在提取所需的钒元素后，会产生大量的尾渣。无论是提钒过程中的钒页岩焙烧预处理，还是钒产品制备过程中所涉及的高温煅烧过程，都产生了大量的 CO_2 气体，如何有效、环保地处理页岩尾渣和钒工业产生的 CO_2 是非常重要的。利用固体废弃物捕集和储存 CO_2 是控制工业碳排放的一个很有前途的方案。大多数工业固体废弃物产生于靠近 CO_2 排放源的地方，无须采矿环节，而且它们往往是细粉末形式，不需要预处理，因此更容易实现直接利用。目前研究中，粉煤灰、钢渣、废石膏、高炉渣等工业固体废弃物因其钙含量较高，被广泛用于 CO_2 固溶技术研究。

钒工业固体废弃物的主要来源是钒页岩提钒产生的页岩尾渣。每提取 1t V_2O_5，将释放 120～150t 页岩尾渣。由于页岩尾渣中硅铝组分含量可达 60%以上，现阶段页岩尾渣综合利用以制备非金属结构材料为主，如地聚合物、陶瓷、混凝土、微晶玻璃等。在提钒工业中，加入钙盐进行焙烧，加入氟化钙进行浸出，使用石灰中和酸浸矿浆，使页岩尾渣中含有钙，且以硫酸钙形式存在，具有封存 CO_2 的潜力和实用价值。如果能通过页岩尾渣管理钒工业的 CO_2 排放，将从源头上减少钒产业的碳排放，并开发出页岩尾渣再利用的新方法。

研究探索了一种利用钒工业生产过程中排放的尾矿捕集 CO_2 的新方法。采用 ICP-OES、XRD、SEM-EDS 分析了页岩尾渣的成分和微观形貌，并利用热力学软件分析了页岩尾渣与 CO_2 碳酸化反应的可行性。研究了在常压下引入气体中 CO_2 浓度、反应时间、反应温度、加氨系数等因素对页岩尾渣与 CO_2 碳酸化反应的影响。考察了不同反应时间下溶液 pH 和溶液中 Ca、Si、S 离子浓度的变化。通过以上试验探索反应机理。该反应的液相被回收并结晶生成硫酸铵作为副产物。用 TG、XRD、SEM-EDS 等对最终的碳酸化产物进行分析和测定。碳酸化反应后，页岩尾渣中出现了 $CaCO_3$ 固体颗粒，确定了页岩尾渣捕集 CO_2 的潜力和价值。结合文献资料，评价了页岩尾渣在 CO_2 封存技术领域的优势，并考虑了其进一步的应用。

图 8-9 为页岩尾渣的来源，研究以陕西五洲矿业股份有限公司钒页岩为原料，焙烧后的钒页岩经研磨后加入硫酸浸出剂进行浸出，对浸出后得到的酸浸矿浆进行固液分离操作，得到浸出液和浸出渣，浸出液用于回收钒，中和后的浸出渣为页岩尾渣。利用 ICP-AES 分析了页岩尾渣的化学成分见表 8-2。

页岩尾渣中的主要成分为 SiO_2（64.83%）。此外，还含有 Ca（6.92%），以及 Fe（1.41%）、S（3.82%）、Al（1.40%）、K（1.11%）等元素。页岩尾渣是通过硫酸浸出然后中和得到的，因此含有主要以 $CaSO_4$ 形式存在的 Ca。由 Ca—Si—O 和 Ca—S—O 组成的相关化合物比 $Ca(OH)_2$ 具有更好的稳定性，因此 Si 和 S 的含量越高，碳酸化效率越低。

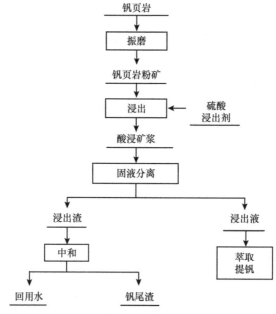

图 8-9 页岩尾渣的来源

表 8-2 页岩尾渣的化学成分

元素	Ca	SiO$_2$	V	S	Fe	K	Al	Mg	Na	F	Cl	其他 [a]
质量分数/%	6.92	64.83	0.05	3.82	1.41	1.11	1.4	0.32	0.21	0.12	0.5	19.31

a 主要是 O，因为中和渣主要由金属氧化物组成。

页岩尾渣样品的 XRD 谱图如图 8-10 所示，以 CaSO$_4$ 和 SiO$_2$ 为主要相。其他较弱的峰值被归因于少量相的存在，如硅酸盐和金属氧化物杂质，如铁和铝。

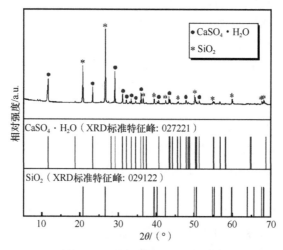

图 8-10 页岩尾渣的 XRD 谱图

用 SEM 和 EDS 对页岩尾渣的微观形貌进行表征，如图 8-11 所示，表明页岩尾渣以 Si、S 和 Ca 为主，这与元素组成分析中这三种元素的高含量相一致。在页岩尾渣粉末中，短棒状、长度为 5μm 的是硫酸钙颗粒；形状不规则的颗粒主要由硅和铝组成，平均粒径为 10μm。与碳酸盐的钢渣、混凝土细粒等固体废弃物相比，页岩尾渣在粒径上更细。已知颗粒大小与反应程度相关，推断页岩尾渣的小粒径对反应过程有促进作用。

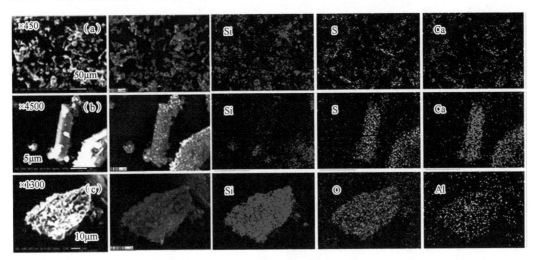

图 8-11 页岩尾渣的 SEM 和 EDS 图

8.3.2 热力学可行性分析以及技术路线

页岩尾渣参与两种碳酸化反应，主要方程如下：

$$CaSO_4(s) + CO_2(g) + H_2O(l) == CaCO_3(s) + H_2SO_4(aq) \tag{8-1}$$

$$CaSO_4(s) + 2NH_3 \cdot H_2O(l) + CO_2(g) == CaCO_3(s) + (NH_4)_2SO_4(aq) + H_2O(l) \tag{8-2}$$

采用 HSC 6.0 软件计算了直接碳酸化和加氨碳酸化反应的吉布斯自由能（ΔG^θ），如图 8-12 所示。$CaSO_4$ 在 273～373K 范围内的直接碳酸化反应为 $\Delta G^\theta > 0$，表明该反应不能发生，而与氨的碳酸化反应在 273～373K 范围内 ΔG^θ 均小于 –1200kJ/mol，表明氨的加入显著提高了碳酸化反应的自发性。

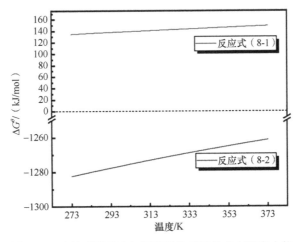

图 8-12 直接碳酸化和加氨碳酸化反应的吉布斯自由能

页岩尾渣碳酸化试验的工艺流程如图 8-13 所示，首先，将页岩尾渣与再生水混合，加入氨水混合后倒入反应器。然后在反应器中引入 CO_2 气体，进行页岩尾渣的碳酸化反应，碳酸化反应结束后进行固液分离，液体部分结晶得到硫酸铵，固体部分为碳酸钙和二氧化硅的混合物。

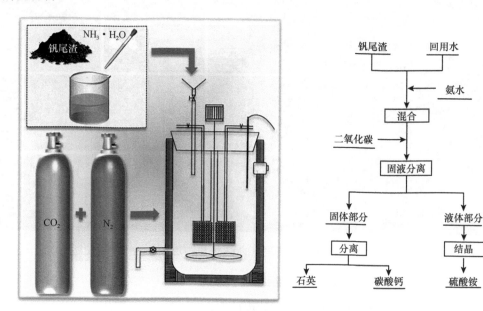

图 8-13　页岩尾渣碳酸化试验的工艺流程

考虑到实际工业生产中尾矿库中的钒尾矿矿浆浓度较高，为保证该技术在实际应用中的可行性，将页岩尾渣碳酸化试验的液固比设置为 10∶1。采用 TG 测定了碳酸化后页岩尾渣中 $CaCO_3$ 的质量分数。W_{CaCO_3} 为固体样品中 $CaCO_3$ 的质量分数；W_{CO_2} 是样品在 773～1123K 的质量损失（由于 $CaCO_3$ 的分解）；M_{CaCO_3} 和 M_{CO_2} 分别为 $CaCO_3$ 和 CO_2 的分子量。根据原料碳化前后的元素组成和热分析，测定了原料酸化前后的总钙和 $CaCO_3$ 质量分数。有效钙质量分数计算公式如下：

$$W_{Ca,effective} = W_{Ca,total} - W_{Ca,reactive} = W_{Ca,total} - W_{CaCO_3} \times (M_{Ca} / M_{CaCO_3}) \tag{8-3}$$

式中：$W_{Ca, effective}$ 和 $W_{Ca, reactive}$ 分别为样品（碳酸化前和碳酸化后的页岩尾渣样品）中有效碳酸化和活性 Ca 的质量分数；$W_{Ca, total}$ 为碳酸化前样品中所含 Ca 的质量分数。

设 R 为加氨系数，则计算了不同 R 下实际加氨量：

$$R = \frac{n_N}{n_S} \tag{8-4}$$

$$V_{NH_4OH} = R \times \frac{W_S \times m_{ALTs} \times M_{NH_4OH}}{M_S \times \rho_{NH_4OH} \times C_{NH_4OH}} \tag{8-5}$$

式中：n 为物质的量（mol）；V 为体积（mL）；W 为质量分数（%）；m 为质量（g）；M 为相对原子质量；ρ 为密度（g/cm³）；C 为浓度（%）。

利用 SEM 和 EDS 研究了页岩尾渣及其碳酸衍生物的微观结构。XDR 用于检测页岩尾渣及其碳酸衍生物的结晶相组成。电感耦合等离子体原子发射光谱法用于测定页岩尾渣及其碳酸化产物的化学成分。采用热重仪在 298~1223K 温度范围内，以 10K/min 速率进行热分析试验，以表征页岩尾渣碳酸化产物中 $CaCO_3$ 的分解行为。加热过程在氮气气氛下进行，气体流量为 30mL/min。由于 $CaCO_3$ 的分解温度在 773~358K，因此碳酸化产物的 CO_2 浓度是根据该温度区间内失重量计算的。

8.3.3　页岩尾渣碳氮固定反应影响因素

1. 反应时间

适当的曝气时间可能对页岩尾渣的碳酸化程度有显著影响。图 8-14 为反应时间对页岩尾渣 CO_2 碳酸化反应程度的影响，此时加氨系数为 1.4，反应温度设置为 288K，反应时间为 0~90min。

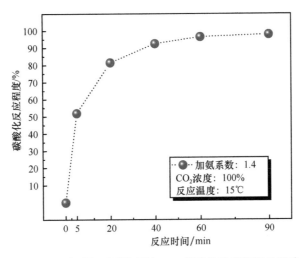

图 8-14　反应时间对页岩尾渣 CO_2 碳酸化反应程度的影响

在初始阶段，由于氨浓度较高，页岩尾渣中大部分 $CaSO_4$ 仍未参与碳酸化过程，而碳酸化过程在与 CO_2 接触后迅速进行，因此反应体系对 CO_2 的矿化能力随着反应时间的增加而快速增长。一旦反应进行到一定程度，大部分的页岩尾渣和氨已经参与反应，部分未反应的页岩尾渣颗粒表面被生成的碳酸钙覆盖，阻碍了反应进行，而增加反应时间只会逐渐增加反应体系对 CO_2 的矿化能力。

2. 加氨系数

加氨系数为 0.6~5，反应温度设置为 288K，反应时间设置为 60min，页岩尾渣中加氨系数对碳酸化反应程度的影响如图 8-15 所示。

当加氨系数从 0.6 增加到 1.4 时，页岩尾渣的碳酸化反应程度从 53%急剧上升到 93%。当加氨系数进一步提高时，页岩尾渣的碳酸化反应程度也有所增加，但在加氨系数为 2.2 时，碳酸化反应程度趋于平衡，达到 93%。随着加氨系数增加，反应体系中氨水浓度也增加，碳酸化反应更加彻底，单位时间内页岩尾渣的碳酸化量也增加。当加氨系数为 2.2 时，理论上碳酸化过程达到平衡。

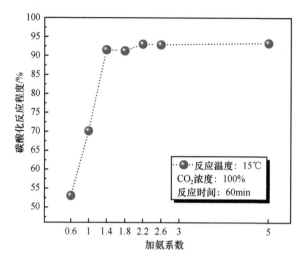

图 8-15　加氨系数对页岩尾渣碳酸化反应程度的影响

3. 反应温度

图 8-16 为反应温度对页岩尾渣碳酸化反应程度的影响, 反应参数为: 反应时间 60min, 加氨系数 1.4, 反应温度范围 288～368K。

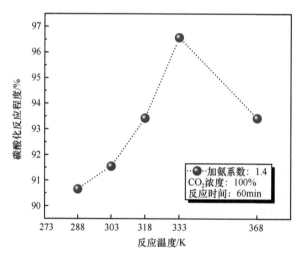

图 8-16　反应温度对页岩尾渣碳酸化反应程度的影响

随着反应温度从 288K 增加到 333K, 页岩尾渣捕集 CO_2 的能力逐渐增加, 碳酸化反应程度从 91% 增加到 97%, 表明页岩尾渣中大部分 $CaSO_4$ 已经反应完全。当反应温度从 333K 提高到 368K 时, 页岩尾渣的碳酸化反应程度从 97% 降低到 93%。随着反应温度的升高, 碳酸化速率增大, 碳酸化反应程度提高。但较高的反应温度加速了氨的分解, 降低了 $CaSO_4$ 在体系中的溶解度。

4. CO₂浓度

图 8-17 显示 CO_2 浓度对页岩尾渣碳酸化反应程度的影响，比较了 CO_2 浓度为 20%和 100%时页岩尾渣碳酸化反应过程的差异。其他反应条件为反应温度 333K，加氨系数 1.4。

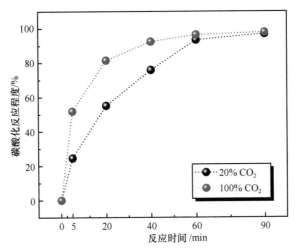

图 8-17　CO_2 浓度对页岩尾渣碳酸化反应程度的影响

在 CO_2 浓度为 20%条件下，随着反应时间的增加，页岩尾渣的碳酸化反应程度逐渐增加。当反应时间延长至 60min 时，碳酸化反应程度接近平衡，且随着反应时间延长，碳酸化反应程度变化不大。当 CO_2 浓度为 100%时，碳酸化反应在 40min 时接近平衡，说明 CO_2 浓度增加加快了碳酸化的反应速率。此外，在两种浓度下，反应结束时的碳酸化反应程度非常接近，说明引入的 CO_2 浓度对碳酸化反应程度的影响很小。

在反应温度为 333K、加氨系数为 1.4、CO_2 浓度为 100%的标准条件下进行碳酸化反应试验，测定不同反应时间下溶液的性质，研究碳酸化反应的效果。图 8-18 显示了页岩尾渣碳酸化过程中 pH 随反应时间的变化。

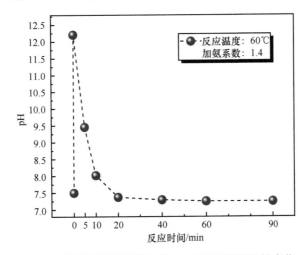

图 8-18　页岩尾渣碳酸化过程中 pH 随反应时间的变化

　　在初始阶段，pH 突然从 7.5 增加到 12.21，这是由于加入氨提高了溶液体系的 pH。随着碳酸化过程的进行，pH 下降速率较快。在反应开始的 20min 内，pH 从 12.21 迅速下降到 7.37，这是由于反应开始时体系中氨和 CaSO$_4$ 浓度较高，碳酸化反应迅速开始，导致 pH 快速下降。随着反应时间延长，反应体系的 pH 略有下降，但随后稳定在 7.25，标志着碳酸化过程结束。

　　为了了解页岩尾渣在溶液碳酸化反应中主要参与的几种元素的浓度变化，研究反应机理，采用 ICP-OES 测定了溶液中 Ca、Si、S、N 元素的浓度如图 8-19 所示。

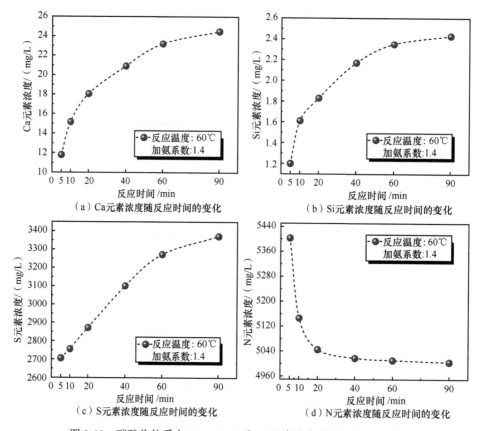

图 8-19　碳酸化体系中 Ca、Si、S 和 N 元素浓度随反应时间的变化

　　随着反应时间增加，溶液中 Ca 和 Si 元素浓度逐渐增加并趋于平衡，但总浓度低于 30mg/L，这是由于这两种元素在碳酸化反应中从钒尾渣中被微量溶解。溶液中 S 元素浓度的变化呈上升趋势，说明在碳酸化过程中，由于氨的加入，钒尾渣中的 CaSO$_4$ 被溶解，S 元素被溶解在溶液中，分离出来的 Ca 离子重新获得活性，可以与其他元素结合。另外，随着反应时间延长，溶液中 N 元素先直线下降后达到平衡。由于氨是挥发性的，在反应的初始阶段，通气加速了氨的挥发，导致 N 元素损失。然而，在反应进行一段时间后，随着溶解的 S 元素与 N 元素结合，形成非挥发性(NH$_4$)$_2$SO$_4$，溶液中 N 元素的浓度逐渐平衡。

8.3.4　碳氮固定产品的综合分离与表征

1. 碳酸化产物表征

最佳碳酸化反应条件下页岩尾渣碳酸化产物的形貌和 EDS 分析结果如图 8-20 所示，结晶相中的短棒状硫酸钙在碳酸化后消失，可以看到一些球形、表面光滑的固体颗粒，EDS 分析表明它由 Ca 和 O 元素组成。初步确定为碳酸化反应中形成的 $CaCO_3$ 颗粒。另外，S 元素几乎全部消失，说明碳酸化反应发生得比较彻底。此外，SiO_2 仍然存在并高度相关，表明它没有参与碳酸化反应的发生。

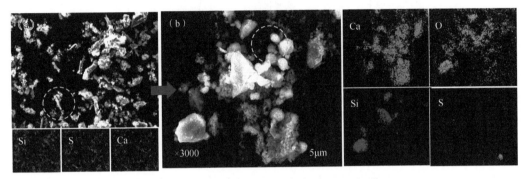

图 8-20　页岩尾渣碳化产物的形貌和 EDS 分析

采用 XRD 测定了碳酸化后的页岩尾渣的主要相如图 8-21 所示，可以观察到，主要的特征峰为 $CaCO_3$ 和 SiO_2，表明钒酸盐的碳酸化反应程度较高。

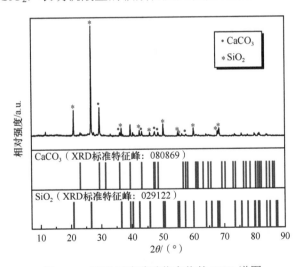

图 8-21　页岩尾渣碳酸化产物的 XRD 谱图

图 8-22 是页岩尾渣碳酸化产物的 TG 曲线，在室温到 373K 之间，大部分质量损失是由于水分损失。$Ca(OH)_2$ 的分解在 573～773K 之间引起轻微的表观质量损失。$CaCO_3$ 的分解反应导致温度持续上升，伴随着 773～1123K 之间急剧的质量损失。总之，页岩尾

渣的碳酸化过程将 $CaSO_4$ 转化为 $CaCO_3$ 并捕集 CO_2。

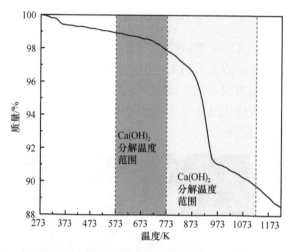

图 8-22　页岩尾渣碳酸化产物的 TG 曲线

2. 副产物表征

碳酸化反应后的副产物进行固液分离。溶液被回收，溶液冷却并结晶得到副产物。

图 8-23 为碳酸化反应副产物的 SEM-EDS 图，可知副产物中含有 S、O、N 等元素，且分布均匀。为了确定副产物的晶体结构，进行了 XRD 研究如图 8-24 所示，副产物以硫酸铵为主要相。

8.3.5　尾渣碳矿化技术水平同行业对比

图 8-25 为不同钙质量分数固体废物的 CO_2 吸收效率，表 8-3 为碳矿化技术水平同行业对比。与 Ca 质量分数相等或较低的固体废物相比，研究中使用的页岩尾渣的 CO_2 吸收效率最高；而与 Ca 质量分数较高的固体废物相比，CO_2 吸收效率较高。因此，页岩尾渣间接碳酸化工艺可以作为一种低成本、环保、高性能的 CO_2 废气处理工艺。

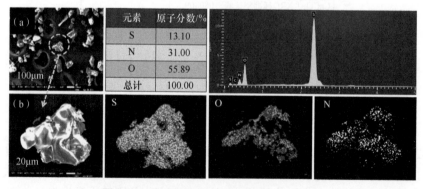

元素	原子分数/%
S	13.10
N	31.00
O	55.89
总计	100.00

图 8-23　碳酸化反应副产物的 SEM-EDS 图

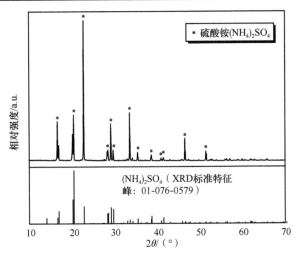

图 8-24 碳酸化反应副产物的 XRD 谱图

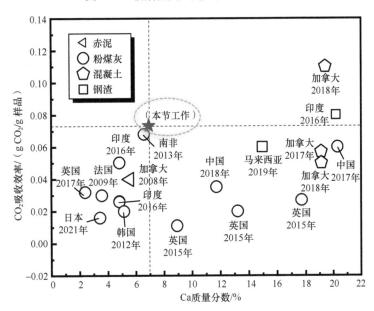

图 8-25 不同钙质量分数固体废物的 CO_2 吸收效率

表 8-3 碳矿化技术水平同行业对比

成分	CO_2 吸收效率/ （g CO_2/g 样品）	Ca 质量分数/%	CO_2 浓度/%	温度	压力/bar
粉煤灰	0.016	3.44	30	室温	1
粉煤灰	0.026	4.81	100	室温	10
	0.060	4.81		303K	4
炉渣	0.019	14.94	100	室温	5
粉煤灰	0.026	5.14	15	室温	1
粉煤灰	0.010	3.57	100	293～333K	10～40

续表

成分	CO$_2$吸收效率 （g CO$_2$/g 样品）	Ca 质量分数/%	CO$_2$ 浓度/%	温度	压力/bar
粉煤灰	0.020	8.93	100	293～353K	30
	0.030	13.21			
	0.057	17.71			
混凝土	0.050	19.12	18.2	室温	9.93
混凝土	0.110	19.14	18.2	室温	10.3
混凝土	0.080	19.42	18.2	室温	10.3
钢渣	0.040	20.19	100	室温	6
赤泥	0.060	5.55	15	室温	1
粉煤灰	0.032	20.3	15	873K	1
粉煤灰	0.068	2.39	100	303K	1
粉煤灰	0.035	6.57		室温	
粉煤灰	0.016	11.72	9	313K	1
页岩尾渣	0.073	6.92	100	333K	1

参 考 文 献

[1] 洛朗·法比尤斯. 红碳[M]. 天津：南开大学出版社，2021.

[2] 梁旭，汤军. "碳达峰、碳中和"目标下的城市能源发展路径[M]. 上海：上海交通大学出版社，2023.

[3] Yang S，Wang X，Ge Z，et al. Global per capita CO$_2$ emission trends[J]. Atmosphere，2023，14（12）：1797.

[4] 刘翔. 碳减排政策选择及评估[M]. 北京：知识产权出版社，2021.

[5] 邱纪翔，罗钰星，王克，等. 基于多情景假设的中国碳减排目标省域分解[J]. 资源科学，2022，44（10）：2038-2047.

[6] 张锐. 全球"碳减排"与"零排放"的非抑制性路径分析[J]. 对外经贸实务，2021，7：8-13.

[7] 易昌良，唐秋金. 中国碳达峰碳中和战略研究[M]. 北京：研究出版社，2023.

[8] 徐锭明，李金良，盛春光. 碳达峰碳中和理论与实践[M]. 北京：中国环境出版社，2022.

[9] 周峰，王芮敏，马国远，等. 我国数据中心碳中和路径情景分析[J]. 制冷学报，2024：1-7.

[10] 来兴平. 碳达峰碳中和技术概论[M]. 北京：应急管理出版社，2023.

[11] 顾永正，王天堃，黄艳，等. 燃煤电厂二氧化碳捕集利用与封存技术及工程应用[J]. 洁净煤技术，2023，29（4）：98-108.

[12] 骆仲泱，方梦祥，李明远. 二氧化碳捕集、封存和利用技术[M]. 北京：中国电力出版社，2012.

[13] 王献红. 二氧化碳捕集和利用[M]. 北京：化学工业出版社，2016.

[14] 项群扬. 二氧化碳强化吸收及新型再生工艺研究[D]. 杭州：浙江大学，2015.

[15] 高婉，严格，徐永辉，等. 用于二氧化碳捕集的固体吸附剂研究进展[J]. 天然气化工（C1 化学与化工），2023，48（1）：145-155.

[16] 王志，原野，生梦龙，等. 膜法碳捕集技术——研究现状及展望[J]. 化工进展，2022，41（3）：1097-1101.

[17] 张慧，任红伟，陆建刚，等. 燃煤电厂中 CO$_2$ 的捕集[J]. 南京信息工程大学学报，2009，1（2）：129-133.

[18] 熊波，陈健，李克兵，等. 工业排放气二氧化碳捕集与利用技术进展[J]. 天然气化工（C1 化学与化工），2023，48（1）：9-18.

[19] 胡永乐，郝明强，陈国利. 注二氧化碳提高石油采收率技术[M]. 北京：石油工业出版社，2018.

[20] 刘小澄，刘永平. 光生物反应器对工业锅炉烟道尾气中二氧化碳的利用[J]. 现代化工，2010，30（7）：70-74.

[21] Kojima T. Evaluation strategies for chemical and biological fixation/utilization processes of carbon dioxide[J]. Energy Conversion and Management，1995，36（6）：881-884.

[22] 王献红，王佛松. 二氧化碳的固定和利用[M]. 北京：化学工业出版社，2011.

[23] 柳波，高硕，许振强，等. 海洋直接注入 CO_2 封存技术方法综述[J]. 地质论评，2023，69（4）：1449-1464.

[24] Christine A E-E. Geologic carbon dioxide sequestration methods，opportunities，and impacts[J]. Current Opinion in Chemical Engineering，2023，42：100957.

[25] 何民宇，刘维燥，刘清才，等. CO_2 矿物封存技术研究进展[J]. 化工进展，2022，41（4）：1825-1833.

[26] 徐润生，张雨晨，张建良，等. 钢铁冶金固废固化 CO_2 研究现状及趋势[J]. 钢铁研究学报，2023，35（7）：779-789.

[27] 王刚，唐盛伟，陈彦逍，等. 二水硫酸钙间接矿化二氧化碳 CTAB 对碳酸钙晶型的影响[J]. 无机盐工业，2020，52（3）：75-79.

[28] Yury A V Z，Alastair T M M，María E S，et al. Complete re-utilization of waste concretes-Valorisation pathways and research needs[J]. Resources，Conservation and Recycling，2021，177：105955.

[29] Tam V W Y. Economic comparison of concrete recycling：A case study approach[J]. Resources，Conservation and Recycling，2008，52（5）：821-828.

[30] 范小平，徐银芳. 废弃混凝土的循环再利用[J]. 建筑技术，2004，35（11）：862-863.

[31] 段永华. 水泥工业二氧化碳捕集、利用及封存技术[M]. 北京：中国原子能出版社，2022.

[32] 马世龙，尹键丽，吴文达，等. 建筑垃圾再生微粉基碱发胶凝材料综述[J]. 混凝土，2023，11：170-174.

[33] Yuan C，Chen Y，Liu D，et al. The basic mechanical properties and shrinkage properties of recycled micropowder UHPC[J]. Materials，2023，16：1570.

[34] Lin Y，He T，Da Y，et al. Effects of recycled micro-powders mixing methods on the properties of recycled concrete[J]. Journal of Building Engineering，2023，80：107994.

[35] 刘荣涛，朱建辉，朱玮杰，等. 建筑废弃黏土砖资源化综合利用综述[J]. 硅酸盐通报，2016，35（10）：3191-3195.

[36] 李蕾，唐圣钧，丁年，等. 超大城市建筑废弃物减量化与综合利用策略研究[J]. 环境卫生工程，2023，31（6）：105-110.

[37] Xuan D，Zhan B，Poon C S，et al. Carbon dioxide sequestration of concrete slurry waste and its valorisation in construction products[J]. Construction and Building Materials，2016，113：664-672.

[38] 王秋华，吴嘉帅，张卫风. 碱性工业固废矿化封存二氧化碳研究进展[J]. 化工进展，2023，42（3）：1572-1582.

[39] 梁斌，李春，岳海荣，等. CO_2 矿化利用与钾长石资源开发[M]. 北京：科学出版社，2017.

[40] Majhi R K，Nayak A N，Mukharjee B B. Characterization of lime activated recycled aggregate concrete with high-volume ground granulated blast furnace slag[J]. Construction and Building Materials，2020，259：119882.

[41] 卢红霞，张伟，李利剑，等. 利用冶金高炉渣制备微晶玻璃的研究[J]. 郑州大学学报（工学版），2007，28（3）：98-100.

[42] 马铭婧，郤凤明，王娇月，等. 高炉渣 CO_2 矿化利用技术的生命周期碳排放与成本评价[J]. 生态学杂志，2020，39（6）：2097-2105.

[43] Gao W，Zhou W，Lyu X，et al. Comprehensive utilization of steel slag：A review[J]. Powder Technology，2023，422：118449.

[44] 李灿华，向晓东，涂晓芊. 钢渣处理及资源化利用技术[M]. 武汉：中国地质大学出版社，2016.

[45] Chen Z，Li R，Zheng X，et al. Carbon sequestration of steel slag and carbonation for activating RO phase[J]. Cement and Concrete Research，2021，139：106271.

[46] 王晟，岳昌盛，陈瑶，等. 钢渣碳酸化用于CO_2减排的研究进展与展望[J]. 材料导报，2016，30（1）：111-114.

[47] 刘全，白志民，王东，等. 我国粉煤灰化学成分与理化性能及其应用分析[J]. 中国非金属矿工业导刊，2021，1：1-9.

[48] Cho Y K，Jung S H，Choi Y C. Effects of chemical composition of fly ash on compressive strength of fly ash cement mortar[J]. Construction and Building Materials，2019，204：255-264.

[49] Ho H J，Iizuka A，Shibata E，et al. Circular indirect carbonation of coal fly ash for carbon dioxide capture and utilization[J]. Journal of Environmental Chemical Engineering，2022，10（5）：108269.

[50] 王亚丽，丁思哲，王玲玉. 利用电石渣进行赤泥脱碱研究[J]. 硅酸盐通报，2023，42（10）：3617-3623.

[51] 马宝岐. 电石渣的利用[M]. 西安：西北大学出版社，2018.

[52] Su H，Lu W，Qi G，et al. Synthesis of high-strength porous particles based on alkaline solid waste：A promising CO_2-capturing material for mine goafs[J]. Journal of Environmental Chemical Engineering，2022，10（5）：108467.

[53] Ma W，Zhu G，Li H，et al. Carbon emission free preparation of calcium hydroxide with calcium carbide slag （CCS）through micro-bubble impurities removal[J]. Journal of Cleaner Production，2023，423：138669.

[54] Chen S，Razaqpur A G，Wang T. Effects of a red mud mineralogical composition versus calcination on its pozzolanicity[J]. Construction and Building Materials，2023，404：133238.

[55] Khairul M A，Zanganeh J，Moghtaderi B. The composition，recycling and utilisation of Bayer red mud[J]. Resources，Conservation and Recycling，2019，141：483-498.

[56] 梁文俊，杨岚，张艳，等. 改性赤泥吸附剂吸附低浓度CO_2研究[J]. 中国环境科学，2023，43（6）：2798-2805.

[57] Wang B，Pan Z，Du Z，et al. Effect of impure components in flue gas desulfurization（FGD）gypsum on the generation of polymorph $CaCO_3$ during carbonation reaction[J]. Journal of Hazardous Materials，2019，369：236-243.

[58] 王志轩，潘荔，杨帆. 火电厂脱硫石膏资源综合利用[M]. 北京：化学工业出版社，2018.

[59] 谢龙贵，马丽萍，张伟，等. 石膏类工业固废固碳技术研究进展[J]. 磷肥与复肥，2022，37（1）：32-35.

[60] 胡达清，罗旷，张威，等. CO_2矿化燃煤灰渣基加气混凝土配方研究[J]. 洁净煤技术，2023，29（4）：148-157.

[61] 王雪儿，郭继铭，张泽凯，等. 碳化养护对脱硫石膏基SiO_2气凝胶保温砂浆性能的影响研究[J]. 新型建筑材料，2023，50（7）：163-166.

[62] 王亮，周扬，彭泽川，等. 脱硫石膏基超硫酸盐水泥混凝土强度和抗碳化性能研究[J]. 混凝土与水泥制品，2022，3：85-90.

[63] 金彪，李晓鸣，汪潇，等. 磷石膏的基本特性及其制备蒸养砖的研究[J]. 新型建筑材料，2023，50（4）：112-115.

[64] Akfas F，Elghali A，Aboulaich A，et al. Exploring the potential reuse of phosphogypsum：A waste or a resource？[J]. Science of The Total Environment，2024，908：168196.

[65] 张峻，解维闵，董雄波，等. 磷石膏材料化综合利用研究进展[J]. 材料导报，2023，37（16）：163-174.

[66] 安艳玲. 磷石膏、脱硫石膏资源化与循环经济[M]. 贵阳：贵州大学出版社，2011.

[67] Ding W，Chen Q，Sun H，et al. Modified phosphogypsum sequestrating CO_2 and characteristics of the carbonation product[J]. Energy，2019，182：224-235.

[68] Li X Y，Yang J Y. Production，characterisation，and application of titanium gypsum：A review[J]. Process Safety and Environmental Protection，2024，181：64-67.

[69] 付一江. 工业副产石膏—钛石膏的现状及综合利用前景[J]. 钢铁钒钛, 2019, 40 (6): 63-66.

[70] Rahmani O. An experimental study of accelerated mineral carbonation of industrial waste red gypsum for CO_2 sequestration[J]. Journal of CO_2 Utilization, 2020, 35: 265-271.

[71] 堵伟桐, 姜丛翔, 陈卓, 等. 高氯高铁型四氯化钛除钒尾渣焙烧提钒工艺研究[J]. 矿冶工程, 2022, 42 (2): 106-109.

[72] 赵秦生, 李中军. 钒冶金[M]. 长沙: 中南大学出版社, 2015.

[73] 张一敏. 石煤提钒[M]. 北京: 科学出版社, 2014.